MELSEC

PLC응용제어

조규만 · 배정도 공저

도서출판 태영문화사

머 리 말

본 교재는 시퀀스 기본 개념 정립과 미쓰비시 MELSEC-Q PLC를 제어기로 적용하고자 하는 분들을 위한 참고서로 저술된 것으로 MELSEC-Q PLC는 산업 현장에서 적용성이 증가하여 다양하게 사용되고 있다.

본 교재는 시퀀스 제어의 기본 개념과 MELSEC-Q CPU의 개요, 디바이스명, 운용 소프트웨어인 GX-Developer 사용법, 기본 명령어 및 응용 명령어를 설명 하였으며 시퀀스 예제 프로그램과 공압 시스템의 운용 예제 및 특수 기능 모듈인 A/D, D/A 컨버터, 터치 스크린의 사용례를 프로그램을 나타내었다.

MELSEC-Q PLC를 산업용 제어기에 적용하려는 분들께 많은 도움이 되기를 바라며 부족한 부분은 지속적으로 보완하고자 합니다.

끝으로 이 책이 출판되기 까지 많은 도움을 주신 한국 미쓰비시 전기 오토메이션 관계자분과 태영문화사 이진권 사장님 및 그 외 관계자님께 감사드립니다.

저자씀

차 례

제1장 시퀀스 제어

제2장 MELSEC PLC Q CPU 개요

제3장 디바이스명

제4장 GX Developer의 공통사항

제5장 기본 및 응용 명령어

제6장 제어 프로그램 예제

제7장 A/D, D/A 특수 기능 모듈

제8장 터치 스크린제어

부 록 명령 일람

제 1 장 시퀀스 제어

1.1 제어의 개념

제어란 목적에 적합하도록 그 대상에 필요한 조작을 가하는 일을 말하며, 로봇을 제어하거나 컴퓨터를 이용한 생산 공정을 제어하는 것이다.

현대의 과학 기술의 발달은 미래를 예측하기 어려울 정도로 급속하게 진전되고 있으며 자동제어 기술, 컴퓨터 및 반도체 기술, 신소재 기술, 기계 기술 등의 급속한 발달은 그 다음 세대의 기술을 더욱 더 가속화시키고 있다.

자동화 기술의 발달은 2차 산업 혁명에 의해 인간의 노동력을 기계의 힘으로 대치시키는 역할을 하며 자동제어 기술, 컴퓨터 기술로 인간의 두뇌 기능을 대신하게 하고 방대한 정보처리가 가능하게 되었다.

자동제어 기술은 기계 설비와 각종 산업 프로세서의 현대 산업설비를 동작시키는데 필수적으로 필요한 요소이다.

자동제어 시스템의 구성은 개루프 제어 시스템(Open loop control system)과 폐루프 제어 시스템(closed loop control system)으로 구성되어 있다.

시퀀스 제어(sequence control)는 다음 단계에서 해야 할 제어 동작이 미리 정해져 있어 앞 단계에서 제어 동작을 완료한 후 다음 단계의 동작을 하는 것을 말한다.

(a) 개루프 제어 시스템 예

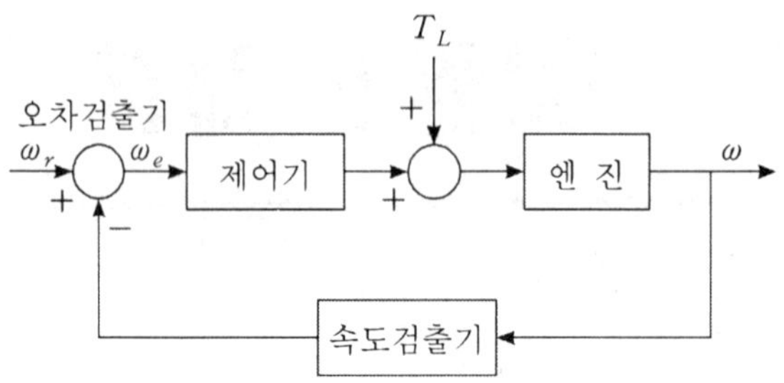

(b) 폐루프 제어 시스템 예

그림 1-1 제어 시스템 예 구분

즉 시퀀스 제어란 미리 정해진 순서에 따라 제어의 각 단계를 점차로 진행해 나가는 제어로 정의되고 있으며 불연속적인 작업을 행하는 공정제어 등에 널리 이용된다.

일종의 스위치나 버튼을 사용하여 전기회로의 부하를 운전하고 부하의 운전 상태나 고장 상태를 나타내기도 하는 일련의 제어로 근래에 사용되는 전기회로는 이러한 시퀀스 회로로 구성되어 있으며 빌딩이나 공장 엘리베이터, 세탁기, 냉장고, 자동 판매기 등도 시퀀스로 동작되고 있다.

되먹임 제어(피드백 제어)는 피드백에 의해 제어량을 목표값과 비교하여 일치시키도록 정정 동작을 하는 제어이다.

무접점 소자를 이용한 제어회로에는 PLC 등의 전자회로를 사용한 것이 있고, 유접점 소자는 버튼 스위치나 각종 계전기(Relay)를 사용한 것이다.

1.2 시퀀스 제어계의 구성요소

회로의 개폐 기능을 가진 기구를 일반적으로 스위치라 한다. 스위치는 접점(contact)으로 구성한다. 시퀀스 회로에 사용되는 각종 요소는 다음과 같다.

표 1-1 시퀀스 제어계의 구성요소

분 류	종 류
릴레이류	제어용 릴레이, 타이머, 전자 접촉기, 전자 개폐기 열동 계전기
검출용 스위치	마이크로 스위치, 리밋 스위치, 근접 스위치, 광전 스위치, 압력 스위치
조작용 스위치	누름버튼 스위치, 셀렉터 스위치, 나이프 스위치, 로타리 스위치, 풋 스위치 등
작동 기기	전동기, 전자 클러치, 전자 브레이크, 전자 밸브, 솔레노이드
표시 및 경보기구	표시등, 부저, 벨
기 타	변압기, 정류기, 저항기, 전자카운터

(1) 접 점

회로를 연결(ON)하거나 떨어지는(OFF) 동작을 하는 것으로 동작의 상태에 따라 a, b, c접점으로 구분한다.

접점수를 앞에 나타내어 1a, 2b, 3c 등과 같이 표시한다.

① a접점(작동 접점 ; arbeit contact) : 메이크 접점(make contact), 상개접점(NO접점 : Nomally Open)이라고도 한다.
항상 열려(OFF) 있다가 외부에서 힘을 가하면 닫히는(ON) 접점이며 소문자를 사용하고, a접점의 기호 형태는 다음과 같다.

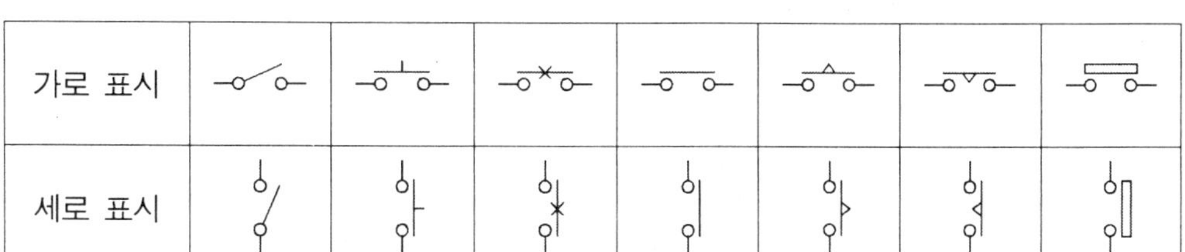

② b접점(끊기는 접점 ; break contact) : 상시 폐쇄 접점(NC접점 : Normally close contact)이라 하며 항상 닫혀(ON) 있다가 외부에서 힘을 가하면 열리는(OFF)

접점이며 소문자를 사용하고, b접점의 기호형태는 다음과 같다.

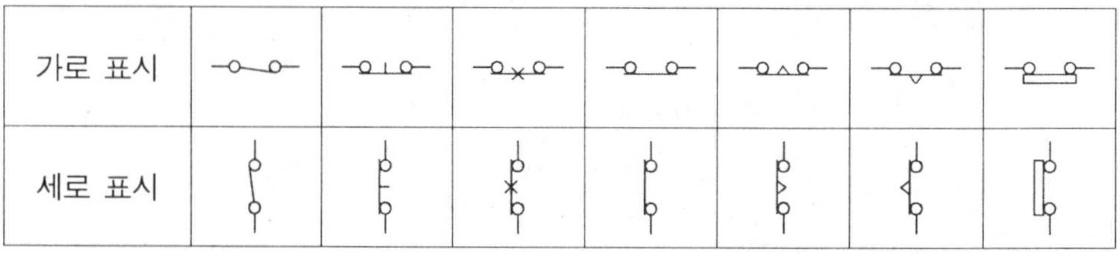

③ c접점(전환 접점 ; change over contact) : a접점과 b접점 사이에서 한쪽의 가동 접점부를 공유하며 트랜스퍼 접점(transfer contact)이라고도 하며 a, b접점과 같이 소문자를 사용하고, c접점의 기호형태는 다음과 같다.

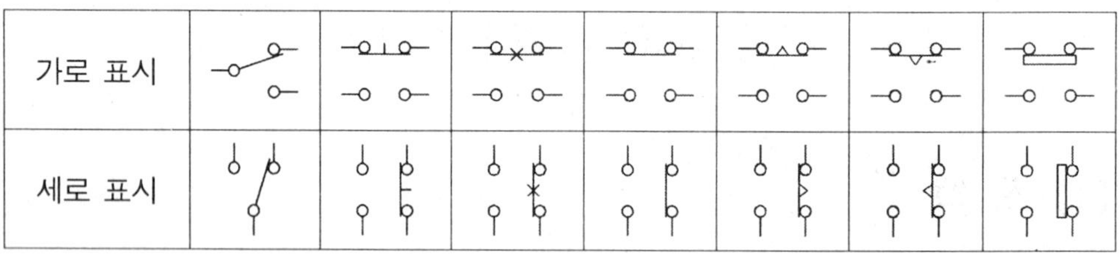

(2) 스위치 종류

수동 조작 스위치는 인위적인 조작에 의해 신호의 변환을 제어장치에 입력하는 기구이다.

스위치 제작시에는 접속 저항, 절연 저항, 절연 내력, 전기적 수명, 기계적 수명, 과부하, 내진성, 내습성, 내부식성 시험으로 기기를 제작한다.

(가) 누름버튼 스위치(Push Button Switch)

누름버튼 스위치는 시퀀스 제어 회로에서 주로 시작(기동)이나 정지용으로 사용되며 수동 조작 자동 복귀형, 유지형 스위치가 가장 많이 이용된다.

수동 조작 자동 복귀형 스위치는 버튼을 누르면 접점 기구부가 개폐되는 동작으로 개로, 폐로하며(수동조작) 스프링의 힘에 의해 원래의 상태로 복귀한다(자동복귀).

접점의 형식에 따라 1a1b부터 4a4b접점까지 표준으로 제작되며 그림 기호 옆에 문자 기호 PB 또는 PBS를 기입하며 일반적으로 색상에 의한 분류는 다음과 같다.

색 상	기 능	적 용
녹 색	기 동	시퀀스의 기동, 전동기의 기동
적 색	정지, 비상 정지	시퀀스의 정지, 전동기의 정지, 모든 시스템 정지
황 색	리 셋	사이클 완료 후 부분적인 리셋
백 색		상기 색상에서 규정되지 않은 이외의 동작

① 누름버튼 스위치의 a접점 : 버튼을 누르지 않은 복귀 상태에서 가동접점과 고정접점이 떨어져 개로되어 있으며 버튼을 누른 동작 상태는 가동접점과 고정접점이 접촉하여 폐로되는 접점을 말한다.

② 누름버튼 스위치의 b접점 : 버튼을 누르지 않은 복귀상태에서 가동접점과 고정접점이 접촉하여 폐로되어 있으며 버튼을 누른 동작 상태는 가동접점과 고정접점이 떨어져 개로되는 접점이다.

③ 누름버튼 스위치의 c접점 : 버튼을 누르지 않은 복귀상태에서 가동접점과 고정접점이 접촉한 b접점부와 가동접점과 고정접점이 접촉하지 않은 a접점부의 2개의 접점으로 이루어져 있다.

버튼을 누른 동작 상태는 b접점부는 개로 상태, a접점부는 폐로 상태로 변하는 스위치이다.

(나) 유지형 스위치

유지형 스위치는 핸들조작에 의해 회로를 개폐하는 스위치로 조작 후에 손을 떼어도 조작 부분(누름 버튼이나 핸들)과 접점 조작때의 상태(조작 상태)를 계속 유지하는 기능이 있으며 소용량의 전원 스위치로 사용한다.

(다) 비상 스위치(Emergency Switch)

비상 스위치는 유지형 스위치의 일종으로 비상일 때 전원을 급히 차단할 목적으로 사용한다.

(라) 선택 스위치(Selector switch)

선택 스위치는 슬라이드 스위치의 일종으로 사용 전압에 적당한 전압을 절환하는 스위치로 특별한 경우에는 트랜스를 내장하는 경우도 있다. 일반적으로 좌우로 돌려서 전로를 선택하여 접속하는 경우에 주로 사용한다.

(마) 검출용 스위치

검출용 스위치는 자동화 시스템에서 없어서는 안될 만큼 제어 대상의 상태나 변화 등을 검출하기 위한 것으로 위치, 액면, 온도, 전압 그 밖의 여러 제어량을 검출하는데에 사용되고 있다.

(바) 리밋 스위치(Limit Switch)

리밋 스위치는 위치 검출용 스위치로 접촉자에 물체가 닿으면 접촉자가 움직여 접점이 개폐되며 생산설비와 공장 자동화 설비 등에 사용된다. 접촉자에 접촉하는 물체의 형, 또는 뾰족한 부분을 캠, 또는 도그(dog)라 한다.

(사) 광전 스위치(Photo Electric Switch)

광전 스위치는 투광기와 수광기로 구성되어 물체가 광로를 차단하므로 접점이 개폐된다.

전기에너지를 빛으로 변환시키는 발광 소자(GaAs, CaAlAs, Gap 등의 PN 접합 소자)를 사용하여 빛을 내는 발광부에 의해 검출대상을 향해 빛을 조사하고, 검출 대상에 의해 변화된 빛을 수신하여 전기적 신호로 변환 및 증폭(포토 다이오드, 포토 트랜지스터 등의 소자)시키는 수광부로 구성된 센서를 광전 스위치라 한다.

물체에 직접 접촉하지 않고 검지하며 직접 접촉할 수 없는 물품 등의 계수, 기계 동작의 제한 등에 사용되며 또한 자동문이나 컨베이어로 운반하고 있는 물품의 검출에 사용된다.

(아) 근접 스위치((Proximity Switch)

근접 스위치는 고주파 발진, 자기, 정전 용량, 초음파, 공압기, 광전 효과 등을 이용 발진 회로나 브리지 회로를 내장하고 금속체나 자성체가 접근하였을 때에 물체에 의해 전기장이나 자기장의 변화로 접점이 개폐된다.

물체에 직접 접촉하지 않고 검지하는 정지형 스위치로서 반도체 소자를 응용하여 기계적인 힘이 불필요하며 금속체나 자성체를 검지한다.

동작 거리는 근접체의 재질, 형상, 크기 또는 접근 방향에 따라 다르지만 대개 5~50[mm] 정도이다.

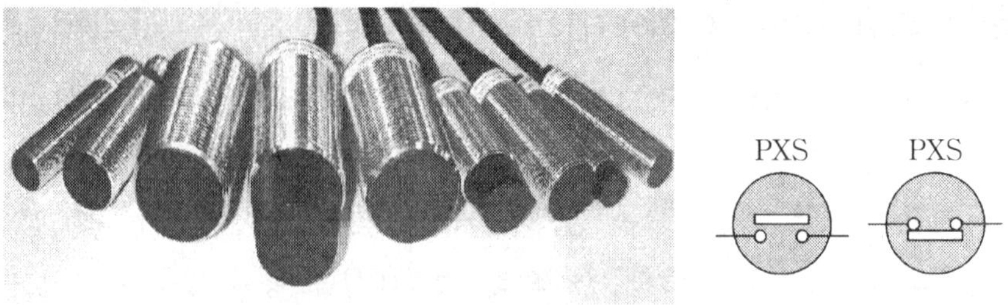

(자) 슬라이드 스위치(Slide Switch)

슬라이드 스위치는 접점부가 미끄러져 다른 곳으로 이동되며 위치를 고정시키는 볼이 들어 있다.

(차) 트리거 스위치(Trigger Switch)

트리거 스위치는 방아쇠(trigger)와 비슷하게 생긴 것으로 전기톱, 전기 해머 등 전동 공구와 전원 절환 스위치로 많이 사용된다.

(카) 로터리 스위치(Rotary Switch)

로터리 스위치는 회전동작에 의해 접점을 전환하고 회로를 선택하도록 된 스위치로 원주상에 접촉단자를 여러개 배치해 접촉점이 차례대로 전환하도록 되어 있다.

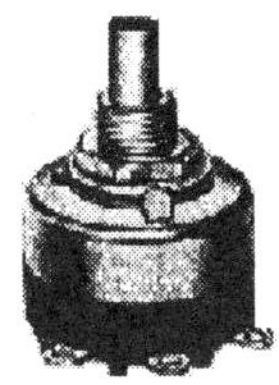

(타) 파형 스위치(Rocker Switch)

파형 스위치는 슬라이드 스위치의 일종으로 파형 손잡이를 누르면 스프링의 힘을 갖는 접점기구에 의하여 회로를 개폐하는 스위치이다.

(파) 캠 스위치(Cam Switch)

캠 스위치는 캠의 동작에 의하여 접점이 개폐되는 스위치이다.

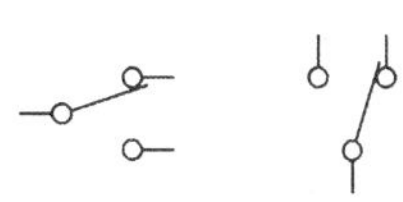

(3) 계전기(Control relay)

전자 계전기는 철심에 코일을 감고 전류가 흐르면 철심은 전자석이 되어 철편을 흡인하는 전자력이 발생된다. 전자기력에 의하여 접점을 개폐하는 기능을 가진 제어장치를 전자 계전기(Electromagnetic relay)라 한다.

전자 계전기를 보통 릴레이(Relay)라고 하며 이 릴레이를 이용한 제어를 전자 계전기 제어 또는 유접점 제어라 한다.

전자 계전기(릴레이)는 시퀀스 제어회로에 많이 사용되며 릴레이의 접점은 전류가 흐르고 있을 때에만 동작하고 전류가 흐르지 않게 되면 스프링의 힘에 의해 원래 상태로 복귀한다.

직류용(DC 6~100[V])과 교류용(AC 6~220[V])이 있으며 핀 수는 8핀(2a 2b), 11핀(3a 3b), 14핀(4a 4b)가 있고 릴레이 핀을 소켓에 삽입하여 사용한다.

시퀀스 제어에서의 제어용 계전기는 전기적 계전기 군(群)의 요소로서 제어 회로 구성상 중요한 역할을 하고 있다. 이 제어용 계전기는 ON, OFF의 전기 신호를 기억하거나 새로운 전기신호를 발생시켜 시퀀스 제어를 진행하며 정상 상태에 있어서 특정 입력에 응용하여 다른 계전기 혹은 장치를 제어하는 것을 목적으로 하는 계전기이다.

(가) 일반용 계전기

코일을 여자하면 접점이 순식간에 동작하고, 소자(무여자)하면 순식간에 복귀하는 계전기로 보통 정보의 기억이나 신호의 전달에 사용하며 접점 용량은 그다지 크지 않으나 동작 빈도가 높기에 신뢰도와 수명이 중요시되며 구조상 힌지형이 많다.

(나) 한계(限界) 계전기

코일에 걸리는 전압 또는 전류를 미리 정해 놓고 전압, 전류값이 규정치에 도달하면 접점이 순식간에 동작 또는 복귀하는 계전기이다. 보통 전압, 전류의 변화가 완만한 경우의 전압, 전류 검출에 사용된다.

(다) 한시(限時) 계전기

전자코일을 여자 또는 무여자 하여도 접점이 순간적으로 동작하지 않고 코일의 신호에 대하여 접점의 동작 또는 복귀에 시간적 뒤짐이 있는 계전기로 일명 타이머라고도 한다.

(라) 유지형(維持形) 계전기

입력신호가 입력되어 한번 동작하면 입력신호가 제거되어도 기계적, 전기적으로 접점이 계속 동작하는 상태를 유지하게 되며 원 상태로 복귀하려면 수동이든가 별도의 입력 신호가 필요하다.

(마) 플리커 릴레이(Flicker relay)

플리커 Relay는 a, b접점이 시간 t주기로 교대로 ON, OFF되는 릴레이이며 경보회로 등에서 점등용으로 사용되고 릴레이의 내부 접속도는 일반의 타이머와 유사하며 a, b접점이 교대로 점멸한다.

시퀀스 제어에 사용되는 계전기의 접점 용량은 접점에 흐르는 최대전류의 값 이상이며 용량이 적으면 접점이 과열로 파손된다.

보통 접점용량은 접점에 흐르는 최대전류, 동작빈도 접점에 접속되는 부하의 종류(특히 유도성 부하) 등에 유의한다.

1, 3번이 출력 접점이며 2, 7번이 전원 220[V] 5, 6번에서 플리커 동작이 나타난다.

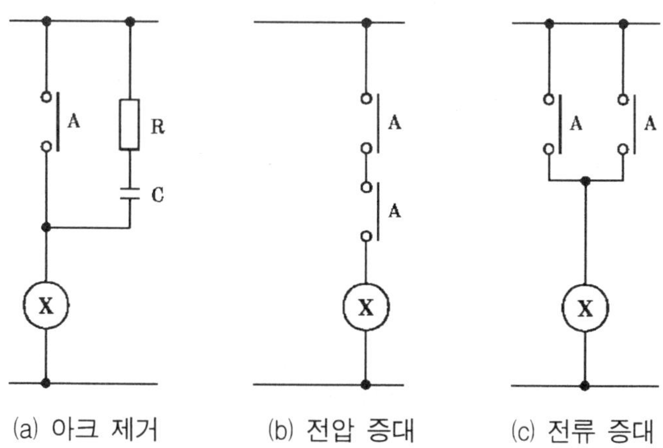

그림 1-2 접점 용량 부족 해결

그림 1-2에서 (a)와 (b)는 릴레이의 차단 용량이 증가하고, (c)는 통전 용량이 부족할 경우에 사용하는 방법이다.

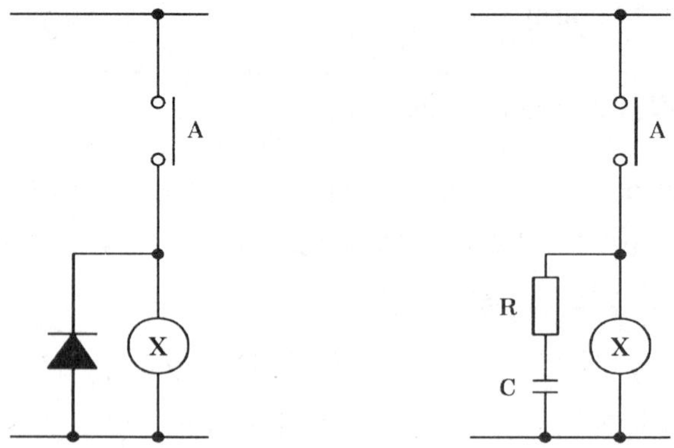

(a) 환류 다이오드　　(b) 서지 킬러

그림 1-3　접점 보호회로

계전기의 접점은 유도부하를 개폐할 경우 서지(surge)전압이 발생하여 접점의 마모현상을 방지하기 위하여 다음과 같은 방법을 사용한다.

여자 코일에 전원을 인가하면 코일이 여자되어 전자석이 되며 전자석은 철편을 흡인하여 가동 b접점에서 a접점으로 이동하고 전류는 가동접점에서 a접점으로 흐른다. 전원이 제거되면 코일에 흐르는 전류가 차단되어 전자석의 자기력이 제거되고(감자 또는 소자) 가동접점은 처음의 상태인 b접점으로 전환된다.

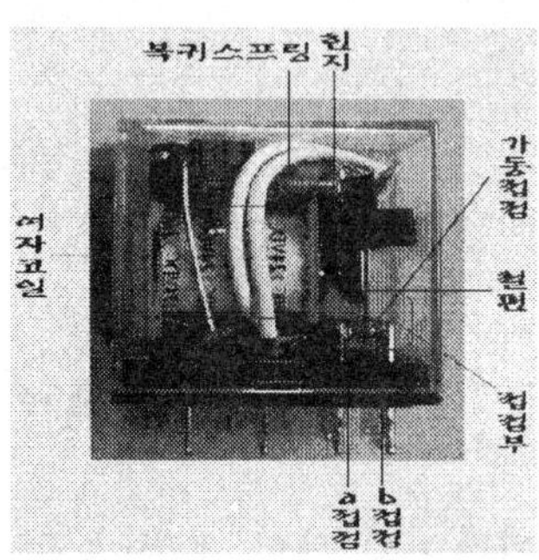

8핀 11핀 14핀

그림 1-4 계전기의 외형

종류와 구조 및 내부 결선도는 다음과 같다.

2번과 7번 단자에 전압을 가하면 릴레이 코일이 여자되어 b접점 1번과 4번, 8번과 5번이 개로 되면서 a접점 1번과 3번, 8번과 6번으로 이동하고 감자(소자)되면 원상태로 복귀한다.

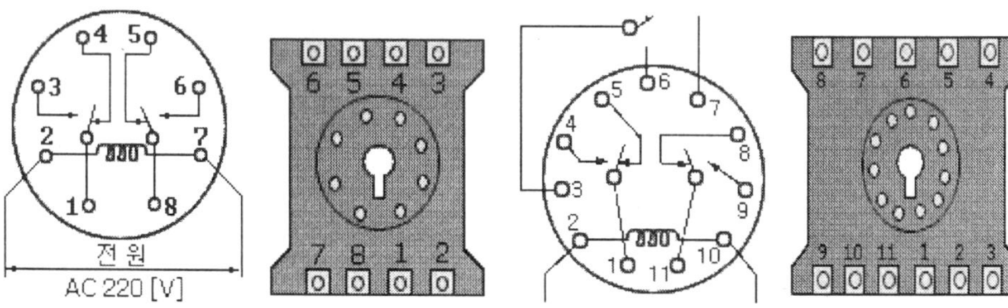

그림 1-5 계전기의 핀 구성

2번과 10번 단자에 전압을 가하면 릴레이 코일이 여자되어 b접점 1번과 5번, 3번과 7번, 11번과 8번이 개로 되면서 a접점 1번과 4번, 3번과 6번, 11번과 9번으로 이동한다. 감자(소자)되면 원상태로 복귀한다.

전자 계전기의 접점은 a접점과 b접점, c접점이 있다.

전자 계전기는 가동접점이 두 개의 고정접점을 여자에 따라 교대로 닫힘(ON)과 열림(OFF)동작을 한다. a접점을 이용할 때에는 C-NO, b접점을 이용할 때에는 C-NC 단자를 이용한다.

① **전자 계전기(릴레이)의 a접점** : 릴레이의 코일에 전류가 흐르지 않는 상태(복귀상태, 소자 상태)에서는 가동접점과 고정접점이 개로되어 있다.

릴레이의 코일에 전류가 흐르면(동작상태, 여자상태)에서는 가동접점이 고정접점에 접촉하게 되어 폐로되는 접점이다.

② 전자 계전기(릴레이)의 b접점 : 릴레이의 코일에 전류가 흐르지 않는 상태(복귀상태)에서는 가동접점이 고정접점에 접촉하고 있어 폐로되어 있다.
릴레이의 코일에 전류가 흐르는 상태(동작상태)에서는 가동접점과 고정접점이 떨어져 개로되는 접점이다.

③ 전자 계전기(릴레이)의 c접점(트랜스퍼 접점) : 하나의 가동접점을 공유하여 a접점과 b접점을 공유한 구조의 접점이며 복귀 상태에서는 가동접점이 상부의 고정접점에 접촉하여 폐로 상태, 하부 접점은 개로 상태가 된다.
동작 상태에서는 가동접점이 상부의 고정접점에서 떨어져 개로 상태, 하부접점은 접촉하여 폐로되는 접점이다.

(4) 타이머

시간을 제어 한다는 것은 어떤 신호의 흐름을 일정시간 동안 지연하거나 주기적, 간헐적인 신호가 나타나며 시간을 제어하기 위해서는 타이머(Timer)를 사용한다.

타이머는 여자 코일을 여자 또는 소자(감자)함에 따라 접점의 동작 또는 복귀에 시간적 지연이 있는 전자 계전기로 여자 코일(구동부)과 접점으로 구성된다.

타이머는 어떤 설정 시간에 의한 접점을 개폐하는 한시 a접점과 한시 b접점이 있다.

타이머는 시간을 검출하는 각종 스위치와 계전기를 조합하여 사용한다.

(가) 한시동작 순시복귀(ON Delay Timer)

그림 1-6은 한시동작 순시복귀 접점의 심벌 및 타임차트를 나타낸 것이다. 타임차트에서 타이머의 코일 T가 무여자(OFF)일 때, 한시동작 a접점은 개로(OFF)상태이며 한시동작 b접점은 폐로(ON)상태이다.

이 상태에서 타이머의 코일 T가 여자(ON)되면 한시동작 a접점은 순시접점과는 달리 즉시 동작되지 않고 타이머로 설정한 시간 t만큼 후에 폐로(ON)되며 반대로 한시동작 b접점은 t시간 이후에 개로(OFF)된다.

즉 동작에 시간적인 뒤짐이 발생되고 타이머의 코일이 무여자가 되면 한시 a접점, 한시 b접점 모두 코일이 무여자가 되는 즉시 원래대로 복귀하는 한시동작 순시복귀 접점이라고 하며 ON delay이다.

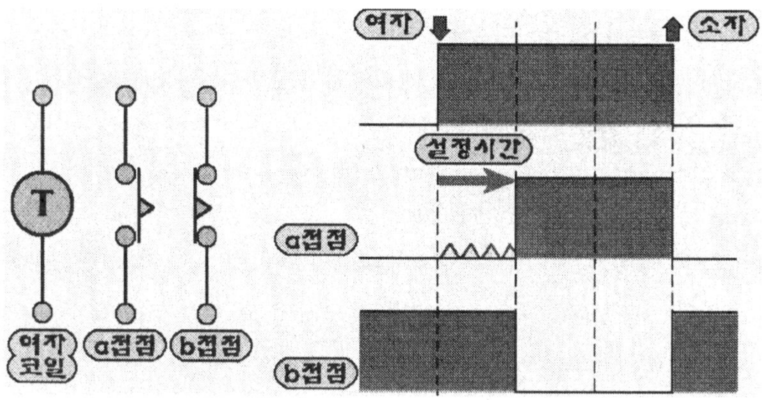

그림 1-6 한시동작 순시복귀

(나) 순시동작 한시복귀(OFF Delay Timer)

그림 1-7은 순시동작 한시복귀 심벌 및 타임차트를 나타낸 것이다. 타이머 T가 무여자(OFF)일 때, 한시복귀 a접점은 개로(OFF)상태이고 한시복귀 b접점은 폐로(ON)상태이다.

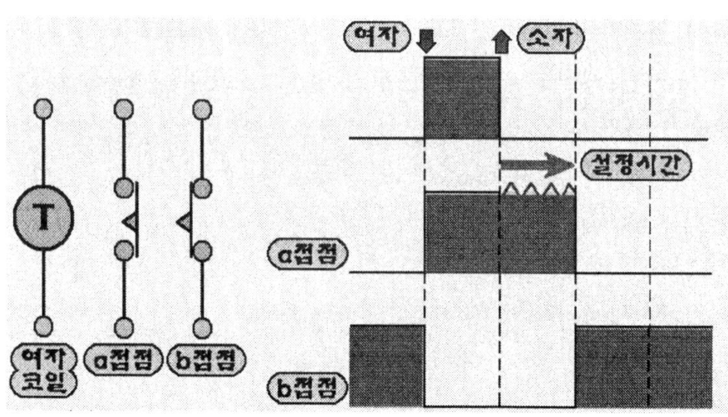

그림 1-7 순시동작 한시복귀

타이머 T가 여자(ON)되면 한시복귀 a접점은 즉시 폐로(ON)되고 한시복귀 b접점은 즉시 개로(OFF)된다. 타이머 T가 무여자(OFF)되면 한시복귀 a접점은 일정한 시간 후에 개로(OFF)되고 한시복귀 b접점도 일정한 시간 후에 원래대로 폐로(ON)

된다.

타이머의 코일이 여자되는 시간과 거의 같은 시각 즉, 순시로 동작하고 타이머의 코일에 전원이 제거되면(소자) 일정한 시간 후에 접점이 복귀되는 OFF delay이다.

(5) 전자 접촉기의 구조와 기능

전자 접촉기(Electromagnetic Contactor : MC)는 큰 접점 용량과 내압을 가진 전자 계전기의 일종으로 전자석에 의한 흡인력을 이용하여 주접점을 열고, 닫음으로써 주회로 전류와 같은 대전류의 개폐나 전동기의 빈번한 시동, 정지, 제어 등에 사용되며, 250[V], 10[A] 이상의 부하의 개폐에 사용한다.

주접점, 보조 접점으로 이루어지는 접점부와 전자 코일, 철심으로 이루어지는 조작 전자석부로 되어 있다.

주접점은 전동기의 주회로에 큰 전류가 흘러도 안전한 대전류 용량의 접점이며 보조 접점은 소형의 전자 계전기 접점과 같이 적은 전류 용량의 접점이다.

전자 코일에 전류가 흐르면 고정 철심이 전자석이 되어 가동 철심을 흡인한다.

이 흡인력에 의해서 가동 철심이 연동하여 주접점 및 보조 접점이 아래쪽으로 힘을 받아 주접점이 닫힘과 동시에 보조 접점도 동시에 개폐 동작을 한다.

열동형 과전류 계전기(THR)는 장방의 히터와 바이메탈을 조합한 열동 소자와 접점부로 이루어져 있다.

전류 조정기는 작동 레버의 간격을 조정하여 자기 전류 용량을 80~120[%] 까지의 전류 범위를 조정할 수 있으며 눈금 전류값의 80[%] 미만의 전류값으로는 동작하지 않는다.

주회로 단자는 부하 전류를 흘릴 수 있는 단자로서 바이메탈과 열선이 연결되어 있다.

복귀 버튼(리셋바 : Reset bar)은 과전류 계전기의 가동 접점을 수동으로 조작할 수 있다.

과부하로 과전류 계전기가 동작되면 회로가 차단되고 재복귀시 필요한 단자이며 트립(trip)은 강제로 회로를 차단시킨다.

접점에는 고정 a접점, 고정 b접점으로 구성되며 동작 레버의 앞판에 의하여 동작하는 것으로 고정 b접점에 접촉되어 회로를 구성하다가 과전류가 흐르게 되면 b접점을 이탈하여 고정 a접점에 접촉된다.

전동기에 과부하 또는 구속 상태 등으로 이상 전류가 흘러 온도가 상승하면 바이메탈이 일정량 이상 변형으로 연동 기구 사이의 접점부를 동작시킨다.

이 접점이 전자 접촉기의 조작 회로를 차단하고 이상 전류에 의한 전동기의 소손을 방지한다.

전자 접촉기에 열동형 과전류 계전기를 부착한 것으로 마그넷 스위치라고도 한다.

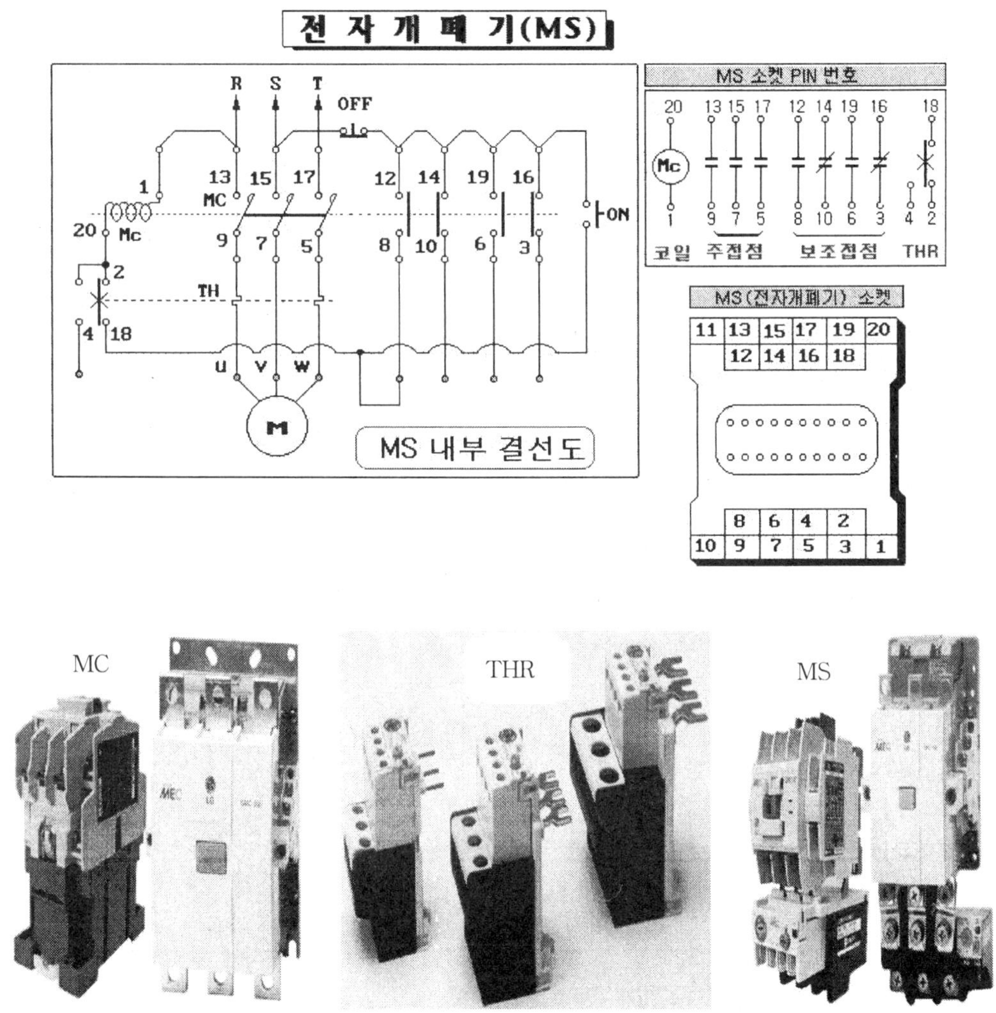

그림 1-8 전자 접촉기의 구성

표 1-2 시퀀스 회로 적용 기호

신 호			기 호		비 고
			가로 표기	세로 표기	
입력 신호(코일)			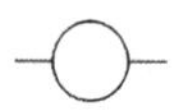	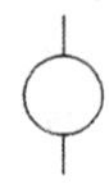	계전기, 타이머, 전자 접촉기 등의 코일로 전원 인가
출력 신호	보통접점	a접점	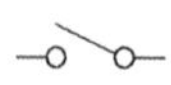		접점 조작을 개로나 폐로를 넣고 끊는 것(유지형)
		b접점			
	수동조작 자동복귀	a접점	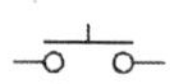		수동조작하면 폐로 또는 개로 하지만 떼면 스프링 등의 힘으로 복귀하는 접점(누름형, 당김형)
		b접점	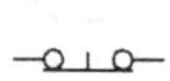		
	계전기 및 보조 계전기	a접점	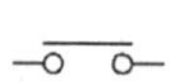	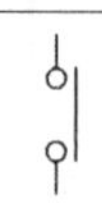	계전기나 전자접촉기의 보조접점으로 전자코일에 전류가 흐르거나 그렇지 않음에 따라 개로 또는 폐로하는 접점(순시 접점)
		b접점	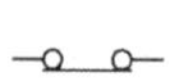		
	한시동작	a접점	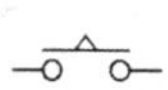	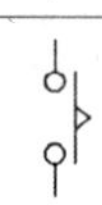	타이머 등 한시 계전기의 접점으로 접점이 개로 또는 폐로하는데 시간이 걸리는 접점
		b접점		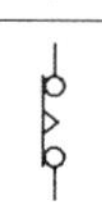	
	전자 접촉기	a접점	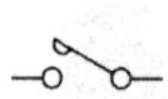	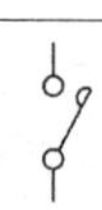	전자 접촉기의 주접점
		b접점	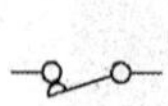	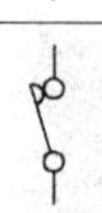	
	수동복귀	a접점	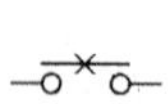	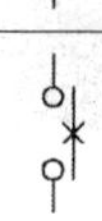	열동 계전기 접점 (인위적으로 복귀되는것, 전자석으로 복귀되는 것도 포함)
		b접점	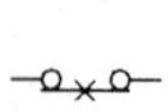		

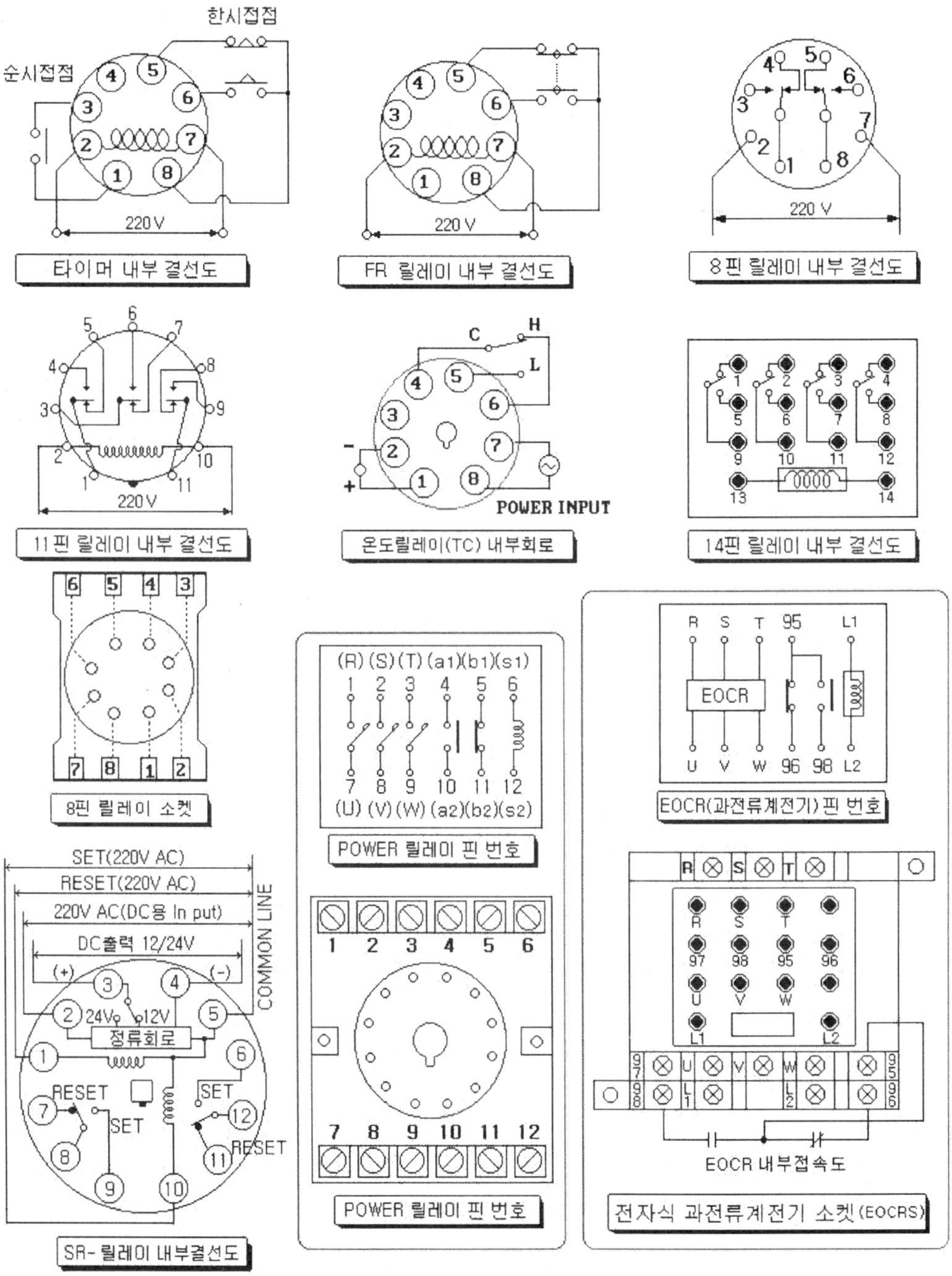

그림 1-9 각종 시퀀스 부품 핀 배치도

배선용 차단기는 회로의 과전류를 차단하는 가장 간단한 것은 퓨즈이며 일반적으로 퓨즈는 단락 및 과전류를 여는 경우 보호 계전기를 사용하지 않는 간단한 방법으로 사용되나 과부하 보호에는 적합하지 않다.

3상 전동기 운전 회로에서 과부하로 퓨즈 1상이 오픈되면 운전되지 않으며 이런 상태가 장시간 계속되면 전동기가 손상될 수 있다.

이러한 위험을 방지하기 위해 퓨즈 대신 NFB(노 퓨즈 브레이커) 또는 MCCB 배선용 차단기를 사용한다.

출력이 0.2[kW] 이상의 전동기에는 소손 방지를 위해 전동기 보호용 배선용 차단기를 설치된다.

(6) 유도전동기

유도전동기는 일반적으로 산업현장, 공사장, 양수기(펌프), 소형기기에 이르기까지 다양하게 사용되고 있다.

(가) 유도전동기의 종류

회전자가 구리 막대 또는 알루미늄 막대와 단락 고리를 주조로 구성된 농형 유도전동기와 회전자의 권선을 둥근 구리선이나 평각 구리선을 사용하고 회전자의 권선은 Y결선으로 하여 슬립링이나 브러시로 연결되어 있는 권선형 유도전동기가 있다.

① **농형 유도전동기** : 구조가 간단하고 튼튼하고 고장이 적고 유지보수가 편리하며 또한 속도 변동율이 적고 정속도로 운전이 가능하다. 단점으로는 기동전류가 커서 전원에 나쁜 영향을 주며 기동 토크가 작다.

② **권선형 유도전동기** : 양호한 기동 특성으로 대형 유도전동기에 많이 사용되며 단점으로는 구조가 복잡하고 가격이 비싸며 토크가 변화에 대한 속도 변동이 크다.

③ **단상 유도전동기** : 소형 전동기는 1[HP] 이하의 출력용 전동기이며 특수한 경우 1[HP] 이상의 것도 있다. 가정용 기기, 전동공구, 사무 자동화 기기에 많이 사용된다. 3상 유도전동기에 비해 효율이 좋지 않다.

(나) 유도전동기의 기동법

① **권선형 유도전동기의 기동법** : 권선형 유도전동기는 2차 권선을 슬립링과 브러시로 저항에 접속하여 기동하고 점차 저항값을 감소시켜 기동 전류를 제한

하는 방법을 2차 저항 기동법이라 한다. 기동 저항기는 기동 후에는 분리한다.

② 농형 유도전동기의 기동법

㉠ 직입 기동 : 5[kW] 이하의 소형 유도전동기에 주로 사용되며 전전압(정격전압)을 인가한 상태에서 기동하는 방법이며 유도전동기 기동시 기동전류는 정격 전류의 4~9배 전류가 흐른다.

㉡ Y-Δ 기동법 : 농형 유도전동기의 5~15[kW] 용량에서 사용하며 고정자 권선의 결선을 외부에 연결된 마그네트 스위치로 기동시에는 Y결선으로 전 전압의 $1/\sqrt{3}$의 전압이 인가되고 기동이 완료된 후 Δ결선으로 변환하여 전 전압을 인가하는 기동 방식이고 토크는 1/3로 감소된다.

㉢ 리액터 기동법 : 유도전동기의 1차 회로와 직렬로 리액터를 접속시켜 전동기에 전원전압을 강하게 기동하는 방법으로 고압 전동기에 적용된다. 펌프나 송풍기와 같은 것에 기동할 때는 부하 토크가 작고 가속에 따라 증가하는 부하에 사용된다.

㉣ KUSA 기동회로 : 삼상 유도전동기의 고정자 권선에 3개의 저항기를 직렬로 연결하여 기동하는 저항 기동법과는 달리 저항기 1개만 연결하여 속도를 서서히 증가시키면서 기동 전류도 제한하는 방법으로 방적기나 권선기 등의 기동회로에 많이 사용된다.

㉤ 기동 보상기 기동법 : 15[kW] 이상의 농형 유도전동기를 사용하고자 할 경우 단권 변압기에 전압을 인가하고 그 중간의 탭(Tap)에 전동기를 접속하여 기동하고 기동 완료 후 직접 연결하는 방식이다.

③ 단상 유도전동기의 기동법

㉠ 분상 기동형 : 주 권선은 상당히 낮은 저항과 높은 리액턴스로 기동 권선은 높은 저항과 낮은 리액턴스에 원심력 스위치를 부착하여 기동하는 방법이다. 회전 방향을 반대로 하려면 주권선이나 기동권선의 어느 한쪽을 반대로 한다.

㉡ 콘덴서 기동형 : 기동 권선과 직렬로 콘덴서를 접속해서 기동하며 높은 기동토크를 얻을 수 있다. 기동 콘덴서는 전동기가 70[%]의 속도에 도달하면 원심력 스위치에 의해 분리된다.

㉢ 영구 콘덴서형 : 기동할 때에나 운전할 때 항상 콘덴서를 기동권선과 직렬로 접속하고 사용하며 선풍기나 세탁기 등에 많이 사용한다.

(7) 시퀀스 작도법

각종 제어장치에 복잡한 제어회로가 사용하게 되고 기기 상호간의 접속을 표시, 단선 접속도, 복선 접속도, 배치도 등의 작동 형태 도면을 시퀀스도라고 한다.

(가) 시퀀스 작도시의 규칙

① 모선(제어 전원선)은 도면 상하에 가로선으로 표시하든지(종서), 도면 좌우에 세로선(횡서)으로 표시한다.

② 제어기기 및 접점을 연결하는 접속선(신호선)은 상하의 모선 사이에 세로선으로 표시하거나(종서) 또는 좌우 모선 사이에 가로선으로 표시(횡서)한다.

③ 접속선(신호선)은 작동순서에 따라 좌에서 우로 또는 위에서 아래로 작도한다.

④ 제어기기는 작동되지 않은 상태로 하여 전원이 모두 차단된 상태로 나타낸다.

⑤ 개폐접점을 가진 제어기기는 그 기구부분이나 지지, 보호 부분 등을 생략하고 접점, 코일 등 만으로 표시하며 접점과 코일은 분리하여 표시한다.

⑥ 제어기기가 분산된 경우에는 그 제어기기 명을 표시한 분자기호를 첨가하여 기기의 관련 상태를 표시한다.

종서란 신호의 흐름 방향이 상하 방향인 것으로 모선은 가로로 위 아래에 그리는 것으로 접속선(신호선)은 작동순서에 따라 좌에서부터 우로 그리는 것을 원칙으로 한다.

횡서는 신호의 흐름 방향이 좌에서 우로, 가로 방향인 것으로 모선은 세로로 도면 좌우에 그리는 것으로 접속선(신호선)은 작동순서에 따라 위에서 아래로 작성한다.

1.3 기본 회로 구성

(1) 푸시버튼 사용례

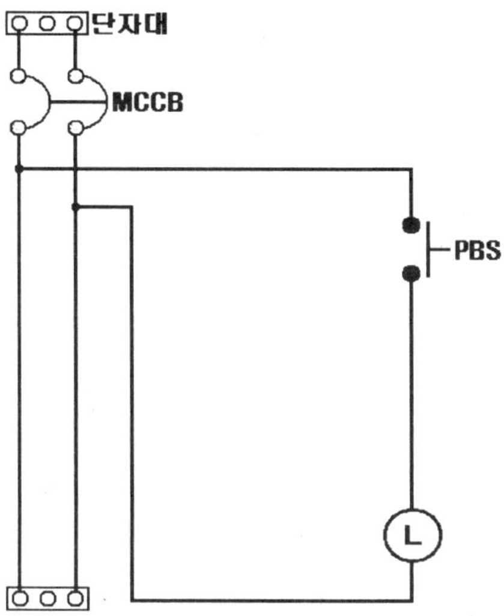

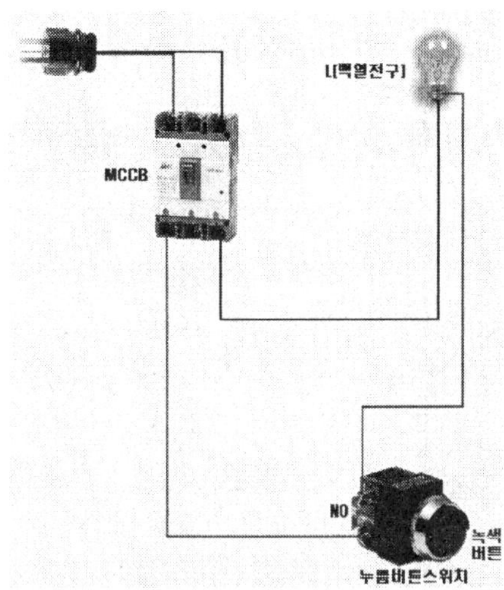

누름버튼 스위치를 ON 조작하면 누름버튼 스위치의 a접점이 붙어 전구 L이 ON 된다.

누름버튼 스위치를 OFF 조작하면 a접점이 떨어지고 전구 L이 OFF된다.

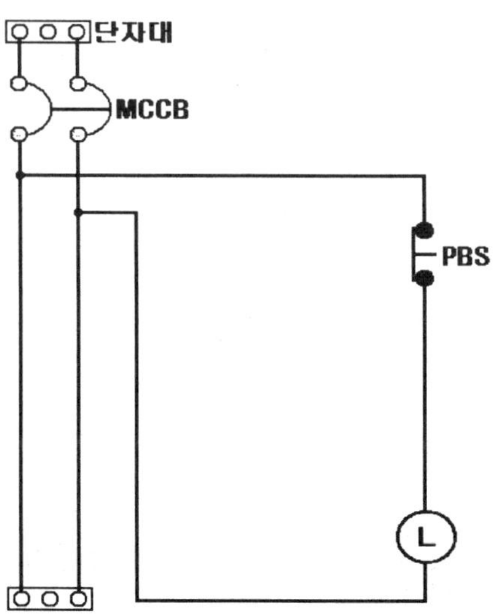

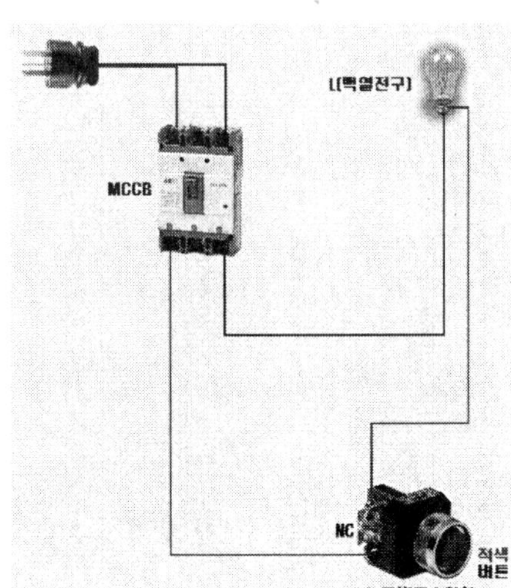

누름버튼 스위치를 ON 조작하면 누름버튼 스위치의 b접점이 OFF되어 전구 L이

OFF된다.

누름버튼 스위치를 OFF 조작하면 b접점이 붙어 전구 L이 ON된다.

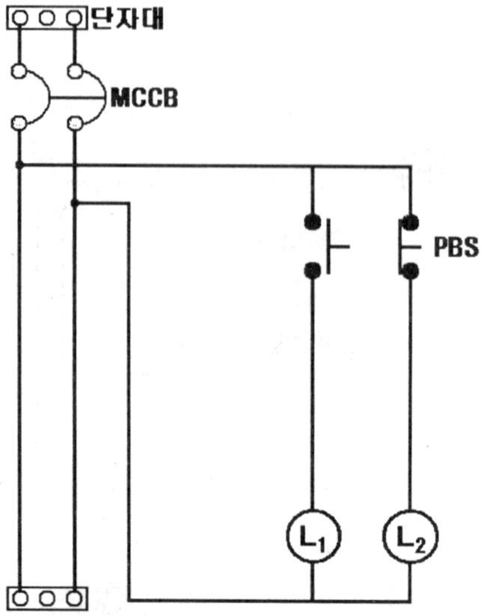

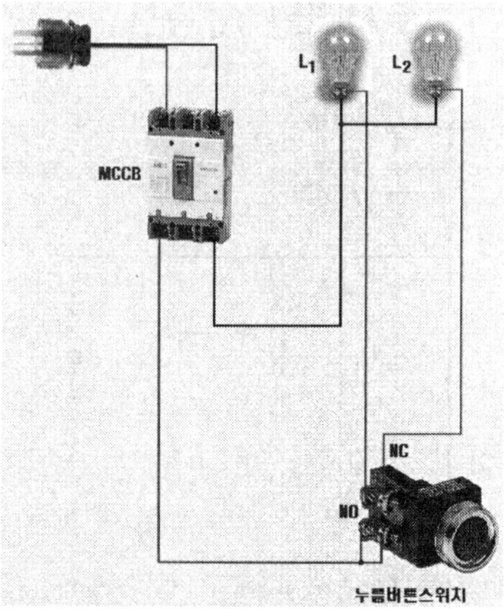

누름버튼 스위치를 OFF 조작하면 누름버튼 스위치의 b접점이 붙어 있어 전구 L_2가 ON된다.

누름버튼 스위치를 ON 조작하면 누름버튼 스위치의 b접점이 떨어지고 a접점이 붙어 전구 L_2가 OFF되고, 전구 L_1이 ON된다.

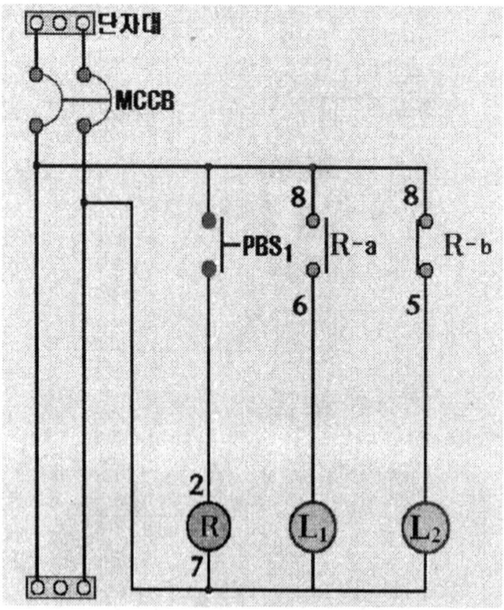

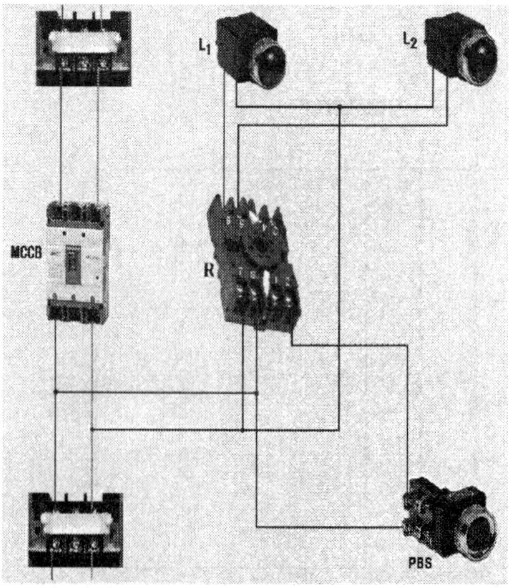

배선용 차단기 MCCB를 ON 조작함과 동시에 전구 L_2가 점등된다.

누름버튼 스위치 PBS를 ON 조작하면 전자 계전기가 여자되면서 b접점이 떨어져 전구 L_2가 소등되고 동시에 a접점이 붙으면서 전구 L_1이 점등된다.

누름버튼 스위치 PBS를 OFF 조작하면 전자 계전기가 소자되면서 a접점이 떨어지면서 전구 L_1이 소등되고, 동시에 b접점이 붙으면서 전구 L_2가 점등된다.

(2) 자기유지 회로

외부로부터의 신호를 일시적으로 기억하는 회로를 자기유지 회로라 하며 기억회로라고도 한다.

정지 우선 자기유지 회로와 시동 우선 자기유지 회로가 있는데 일반적으로 정지 우선 자기유지 회로를 많이 사용한다.

(가) 정지 우선 자기유지 회로

① 평상시는 ST(Pb)과 릴레이 R의 a접점이 열려있어 릴레이 코일에는 전원이 인가되지 않는다.(무여자).

② ST 버튼 스위치를 누르면 화살표와 같이 회로가 구성되어 릴레이 코일 Ry에 전류가 흐르게 된다.(여자)

릴레이 Ry가 여자되면 ST 푸시버튼과 병렬로 접속되어 있는 a접점이 붙는다.

③ 전류는 릴레이 코일로 흐르게 된다.(코일은 여자 상태를 유지).

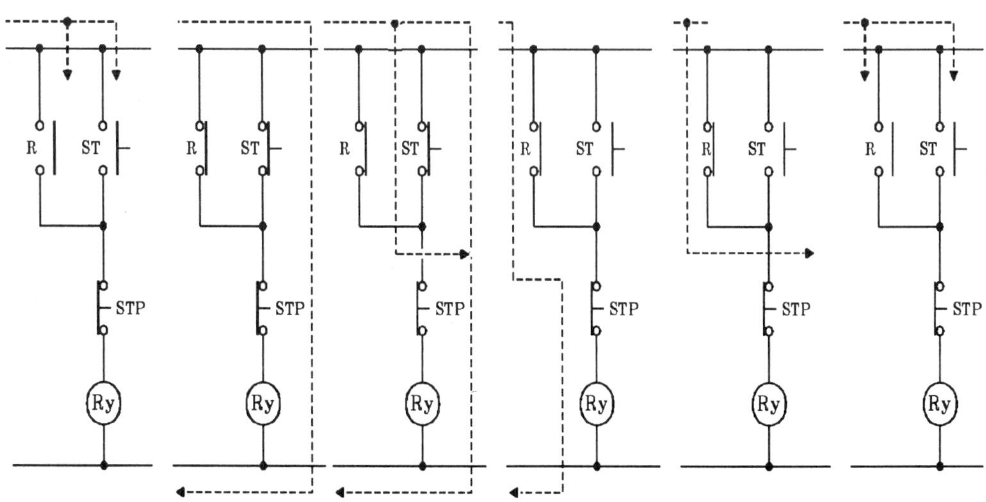

그림 1-10 자기유지 회로의 동작

ST 버튼 스위치를 OFF하여 스위치를 복귀 시켜도 전류는 계속하여 a접점 쪽으로 흘러 코일을 여자시켜 주고 또 코일이 여자되어 있으므로 a접점은 계속하여 붙어 있게 된다.

즉 ST 버튼 스위치와 병렬로 연결된 a접점은 코일 Ry의 여자상태를 계속 유지하는 자기유지 회로이다.

④ 자기유지 상태를 해제하려면 자기유지 회로와 릴레이 코일의 중간에 있는 STP 푸시버튼을 ON하여 코일에 흐르는 전류를 차단시켜 주면 코일이 무여자 상태가 된다.

⑤ 자기유지 접점이 원위치로 복귀되고 STP 푸시버튼 스위치 회로가 연결된다 하여도 자기유지 접점이 이미 OFF되어 있어 릴레이 코일은 무여자 상태가 된다.

ST 스위치와 STP 스위치를 동시에 누르면 릴레이 코일 Ry는 무여자 상태가 되는 자기유지 회로를 정지 우선 자기유지 회로라 한다.

(나) 기동 우선 자기유지 회로

ST 푸시버튼을 누르면 릴레이 Ry가 여자되고 릴레이가 여자되면 릴레이 Ry의 a접점이 붙어 ST 푸시버튼과 a접점 쪽으로 전류가 같이 흐르게 된다.

ST 푸시버튼에서 손을 떼어 복귀하여도 a접점 쪽으로 전류는 계속 흘러 자기유지회로를 구성하게 된다. 자기유지를 해제하려면 자기유지 접점과 직렬로 접속된 STP 푸시버튼 스위치를 ON한다.

이 회로에서 ST와 STP 푸시버튼 스위치 2개를 동시에 ON하면 여자 상태가 되는 회로를 시동 우선 자기유지 회로라 한다.

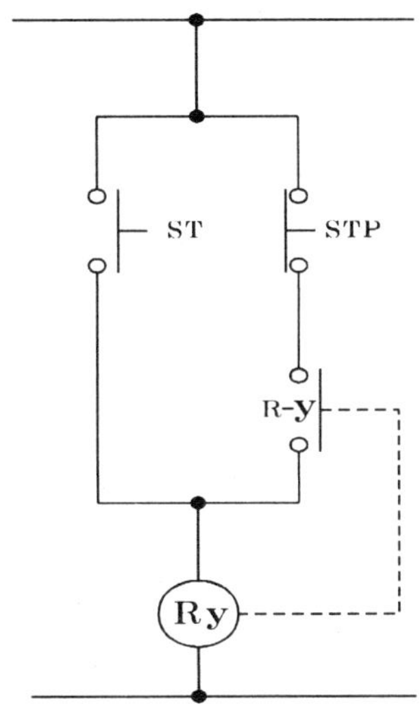

그림 1-11 기동 우선 자기유지 회로

(다) a접점 정지 우선 자기유지 회로

정지 우선 자기유지 회로의 일종이며 자기유지는 푸시버튼 스위치로 릴레이 코일을 단락시켜 여자상태를 해제한다. 그러나 이 방법은 릴레이 코일 단락시 회로의 단락을 방지하기 위하여 직렬 저항을 필요로 하게 된다.

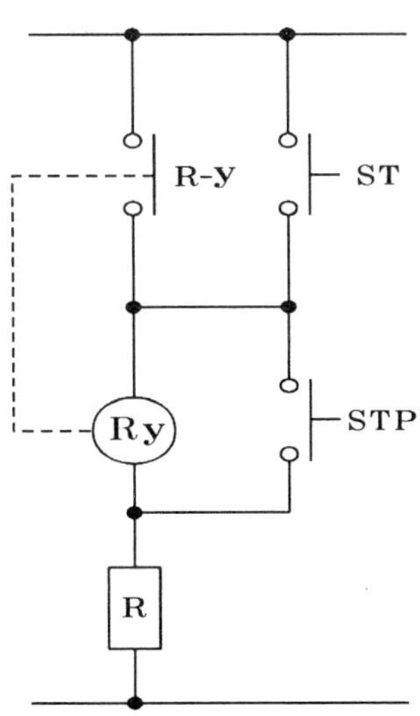

그림 1-12 정지 우선 자기유지 회로

ST 푸시버튼을 ON하면 릴레이 Ry→저항 R로 전류가 흘러 릴레이 Ry가 여자되고 ST 푸시버튼을 OFF 하여도 릴레이 Ry의 a접점→Ry→저항 R로 전류가 흘러 자기유지 회로가 구성되어 릴레이 Ry는 계속 작동되게 된다.

자기유지를 해제하려면 STP 푸시버튼를 누르면 릴레이 코일의 저항보다 푸시버튼의 저항이 적기 때문에 푸시버튼 쪽으로 전류가 흘러 릴레이가 작동할 수 없게 되고 릴레이 a접점은 R은 열리게 되어 자기유지회로가 해제된다.

✤ 정지(병렬)우선 자기유지 회로 ✤

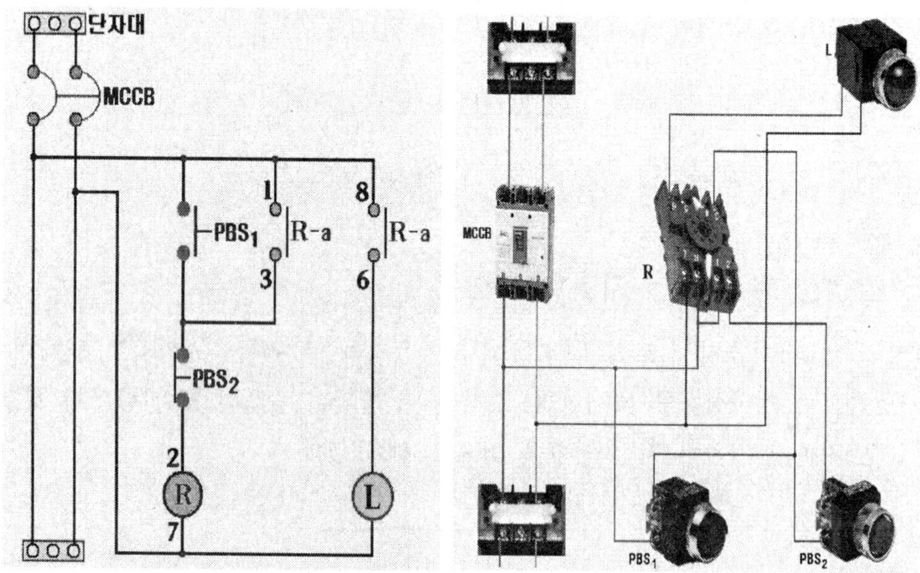

누름버튼 스위치 PBS_1을 ON-OFF 조작하면 전자 계전기 R이 여자된다.

전자 계전기 R의 a접점 R-a가 붙어 자기 유지되면서 동시에 전구 L이 점등된다.

이 상태에서 누름버튼 스위치 PBS_2를 ON 조작하면 전자 계전기 R이 소자되어 전자 계전기 R의 a접점 R-a의 접점이 복귀된다.(자기 유지 해제)

동시에 전구 L이 소등된다.

(3) 전자 개폐기 회로

주회로는 주로 동력원이 되는 전동기 등 대전력을 소비하는 회로이며 주회로의 부하를 정지 또는 기동시킬 것인가를 판단하는 회로로서 전자 계전기나 트랜지스터, IC 등으로 이루어진 기본적인 논리 회로로 구성된다.

교류 전원과 직류 전원을 다함께 사용할 수 있으며 사용하는 전류는 수 [A] 미만의 전류를 사용한다.

배선용 차단기 MCCB를 ON 조작하면 전구 L_2가 점등된다.

누름버튼 스위치 PBS_1을 ON-OFF 조작하면 전자접촉기 MC가 여자되고 전자접촉기 MC의 a접점 MC-a가 붙어 자기 유지되면서 동시에 전구 L_1이 점등되고 MC-b 접점이 OFF되어 전구 L_2가 소등된다.

누름버튼 스위치 PBS_2를 ON-OFF 조작하면 전자 접촉기 MC가 소자되어 전자접촉기 MC의 a접점 MC-a의 접점이 OFF된다.(자기 유지 해제)

동시에 전구 L_1이 소등되고 MC-b의 접점이 ON되어 전구 L_2가 점등된다.

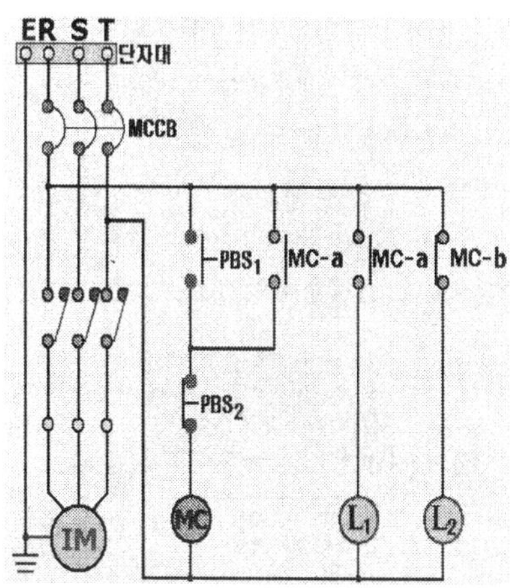

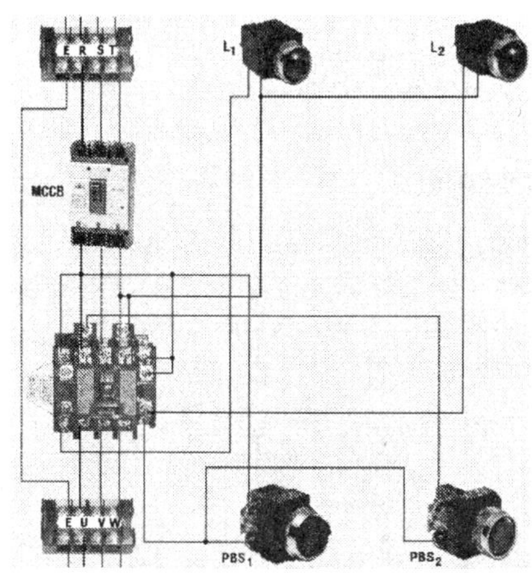

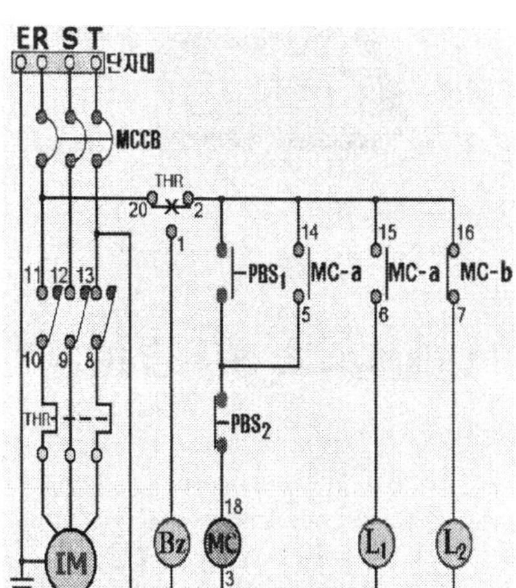

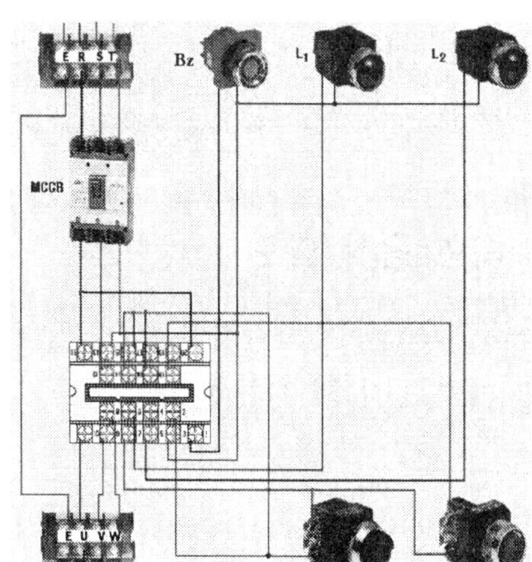

배선용 차단기 MCCB를 ON 조작하면 전구 L_2가 점등된다.

누름버튼 스위치 PBS_1을 ON-OFF 조작하면 전자접촉기 MC가 여자되고 전자접촉기 MC의 a접점 MC-a가 ON되어 자기 유지되면서 전구 L_1이 점등되고 MC-b 접점이 OFF되어 전구 L_2가 소등된다.

누름버튼 스위치 PBS_2를 ON-OFF 조작하면 전자 접촉기 MC가 소자되어 전자 접촉기 MC-a의 접점이 OFF된다.(자기 유지 해제)

동시에 전구 L_1이 소등되고 MC-b의 접점이 붙어 전구 L_2가 점등된다.

과전류 계전기의 리셋 바를 위로 잡아당기면 부저 Bz가 울리고 전구 L_2가 소등된다. 과전류 계전기의 리셋 바를 원위치 시키면 부저 울림이 정지되며 전구 L_2가 점등된다.

(4) 타이머 회로

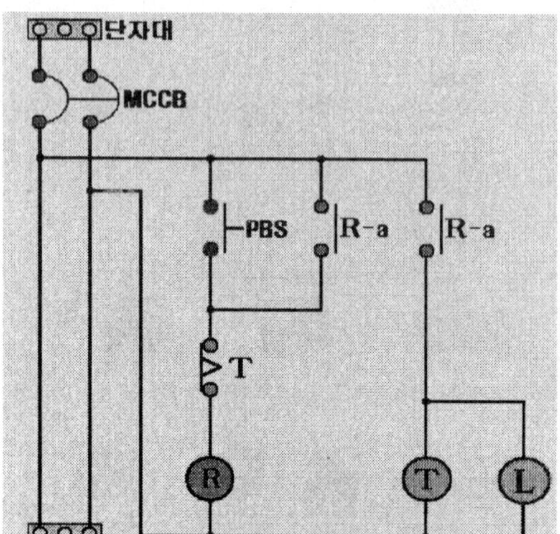

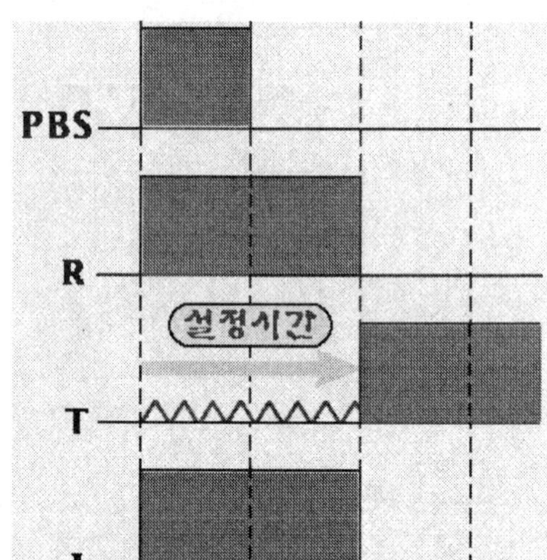

(가) 지연 동작 회로

PBS_1을 ON-OFF 조작하면 어떤 일정 시간(타이머의 설정 시간) 후에 동작하는 회로를 지연 동작 회로라 한다.

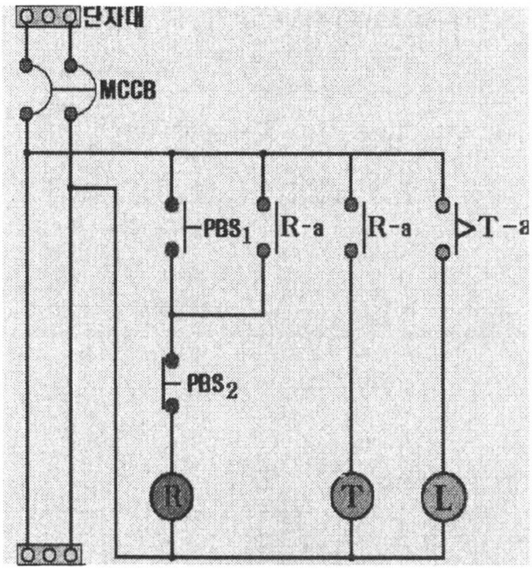

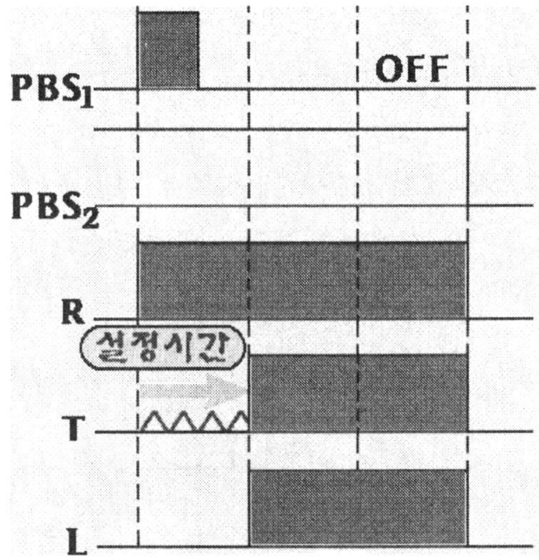

타이머의 설정 시간을 5초로 하고 누름버튼 스위치 PBS_1을 ON-OFF 조작하면 전자 계전기 R가 여자된다.

전자 계전기 R의 a접점 R-a가 붙어 자기 유지되면서 타이머 T가 여자되고 5초 후에 전구 L이 점등된다.

PBS_2를 ON-OFF 조작하면 전자 계전기 R가 소자되어 전자 계전기 R의 a접점 R-a가 OFF되어 타이머 T가 소자되고 전구 L이 소등된다.

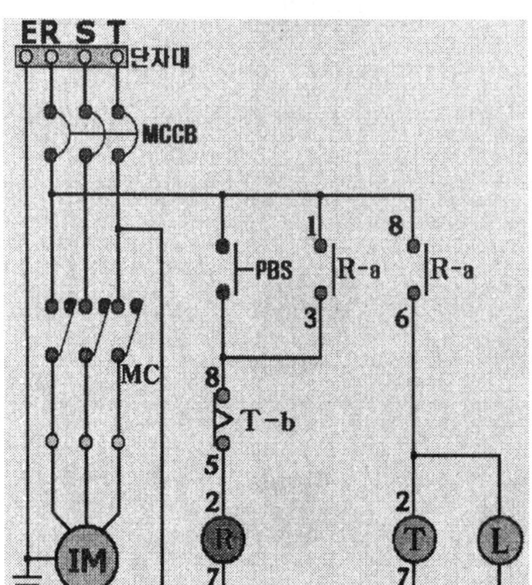

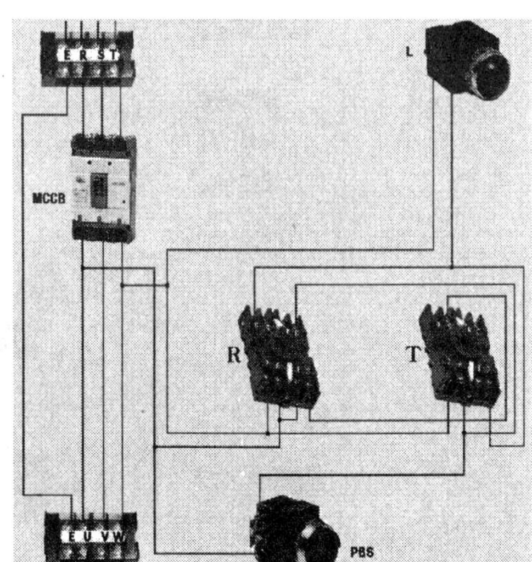

타이머의 설정 시간을 5초로 하고 배선용 차단기 MCCB를 ON 조작한다.

누름버튼 스위치 PBS를 ON-OFF 조작하면 전자 계전기 R가 여자된다.

전자 계전기 R의 a접점 R-a가 붙어 자기 유지되면서 타이머 T가 여자됨과 동시에 전구 L이 점등된다.

타이머 T의 설정시간 5초가 경과하면 타이머 T의 b접점 T-b가 OFF된다.

동시에 전자 계전기 R이 소자되면서 전자 계전기 R의 a접점 R-a가 OFF되어 타이머 T가 소자되고 전구 L이 소등된다.

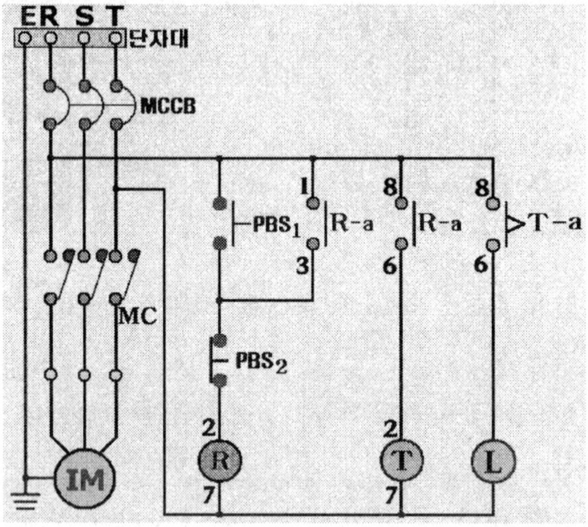

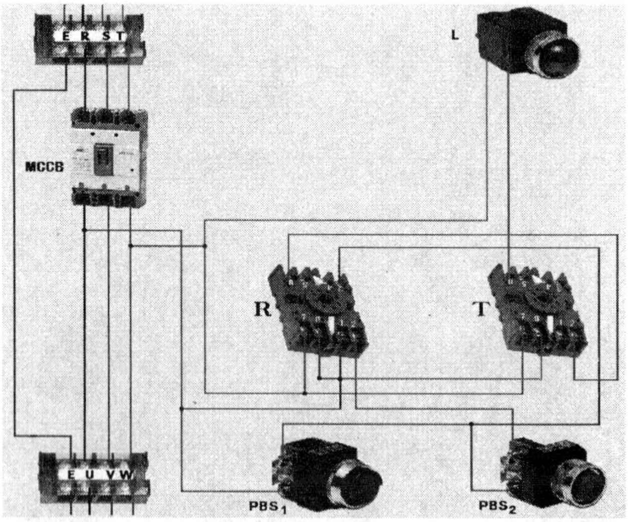

타이머의 설정 시간을 5초로 하고 배선용 차단기 MCCB를 ON 조작한다.

누름버튼 스위치 PBS_1을 ON-OFF 조작하면 전자 계전기 R가 여자된다.

전자 계전기 R의 a접점 R-a가 자기 유지되면서 타이머 T가 여자되지만 전구 L

은 계속 소등 상태로 되어 있다.

타이머 T의 설정 시간 5초가 경과하면 타이머 T의 a접점 T-a가 ON되어 전구 L이 계속 점등되어 있다.

누름버튼 스위치 PBS_2를 ON-OFF 조작하면 전자 계전기 R이 소자되면서 전자 계전기 R의 a접점 R-a가 OFF되어 타이머 T가 소자됨과 동시에 타이머 T의 a접점 T-a가 OFF되어 전구 L이 소등된다.

(5) 인터록 회로

(가) 선행 우선 회로

여러개의 입력 중 가장 먼저 들어온 신호를 우선으로 하여 회로가 작동하고 다른 신호는 무시하는 것이다. 그림 1-13에서 3개의 입력 A, B, C 중에서 입력 A 신호가 가장 먼저 들어왔다고 하면 전류는 신호 A-Y1접점-Z1접점-코일 X를 통해 흐르므로 코일 X는 여자된다.

코일 X가 여자되므로 코일 Y, Z에 직렬로 연결된 코일 X의 b접점 X1과 X2가 각각의 회로를 차단하게 된다.

이 상태에서 입력 신호 B나 C를 눌러도 이미 X의 b접점으로 차단되어 Y, Z는 동작할 수 없게 된다.

가장 먼저 들어온 신호만이 유효하고 나중에 들어오는 신호는 무효가 되는 것을 선행 우선 회로라고 한다.

입력 신호가 2개의 경우일 때 먼저 입력된 신호가 나중에 들어온 신호는 무효가 되며 입력 신호 둘 중에 하나가 동작하면 다른 하나는 동작을 하지 못한다.

두개의 입력 신호 중 반드시 둘 중 하나만이 동작 할 수 있게 하는 회로를 인터록(inter lock)회로라 한다.

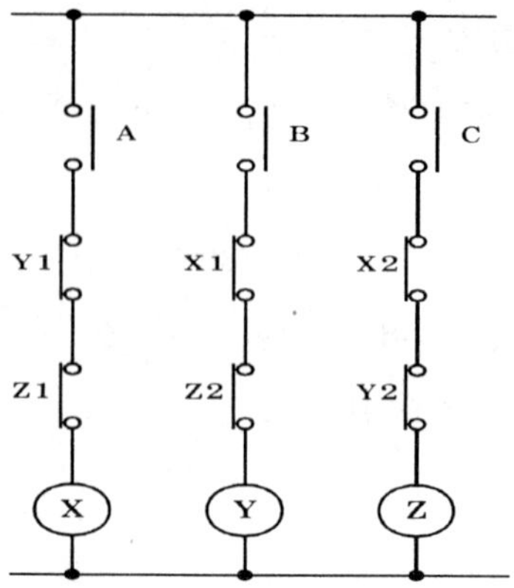

그림 1-13 선행 우선 회로

(나) 후선택 우선 회로

여러개의 입력 중 가장 늦게 입력된 신호를 우선으로 하며 먼저 입력된 신호가 있으면 그 회로의 동작을 정지시키고 새로운 입력에서만 출력을 내는 것이다. 그림 1-14에서 제일 먼저 입력신호 A가 들어왔다면 코일 X를 여자하여 입력 신호 A와 병렬로 접속된 X1 접점이 닫혀 자기유지 된다.

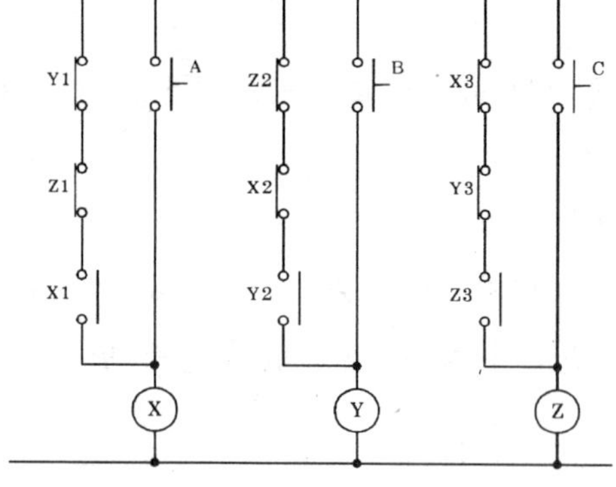

그림 1-14 후선택 우선 회로

신호 A가 없어져도 Y 및 Z의 자기유지 접점과 직렬로 접속된 X2, X3 b접점이 Y 및 Z를 차단하고 있다.

그 후 입력신호 C가 입력되면 Z가 여자되어 Z3의 a접점으로 자기유지 되고 Z1 b접점으로 코일 X의 자기유지를 해제하여 X는 출력이 OFF된다.

Y 또한 X2 b접점이 ON 되지만 Z2로서 차단하고 있어 마지막으로 신호가 입력된 Z만이 출력이 나타난다.

(다) 순위별 우선 회로

여러개의 입력 신호 중 미리 우선순위를 정해 놓고 어떤 신호가 입력되더라도 그보다 순위가 높은 입력신호가 입력되면 동작하고 있던 순위가 낮은 쪽은 출력을 정지시키고 높은 순위의 입력 신호에 해당하는 출력만이 나타나는 회로이다.

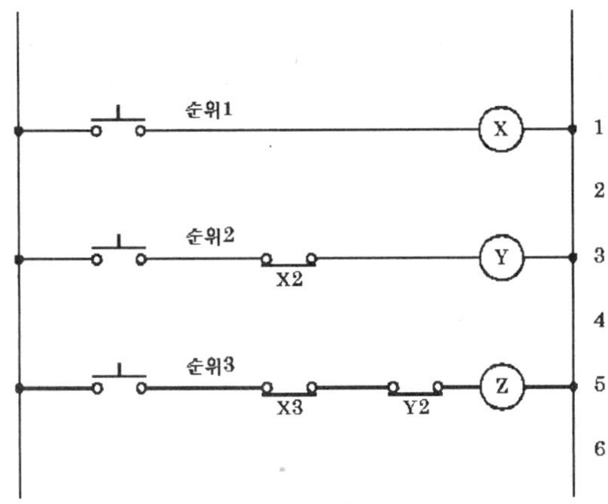

그림 1-15 순위별 우선 회로

그림 1-15에서 입력신호는 순위 1이 가장 높고 순위 3이 가장 낮은 순위이다. 먼저 순위 3의 입력신호가 들어왔다면 X3 및 Y2의 b접점을 통하여 Z가 여자되고 Z1의 a접점으로 자기유지되어 Z에서 출력이 나타나고 있다.

순위 1이나 순위 2의 입력신호가 입력되면 Z는 출력을 정지하게 되는데 먼저 순위 2의 입력신호가 입력되었을 경우에는 X가 동작을 하고 있지 않기 때문에 X2는 닫혀 있으므로 Y가 여자되게 된다.

Y가 여자되면 Y1의 a접점으로 출력이 유지되며 동시에 Y2의 b접점으로 Z의 출력을 OFF하여 Z는 출력을 정지하고 Y만이 출력하게 된다.

Z가 출력중인 상태에서 순위 1의 입력이 되면 X가 여자되고 X1 a접점으로 출력 유지되어 X는 계속 출력되는 동시에 X3 b접점으로 Z의 출력을 해제하여 출력을 정지한다.

Y가 출력 중에 순위 3의 신호가 입력되면 Z는 Y의 b접점 Y2로 차단되어 있으

므로 출력이 나타날 수 없다.

즉, 순위가 높은 입력신호는 낮은 순위의 입력을 정지시키고 자신의 출력이 나타날 수 있는 회로를 순위별 우선 회로라 한다.

그림 1-16과 같이 순위별 우선 회로를 구성 할 수도 있다.

이 회로의 장점은 입력과 신호의 수가 많아도 출력용 릴레이의 접점이 a접점 1개, b접점이 1개로 구성된다.

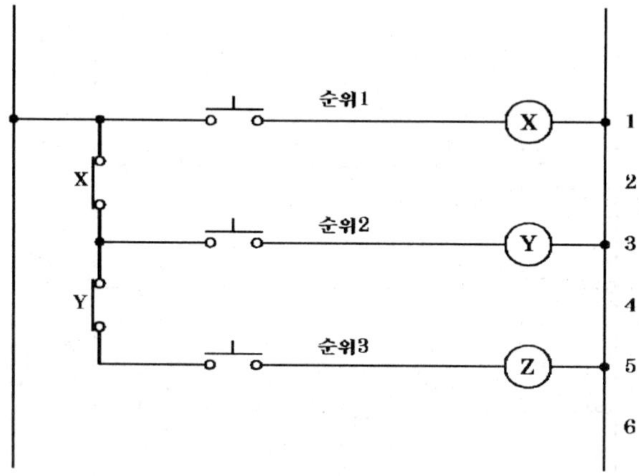

그림 1-16 순위별 우선 회로

(라) 순차별 우선 회로

이 방법은 미리 동작 해야할 순서를 정해놓고 차례로 순차적으로 동작하게 하는 방식이다.

이 회로는 동작하는 순서가 X, Y, Z의 순으로만 동작하게 하였다.

즉 순서 1의 신호가 입력되어 X가 출력이 있는 경우에 X의 a접점이 닫혀 순서 2의 입력신호가 유효하게 되고 또한 Y가 출력이 있는 경우에 순서 3의 입력신호가 유효 할 수 있다.

정지 역시 순서를 정해놓고 순서대로만 정지 시킬 수 있다.

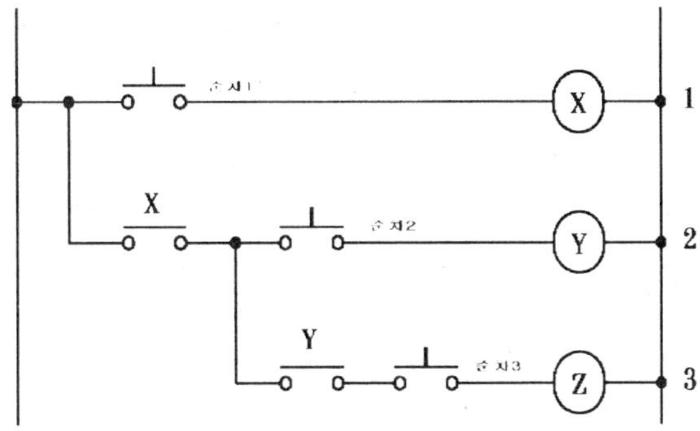

그림 1-17 순차 우선 회로

(6) 유도전동기의 기동

(가) 1개소 직입기동

전동기에 전원 전압을 인가하여 기동시키는 방법이며 전동기 제어 방법이 간단하다.

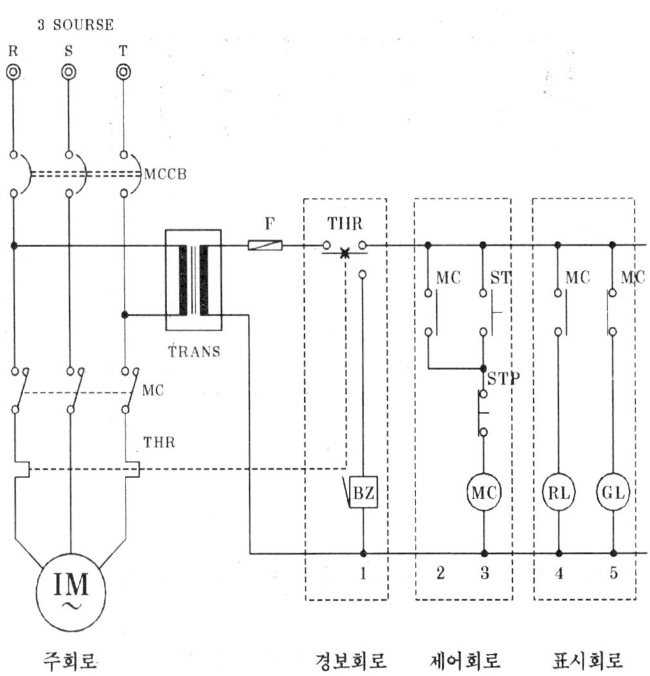

그림 1-18 농형 유도전동기의 1개소 직입 기동

기동시 정격 전류의 4~9배의 전류가 흐르기 때문에 큰 전동기에는 사용되지 않으며 5[kW] 이하의 소형 전동기에 많이 사용된다.

기동 시간이 길어질 경우 과열이 발생될 수 있으며 다음과 같이 삼상 유도전동기를 연결하여 사용한다.

점선으로 표시된 부분의 380[V]/220[V] 트랜스는 전원 전압이 220[V] 이상의 경우에 해당된다.

(나) 2개소 직입기동

전동기의 2개소 기동이란 전동기 1대의 제어를 전동기와 가까운 현장 제어반과 중앙 제어반 등 2곳 이상에서 제어할 수 있도록 하는 회로이며 전동기의 기동, 정지에 사용하는 조작 스위치와 상태 표시등도 2곳 모두 설치한다.

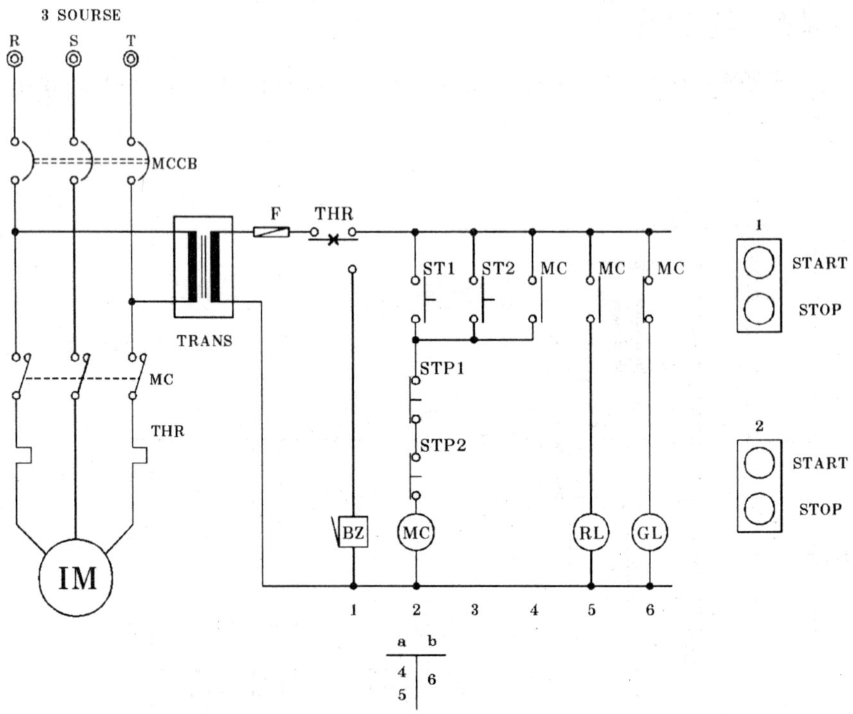

그림 1-19 농형 유도전동기의 2개소 직입 기동

기동 스위치는 자기유지 접점에 병렬로 연결하여 몇 곳이라도 제어가 가능하며 정지 스위치는 기동 스위치와 직렬로 연결하여 반드시 어느 곳에서도 정지시킬 수 있어야 한다.

중앙 제어반에서 비상정지 스위치를 설치하여 고장수리, 이상 발생시 조치가 완료될 때까지 통제가 필요하다.

(다) 리액터 기동회로

유도전동기에 전전압을 인가하여 기동할 경우 기동전류는 정격전류의 4~9배 정도의 기동 전류가 흐른다.

기동 전류 제한 용도로 리액터 기동법을 사용하며 농형 유도전동기의 1차 권선(고정자 권선)에 직렬로 철심이 든 리액터를 연결하여 기동함으로서 리액터의 전압강하 나머지 전압만 농형 유도전동기의 고정자 권선에 인가되어 기동하고 기동 후 리액터를 분리하여 전전압으로 운전하는 일종의 감압 기동방식이며 고압 전동기의 기동 방식으로 많이 사용된다.

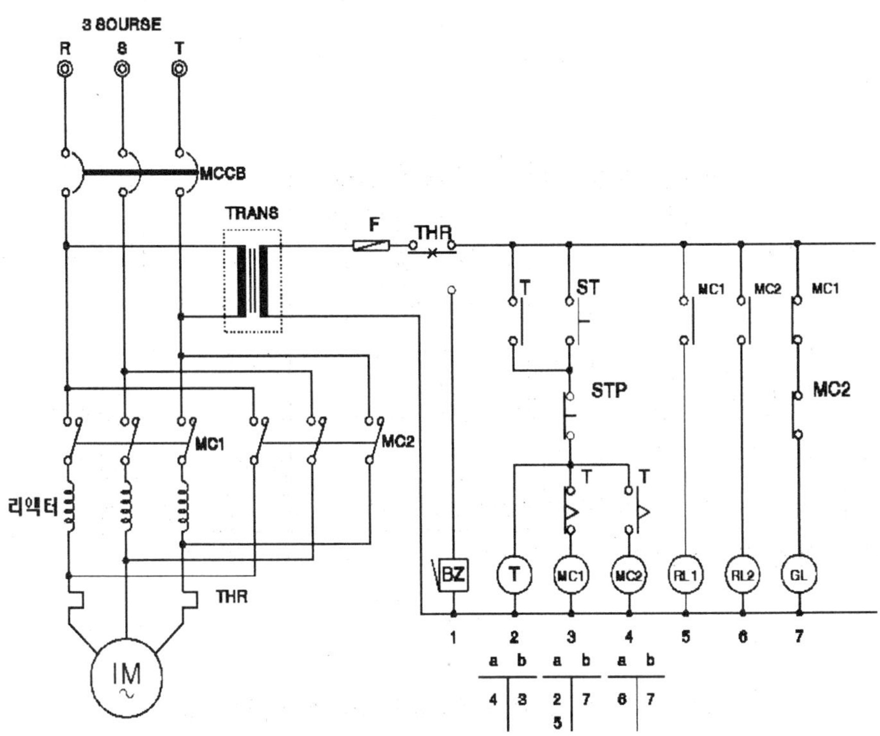

그림 1-20 리액터 기동회로

(7) 3상 유도전동기 운전

(가) 촌동 회로

조그(Jog), 인칭(Inching)회로라고 하며 전동기를 운전하는데 기동 스위치를 ON하여 자기유지시키고 계속 운전하다 정지시키는 것이 아니고 별도의 푸시버튼 스위치를 두어 이 스위치를 ON하고 있는 동안만 운전되는 것을 촌동 운전이라 한다.

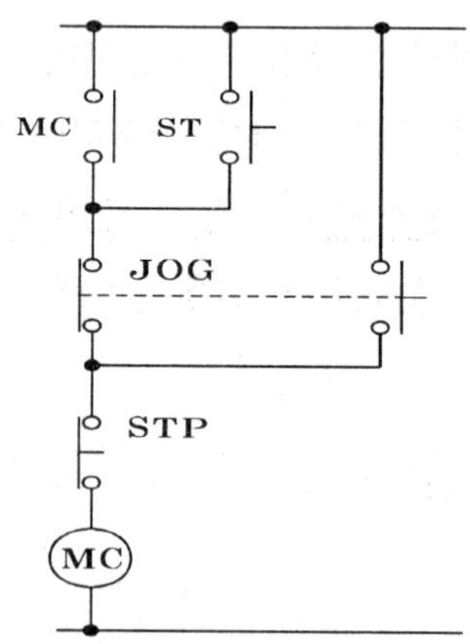

그림 1-21 촌동 운전 회로

그림 1-21에서 1a 1b 푸시버튼 스위치를 b접점은 자기 유지를 해제하기 위한 목적으로 또 a접점은 자기유지 회로와는 관계없이 MC로의 전류 통로를 구성한다.

b접점이 없는 푸시버튼 스위치를 사용하면 전동기의 운전 중에는 촌동 운전을 할 수 없으며 또한 정지시에는 촌동용 a접점을 누름으로서 MC의 a접점으로 자기유지되어 촌동 운전이 되지 않는다.

촌동 운전은 선반에서 테이블의 미세(微細)이동, 바이트의 미세 이동 등 공작기계의 미세 위치 조정에 적합하며 호이스트 운전에 적합한 운전회로이다.

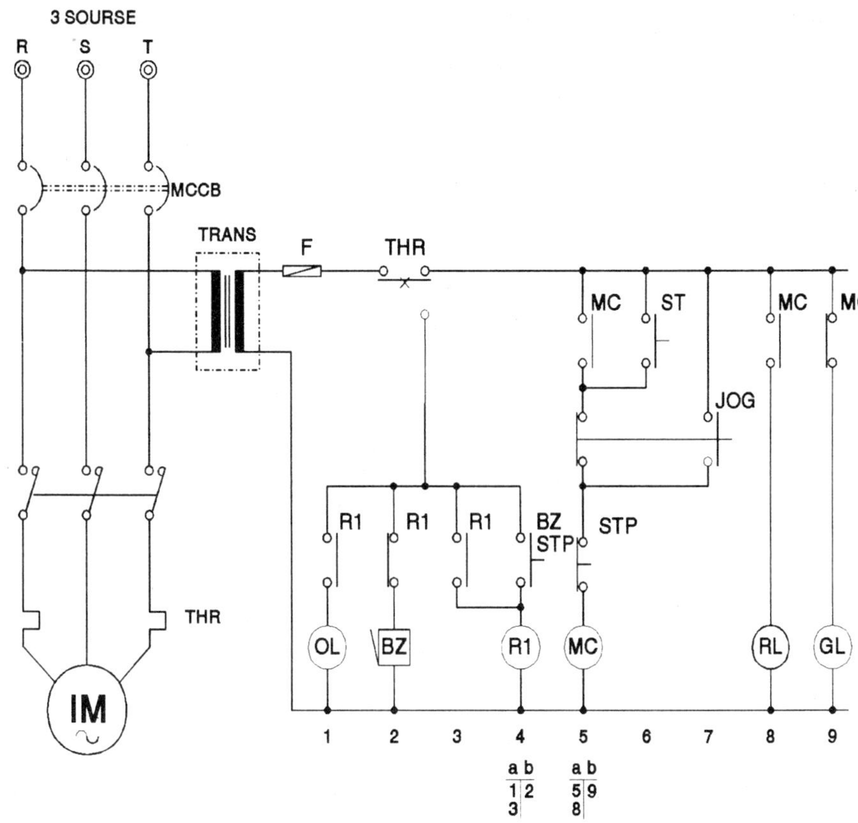

그림 1-22 촌동 운전 회로

(나) 정·역 운전회로

삼상 유도전동기를 정회전 운전으로부터 역회전 운전으로 전환하자면 전동기를 일단 정지시키고 전동기에 공급되는 3선중 2선을 서로 바꾸어 전원을 공급하면 유도전동기는 역회전하게 된다.

그림 1-23은 두 개의 전자 접촉기를 이용하여 전동기에 공급되는 전압 상을 변경하는 기본적인 회로이다.

그림에서 MCF는 정회전용 전자 접촉기이고 MCR은 역회전용 전자 접촉기이다.

정회전용 전자 접촉기 MCF가 여자되면 전원의 R상은 전동기의 U단자에, S상은 V단자에 T상은 W단자에 접속되어 정회전 운전을 한다.

역회전 전자접촉기 MCR이 여자되면 R상은 W단자에 T상은 U단자에, S상은 그대로 V단자에 접속되어 R상과 T상의 전원이 변경되어 역회전 한다.

제어 회로에서는 전자 접촉기 MCF와 MCR이 동시에 여자되면 주회로에 단락이 발생되어 2개의 전자 접촉기는 인터록(Inter lock)으로 동시에 여자되지 않아야 한다.

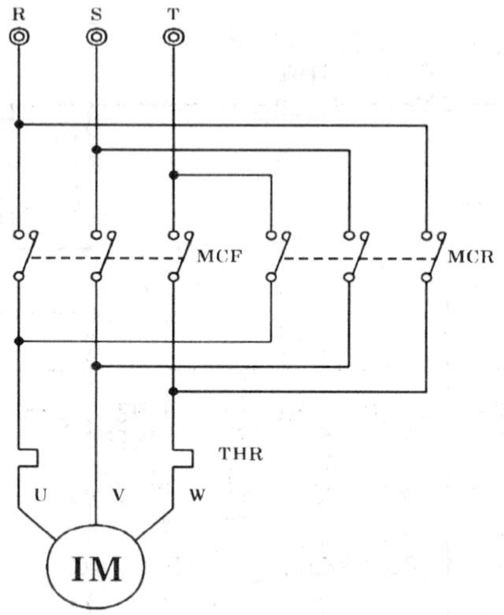

그림 1-23 유도전동기 정 · 역 운전

전동기의 과부하에 대해서는 정회전, 역회전 운전이 똑같은 조건이므로 열동형 과부하 계전기는 전동기 바로 앞에 1개만을 설치하여 정회전 운전이나 역회전 운전시에 부하 전류가 흐르게 한다.

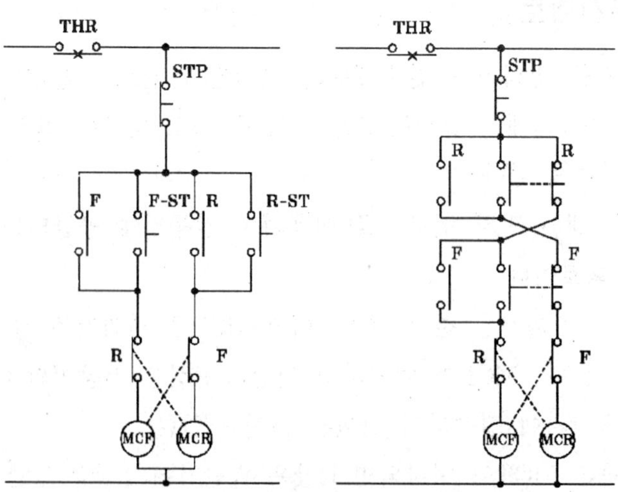

그림 1-24 유도전동기 정 · 역 제어회로

정회전 운전중에 역회전 하려면 반드시 STOP(STP)푸시버튼 스위치로 전동기를 정지시킨 후에 역회전 푸시버튼 스위치를 ON한다.

START 푸시버튼 스위치에 1a 1b용 스위치를 사용하여 정회전 운전에서 STOP 푸시버튼 스위치를 누르지 않고(b접점으로 상대여자 OFF) 역회전 운전을 할 수 있으나 용량이 큰 전동기에는 적합지 않다.

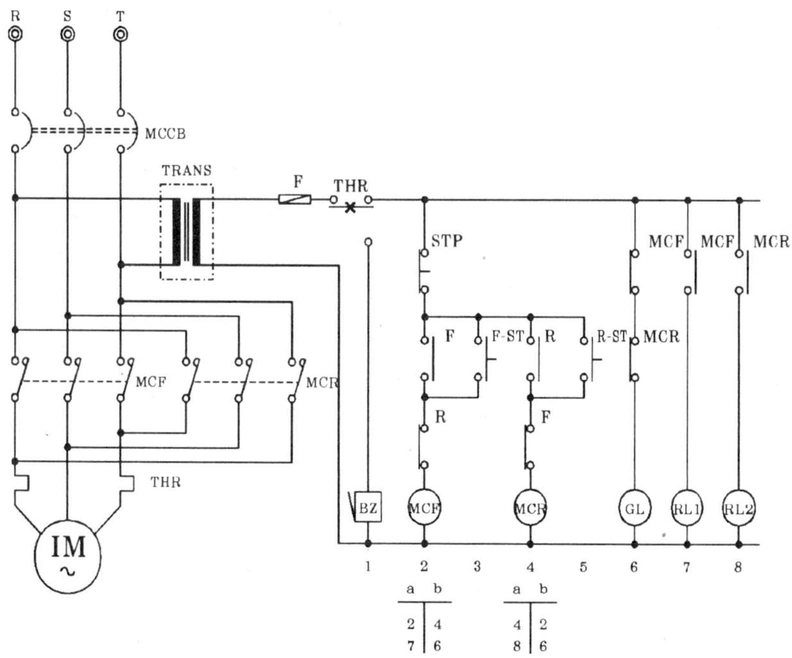

그림 1-25 유도전동기의 정·역 운전

(다) 단상 유도전동기의 정·역 운전

분상 기동형 및 콘덴서 기동형 단상 유도전동기의 주 권선은 변화없이 기동 권선에 가해지는 전원을 변경하면 역회전한다.

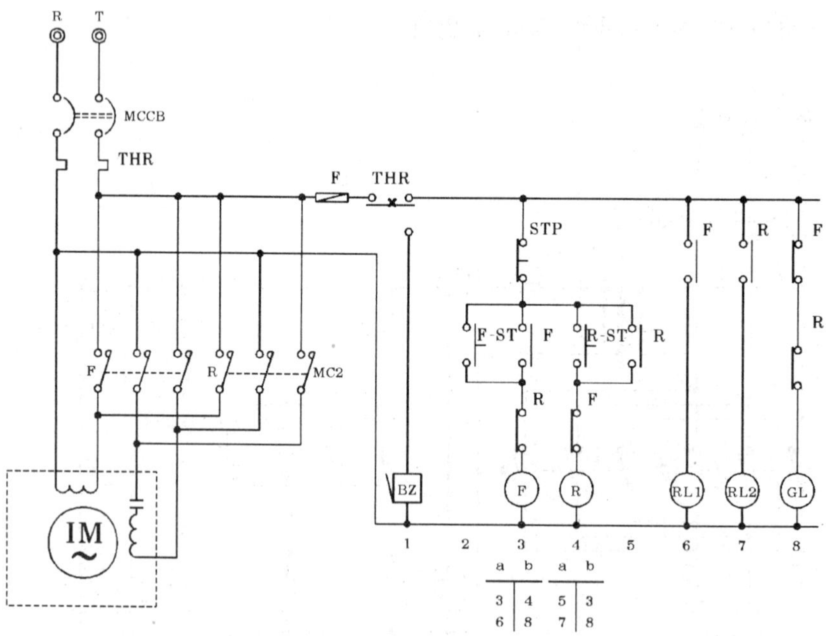

그림 1-26 콘덴서 기동형 전동기의 정·역 운전

(라) 지연 기동 회로

회로에 전원을 투입한 후 기동 스위치를 ON하여도 전동기가 즉시 작동하지 않고 타이머 설정 시간이 되어 기동되며 정지 스위치를 이용하여 전동기를 정지시키는 회로이다.

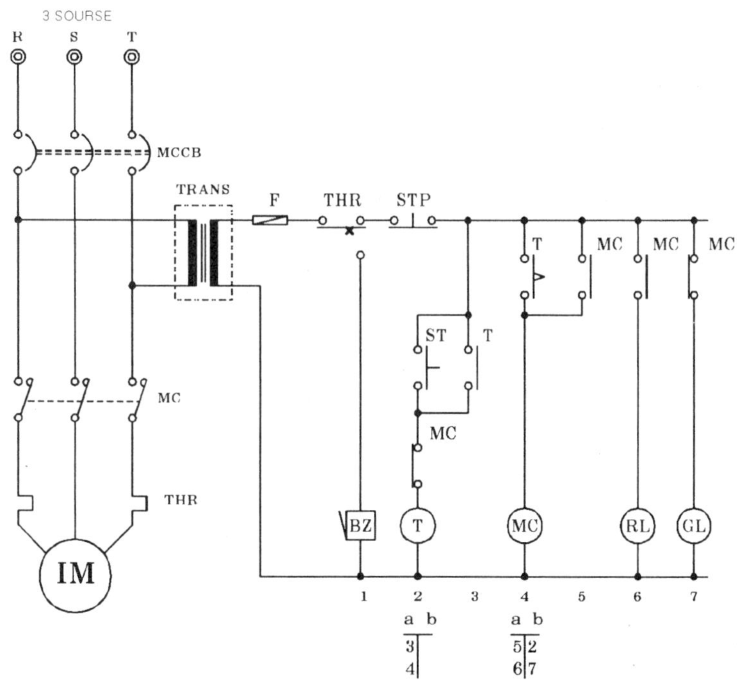

그림 1-27 유도전동기의 지연 기동 회로

(마) 한시 운전회로

유도전동기의 한시운전이란 유도전동기를 기동시켜서 설정시간 동안만 운전하는 회로이며 기동 스위치를 누르면 전동기가 기동을 시작하고 설정시간이 되면 자동으로 정지하는 회로이다.

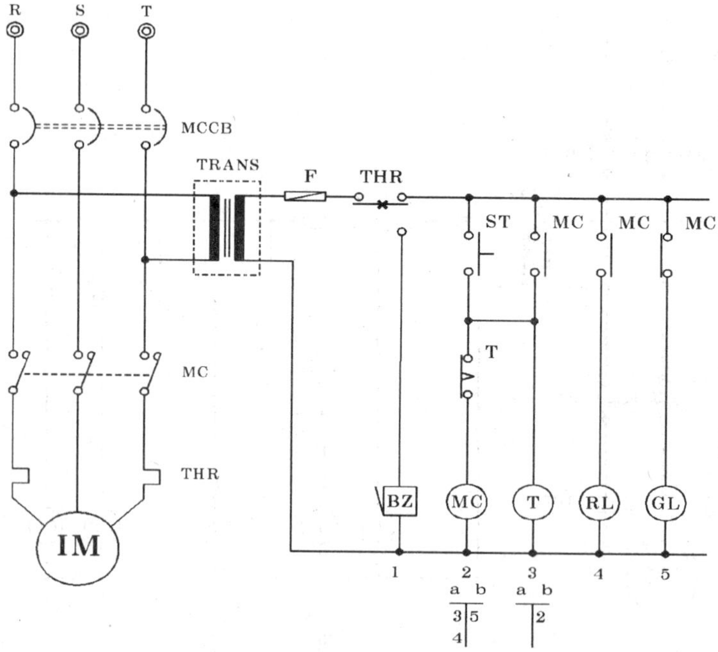

그림 1-28 유도전동기의 한시운전

(바) Y-Δ 기동회로

기동시에는 고정자 권선을 Y결선 기동하고 운전속도에 가까워지면 개폐기를 Δ결선으로 접속을 변경한다.

기동시에는 고정자 각 상의 권선에는 정격 전압의 $1/\sqrt{3}$의 전압이 인가되어 기동 전류가 Δ결선으로 기동할 때의 1/3이 되므로 기동전류는 전 부하 전류의 200~250[%] 정도로 제한되며 토크는 전압의 제곱에 비례하므로 기동 토크는 1/3로 감소된다.

Y-Δ 기동법에는 3전자 접촉기법과 2전자 접촉기법이 있으며 Y결선용 접촉기의 용량은 Δ보다 낮은 것을 사용할 수 있다.

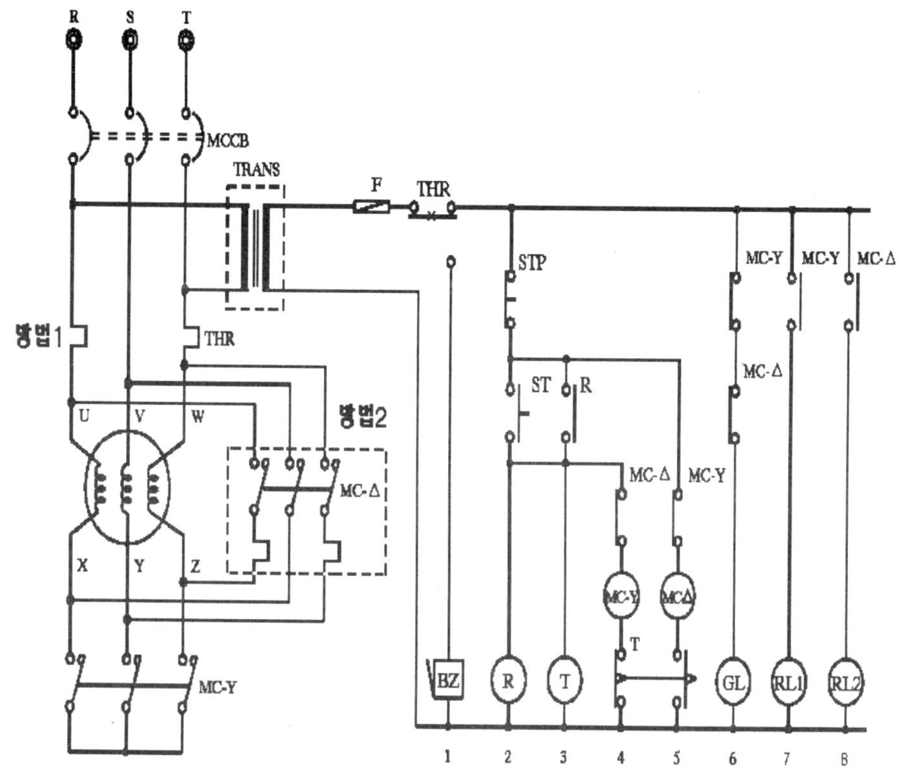

그림 1-29 Y-Δ 기동회로

제 2 장 MELSEC PLC Q CPU 개요

MELSEC PLC Q 시리즈에는 Q 시리즈 본래의 기능·성능을 이용하는 Q 모드와 기존 AnS 시리즈의 프로그램 하드웨어를 이용하여 CPU 처리 능력만을 더욱 향상시킨 A 모드를 적용하는 방법이 있다.

그 중 하이퍼포먼스 모델인 Q 모드 CPU는 다음과 같은 특성이 있다.

(1) 다점수의 입출력 제어 가능

하이퍼포먼스 모델 CPU는 베이스 모듈에 장착된 입출력 모듈에 접속할 수 있는 실제 입출력 점수로 4096점(X/Y0 FFF)을 지원하고 있으며 CC-Link 데이터 링크, MELSECNET/MINI-S3 데이터 링크 등의 리모트 I/O국에 사용할 수 있는 입출력 디바이스 점수로서는 8192점(X/Y0 1FFF)까지 지원하고 있다.

(2) 프로그램 용량 라인업

사용할 프로그램 용량에 가장 적합한 CPU 모듈을 선택할 수 있다.

Q00JCPU, Q00CPU : 8k 스텝, Q01CPU : 14k 스텝
Q02CPU, Q02HCPU : 28k 스텝, Q06HCPU : 60k 스텝
Q12HCPU : 124k 스텝, Q25HCPU : 252k 스텝

(3) 고속처리 실현

연산의 고속처리 실현(예 : LD 명령의 경우)

Q00JCPU : 0.2㎲, Q00CPU : 0.16㎲, Q01CPU : 0.1㎲
Q02CPU : 0.079㎲, Q02HCPU, Q06HCPU, Q12HCPU, Q25HCPU : 0.034㎲

베이스 모듈의 접속 방식(Q 버스 접속)으로 인텔리전트 기능 모듈에 대한 액세스나 네트워크 링크 리프레시(refresh)의 고속화가 실현되었다.

· 인텔리전트 기능 모듈에 대한 액세스 : 1㎲/1 워드(약 15배)
· MELSECNET/10 링크의 리프레시 처리 : 4㎲/8k 워드(약 5.5배)

(4) 고속 통신 디버그 효율 향상

Q CPU에서는 RS-232C로 최대 115.2kbps의 고속 통신에 대응하여 프로그램 Write/Read나 모니터 등의 시간이 단축되며 디버그시의 교신 시간 효율이 향상된다.

또한 Q02HCPU, Q06HCPU, Q12HCPU, Q25HCPU에서는 USB로 12Mbps의 고속 통신과 GX Developer측의 통신 포트 종류나 수의 제한을 받지 않는 범용성이 있다.

예를들어 26K 스텝 프로그램 전송시간은 그림 2-1과 같다.

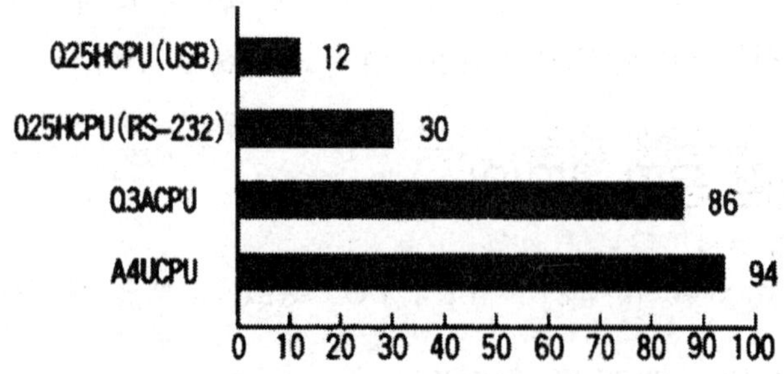

그림 2-1 CPU별 프로그램 전송시간

(5) 입출력 모듈, 특수기능 모듈 사용 가능

Q CPU는 QA1S65B/QA1S68B 증설 베이스 모듈로 MELSEC-AnS 시리즈용 전원 모듈과 입출력 모듈, 특수기능 모듈의 일부를 사용할 수 있다.

(6) 소형화한 공간 절약

Q CPU 및 Q 시리즈 입출력 모듈/인텔리전트 기능 모듈은 AnS 시리즈 모듈 이상의 소형화를 실현함으로써 설치 공간이 감소되어 AnS 시리즈의 약 60[%]이다.

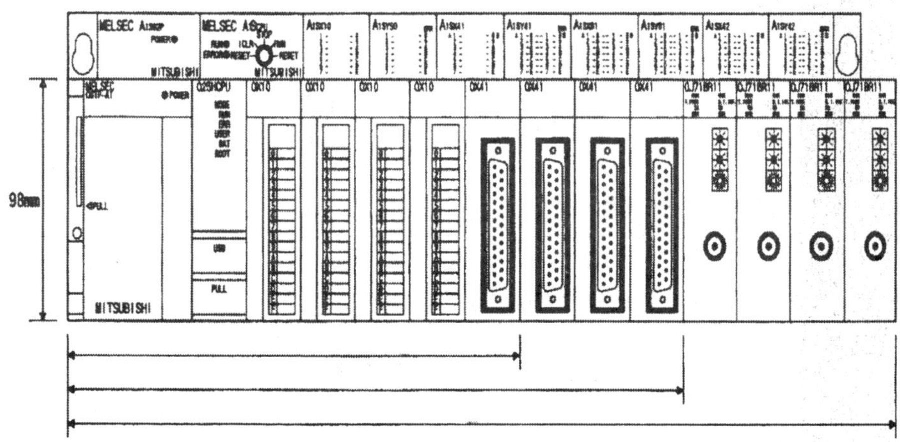

5슬롯 기본 베이스 245mm 8슬롯 기본 베이스 328mm
12슬롯 기본 베이스 439mm 안쪽 길이 : 98mm

그림 2-2 외형 크기 비교

(7) 대규모 시스템 확장 가능

Q CPU는 최대 증설 7단, 최대 모듈 장착 장수 64모듈의 대규모 시스템을 구축할 수 있다.

(8) RAM, ROM형 메모리 카드 용도 확장 가능

파라미터나 프로그램을 표준 ROM에 저장할 수 있으며 메모리 카드(SRAM 카드/Flash 카드/ATA 카드)의 장착으로 용도나 목적에 가장 적합한 메모리 용량과 타입 선정이 가능하다.

2.1 주변기기와 접속

Q 시리즈에서는 CPU와 소프트웨어 GX Developer로 보다 유연하고 광범위하게 접속할 수 있다.

GX Developer에서는 [연결 대상 지정]의 설정에는 다음과 같은 항목이 있다.

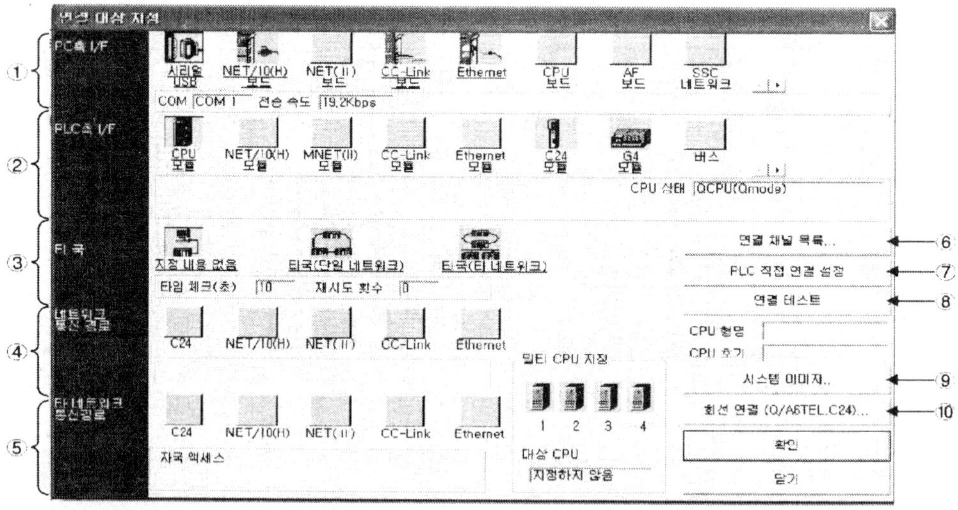

그림 2-3 GX Developer 연결 대상 지정 메뉴

(1) 인터페이스의 지정

퍼스널 컴퓨터의 I/F, PLC의 I/F

(2) 타국 지정과 네트워크 경로

타국 지정, 네트워크 통신 경로, 타 네트워크의 통신 경로

① PC측 I/F : PC의 인터페이스 종류를 선택하며 각 인터페이스를 더블 클릭하여 설정한다.

② PLC측 I/F : 주변기기와 접속할 PLC의 모듈을 선택하며 각 모듈을 더블 클릭

하여 설정한다.

③ **타국 지정** : 자국 또는 타국을 지정하며 각 아이콘을 더블 클릭하여 상세 내용을 설정한다. 자국에 접속할 경우는 타국 지정 없음을 선택한다.

타국에 접속할 경우(자국과 동일 네트워크 상의 타국)는 자국과 같은 네트워크 상의 타국 PLC CPU에 액세스할 경우는 타국(단일 네트워크)을 선택한다.

타국에 접속할 경우(자국과 다른 네트워크 상의 타국)는 2종류의 네트워크를 경유하여 타국 PLC CPU에 액세스할 경우는 타국(타 네트워크)을 선택하며 MELSECNET/10(H)와 Ethernet이 혼재된 시스템에서는 단일 네트워크로 지정한다.

④ **네트워크의 통신 경로** : 타국 지정의 경우는 액세스할 PLC CPU의 네트워크 종류를 선택하며 각 아이콘을 더블 클릭하여 설정한다.

⑤ **타 네트워크의 통신 경로** : 타국 지정(타 네트워크)의 경우는 액세스할 PLC CPU의 네트워크 종류를 선택하며 각 아이콘을 더블 클릭하여 설정한다.

⑥ **연결 채널 목록 버튼** : 접속 대상 지정의 종류를 일람으로 표시하며 일람서 접속 경로를 선택할 수 있다.

⑦ **PLC 직접 연결 설정 버튼** : 타국 지정에서 자국 지정으로 변경할 경우에 편리하다.

⑧ **연결 테스트 버튼** : 접속 대상 지정 화면에서 설정한 액세스할 PLC CPU에 대해 정상적으로 액세스할 수 있는지의 여부를 테스트하며 테스트가 성공했을 경우는 액세스된 PLC CPU 형명이 다음과 같이 표시란에 표시된다.

⑨ **시스템 이미지 버튼** : 설정한 접속 대상 경로와 상세한 설정을 표시한다.

⑩ **회선 연결(Q/A6TEL, C24) 버튼** : 전화 회선을 사용하여 통신할 경우에 설정한다.

2.2 GX Developer 액세스 범위

Q 시리즈의 Ethernet, MELSECNET/10(H), CC-Link는 네트워크 종류나 네트워

크 계층에 관계없이 통신이 가능하며 GX Developer는 타 네트워크를 경유하여 PLC 액세스가 가능하다.

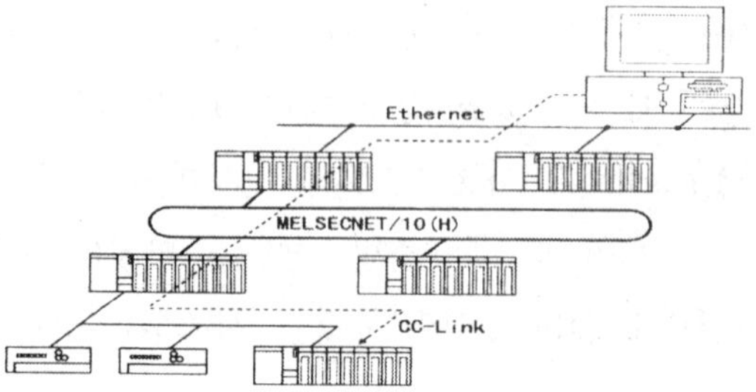

그림 2-4 PLC 액세스 범위

(1) Ethernet · MELSECNET/10(H), CC-Link 경유의 예

요구 소스 GX Developer는 대상국 2까지의 액세스가 가능하다.

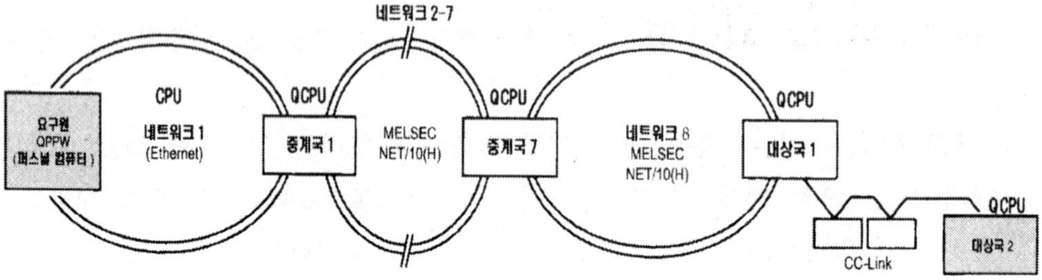

그림 2-5 CC-Link 경유

(2) MELSECNET/10(H), CC-Link 경유의 예

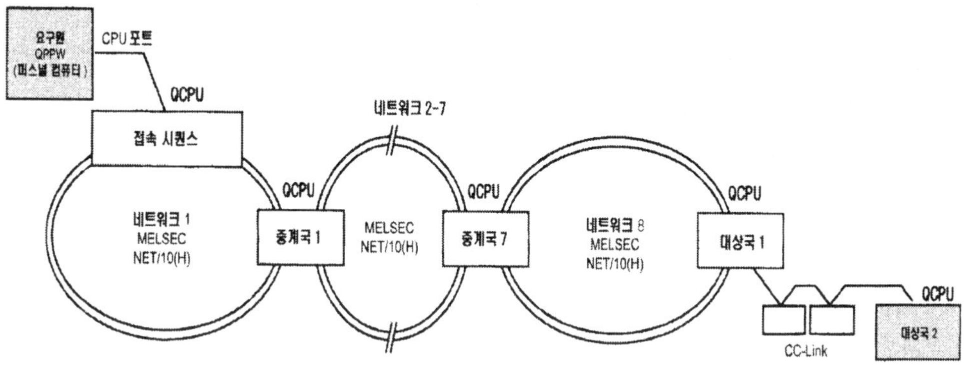

그림 2-6 CC-Link 경유

요구 소스 GX Developer는 대상국 2까지의 액세스가 가능하다.

2.3 CPU의 외관과 명칭

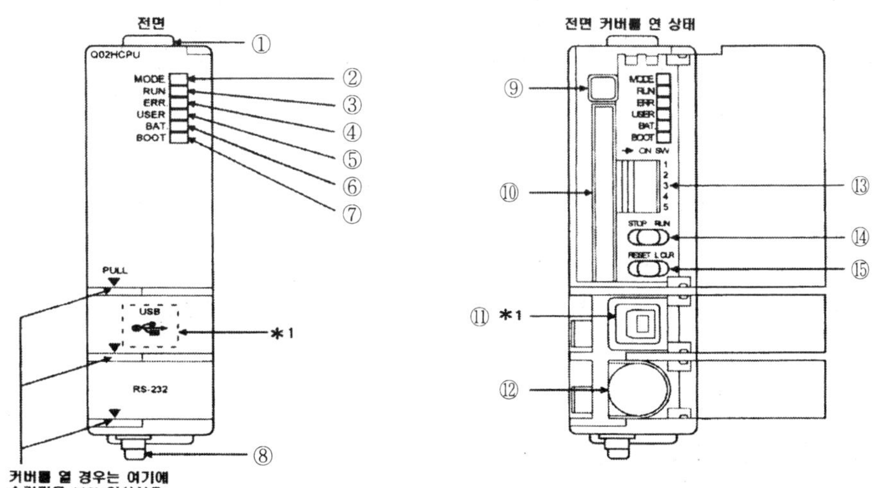

그림 2-7 CPU의 외관 및 명칭

주요 부분의 설명은 다음과 같다.

① 모듈 고정용 후크

② MODE LED : CPU 모드를 나타내며 녹색은 Q모드이며 오렌지색은 A모드이다.

③ RUN LED : CPU의 동작 상태를 나타내며 [RUN]으로 운전중인 경우 점등되며 [STOP]으로 정지중인 경우에는 소등되며 또한 운전을 정지시킬 에러를 검출하였을 경우에도 소등된다.
STOP중에 프로그램 또는 파라미터를 쓰기하고 RUN/STOP 스위치를 [STOP]→[RUN]하였을 경우 점멸되며 이 경우 CPU는 RUN 상태가 아니다.
STOP중에 프로그램이나 파라미터를 변경하였을 경우 시스템의 안전을 위해 CPU가 리셋된 다음에 동작하도록 설계되어 있다.
CPU를 RUN 상태로 하기 위해서는 RESET/L.CLR 스위치로 리셋한 다음 RUN/STOP 스위치를 [STOP]→[RUN]으로 한다.
단, 디바이스를 삭제하지 않고 RUN 상태로 할 경우는 쓰기를 한 다음 RUN/STOP 스위치를 [STOP]→[RUN]→[STOP]→[RUN]과 같이 조작한다.

④ ERROR LED : 배터리 에러를 제외하고 운전을 정지하지 않은 자기 진단 에러를 검출하였을 경우와 파라미터 설정으로 에러 검출시에 운전 속행으로 설정하였을 때 점등되며 소등된 상태가 정상 상태이다.
운전을 정지시킬 에러를 검출하였을 때는 점멸 상태가 된다.

⑤ USER LED : CHK명령으로 에러를 검출하였을 경우 또는 애넌시애이터 F를 ON으로 하였을 때 점등되며 소등인 경우가 정상이다. 또한 래치를 삭제하였을 때는 점멸 상태가 된다.

⑥ BAT LED : CPU 본체와 메모리 카드의 배터리 전압이 낮아져 배터리 에러가 발생하였을 LED가 점등된다.

⑦ BOOT LED : Boot 운전을 시작하였을 때 점등되고 boot 운전을 실행하지 않을 때 소등된다.

⑧ 모듈 장착용 레버

⑨ 메모리 카드 EJECT 버튼

⑩ 메모리 카드 장착용 커넥터

⑪ USB 커넥터

⑫ RS232C 커넥터

⑬ 딥 스위치 : CPU를 운전하기 위한 항목을 설정하며 출하시에는 모두 OFF 상

태이다.

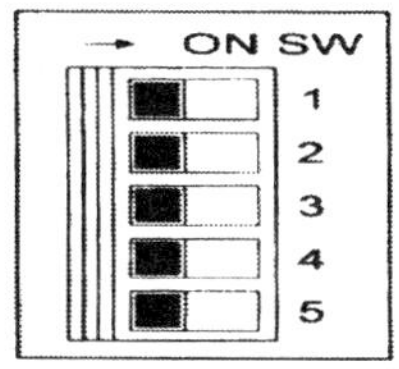

· SW1 : 시스템 프로텍터 설정 : CPU에 대한 저장 및 제어 지시를 일괄 금지하는 기능으로 출하시에는 프로텍터가 없는 OFF 상태이며 ON은 프로텍터가 있는 상태가 된다.
· SW2, SW3 : 파라미터 유효 드라이브를 지정.(출하시에는 SW2, SW3 모두 OFF)
· SW4 : 사용 금지. 항상 OFF.(출하시 OFF)
· SW5 : 사용 금지. 항상 OFF.(출하시 OFF)

표 2-1 SW2, SW3 파라메터 설정

SW2	SW3	파라 메터
OFF	OFF	프로그램 메모리(드라이브0)
ON	OFF	SRAM카드(드라이브1)
OFF	ON	Flash카드/ATA카드(드라이브2)
ON	ON	표준 ROM(드라이브4)

⑭ RUN/STOP 스위치
· RUN : 시퀀스 프로그램의 연산 실행
· STOP : 시퀀스 프로그램의 연산 정지

⑮ RESET/L.CLR 스위치
· RESET : 하드웨어 리셋, 연산 이상 발생시의 리셋과 연산의 초기화 등을 실행한다. 스위치를 RESET 위치로 두면 시스템 전체를 리셋하여 시스템은 정상적으로 동작하지 않는다. 리셋을 실행한 다음에는 반드시 스위치를 중립 위치에 둔다.
· L.CLR : 파라미터에서 설정된 래치 영역의 모든 데이터를 “OFF” 또는 “0”로 한다. 샘플링 트레이스, 스테이터스 래치의 등록을 삭제한다.

⑯ 모듈 고정용 나사
⑰ 고정용 돌기
⑱ 배터리 커터핀
⑲ 배터리

Q CPU의 메모리는 다음과 같은 블록으로 구성되어 있다.

① **프로그램 메모리** : Q CPU가 실제로 연산을 실행하는 프로그램을 저장하며 표준 ROM, 메모리 카드에 저장된 프로그램은 프로그램 메모리에 boot(호출)하여 연산한다.
② **표준 RAM** : 파일 레지스터, 로컬 디바이스의 데이터를 저장한다.
③ **표준 ROM** : Q CPU에서 ROM을 운전할 경우의 파라미터, 프로그램 등의 데이터를 저장한다.
④ **메모리 카드(RAM)** : 파라미터, 프로그램 등과 로컬 디바이스, 디버그 데이터, SFC 트레이스 데이터, 고장정보 데이터를 저장한다.
⑤ **메모리 카드(ROM)** : Flash 카드의 경우 파라미터, 프로그램 등과 파일 레지스터를 저장한다.

ATA 카드 등의 경우 파라미터, 프로그램 등과 PC 사용자 데이터(범용 파일)을 저장한다.

제 3 장 디바이스명

표 3-1은 Q CPU에서 사용할 수 있는 디바이스명과 사용 범위를 나타낸다.

표 3-1 Q CPU 디바이스명과 사용 범위

제어 방식	종류	디바이스명	디폴트 값		파라메터 설정범위
			점수	사용 범위	
내부 user 디바이스	비트 디바이스	입력	8192점	X0~X1FFF	
		출력	8192점	Y0~Y1FFF	
		스텝 릴레이	8192점	S0~S8191	
		특수 릴레이	2048점	SB0~SB07FF	
		내부 릴레이	8192점	M0~M8191	합계 29K 워드이내 변경가능
		래치 릴레이	8192점	L0~L8191	
		애넌시에이터	2048점	F0~F2047	
		에지 릴레이	2048점	V0~V2047	
		링크 릴레이	8192점	B0~B1FFF	
	워드 디바이스	타이머	2048점	T0~T2047	
		적산 타이머	2048점	ST0~ST2047	
		카운터	1024점	C0~C1023	
		데이터 레지스터	12288점	D0~D12287	
		링크 레지스터	8192점	W0~W1FFF	
		특수링크레지스터	2048점	SW0~SW07FF	

제어 방식	종류	디바이스명	디폴트 값		파라메터 설정범위
			점수	사용 범위	
내부 시스템 디바이스	비트 디바이스	펑션 입력	16점	FX0~FXF	고 정
		펑션 출력	16점	FY0~FYF	
		특수 릴레이	2048점	SM0~SM2047	
	워드 디바이스	펑션 레지스터	5점	FD0~FD4	
		특수 레지스터	2048점	SD0~SD2047	
인덱스 레지스터	워드 디바이스	인덱스 레지스터	16점	Z0~Z15	
파일 레지스터	워드 디바이스	파일 레지스터	0점	-	0~1018K점 1K점 단위)
네스팅	-	네스팅	15점	N0~N14	고 정
포인터	-	포인터	4096점	P0~P4095	
		인터럽터 포인터	256점	I0~I255	
기타	비트 디바이스	SFC 블록	320점	BL0~BL319	
		SFC 이행 디바이스	512점	TR0~TR511	
	-	네트워크 No	256점	J1~K255	
		I/O No	-	U0~UFF	
정수	-	10진 정수	K-2147483648~K2147483647		
		16진 정수	H0~HFFFFFFF		
	-	실수 정수	E±1.17549-38~E±3.40282+38		
		문자열 정수	'ABC', '123'등		

3.1 내부 USER 디바이스

내부 사용자 디바이스는 사용자의 용도에 맞게 사용할 수 있는 디바이스이며 내부 사용자 디바이스는 미리 사용 가능한 점수(디폴트 값)가 설정되어 있다.

PLC 파라미터의 디바이스 설정에 의해 사용 점수를 변경할 수 있으며 하이 퍼포먼스 모델 Q CPU는 입력(X), 출력(Y), 스텝 릴레이(S), 링크 특수 릴레이(SB), 링크 특수 레지스터(SW) 이외의 내부 사용자 디바이스는 PLC 파라미터의 디바이스 설정에서 29k 워드(상기 디바이스분 3.7k워드를 포함)의 범위에서 사용 점수를 변경할 수 있다.

(1) 입력 X

PLC 입력 유닛에 연결된 입력장치(스위치류, 센서류)의 ON/OFF 데이터 입력 디바이스이며 PLC CPU의 입력 저장 영역에 저장된다.

입력점에 대해서 하이 퍼포먼스 모델 Q CPU 내의 프로그램에서는 Xn의 a접점, b접점을 사용한다.

(2) 출력 Y

PLC 출력 유닛에 연결된 출력장치(모터, 램프, 솔레노이드 등)에 연산 결과(ON/OFF)를 출력하는 디바이스이다. 프로그램 내에서의 출력 Yn의 사용수 제한은 없다.

(3) 내부 접점 M

내부 접점은 하이 퍼포먼스 모델 Q CPU 내부에서 사용하는 래치(정전유지)를 할 수 없는 보조 릴레이이다.

전원 OFF의 상태에서 전원을 투입시, 리셋시, 래치 클리어시에 내부 릴레이는 모두 OFF되며 프로그램 내에서의 접점(a접점, b접점)의 사용수는 제한이 없다.

(4) 래치 릴레이 L

래치 릴레이는 하이 퍼포먼스 모델 Q CPU 내부에서 사용하는 래치(정전 유지)를 할 수 있는 보조 릴레이이며 내부에서 사용되며 직접적으로 출력은 되지 않는다.

프로그램 내에서의 접점 사용수는 프로그램 용량의 범위 내에서는 제한 없으며 외부 출력은 Y를 사용한다.

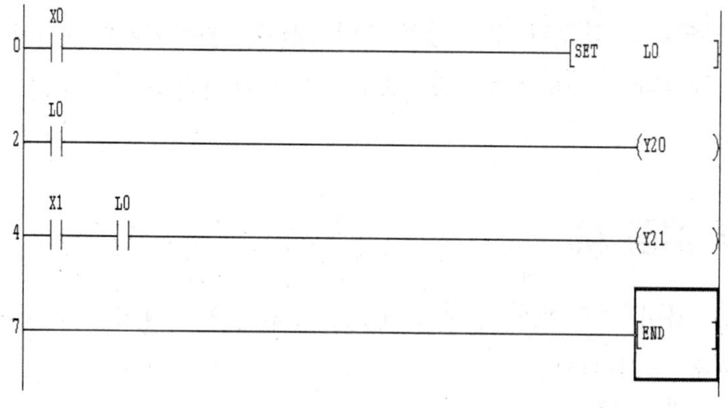

(5) 어넌시에이터 F

어넌시에이터는 사용자가 작성한 설비의 이상·고장 검출용 프로그램에 사용하기에 편리한 내부 릴레이이다.

어넌시에이터를 ON하면 특수 릴레이(SM62)가 ON하고, 특수 레지스터(SD62~

SD79)에 ON한 어넌시에이터의 개수와 번호가 저장된다.

- 특수 릴레이 : SM62 어넌시에이터가 하나라도 ON하면 ON된다.
- 특수 레지스터 : SD62 최초에 ON한 어넌시에이터 번호를 저장
  SD63 ON하고 있는 어넌시에이터의 개수를 저장
  SD64~SD79 : ON한 순서로 어넌시에이터 번호를 저장
  (SD62와 SD64에는 동일한 어넌시에이터 번호가 저장된다.)

또한, SD62에 저장되어 있는 어넌시에이터 번호는 고장이력 저장영역에도 등록되며 고장검출 프로그램에 어넌시에이터를 사용하면 특수 릴레이(SM62)가 ON 했을 때 특수 레지스터(SD62~SD79)를 모니터하여 설비의 이상・고장의 유무(어넌시에이터 번호)를 확인할 수 있다.

어넌시에이터의 OFF는 RST F명령, LEDR명령, BKRST명령 및 OUT F명령으로 실행할 수 있다.

① RST F명령 : SET F명령으로 ON한 어넌시에이터 번호를 OFF할 경우 사용
② LEDR명령 : SD62, SD64에 저장된 어넌시에이터 번호를 OFF할 경우 사용
③ BKRST명령 : 지정범위 내의 어넌시에이터 번호를 일괄적으로 OFF할 경우 사용
④ OUT F명령 : 어넌시에이터 번호의 ON/OFF를 동일한 명령으로 실행 할 수 있다.

단, OUT F명령으로 어넌시에이터 번호를 OFF해도 어넌시에이터 OFF 처리를 실행하지 않는다.

OUT F명령으로 어넌시에이터를 OFF한 후, RST F명령, LEDR명령 또는 BKRST명령의 실행이 필요하다.

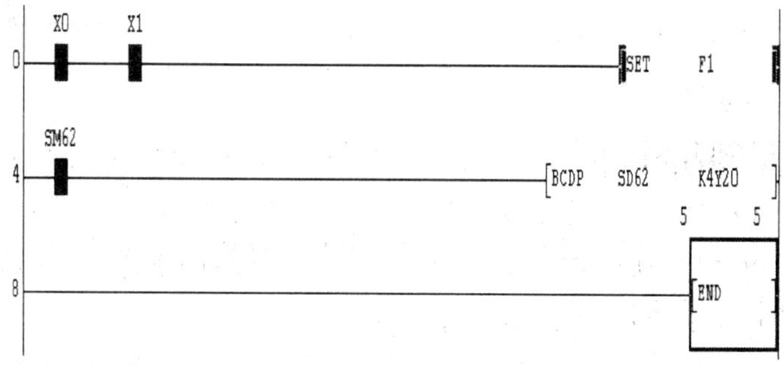

(6) 스텝 릴레이 S

내부 릴레이와 사용 방법은 동일하나 스텝 릴레이로서 사용된다.

(7) 에지 릴레이 V

에지 릴레이는 회로 블록의 선두에서의 연산 결과(ON/OFF정보)를 기억하는 디바이스로 접점으로만 사용할 수 있다.

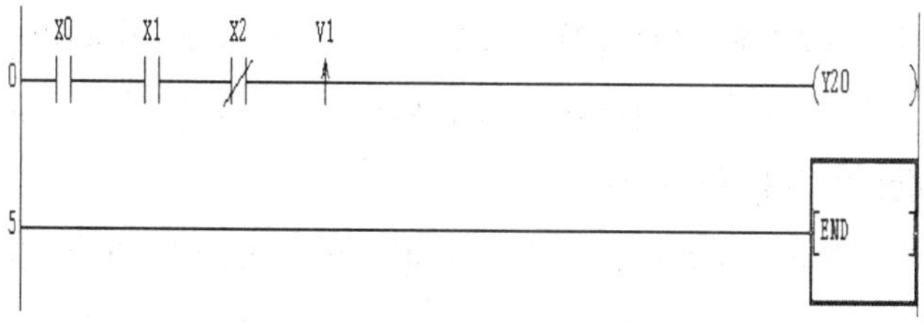

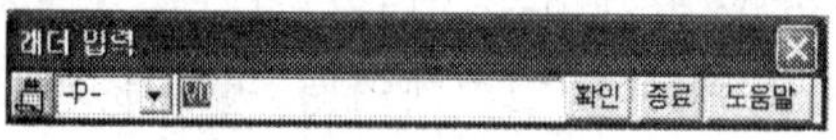

하이퍼포먼스 모델 Q CPU에서 실행되고 있는 프로그램에서는 동일한 에지 릴레이 번호를 사용할 수 없다.

에지 릴레이는 인덱스 수식에 의한 구조화 프로그램에서 펄스상승(OFF→ON)의 검출시 실행시킬 경우에 사용한다.

(8) 링크 릴레이 B

내부 릴레이와 사용 방법은 동일하나 CPU간 네트워크 통신 또는 리모트 통신시 CPU간 상호 데이터를 공유하는 디바이스이며 네트워크를 하지 않을 경우 내부 릴레이로서 이용 가능하다.

링크 릴레이는 MELSECNET/H 네트워크 모듈 등의 링크 릴레이(LB)를 하이퍼포먼스 모델 Q CPU에 리프레시 할 경우 또는 하이 퍼포먼스 모델 Q CPU내 데이터를 MELSECNET/H 네트워크 모듈 등의 링크 릴레이(LB)에 리프레시할 경우의 하이 퍼포먼스 모델 Q CPU측의 릴레이이다.

MELSECNET/H 네트워크 시스템 등에서 사용하지 않는 범위는 내부 릴레이/래치 릴레이로 사용할 수 있다.

링크 릴레이에서 래치를 실행하지 않는 범위에서는 내부 릴레이에 해당되며 링크 릴레이에서 래치를 실행하는 범위에서는 래치 릴레이에 해당된다.

프로그램 내에서의 접점(a접점, b접점)의 사용수는 프로그램 용량의 범위내에 있으면 제한이 없다.

네트워크 시스템에서 사용할 경우에는 네트워크 파라미터의 설정이 필요하다.

네트워크 파라미터에 설정되어 있지 않은 링크 릴레이는 내부 릴레이/래치 릴레이와 동일한 용도로 사용할 수 있다.

(9) 링크 특수 릴레이 SB

링크 특수 릴레이는 MELSECNET/H 네트워크 모듈 등의 인텔리전트 기능모듈의 통신 상태·이상 검출 등을 나타내는 릴레이이다.

데이터 링크시에 발생하는 여러 가지 요인에 의해 ON/OFF되며 링크 특수 릴레이를 모니터 함으로써 데이터 링크의 통신상태·이상 검출 등을 파악할 수 있다.

3.2 워드 디바이스

(1) 타이머 T

타이머는 가산식으로 타이머의 코일이 ON하면 계측을 시작하고 현재값이 설정값 이상이 되었을때 접점이 ON된다.

타이머가 타임업 했을 때, 현재값과 설정값이 동일한 값이 되며 타이머에는 코일이 OFF했을때 현재값이 0이 되는 타이머와 코일이 OFF 해도 현재값을 유지하는 적산 타이머가 있다.

타이머에는 저속 타이머와 고속 타이머가 있고 적산 타이머에는 저속 적산 타이머와 고속 적산 타이머가 있다.

저속 타이머와 고속 타이머는 동일한 디바이스로 타이머의 지정(명령의 쓰기방법)으로 저속 타이머 또는 고속 타이머가 되어 OUT T0로 하면 저속 타이머가 되고, OUTH T0로 하면 고속 타이머가 된다.

저속 적산 타이머와 고속 적산 타이머는 동일한 디바이스로 타이머의 지정(명령의 쓰기 방법)으로 저속 적산 타이머 또는 고속적산 타이머가 된다.

예를 들어 OUT ST0로 하면 저속 적산 타이머이고 OUTH ST0로 하면 고속적산 타이머가 된다.

저속 타이머는 코일이 ON중일 때에만 유효한 타이머이며 타이머의 입력 조건이 ON되면 시작되고 타임업하면 접점이 ON된다.

타이머의 입력 조건이 OFF되면 현재값이 0이 되고 접점도 OFF된다.

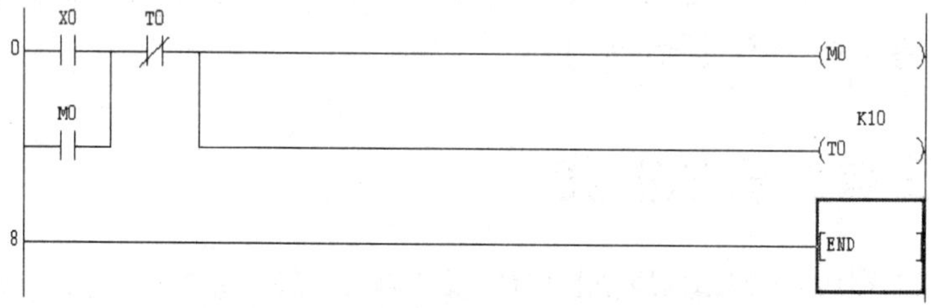

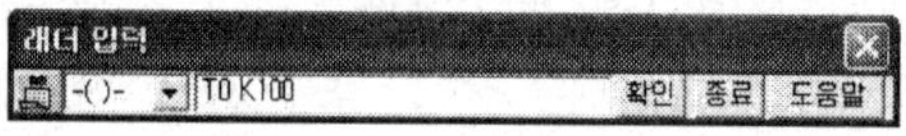

저속 타이머의 계측 단위는 디폴트 값이 100[ms]이며 계측 단위는 1~1000[ms]로 1[ms] 단위로 변경할 수 있으며 설정은 PLC 파라미터의 PLC 시스템 설정에서 실행한다.

고속 타이머는 입력 조건이 ON중일 때에만 유효한 타이머로 기호 H를 사용하며 타이머의 입력 조건이 ON하면 계측을 시작하고 타임업하면 접점이 ON된다.

타이머의 입력조건이 OFF되면 현재값이 0이 되고 접점도 OFF된다.

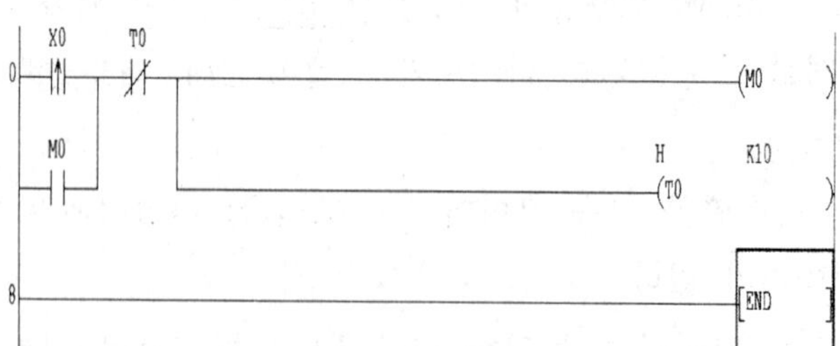

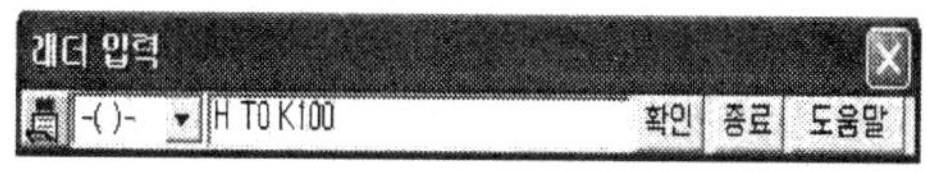

고속 타이머의 계측 단위는 디폴트 값이 10[ms]이며 계측 단위는 0.1~100[ms]에서 0.1[ms] 단위로 변경할 수 있으며 설정은 PLC 파라미터의 PLC 시스템 설정에서 셋팅한다.

적산 타이머는 코일이 ON한 시간을 계측하는 타이머이며 타이머의 입력 조건이 ON하면 계측을 시작하고 타임업하면 접점이 ON된다.

타이머의 입력 조건이 OFF가 되어도 현재값, 접점의 ON/OFF 상태를 유지하며 다시 코일이 ON하면 유지하고 있던 현재값부터 계측을 재개한다.

적산 타이머에는 저속 적산 타이머와 고속 적산 타이머의 2종류가 있으며 현재값의 클리어와 접점의 OFF는 RST T명령으로 실행한다.

적산 타이머를 입력할 경우는 PLC 파라미터의 디바이스 설정 화면에서 디바이스 점수를 설정한다.

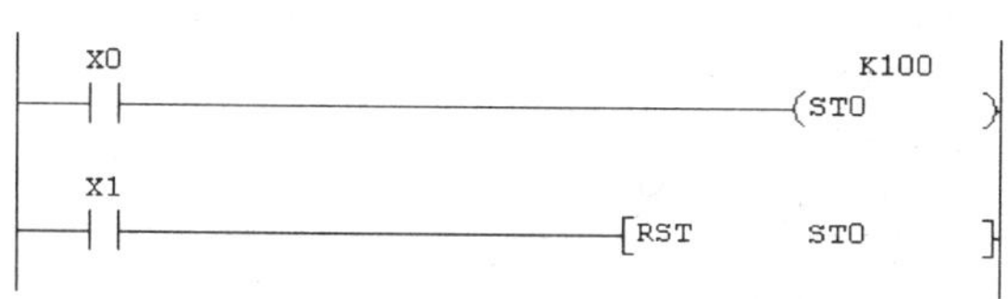

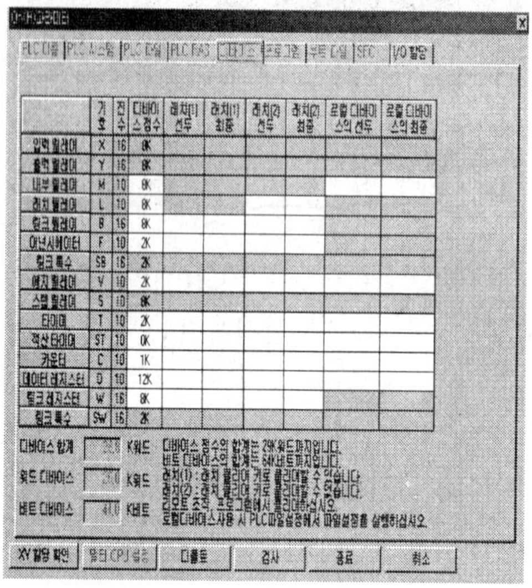

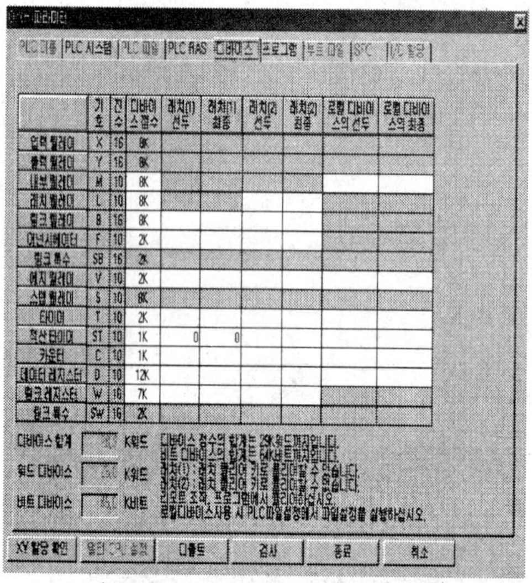

적산 타이머(ST) 디바이스 점수를 0K에서 사용하고자 하는 점수(1K)로 변경하고 총 디바이스 점수를 감안하여 디바이스 점수를 수정한다.

(2) 카운터 C

카운터는 증가식으로 카운터값과 설정값이 동일하게 되면 카운터 접점이 ON된다.

카운터에는 시퀀스 프로그램에서 입력 조건의 펄스 상승 횟수를 카운트하는 카운터와 인터럽트 요인의 발생 횟수를 카운트하는 인터럽트 카운터의 2종류가 있다.

카운터는 시퀀스 프로그램에서 입력 조건의 만족(기동)횟수를 카운트하는 디바이스이다.

OUT C명령 실행시에 카운터 코일의 ON/OFF, 현재값의 갱신(카운트값+1) 및 접점의 ON/OFF 처리를 실행하며 END 처리시에 카운터 현재값의 갱신과 접점의 ON/OFF 처리는 실행하지 않는다.

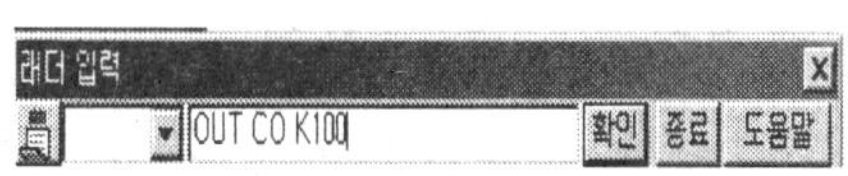

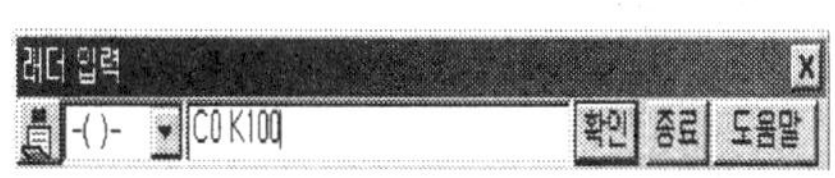

(3) 데이터 레지스터 D

데이터 레지스터는 수치 데이터(−32768~32767또는 0000H~FFFFH)를 저장할 수 있는 메모리이다.

데이터 레지스터는 1점 16비트로 구성되며 16비트 단위로 읽고 쓸 수 있다.

32비트 명령으로 데이터 레지스터를 사용시에는 Dn과 Dn+1이 처리 대상이 되며 시퀀스 프로그램에서 지정하고 있는 데이터 레지스터 번호(Dn)가 하위 16비트가 되고 데이터 레지스터 번호+1의 데이터 레지스터는 상위 16비트가 된다.

예로써 DMOV 명령에서 데이터 레지스터를 D12를 지정한 경우에는 D12가 하위 16비트, D13이 상위 16비트가 된다.

데이터 레지스터 2개는 2147483648~2147483647는 0H~FFFFFFFFH의 데이터를 저장 할 수 있다.

시퀀스 프로그램에서 저장한 데이터는 다른 데이터를 저장할 때까지 유지된다.

(4) 링크 레지스터 W

링크 레지스터는 MELSECNET/H 네트워크 모듈 등 인텔리전트 기능 모듈의 링크 레지스터(LW)의 데이터를 하이 퍼포먼스 모델 Q CPU로 리프레시 할 경우의 하이 퍼포먼스 모델 Q CPU측의 메모리이다.

링크 레지스터는 수치 데이터 -32768~32767 또는 0000H~FFFFH를 저장한다.

MELSECNET/H 네트워크 모듈 등에서 사용하지 않는 범위의 링크 레지스터는 데이터 레지스터의 대용으로 사용할 수 있다.

(5) 링크 특수 레지스터 SW

링크 특수 레지스터는 MELSECNET/H 네트워크 모듈 등의 인텔리전트 기능 모듈의 통신상태 이상 내용을 저장하는 레지스터이다.

데이터 링크시의 정보가 수치로 저장되므로 링크 특수 레지스터를 모니터 함으로써 이상 장소 및 원인을 조사할 수 있다.

(6) 파일 레지스터 R

데이터 레지스터의 확장용 레지스터로 표준 RAM 또는 메모리 카드를 이용한다.

(7) 인텔리전트 기능 유니트 디바이스 Un\Gn

인텔리전트 모듈의 버퍼 메모리를 데이터 레지스터와 같이 Q CPU에서 직접 액세스할 수 있는 디바이스이다.

(8) 인덱스 레지스터 Z

인덱스 레지스터는 장치번호를 간접적으로 지정할 경우에 사용한다.

제 4 장 GX Developer의 공통사항

4.1 GX Developer의 화면 구성

GX Developer의 화면은 다음과 같이 구성되어 있다.

① **타이틀 바** : 열려 있는 프로젝트명을 표시한다.

② **메뉴 바** : GX Developer에서 사용할 수 있는 메뉴명이 표시되며 메뉴를 선택하면 드롭다운 메뉴가 표시되므로 다양한 기능을 사용할 수 있다.

③ **드롭다운 메뉴** : GX Developer에서 사용할 수 있는 기능 이름이 표시되며 드롭다운 메뉴의 오른쪽에 ▶가 표시된 경우는 선택한 기능의 드롭다운 메뉴가 나타나며 커서를 이동시켜 클릭하면 설정 대화상자가 표시된다.

④ **툴 바** : 메뉴바에서 지원하는 기능 중에서 자주 사용한다고 생각되는 기능을 버튼으로 표시한다.

⑤ **프로젝트 데이터 리스트** : 프로젝트의 데이터를 분류하여 일람(리스트)으로 표시하며 래더 작성 화면, 대화상자 등을 직접 호출할 수 있다.

⑥ **편집 화면** : 래더 작성 화면이나 코멘트 작성 화면을 표시하며 래더, 코멘트, 파라미터를 설정한다.

⑦ **스테이터스 바** : GX Developer의 스테이터스 정보를 표시한다.

Q CPU에 프로그램을 Write할 경우에는 사전에 시스템 프로텍트 설정 스위치

SW1을 OFF로 한다.

Q CPU가 STOP 중에 프로그램을 저장할 경우는 다음 순서로 스위치를 조작한다.

㉠ RUN/STOP 스위치 : STOP
RUN LED : 소등 CPU STOP 상태→프로그램의 저장

㉡ RESET/L.CLR 스위치 : RESET 위치로 1회 이동한 다음 중앙 위치로 복구

㉢ RUN/STOP 스위치 : STOP → RUN
RUN LED : 점등 CPU RUN상태

Q CPU가 RUN 중에 프로그램을 저장할 경우는 스위치를 조작할 필요가 없다.

Q CPU가 STOP 상태일 때에 프로그램을 저장한 다음 바로 RUN/STOP 스위치를 RUN으로 하여도 Q CPU는 RUN 상태로 되지 않는다.

프로그램을 저장한 다음 RESET/L.CLR 스위치로 리셋한 다음 RUN/STOP 스위치를 RUN으로 하면 CPU를 RUN 상태로 할 수 있다.

Q CPU를 리셋하지 않고 RUN 상태로 할 경우는 RUN/STOP 스위치를 STOP→RUN→STOP→RUN과 같이 하며 2번째의 STOP→RUN 조작을 하면 CPU는 RUN 상태가 된다.

4.2 기본 조작(GPP 기능 래더 작성)

[시작]-[모든 프로그램]-[MELSEC 응용 프로그램]-[GX Developer] 메뉴를 클릭한 다음 툴 바의 버튼을 클릭하여 새 프로젝트를 작성한다.

버튼을 클릭하면 아래와 같은 대화상자에서 사용할 PLC 시리즈 및 타입을 설정한다.

PLC 시리즈를 “Q CPU”로 PLC 타입을 “Q02(H)”로 설정하며 프로젝트명을 설정하기 위해서는 [프로젝트 이름 설정]을 체크한 다음 드라이버 경로와 프로젝트 이름을 지정한 다음 확인 버튼을 클릭하면 다음과 같은 지정된 이름의 프로젝트명이 없는 경우 프로젝트 새로 만들기 작성에서 “예”를 클릭한다.

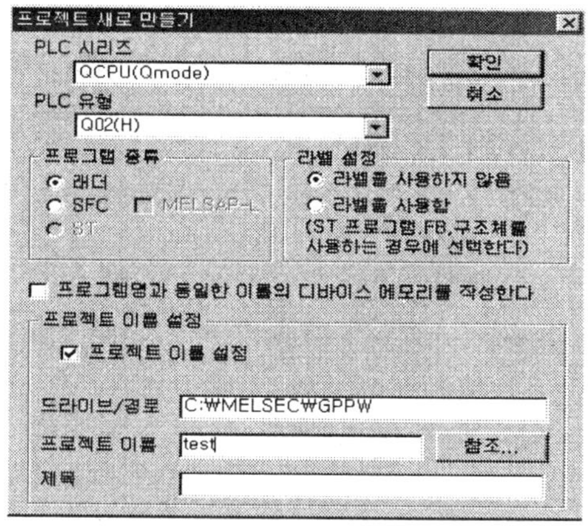

이후에는 다음 그림과 같이 프로그램을 작성 할 수 있는 편집 화면이 나타난다. Parameter는 다음과 같은 종류가 있다.

- PLC Parameter : PLC를 단독으로 사용할 때 설정.
- 이중화 Parameter : 이중화 CPU를 사용하여 이중화 System 구축에 사용
- Network Parameter : MELSECNET/H Module CC-Link Module을 PLC와 조합하여 사용할 때 설정.
- Remote password : Ethernet Module, Serial communication Module, Modem, Interface Module의 Remote Password 기능을 사용할 때 설정

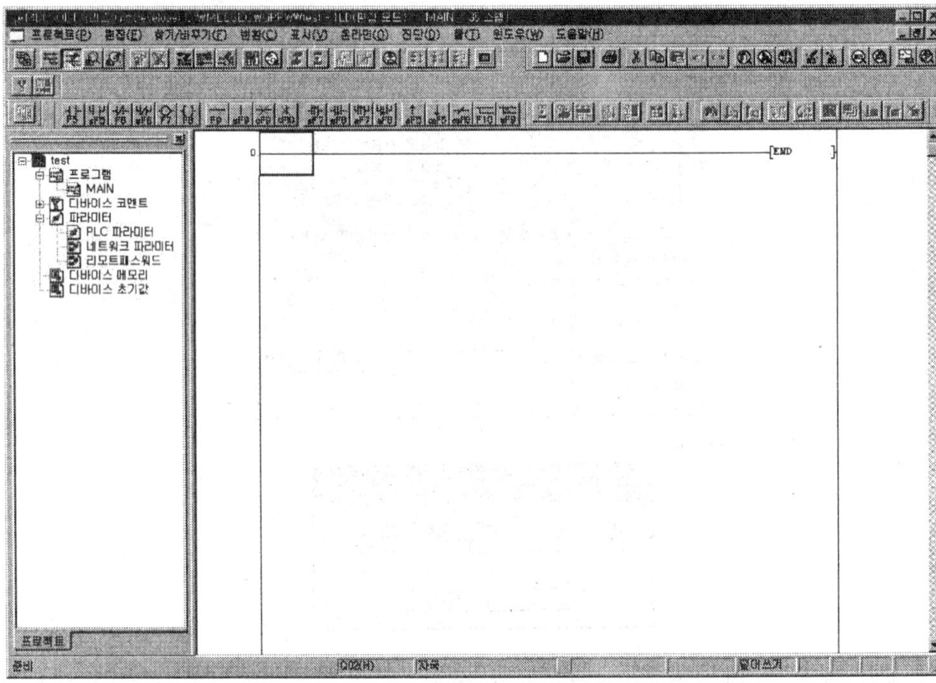

그림 4-1 GX Developer 편집 모드

파라미터 항의 PLC 파라미터를 클릭하면 다음과 같은 화면이 나타나며 PLC 파라미터 설정은 다음과 같이 구성되어 있다.

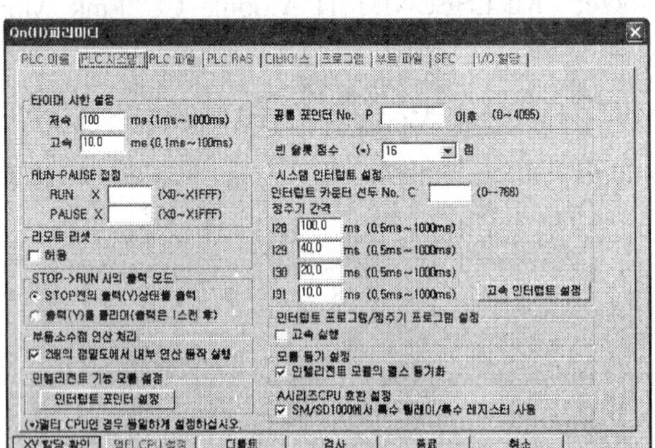

① PLC 이름 : PLC에 이름을 설정한다.

② PLC 시스템

㉠ 저속/고속 타이머의 계측 주기 설정

㉡ 공통 포인터 번호 설정
㉢ 리모트 리셋의 허용 여부
㉣ 빈 슬롯 점수 등을 설정한다.

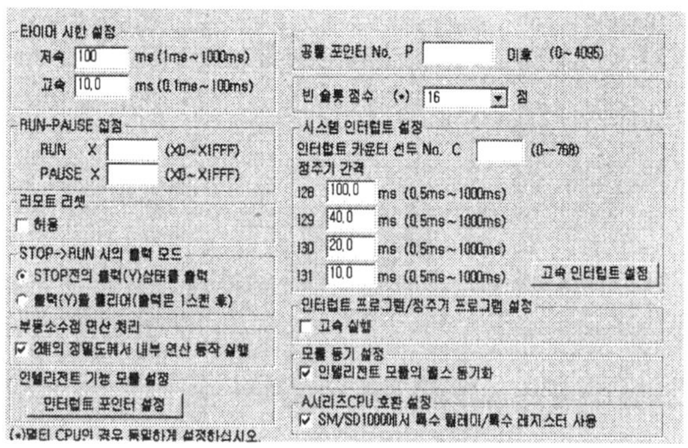

③ PLC 파일 : 파일 레지스터, 코멘트 파일 등의 사용 여부를 설정한다.

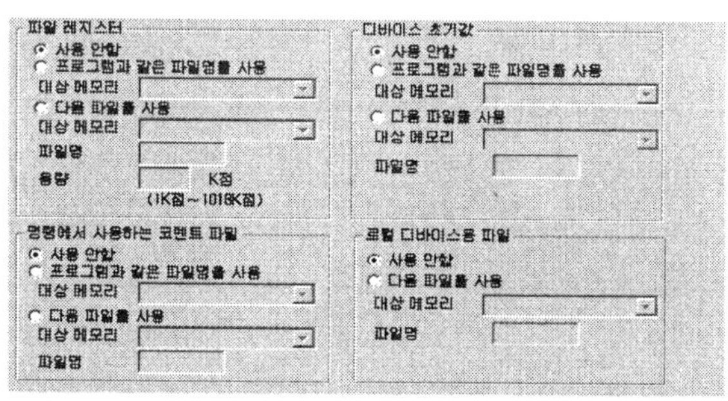

④ PLC RAS : PLC의 에러시 운전 모드와 에러의 저장 개수 등을 설정한다.

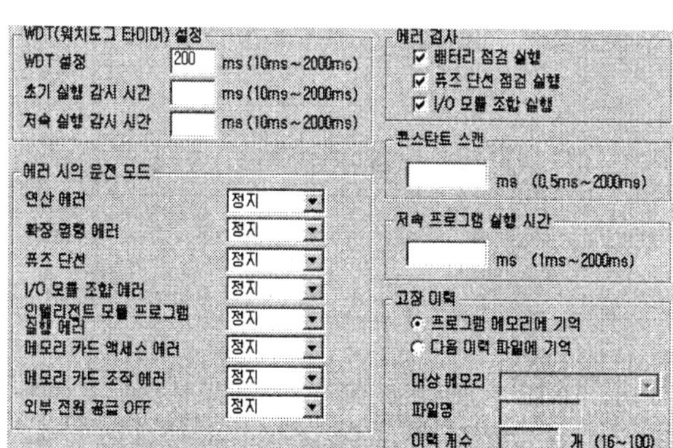

연산 에러시에도 동작 상태로 하려면 연산 에러 정지대신 속행을 선택한다.

⑤ 디바이스 : 프로젝트에서 사용되는 디바이스의 점수 및 래치영역을 설정한다.

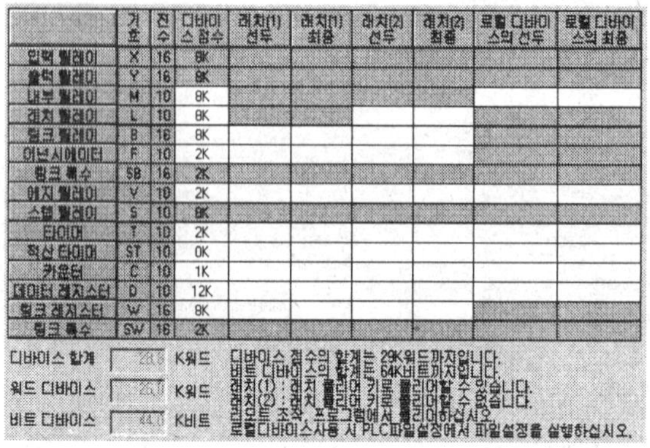

⑥ 프로그램 : 복수의 프로그램 사용시 각각의 프로그램 운영을 설정한다.

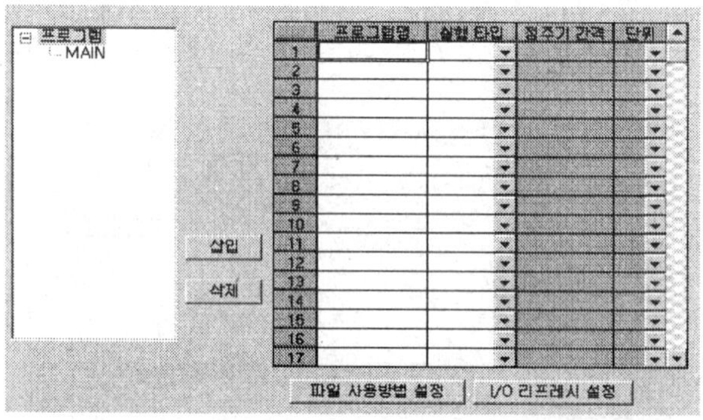

⑦ 부트 파일 : 부트 운전시 운전될 파일에 대해 설정한다.

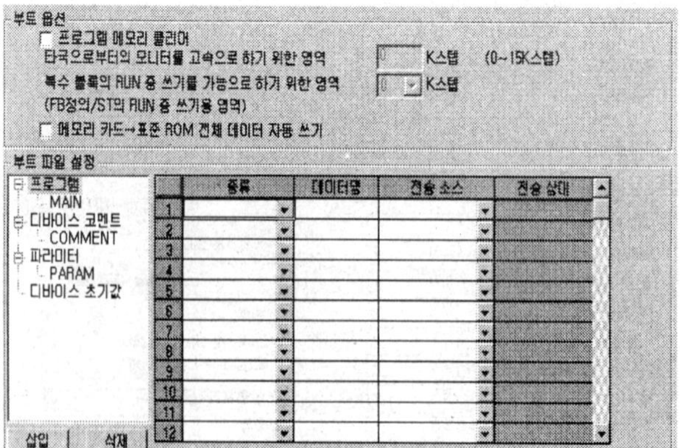

⑧ SFC : SFC 언어 사용시 디버깅 등에 관련된 기능을 제공한다.

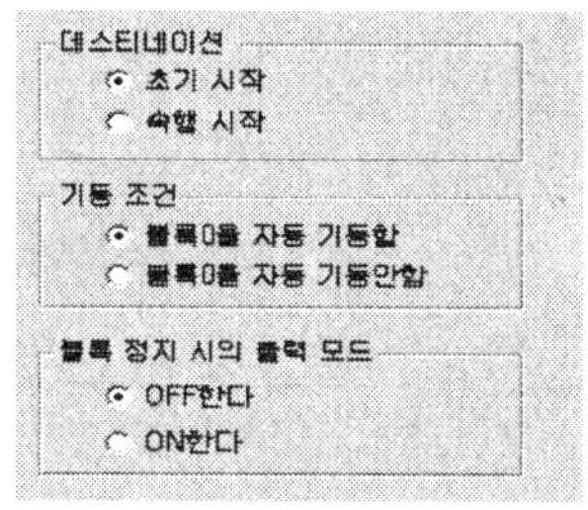

⑨ I/O 할당 : I/O를 할당하거나 이미 할당된 I/O에 대한 정보를 읽어 들이며 인텔리전트 모듈의 경우 스위치를 설정한다.

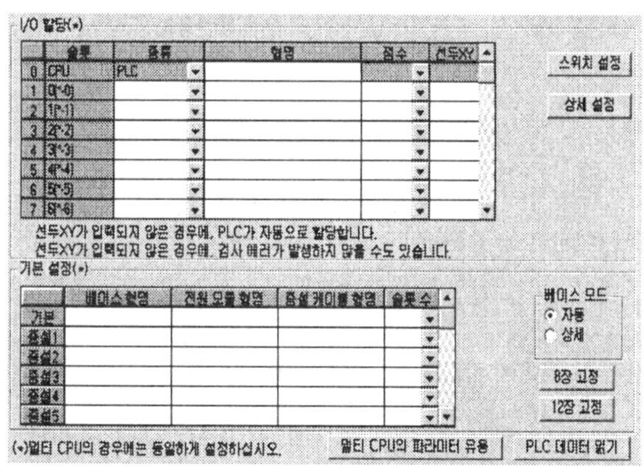

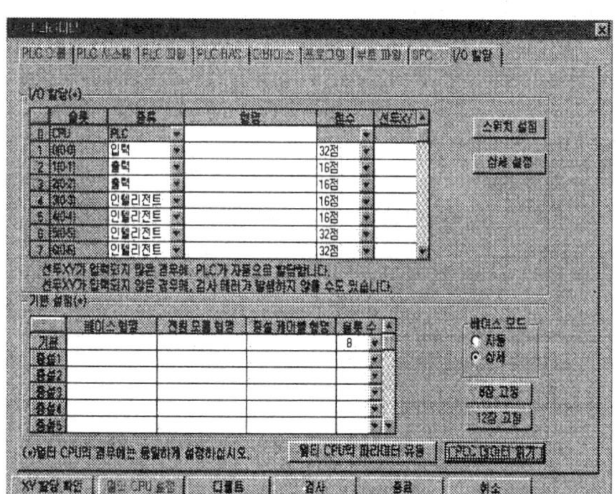

본 교재에서 사용되는 PLC 시스템의 I/O 할당예이며 입력(X00~X0F, X10~X1F) 32점 원유닛, 출력(Y20~Y2F, Y30~Y3F)16점 2유닛, A/D 컨버터, D/A 컨버터, CC LINK 모듈로 구성되어 있다.

4.3 프로그램 작성 예제

PLC CPU의 특수 릴레이 SM412(0.5초 클록)을 사용하여 카운트한 값을 실습기에 표시시키는 프로그램을 작성한다.

사용할 디바이스는 Y20~Y2F 카운트 값을 FND 표시장치로 나타낸다.

① 툴 바의 버튼을 클릭하면 래더 입력 윈도우가 표시되므로 "SM412"을 입력한다. 잘못 입력한 경우는 취소 버튼을 클릭한다.

② 정확하게 입력하였으면 **확인** 버튼을 클릭한다.

③ 입력한 래더(SM411 ⊣⊢) 가 표시된다.

④ 툴 바의 버튼을 클릭한 다음 "C0 K50"을 입력한다.

⑤ **확인** 버튼을 클릭한다.

⑥ 입력한 래더(C0 K50)가 표시된다.

⑦ 툴 바의 버튼을 클릭한 다음 "SM400"을 입력한다.

⑧ **확인** 버튼을 클릭한다.

⑨ 입력한 래더 (SM400 ⊣⊢)가 표시된다.

⑩ 툴 바의 버튼을 클릭한 다음 "BCD C0 K4Y20"을 입력한다.

⑪ **확인** 버튼을 클릭한다.

⑫ 입력한 래더([BCD C0 K4Y20])가 표시된다.

⑬ 툴 바의 버튼을 클릭한 다음 "C0"을 입력한다.

⑭ **확인** 버튼을 클릭한다.

⑮ 입력한 래더 (C0 ⊣⊢)가 표시된다.

⑯ 툴 바의 버튼을 클릭한 다음 "RST C0"을 입력한다.

⑰ **확인** 버튼을 클릭한다.

⑱ 툴 바의 버튼을 클릭하여 래더를 변환한다.

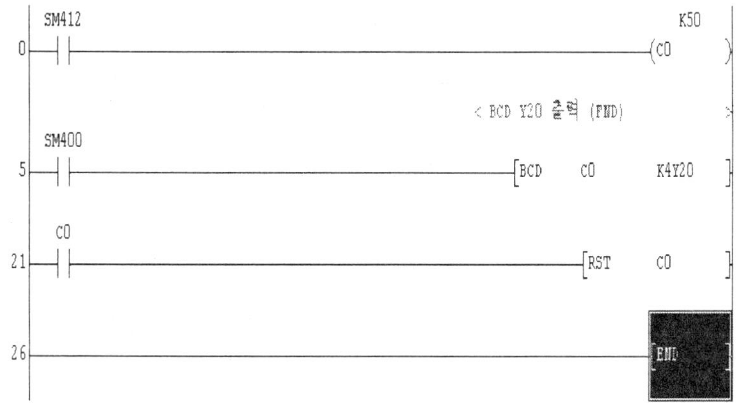

동작시 설정할 스위치는 시스템 설정용 딥 스위치와 RUN/STOP 스위치이다.

① **시스템 설정용 딥 스위치의 설정** : 모든 스위치를 OFF로 설정하면 스위치 1은 CPU로 저장 및 제어 지시가 금지되어 있는 스위치이기 때문에 OFF로 하여 금지를 해제한다.

② **RUN/STOP 스위치의 설정** : STOP 위치로 설정.

③ **RESET/L.CLR 스위치의 설정** : 중앙 위치로 설정.

4.4 CPU 메모리 처리

(1) CPU 내장 메모리의 포맷

Q CPU의 프로그램 메모리를 포맷하는 방법은 다음과 같다.

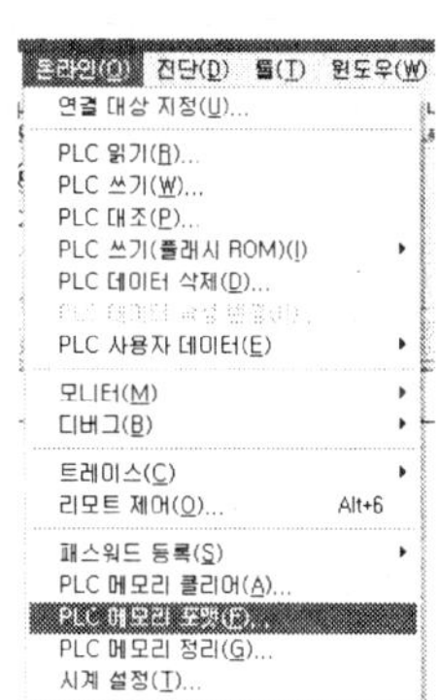

① [온라인]-[PLC 메모리 포맷] 메뉴를 클릭하여.

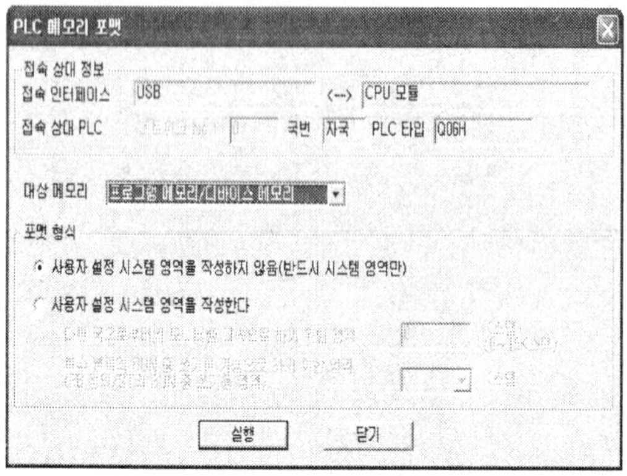

② 왼쪽과 같은 대화상자가 표시되므로 대상 메모리를 "프로그램 메모리/디바이스 메모리"로 설정한다.

③ 실행 버튼을 클릭한다.

④ 예 버튼을 클릭하여 포맷을 실행한다.

⑤ 포맷이 끝나면 왼쪽과 같은 대화상자가 표시되므로 **확인** 버튼을 클릭한다.

⑥ 닫기 버튼을 클릭하여 대화상자를 닫는다.

포맷 등을 실행할 때는 프로그램 메모리, 메모리 카드(RAM), 메모리 카드(ROM), 표준 RAM대상 메모리를 확인한 다음에 실행한다.

(2) CPU 디바이스 메모리 클리어

Q CPU의 디바이스 메모리 삭제는 다음 방법으로 한다.

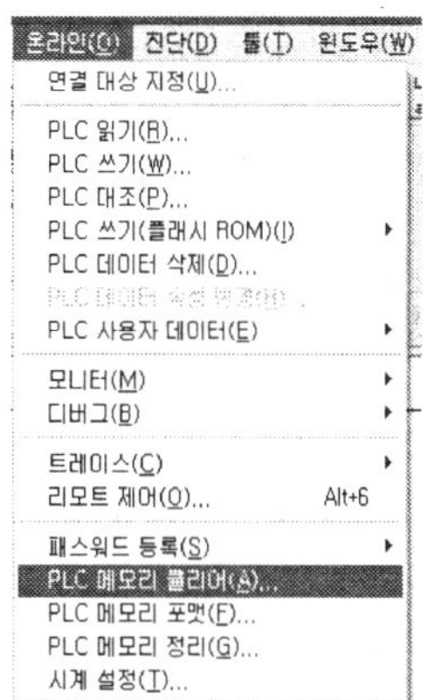

① [온라인]-[PLC 메모리 클리어] 메뉴를 클릭한다.

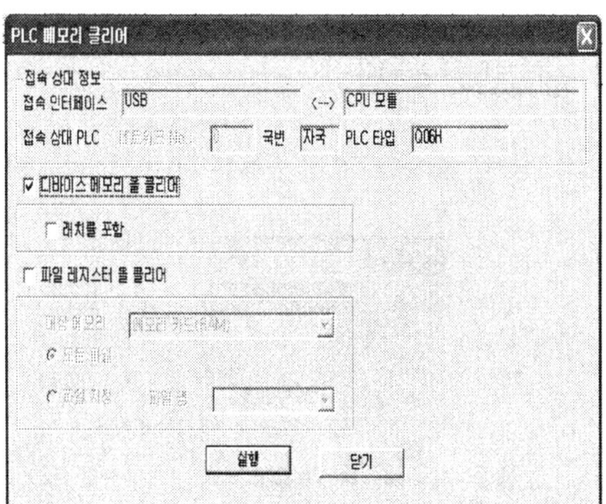

② 왼쪽과 같은 대화상자가 나타나면 "디바이스 메모리 올 클리어"가 체크되어 있는지를 확인한다.

③ "래치 포함"을 체크한다.

④ 실행 버튼을 클릭한다.

⑤ 예 버튼을 클릭하여 래치 디바이스를 삭제한다.

⑥ 래치 디바이스의 삭제가 끝나면 왼쪽과 같은 대화상자가 표시되므로 **확인** 을 클릭한다.

⑦ 닫기 버튼을 클릭하여 대화 상자를 닫는다.

(3) CPU 고장 정보의 삭제

Q CPU에 내장된 고장 정보 데이터를 삭제하는 방법은 다음과 같다.

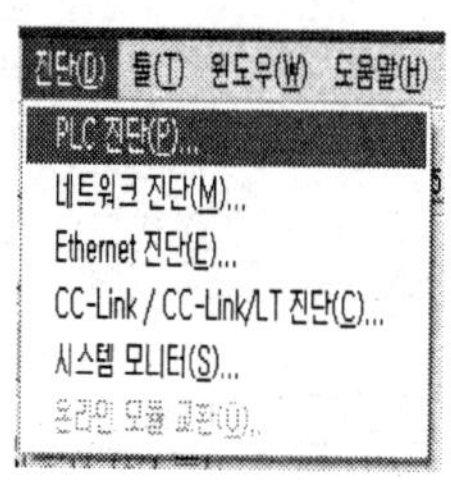

① [진단]-[PLC 진단] 메뉴를 클릭한다.

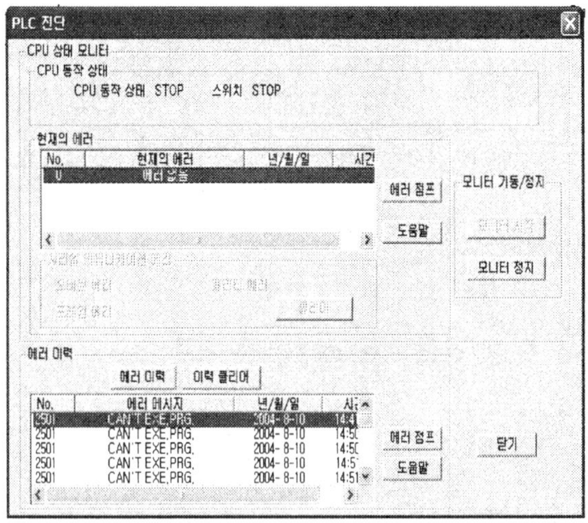

② 왼쪽과 같은 대화상자가 표시되므로 이력 클리어 버튼을 클릭한다.

③ 닫기 버튼을 클릭하여 대화상자를 닫는다.

4.5 PLC 쓰기, 모니터, 프로그램 변경

(1) PLC 쓰기

작성한 시퀀스 프로그램을 작성한 코멘트와 함께 Q CPU에 쓰려면 다음과 같이 설정한다. Q CPU의 RUN/STOP 스위치는 STOP으로 설정한 후.

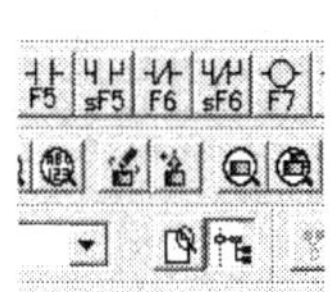

① 툴 바의  버튼을 클릭한다.

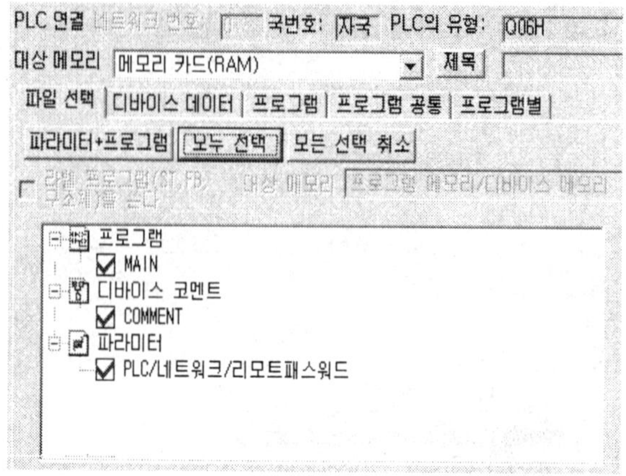

② PLC 저장 대화상자가 나타나면 "프로그램 메모리"의 표시 여부를 확인한다.

③ 프로그램 "MAIN", 디바이스 코멘트(COMMENT), 파라미터(PLC/네트워크)를 확인한다.

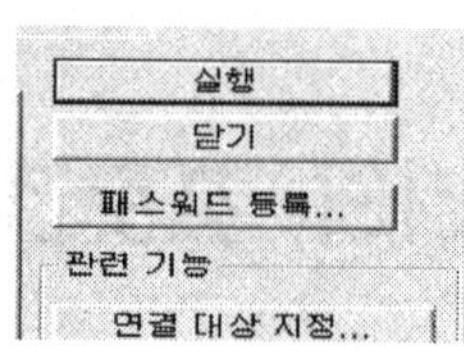

④ 실행 버튼을 클릭한다.

⑤ 저장이 끝나고 왼쪽과 같은 대화상자가 나타나면 **확인** 버튼을 클릭한다.

⑥ 닫기 버튼을 클릭하여 대화상자를 닫는다.

(2) 모니터

PLC CPU에 쓴 프로그램을 래더 모니터를 조작하여 Q CPU의 동작을 모니터 한다.

RESET/L.CLR 스위치를 1회 RESET으로 한 다음에 중앙으로 되돌리고 RUN/STOP 스위치를 RUN으로 한다.

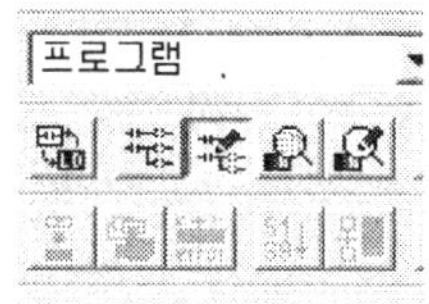

① 툴 바의 버튼을 클릭한다.

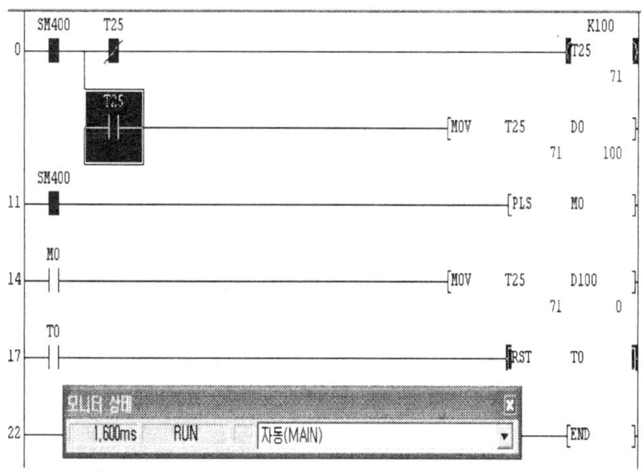

② 모니터 상태의 대화상자가 나타나면 래더 모니터가 실행된다.

(3) 프로그램 변경

PLC CPU에 저장한 프로그램을 RUN중에 수정하는 과정은 예를 들어, 카운터 C0의 설정값 K100을 K1000으로 수정하는 과정은 다음과 같다.

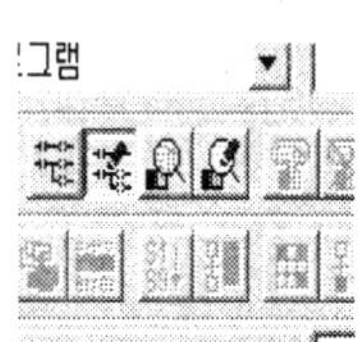

① 툴 바의 버튼을 클릭한다.

② 다음과 같은 대화 상자가 나타나면 **확인** 버튼을 클릭하면 모니터(쓰기) 모드가 된다.

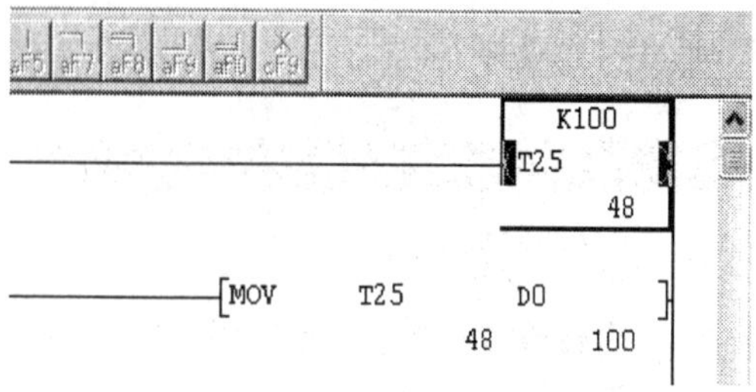

③ 화면과 같이 커서를 이동하여 더블 클릭한다.

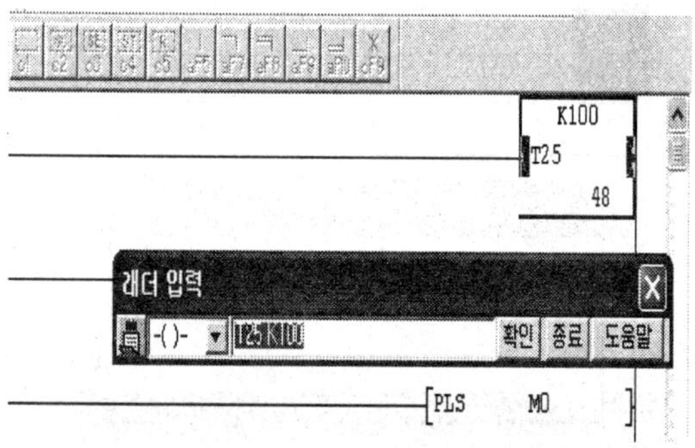

④ 래더 입력 창이 표시되면 “C0 K1000”으로 변경한다.

⑤ **확인** 버튼을 클릭한다.

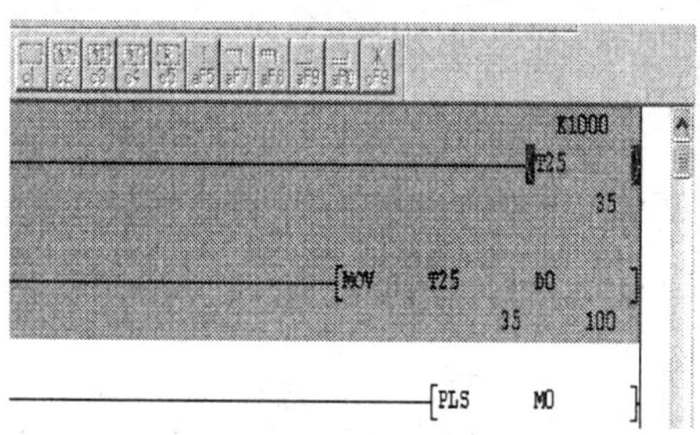

⑥ 래더가 변경된다.

⑦ 툴 바의 버튼을 클릭한다.

⑧ 대화상자가 표시되면 예 버튼을 클릭하여 실행 중에 쓰기한다.

⑨ **확인** 버튼을 클릭한다.

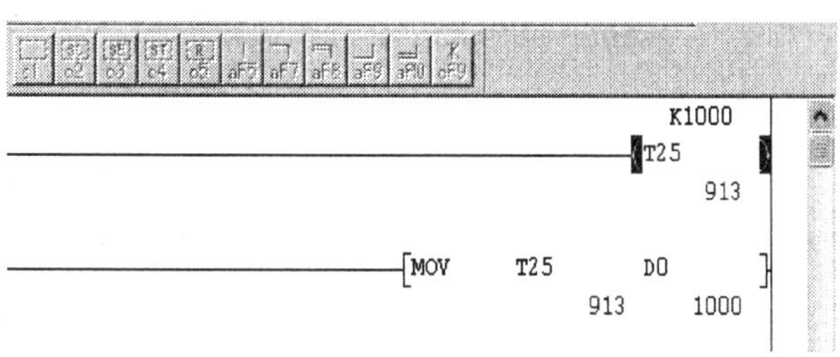

(4) 강제 ON/OFF 접점 모니터링

PLC가 직접 연결되어 있는 경우는 온라인, 모니터, 모니터 쓰기 메뉴에서 ON/OFF하고자 하는 접점에 커서를 두고 Shift+Ent를 누르면 접점의 상태가 변경되며 프로그램을 모니터링 할 수 있다.

PLC가 연결 되어 있지 않은 경우는 Simulator를 셋팅하고 GX Developer의 툴 메뉴에서 래더 로직테스터 시작(L)을 클릭하면 다음과 같은 화면이 나타난다.

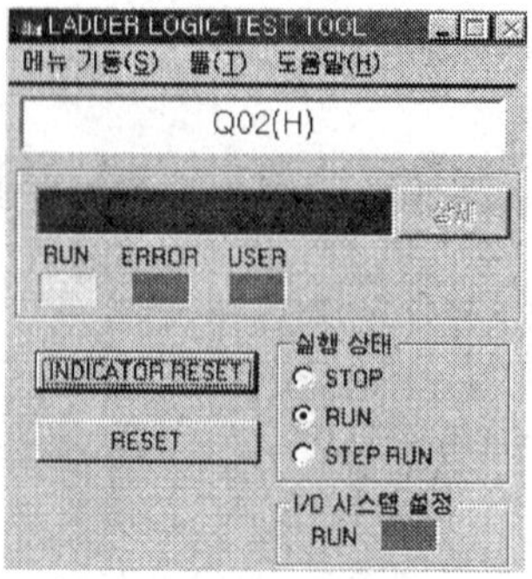

로직 테스터 상태가 ON에 표시가 되며 다음과 같이 샘플 프로그램에서 ON/OFF하고자 하는 접점에 커서를 위치하고 Shift+Ent를 누르면 접점의 상태가 강제로 변경되며 프로그램을 모니터링 할 수 있다.

이 경우 스캔 타임은 100[mS]로 고정되며 강제 접점 해제는 Shift+Ent를 누르면 원상태로 복귀하게 된다.

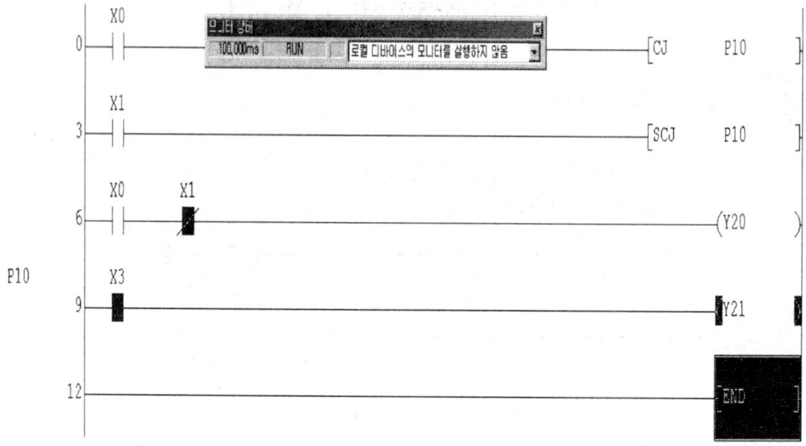

다음 그림과 같이 샘플 프로그램에서 타이머의 현재값의 변경 사항을 모니터링 할 수 있다.

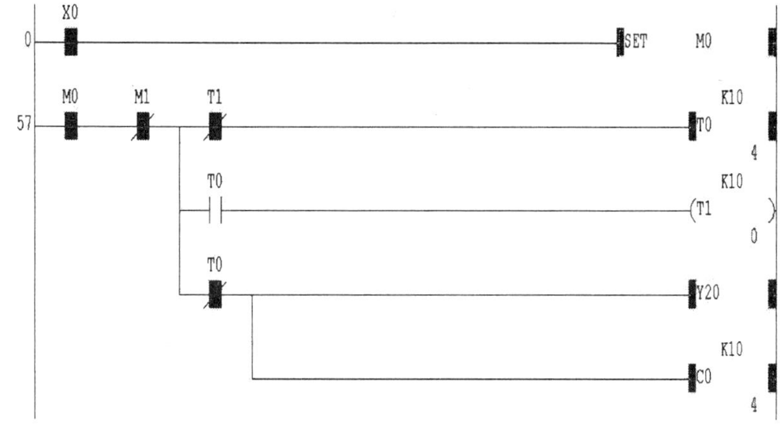

(5) 코멘트 표시

Q CPU는 다양한 종류의 코멘트를 저장할 수 있어서 CPU의 조작성을 향상시키고, 프로그램의 설계자 이외의 사람도 프로그램을 쉽게 읽을 수 있게 할 수 있다.

Q CPU에 저장할 수 있는 코멘트 일람은 각 드라이브마다 이름을 붙이고 프로젝트 이름과 디바이스 프로그램에서 사용할 디바이스에 코멘트 및 라벨을 기입한다.

(가) PLC명

PLC명은 CPU에 코멘트를 붙여서 GX Developer에서 Q CPU를 액세스하였을 때에 대상 CPU를 확인하기 쉽게 한다.

PLC명에는 라벨과 코멘트의 두 종류를 설정하며 프로젝트 데이터 일람의 "PLC 파라미터"에 있는 "PLC 이름 설정" 탭에서 실행한다.

항 목	설 정 내 용	설 정 범 위
라벨	CPU용 라벨을 설정.	최대 전각 5문자(반각 10문자)
코멘트	CPU용 코멘트를 설정한다.	최대 전각 32문자(반각 64문자)

(나) 드라이브의 이름

드라이브의 이름은 내장 메모리, 메모리 카드에 저장된 파일을 구분하기 쉽도록 하며 드라이브의 이름은 [온라인]-[PLC 읽기], [PLC 쓰기], [PLC 대조], [PLC 데이터 삭제] 메뉴에서 대상 메모리 제목 만들기 버튼을 클릭하여 작성한다.

(다) 프로젝트의 이름

프로젝트의 이름은 프로젝트의 내용을 쉽게 알 수 있게 하며 프로젝트의 이름은 새로운 프로젝트에서 프로젝트의 이름을 저장할 때에 설정하고 문자수는 반각 32문자(전각 16문자) 이내로 설정한다. 프로젝트 이름은 작성한 각 프로젝트에 저장된다.

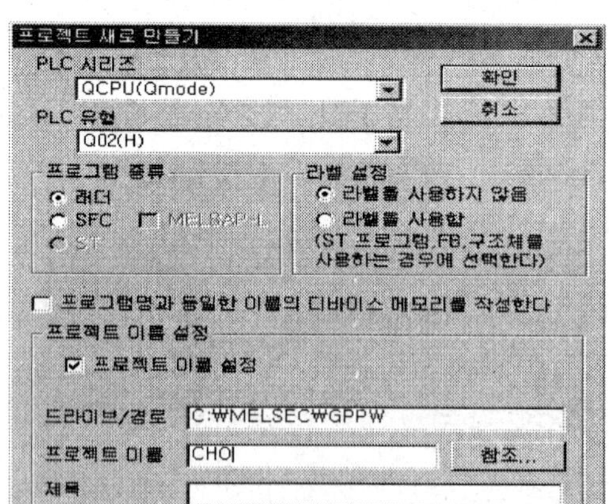

(라) 데이터명

데이터명은 데이터(프로그램, 파라미터 등)의 내용을 알 수 있게 하며 데이터명은 새로운 데이터에서 데이터명을 변경할 때에 설정하고 문자수는 반각 32문자(전각 16문자) 이내로 설정한다.

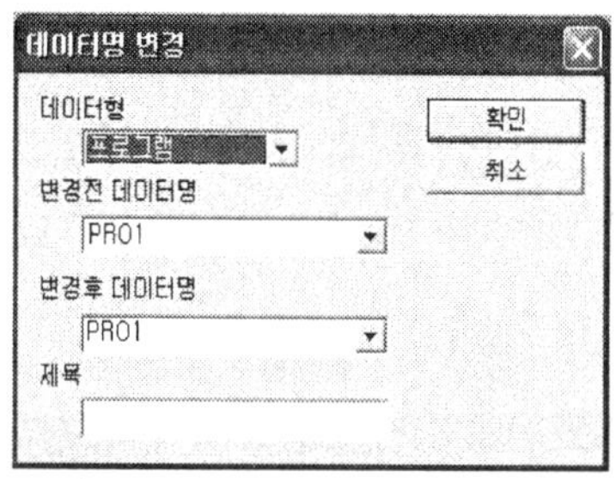

(마) 디바이스 코멘트

디바이스 코멘트는 디바이스에 코멘트를 붙여 표시하므로 프로그램 읽기가 용이하다.

① 디바이스 코멘트의 설정은 프로젝트 데이터 리스트의 "COMMENT"에서 실행하며 문자수는 반각 32문자(전각 16문자) 이내로 설정한다.

래더(쓰기 모드)시에 을 클릭하면 디바이스 코멘트를 래더 상에서 설정할 수 있으며 코멘트를 붙일 디바이스를 더블 클릭하여 코멘트 입력 대화상자에서 설정한다.

② 응용 명령(LEDC, PRC)으로 코멘트를 사용하는 경우 CPU에 디바이스 코멘트 파일이 입력되어 있으면 디바이스 코멘트 파일로 사용할 파일을 설정하며 설정은 프로젝트 데이터 일람의 PLC 파라미터에 있는 "PLC 파일" 탭에서 실행한다.

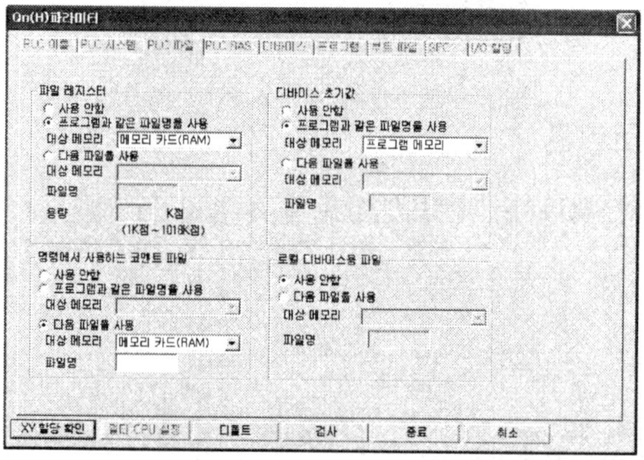

㉠ 사용 안함 : 파라미터에서 코멘트 파일을 설정하지 않음.

시퀀스 프로그램에서 어느 코멘트 파일을 사용할 것인가 지정할 경우에 설정한다.

어느 코멘트 파일을 사용할 것인가는 QCDSET 명령으로 지정한다.

㉡ 프로그램과 같은 파일명을 사용 : 메모리 카드의 드라이브를 지정하며 실행 프로그램이 바뀔 때마다 유효한 코멘트 파일도 변경된다.

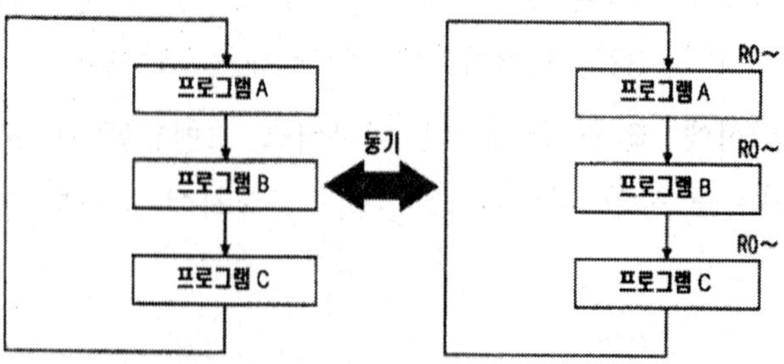

ⓒ 다음 파일을 사용 : 드라이브, 파일명으로 지정한 코멘트 파일만이 유효하다.

(바) 스테이트먼트/노트

스테이트먼트/노트는 프로그램의 스텝 또는 P, I 포인터에 붙여 프로그램을 알기 쉽게 한다.

스테이트먼트/노트는 래더 작성 화면에서 설정하고 설정하기 위해서는 / 을 클릭하고 설정할 위치에서 더블 클릭한다.

스테이트먼트는 기능별로 정리된 래더 블록의 의미나 용도를 설명하며 포인터 스테이트먼트는 서브루틴 프로그램, 인터럽트 프로그램의 포인터에 대응한 각 프로그램의 의미나 용도를 설명하고 노트는 래더 블록 기능의 의미나 용도를 설명한다.

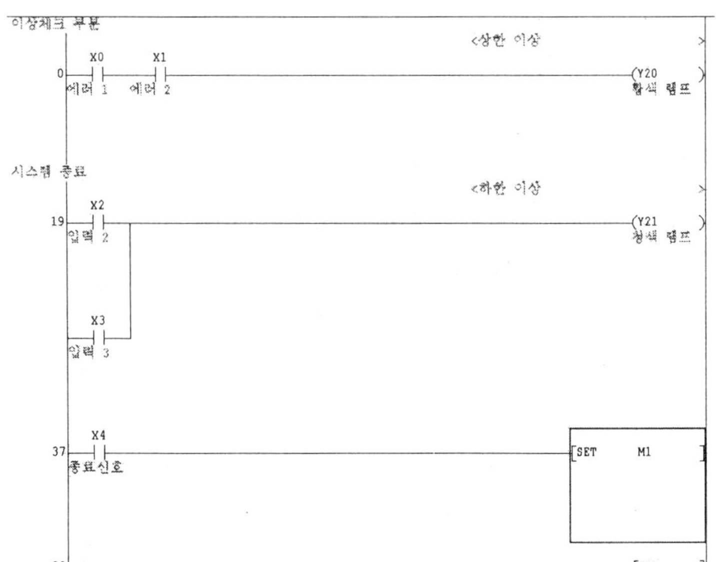

(사) 디바이스 초기값 코멘트

디바이스 초기값 코멘트는 디바이스 초기값 파일에 코멘트를 붙여 파일 내용을 알 수 있게 하며 디바이스 초기값 코멘트는 디바이스 초기값 파일에 저장된다. 설정은 프로젝트 데이터 일람의 디바이스 초기값 범위 설정에서 실행한다.

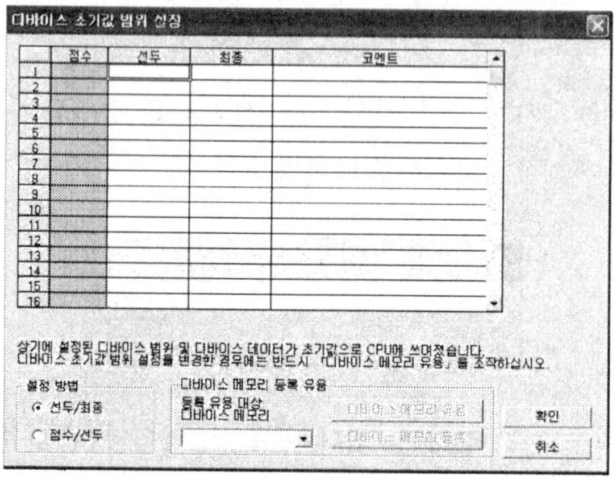

(6) 기타 기능

그 밖의 기능 일람은 다음과 같다.

(가) 콘스탄트 스캔 기능

Q CPU는 시퀀스 프로그램에서 사용하는 명령의 실행/비실행에 따라 처리시간이 다르기 때문에 스캔 시간도 다르다. 콘스탄트 스캔은 스캔 타임을 일정하게 유지하면서 시퀀스 프로그램을 반복하여 실행시키는 기능이다.

저속 프로그램을 사용할 경우에는 콘스탄트 스캔 또는 저속 프로그램 실행시간을 설정해야 한다.

콘스탄트 스캔 타임은 GX Developer의 프로젝트 데이터 리스트의 PLC 파라미터에 있는 [PLC RAS 설정] 탭에서 설정한다.

(WDT의 설정 타임)>(콘스탄트 스캔의 설정 타임)>(CPU의 최대 스캔 타임)

(나) 래치 기능

Q CPU의 각 디바이스는 Q CPU의 전원 ON, RESET/L.CLR 스위치에 의한 리셋시 또는 허용시간 이상의 순간 정전시에 삭제되고 디폴트값(비트 디바이스 :

OFF, 워드 디바이스 : 0)으로 된다.

래치는 Q CPU의 전원 ON, RESET/L.CLR 스위치에 의한 리셋 또는 허용 시간 이상의 순간 정전시에 디바이스 내용을 유지시키는 기능이며 프로그램에서의 연산은 래치의 유/무에 관계없이 동일하다.

래치는 연속하여 제어할 때에 허용 시간 이상의 순간 정전이 발생할 경우에도 생산 개수, 불량 발생 개수, 어드레스 등의 데이터를 유지하여 제어를 계속하고 싶은 경우에 래치를 사용한다.

래치가 가능한 디바이스는 래치 릴레이, 링크 릴레이, 애넌시애이터, 에지 릴레이, 타이머, 적산 타이머, 카운터, 데이터 레지스터, 링크 레지스터 등이다.

포인트 래치 가능한 디바이스라도 로컬 디바이스로 지정되면 래치할 수 없다.

래치 범위는 GX Developer의 프로젝트 데이터 리스트의 PLC 파라미터에 있는 [PLC RAS 설정] 탭에서 설정한다.

래치 범위 설정에는 래치 삭제키가 유효로 되는 범위와 무효로 되는 범위가 있다.

(다) 리모트 조작 기능

Q CPU에서는 다음과 같은 리모트 조작이 가능하다.

표 4-1 리모트 조작 스위치 상태

리모트 조작 스위치 상태	RUN	STEP -RUN	STOP	PAUSE	RESET	래치 삭제
RUN	RUN	STEP -RUN	STOP	PAUSE	조작 불가능	조작 불가능
STOP	STOP	STOP	STOP	STOP	RESET	래치 삭제

✤ 리모트 RUN/STOP ✤

리모트 RUN/STOP을 실행할 경우 RUN/STOP 스위치를 RUN으로 하며 리모트 RUN/STOP의 실행에는 두 가지 방법이 있다.

(1) GX Developer의 조작에 의한 방법

GX Developer에서의 리모트 RUN/STOP 지시에 따라 조작하고 먼저 리모트

STOP을 실행한 다음 리모트 RUN으로 돌아가도록 조작한다.

① [온라인]-[리모트 제어] 메뉴를 클릭한다.

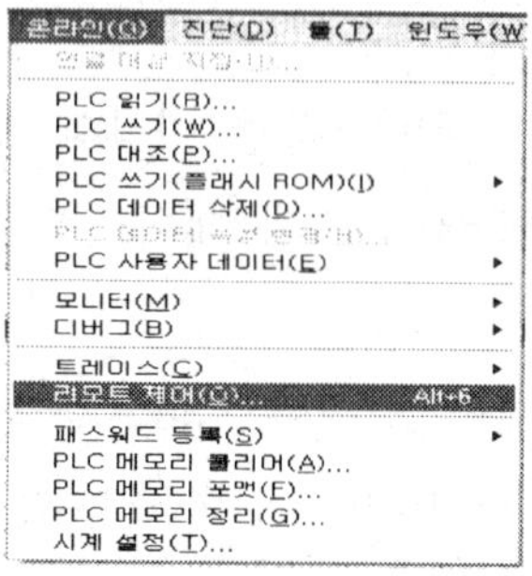

② 대화상자가 표시되면 ▼을 클릭하여 "STOP"을 설정한다.

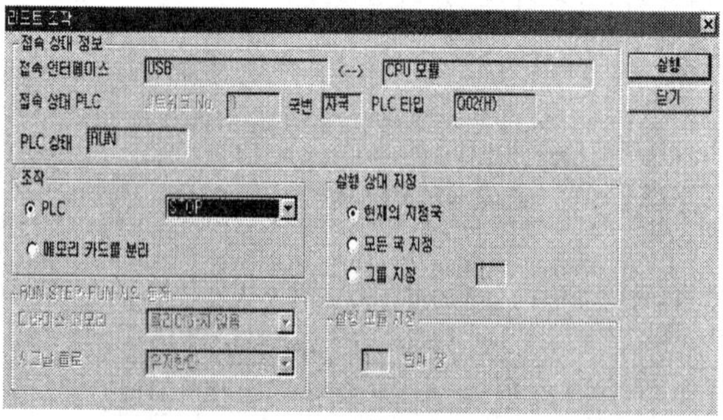

③ 실행 버튼을 클릭한다.

④ 확인 대화상자가 표시되면 예 버튼을 클릭한다.

⑤ 리모트 STOP이 완료하면 대화상자가 표시되므로 **확인** 버튼을 클릭한다.
실제 기기에서 CPU가 STOP한 것을 확인한다.

⑥ 리모트 RUN을 실행하기 위해서는 ▼을 클릭하여 "RUN"을 설정한다.
⑦ 실행 버튼을 클릭한다.

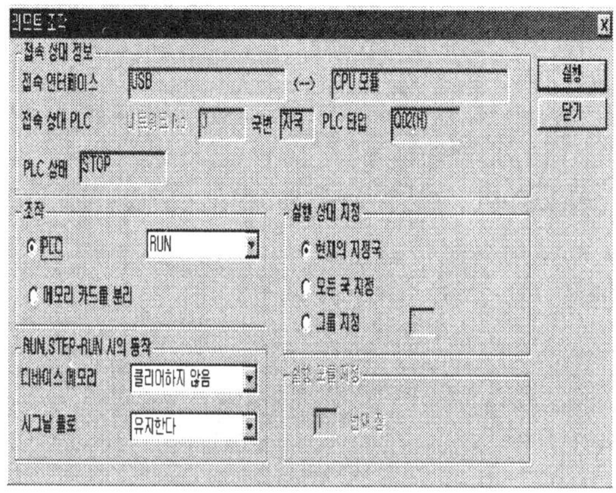

⑧ 확인 대화상자가 표시되면 예 버튼을 클릭한다.

⑨ 리모트 RUN이 완료되면 대화상자가 표시되므로 **확인** 버튼을 클릭한다. 실제 기기에서 CPU가 RUN하는 것을 확인한다.

⑩ 닫기 버튼을 클릭하여 대화상자를 닫는다.

(2) 리모트 RUN 접점에 의한 방법

리모트 RUN 접점(X)을 파라미터에서 설정하며 접점이 ON으로 되면 STOP, OFF으로 되면 RUN 상태가 된다.

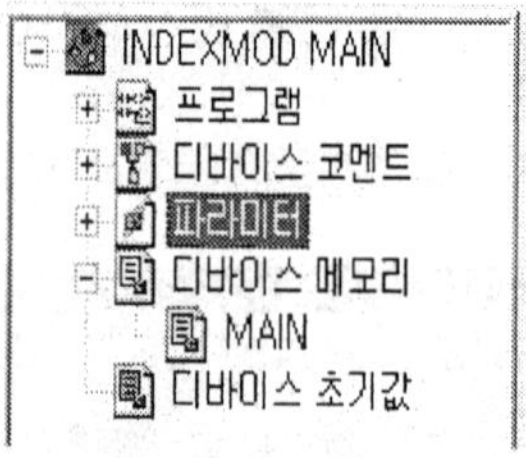

① 프로젝트 데이터 리스트의 "파라미터"를 더블 클릭한다.

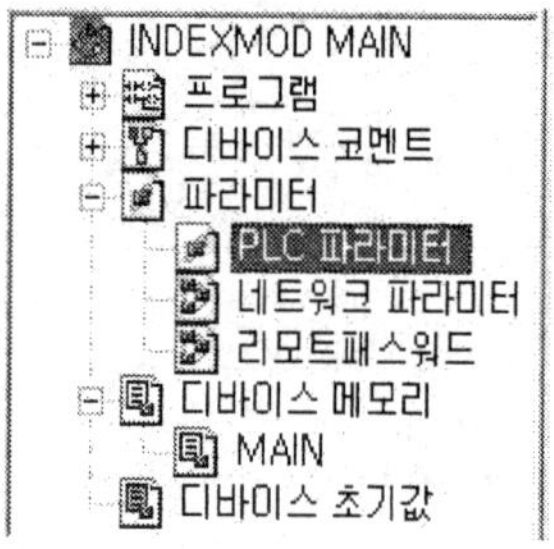

② [PLC 파라미터]를 더블 클릭한다.

③ 파라미터 설정 대화상자가 나타되면 "PLC 시스템" 탭을 클릭한다.

④ RUN 접점을 X7로 설정하기 위해 RUN-PAUSE 접점의 RUN에서 "7"을 입력한다.

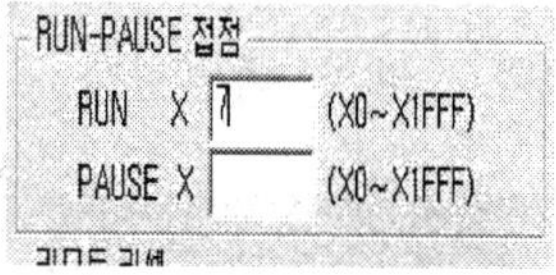

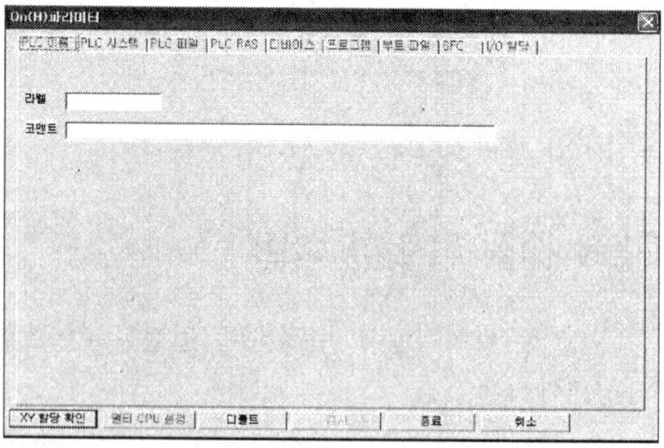

⑤ 설정 종료 버튼을 클릭하여 설정을 종료한다.

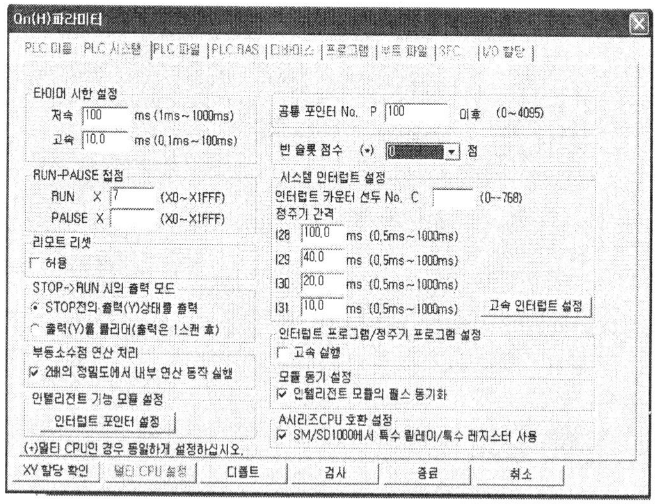

⑥ CPU의 RUN/STOP 스위치를 “STOP”으로 한다.

⑦ 파라미터 “PLC/네트워크”만을 CPU에 쓰기를 한다.

⑧ CPU를 리셋한 다음 “RUN”으로 하고 X7을 ON/OFF하여 CPU의 동작을 확인한다.

리모트 STOP-RUN, PAUSE, RESET, 래치 삭제 이전의 리모트 RUN/STOP과 같다.

✤ 시스템 표시 기능 ✤

주변기기에서 액세스한 자국(自局)의 시스템 구성(형명, 입출력 점유 점수, I/O 어드레스)을 시스템 모니터 기능으로 확인할 수 있다.

(1) 시스템 모니터의 시동

[진단]-[시스템 모니터] 메뉴를 클릭한다.

(2) PLC 진단

CPU를 선택하고 진단 버튼을 클릭하여 CPU의 실행 상태나 에러 이력 등을 표시할 수 있다.

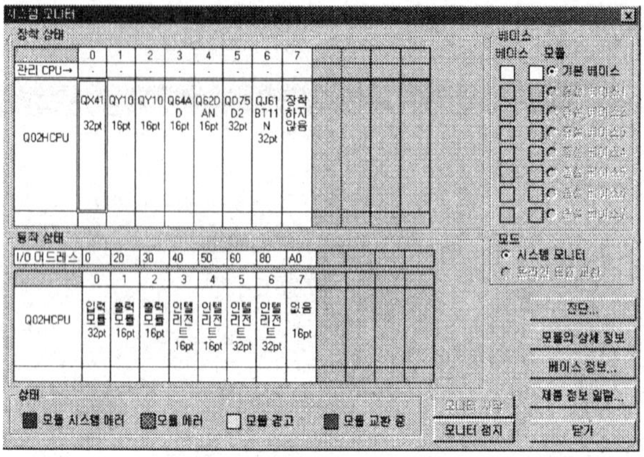

(3) 모듈의 상세 정보

상세한 정보를 알고 싶은 모듈을 선택하고 모듈의 상세 정보를 클릭하면 다음 대화상자가 나타나며 모듈 상세 정보 버튼으로 모듈 정보와 스위치 설정 상태를 나타낸다.

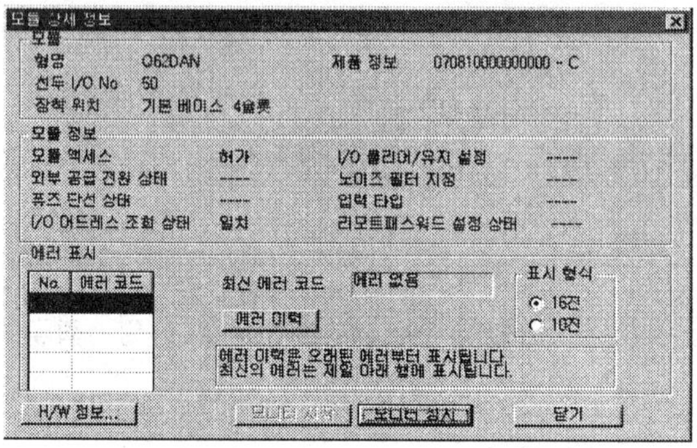

(4) 조작 실습

고의로 에러를 발생시켜 시스템 모니터의 PLC 진단으로 에러 원인을 조사하는 방법을 실습한다.

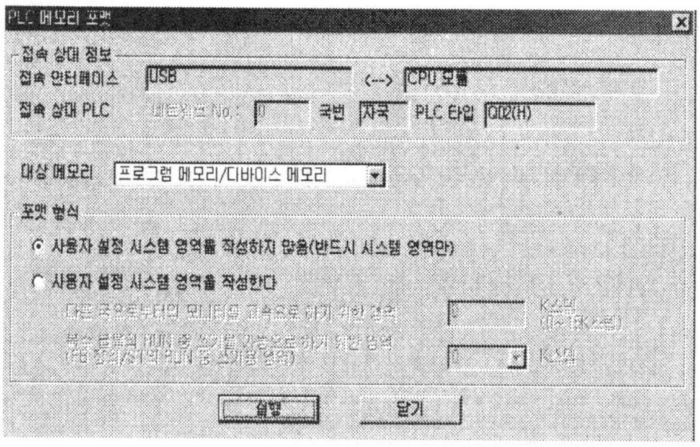

① CPU를 STOP으로 한다.

② [온라인]-[PLC 메모리 포맷] 메뉴를 클릭하여 프로그램 메모리를 포맷한다.

③ CPU를 리셋한다.

에러 발생

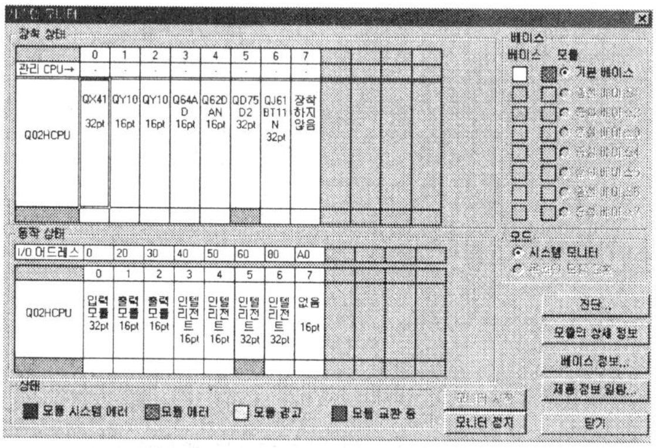

④ [진단]-[시스템 모니터] 메뉴를 클릭하여 시스템 모니터에서 에러가 발생한 모듈을 확인한다.

⑤ CPU의 에러 발생을 확인하면 "Q02(H)"를 선택하여 진단 버튼을 클릭한다.

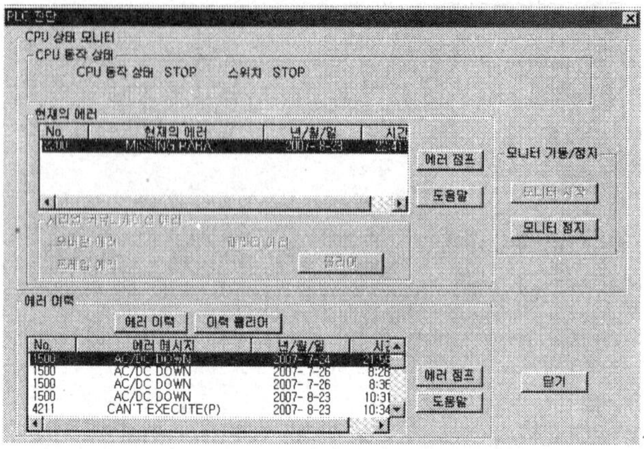

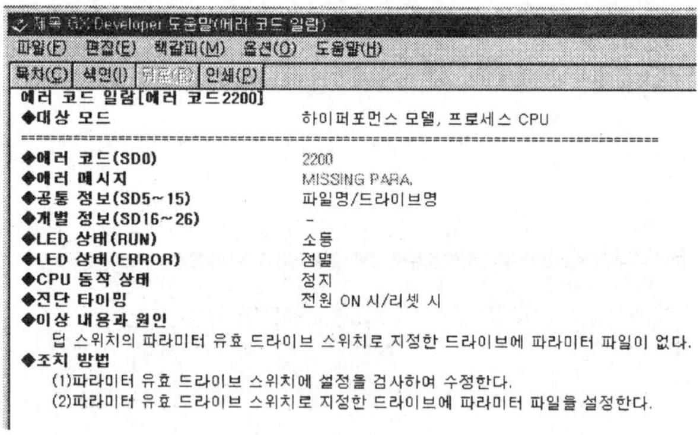

도움말을 클릭하면 위와 같은 화면이 나타난다.

⑥ 현재의 에러로 “2200 MISSING. PARA”를 확인하면 도움말의 CPU 에러 버튼을 클릭한다.

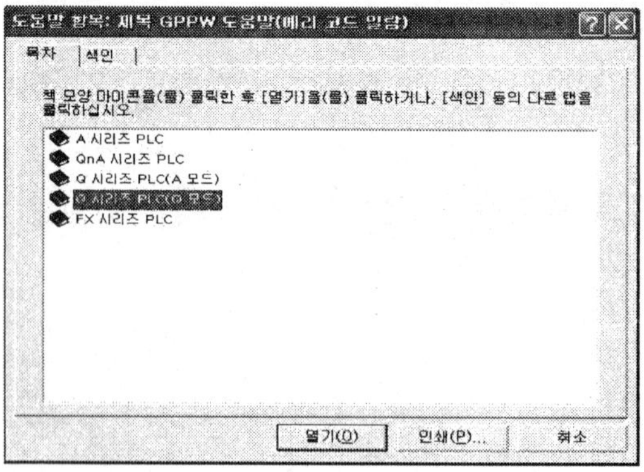

⑦ GX Developer 도움말(에러 코드 일람)이 나타나면 [Q시리즈 CPU(Q모드)]를 더블 클릭한다.

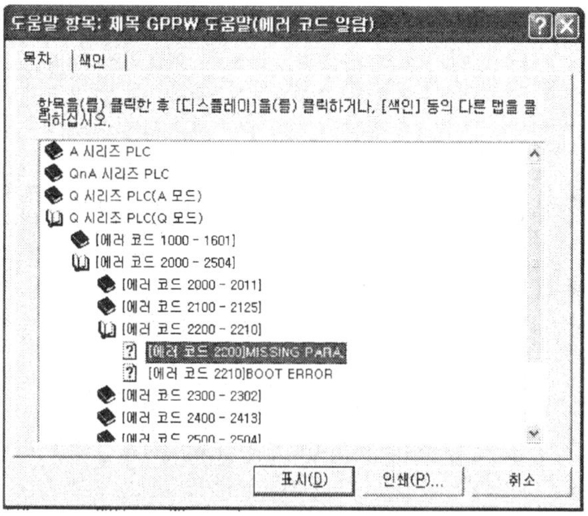

⑧ [에러 코드 "2000-2504"]를 더블 클릭한다.

⑨ [에러 코드 "2200-2210"]를 더블 클릭한다.

⑩ [에러 코드 "2200" MISSING PARA]를 더블 클릭한다.

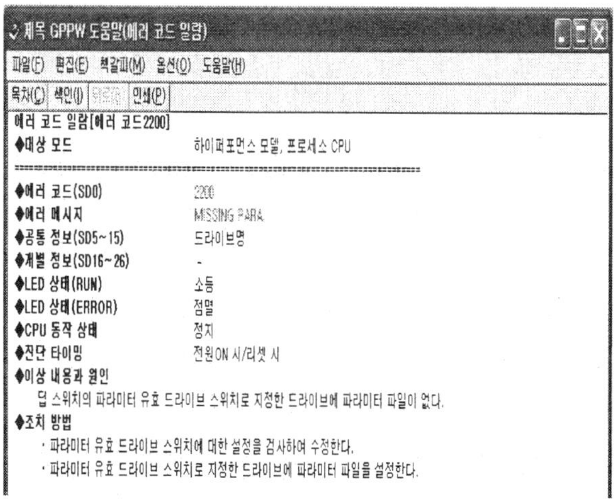

⑪ 에러 코드의 내용이 표시되면 원인과 대처방법을 확인한다.
이런 경우에는 프로그램을 다시 오픈하여 PLC에 프로그램과 파라미터를 쓰기 하면 에러 상태가 해제된다.

(5) 시스템 보호 기능

Q CPU는 설계자 이외의 제3자에 의한 프로그램 변경에 대해 다양한 보호 기능

(시스템 프로텍트)이 있다.

표 4-2 시스템 프로텍트 기능

프로텍트 대상	프로텍트 내용	방 법	비 고
CPU 전체	CPU에 대한 계장/제어지시 일괄 금지	CPU 본체의 딥 스위치 1을 ON	전원 ON 또는 STOP→RUN 시만 유효
메모리 카드	메모리 카드에 대한 라이트 프로텍트를 실시하여 저장 금지	메모리 카드의 라이트 프로텍트 스위치를 ON	—
파일 단위	파일마다 패스워드로 다음을 제한 ① 쓰기 금지 ② 읽기/쓰기 금지	[온라인]-[패스워드 등록]-[신규 등록] 메뉴 실행	프로그램, 디바이스 코멘트, 디바이스 초기값만 설정 가능

(6) 패스워드 등록 기능

패스워드는 주변기기에 의한 Q CPU의 프로그램, 코멘트 등 데이터 읽기 및 쓰기(덮어쓰기)를 금지시키기 위한 것이며 패스워드 등록 대상은 지정한 메모리(프로그램 메모리, 표준 RAM, 표준 ROM, 메모리카드(RAM), 메모리 카드(ROM))의 파일 단위이다. 등록할 내용에는 다음과 같은 2종류가 있다.

파일을 읽기/쓰기할 수 없다. 파일을 쓰기할 수 없다. (읽기는 가능)

패스워드가 등록된 경우에는 주변기기에서 파일을 조작할 수 없으며 패스워드의 해제는 [온라인]-[패스워드 등록]-[해제] 메뉴에서 실행하거나 또는 조건으로 제한된 읽기, 쓰기 조작시에 실시한다.

(가) 패스워드의 등록

패스워드는 GX Developer의 [온라인]-[패스워드 등록]-[신규 등록, 변경] 메뉴를 클릭하여 등록한다.

① **대상 메모리** : 패스워드를 등록할 파일의 메모리를 설정

② **데이터 유형** : 패스워드를 등록할 수 있는 파일의 종류

③ 데이터명 : 패스워드를 등록할 수 있는 파일명을 표시

④ 등록 상태 : CPU에 쓰기된 파일의 패스워드 등록 상태로 패스워드가 등록된 파일에는 "*"가 나타난다.

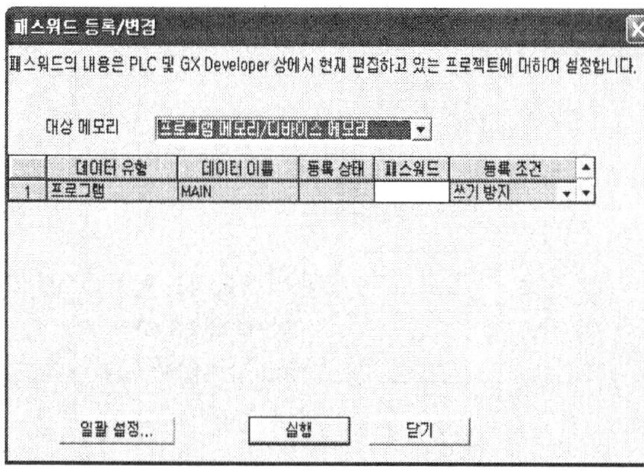

⑤ 패스워드(ASCII 코드 4자리) : 새로 등록할 경우는 등록할 패스워드를 입력하며 패스워드를 변경할 경우에는 신규 패스워드를 입력하고 실행후 다음 화면에서 기존의 패스워드를 입력한다.

⑥ 등록 조건 : 패스워드를 등록할 파일 조건을 설정

· 읽기/쓰기 금지 : 패스워드를 해제하지 않으면 파일을 호출하거나 기입할 수 없다.

· 쓰기 금지 : 패스워드를 해제하지 않으면 파일을 쓰기(덮어쓰기)할 수 없다. 읽기는 가능.

패스워드 등록이 가능한 파일은 프로그램, 디바이스 코멘트, 디바이스 초기값뿐이며 CPU에 등록한 패스워드는 주변기기에서 읽을 수 없으며 패스워드의 등록 자체를 삭제할 경우에는 [온라인]-[패스워드 등록]-[삭제] 메뉴에서 실행한다.

4.6 디바이스 점수 최적 할당

기존의 A CPU에서는 디바이스 점수가 고정이 되었으나 Q CPU에서는 디바이스 점수를 사용하는 시스템에 대응하여 가장 적합하게 할당할 수 있으며 설정 내용은 다음과 같다.

내부 릴레이 M을 10k점, 데이터 레지스터 D를 1k점(D0-D500 : 래치 삭제키 유효, D501-D1023 : 래치 삭제키 무효)으로 변경하는 과정은 다음과 같다.

표 4-3 디바이스 할당

항 목	설정 내용	설정 범위	기본 값
디바이스 점수	내부 디바이스의 각 점수를 설정	합계 29k워드의 범위 내에서 각 디바이스별로 최대 32k점까지 설정 가능 (디바이스 X, Y, S, SB, SW제외)	X : 8k점(고정) Y : 8k점(고정) M : 8k점 L : 8k점 B : 8k점 F : 2k점 SB : 2k점(고정) V : 2k점 S : 8k점(고정) T : 2k점 ST : 0k점 C : 1k점 D : 12k점 W : 8k점 SW : 2K점(고정)
래치범위 1 (래치 삭제키 유효)	래치 삭제키로 삭제 가능한 래치범위를 설정	각 디바이스당 1개 범위	설정 없음
래치범위 2 (래치 삭제키 무효)	래치 삭제키로 삭제할 수 없는 래치범위 설정	각 디바이스당 1개 범위	설정 없음

① 프로젝트 데이터 리스트의 "파라미터"를 더블 클릭한다.

② PLC "파라미터"를 더블 클릭한다.

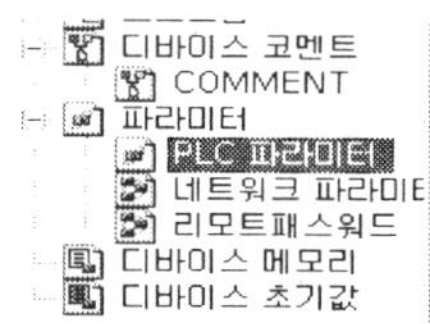

③ Qn(H) 파라미터 설정의 대화상자가 나타나면 "디바이스" 탭을 클릭한다.

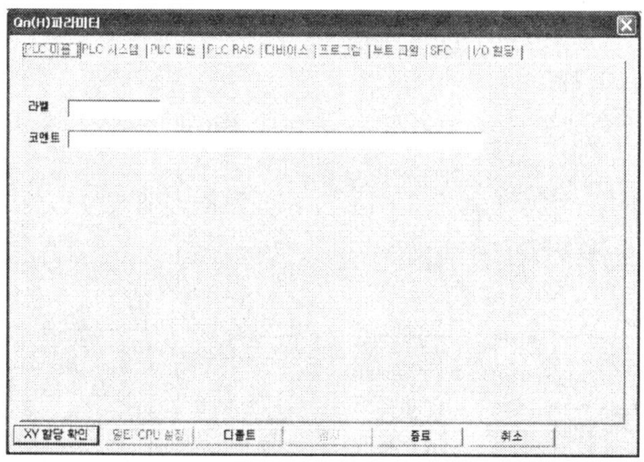

④ 화면이 바뀌면 내부 릴레이(M)의 디바이스 점수 위치를 클릭하여 커서를 이동한다.

	기호	진수	디바이스점수	래치(1) 선두	래치(1) 최종
입력 릴레이	X	16	8K		
출력 릴레이	Y	16	8K		
내부 릴레이	M	10	8K		
래치 릴레이	L	10	8K		
링크 릴레이	B	16	8K		
어넌시에이터	F	10	2K		
링크 특수	SB	16	2K		

	기호	진수	디바이스점수	래치(1) 선두	래치(1) 최종
입력 릴레이	X	16	8K		
출력 릴레이	Y	16	8K		
내부 릴레이	M	10	10K		
래치 릴레이	L	10	8K		
링크 릴레이	B	16	8K		
어넌시에이터	F	10	2K		
링크 특수	SB	16	2K		

⑤ "10k"를 입력하고 Enter 키를 누른다.

⑥ 데이터 레지스터(D)의 디바이스 점수 위치를 클릭하여 커서를 이동해서

⑦ "1k"를 입력하고 Enter 키를 누른다.

스텝 릴레이	S	10	8K		
타이머	T	10	2K		
적산 타이머	ST	10	0K		
카운터	C	10	1K		
데이터 레지스터	D	10	12K		
링크 레지스터	W	16	8K		
링크 특수	SW	16	2K		

스텝 릴레이	S	10	8K		
타이머	T	10	2K		
적산 타이머	ST	10	0K		
카운터	C	10	1K		
데이터 레지스터	D	10	1K		
링크 레지스터	W	16	8K		
링크 특수	SW	16	2K		

⑧ [래치(1)]의 선두 어드레스 위치에 커서가 이동하면 "0"을 입력하고 Enter 를 누른다.

⑨ 최종 어드레스에 "500"을 입력하고 Enter 키를 누른다.

⑩ [래치(2)]의 선두 어드레스에 "501"을 입력하고 Enter 키를 누른다.

⑪ 최종 어드레스에 "1023"을 입력하고 키를 누른다.

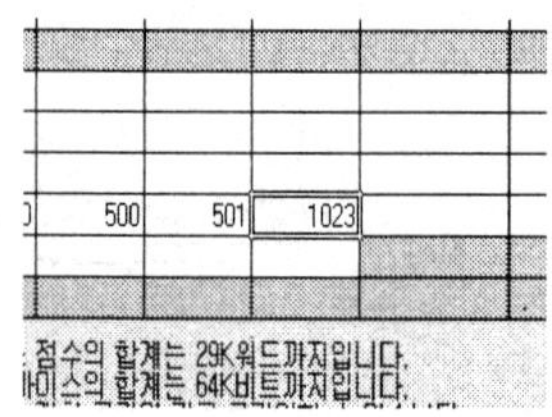

⑫ 종료 버튼을 클릭하여 설정 내용을 확정해서 디바이스 점수의 설정이 종료된다.

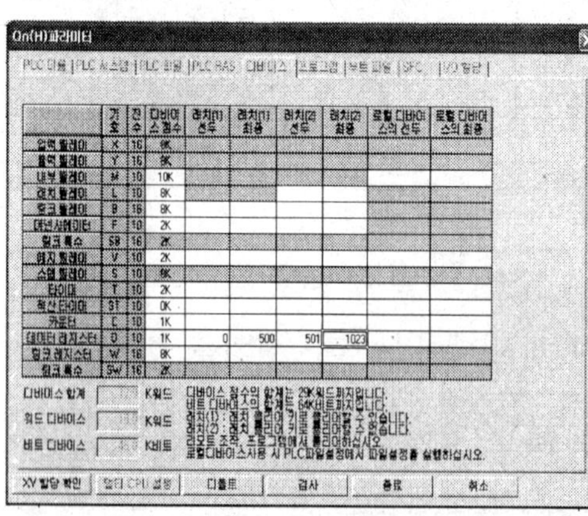

⑬ 다른 실습에 영향을 주지 않도록 파라미터를 원상태로 복구시킨다.

⑭ Qn(H) 파라미터 설정 대화상자가 표시되면 [디바이스] 탭에서 디폴트 버튼을 클릭한다.

⑮ 예 버튼을 클릭한다.

종료 버튼을 클릭하면 디바이스 설정이 원상태로 복구된다.

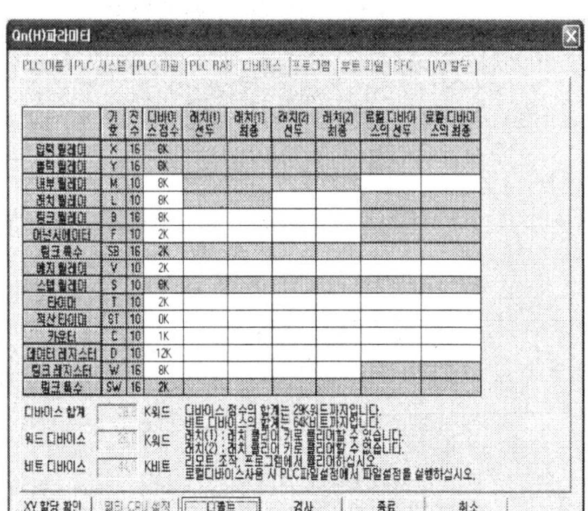

(내부 사용자)디바이스의 할당 범위를 변경한 경우는 변경하기전에 파라미터에서 작성한 시퀀스 프로그램을 그대로 사용할 수 없으며 변경한 다음에 파라미

터와 함께 시퀀스 프로그램을 CPU에 다시 한번 저장할 필요가 있다.

4.7 인덱스, 파일 레지스터의 사용법

인덱스 레지스터(Zn)는 장치 번호를 간접적으로 지정할 때에 사용하며 직접 지정한 장치 번호에 인덱스 레지스터의 내용을 더해 장치 번호로 지정할 수 있다.

$$D0^{Z} \rightarrow \underline{(0+Z)}$$

Z가 0일 때는 D0, Z가 50이면 D50을 의미하며 인덱스 레지스터는 Z0~Z15를 사용할 수 있으며 인덱스 레지스터(Zn)는 16비트로 구성된 워드 장치로 32768~+32767까지 취급할 수 있다.

인덱스 수식은 다음 장치에 사용할 수 있다.

- 비트 장치　X, Y, M, L, S, B, F(예 K4Y40Z)
- 워드 장치　T, C, D, R, W(예 D0Z)
- 정수　K, H(예 K100Z)
- 포인터　P

인덱스 레지스터는 타이머, 카운터의 코일에 간접적으로 지정할 수 없으며 디지털 스위치로 지정한 번호의 데이터 레지스터에 데이터를 저장한다. D50으로 T2의 현재값이 전송된다.

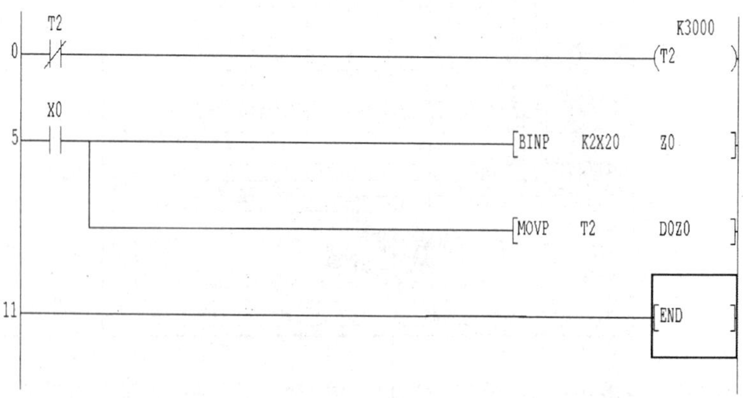

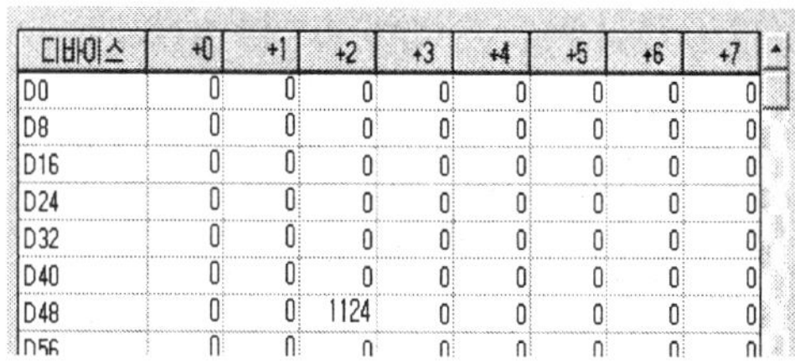

디바이스	+0	+1	+2	+3	+4	+5	+6	+7
D0	0	0	0	0	0	0	0	0
D8	0	0	0	0	0	0	0	0
D16	0	0	0	0	0	0	0	0
D24	0	0	0	0	0	0	0	0
D32	0	0	0	0	0	0	0	0
D40	0	0	0	0	0	0	0	0
D48	0	0	1124	0	0	0	0	0

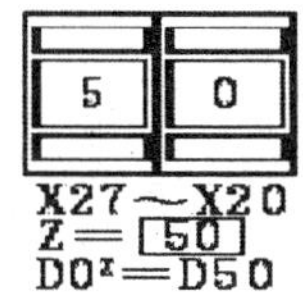

파일 레지스터(R)는 데이터 레지스터(D)와 같이 16비트로 구성된 레지스터이다.

파일 레지지터는 사용자용 메모리 영역(메모리 카세트 RAM 영역)에 설정하며 사용자용 메모리 영역에는 파라미터 영역(3K), 타이머·카운터의 설정값(1K), 메인 프로그램 영역(1~30K 스텝), 파일레지스터 영역(1~8K 스텝)으로 구분되며 파일 레지스터의 데이터는 메모리 카세트의 전지에 의해 유지되기 때문에 전원이 OFF 되거나 리셋을 하여도 데이터는 삭제되지 않는다.

삭제할 때는 MOV(P) 명령을 사용하여 파일 레지스터에 0을 저장하며 파일 레지스터 영역은 파라미터에서 1K점(1024점) 단위로 설정한다.

파일 레지스터 R0~R1023의 1K점을 설정하여 프로그램에서 사용하며 다음과 같은 조작으로 PLC 파라미터에 점수를 설정한다.

프로젝트 데이터 일람의 파라미터를 더블 클릭하면 아래쪽에 PLC 파라미터와 네트워크 파라미터 항목을 더블 클릭한다.

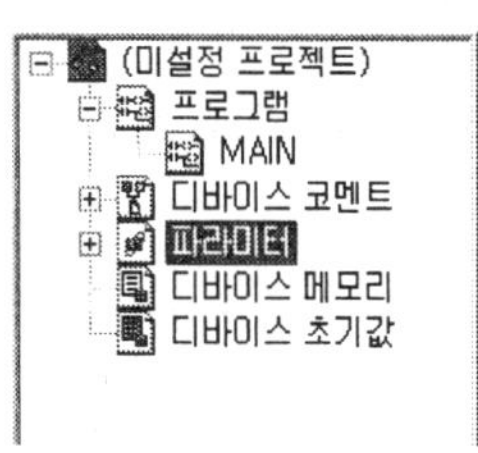

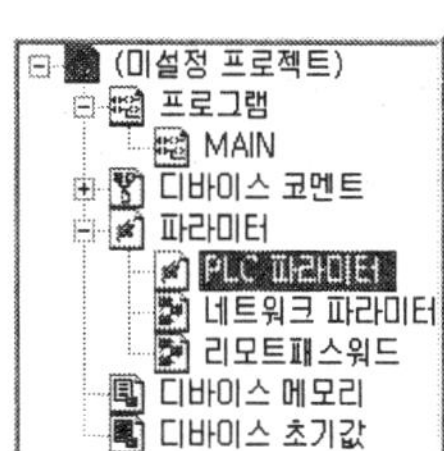

파라미터 설정 화면의 파일 레지스터의 용량을 1(1K)을 입력하고 종료 버튼을 클릭한다.

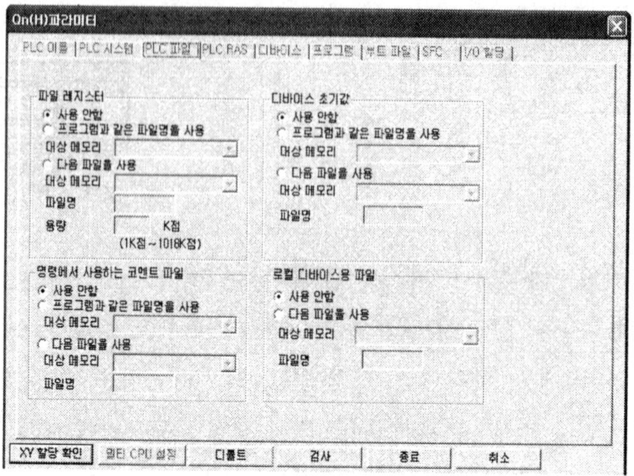

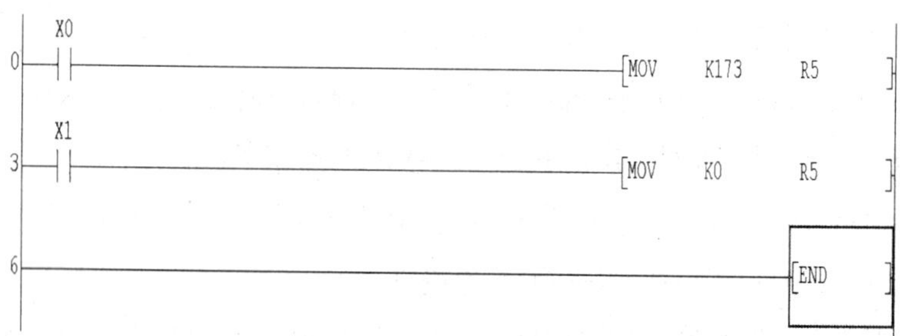

파일 레지스터의 데이터는 배터리 백업되어 전원을 OFF로 하거나 리셋을 하여도 데이터는 삭제되지 않으며 데이터를 삭제할 때는 0을 저장한다.

래더를 모니터 하면서 X0을 ON/OFF(저장), X1을 ON/OFF(삭제)한다.

4.8 파일 관리

기존의 A CPU에서는 1개의 파일 이미지였던 프로그램이 Q CPU에서는 여러개의 파일로 구성되어 있어, 여러명의 설계자가 기능/공정별로 분할된 프로그램을 개발할 수 있게 되었다.

(1) 파일 관리의 이점

① 파일 단위로 언제나 메모리에 저장할 수 있고 프로그램을 부분적으로 변경할 수 있어 파일을 추가하거나 변경해도 다른 파일에 영향을 주지 않는다.

② 프로그램이나 데이터를 이름이나 시간별로 관리할 수 있다.

③ 각 파일마다 쓰기 방지(write protect)를 할 수 있다.

(2) 파일 종류

① 프로그램
- 파라미터
- 인텔리전트 파라미터
- 시퀀스 프로그램/SFC 프로그램

② 디바이스
- 디바이스 코멘트
- 디바이스 초기값
- 파일 레지스터
- 로컬 디바이스

③ 디버그
- 샘플링 트레이스
- SFC 트레이스

④ 고장 이력 데이터

⑤ PLC 사용자 데이터(범용 데이터)

(3) 저장 데이터

Q CPU의 내장 메모리와 메모리 카드에 저장할 수 있는 데이터의 종류, 각 데이터의 파일명과 확장자는 다음과 같다.

표 4-4 데이터의 종류, 파일명과 확장자

메모리 종류 데이터명	내장 메모리			메모리 카드			비고
	프로그램 메모리	표준 RAM	표준 ROM	SRAM 카드	Flash 카드	ATA 카드	
파라미터	○	×	○	○	○	○	1데이터/드라이브
인텔리전트 파라미터	○	×	○	○	○	○	1데이터/드라이브
프로그램	◎	×	○	○	○	○	
디바이스 코멘트	○	×	○	○	○	○	
디바이스 초기값	○	×	○	○	○	○	
파일 레지스터	×	○	×	○	○	×	
로컬 디바이스	×	○	×	○	×	×	1데이터/드라이브
디버그 데이터	×	×	×	○	×	×	
SFC 트레이스 데이터	×	×	×	○	×	×	
고장 이력 데이터	×	×	×	○	×	×	
PLC 사용자 데이터	×	×	×	×	×	×	

◎ : 필요 데이터, ○ : 저장 가능 데이터, × : 저장 불가 데이터

데이터명	파일명
파라미터	PARAM. QPA
인텔리전트 파라미터	IPARAM. QPA
프로그램	***. QPG
디바이스 코멘트	***. QCD
디바이스 초기값	***. QDI
파일 레지스터	***. QDR
로컬 디바이스	***. QDL
디버그 데이터	***. QTD
SFC 트레이스 데이터	***. QTR
고장 이력 데이터	***. QFD
PLC 사용자 데이터	***. ***

(4) 복수 프로그램의 동시 편집

GX Developer에서는 복수의 프로그램을 동시에 편집할 수 있다.

4.9 메모리와 IC 카드

파일을 저장할 수 있는 메모리에는 Q CPU의 내장 메모리와 메모리 카드의 2종류가 있으며 내장 메모리에는 프로그램 메모리, 표준 RAM, 표준 ROM이 있다.

메모리 카드에는 SRAM 카드, Flash 카드, ATA 카드의 3 종류가 있다.

주변기기에서 액서스 할 때 대상 매모리 영역의 드라이버 번호는 프로그램 메모리(드라이버 번호 0), 표준 RAM(드라이버 번호 3), 표준 ROM(드라이버 번호 4), 메모리 카드 RAM(드라이버 번호 1), 메모리 카드 ROM(드라이버 번호 2)이다.

(1) 내장 메모리

Q CPU 내장 프로그램 메모리의 메모리 맵 및 내장 메모리(프로그램 메모리, 표준 RAM, 표준 ROM)의 용량에 대해 설명하며 프로그램 메모리에서는 파일은 시스템 영역(사용자 설정 영역 : 0~15K 스텝과 사용자 파일인 파라미터, 시퀀스 프로그램 SFC 프로그램 코멘트 디바이스 초기값이 사용된다.)

시스템 파일의 사용자 설정 영역은 시리얼 커뮤니케이션 모듈과의 교신이나 네트워크상의 타국에서 모니터할 때에 사용한다.

사용자 영역을 등록하면 시리얼 커뮤니케이션 경유나 네트워크의 타국에서

① Q CPU를 처음 사용하는 경우는 프로그램 메모리와 표준 RAM을 포맷한다.
② 프로그램은 1k스텝 단위의 파일로 저장된다.

(2) 메모리 카드

Q CPU의 메모리 카드의 메모리 맵과 용량은 메모리 카드의 정보 영역은 포맷한 다음 자동으로 확보되며 사용자용 파일인 파라미터, 시퀀스 프로그래밍 SFC 프로그램 코멘트, 디바이스 초기값은 포맷한 다음의 메모리 용량으로 확보된다.

메모리 카드(SRAM, ATA의 경우)를 처음 사용하는 경우에는 주변기기로 반드시 포맷한다. 프로그램은 IC메모리 카드에 1k스텝 단위의 파일로 저장된다.

제 5 장 기본 및 응용 명령어

5.1 OUT와 SET/RST 명령

OUT 명령은 입력 조건이 "ON"으로 되면 지정된 장치를 "ON"으로 하고, 입력 조건이 OFF가 되면 지정된 장치를 "OFF"로 한다. OUT T는 1스텝 명령이다.

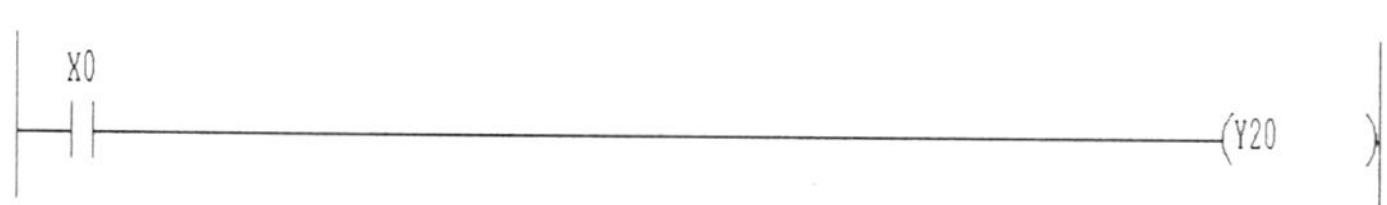

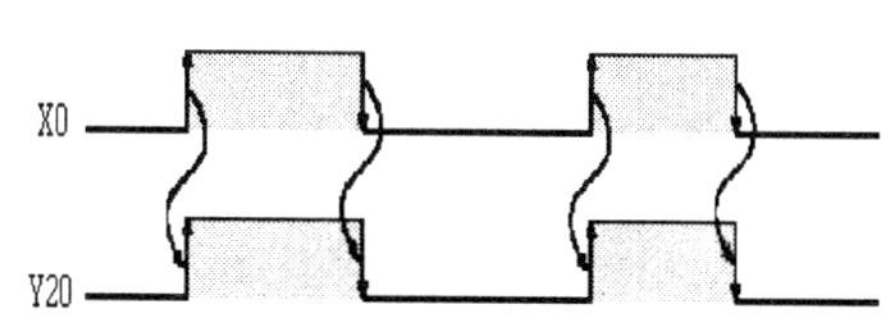

SET 명령은 입력 조건이 "ON"으로 되면 지정된 장치를 "ON"으로 하고, 입력 조건이 OFF 되어도 ON 상태를 유지한다.

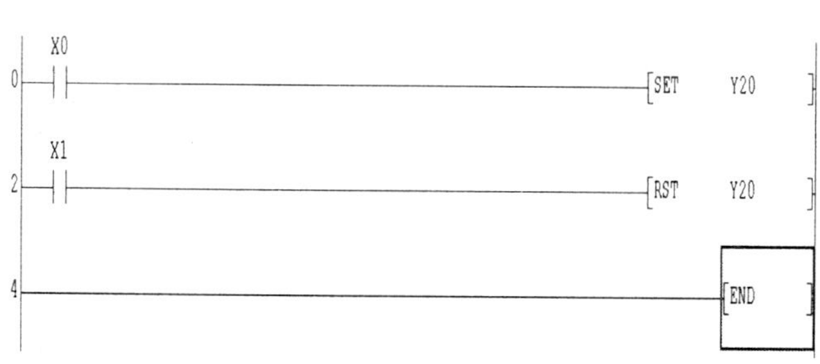

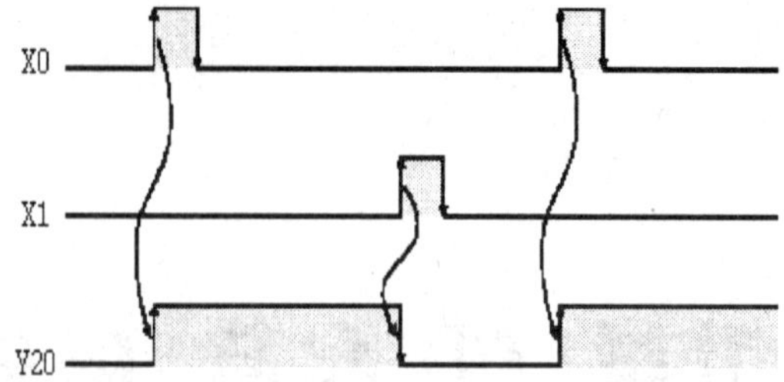

X0이 ON하면 Y20이 1초 간격으로 깜박이고, Y20이 10회 깜박이면 5초간 깜박임이 정지한 다음 또다시 깜박임을 시작한다.

또한 X1이 ON하면 Y20의 깜박임을 정지시킬 수 있는 프로그램이다.

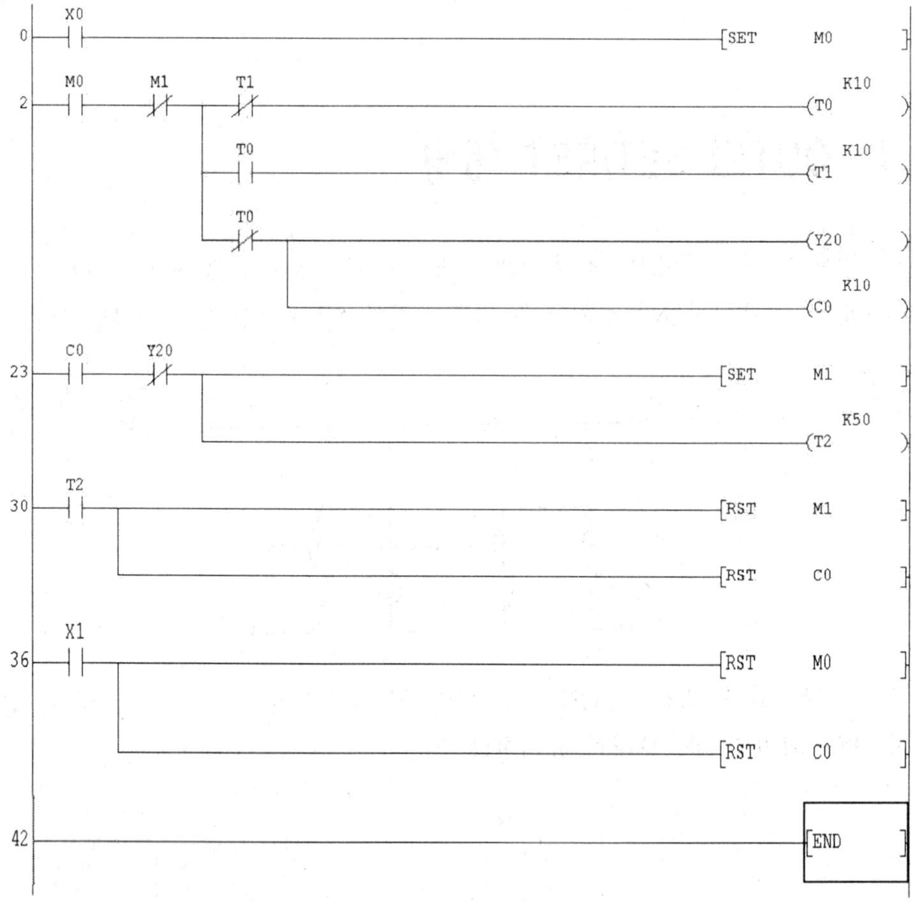

플리커 회로는 클록을 발생시키는 특수 릴레이를 사용하여 만들 수 있다.

SM410(0.1초 클록), SM411(0.2초 클록), SM412(1초 클록), SM413(2초 클록),

414(n 사용자 클록)이 있다. 전원이 ON일 때에 리셋하면 OFF부터 시작한다.

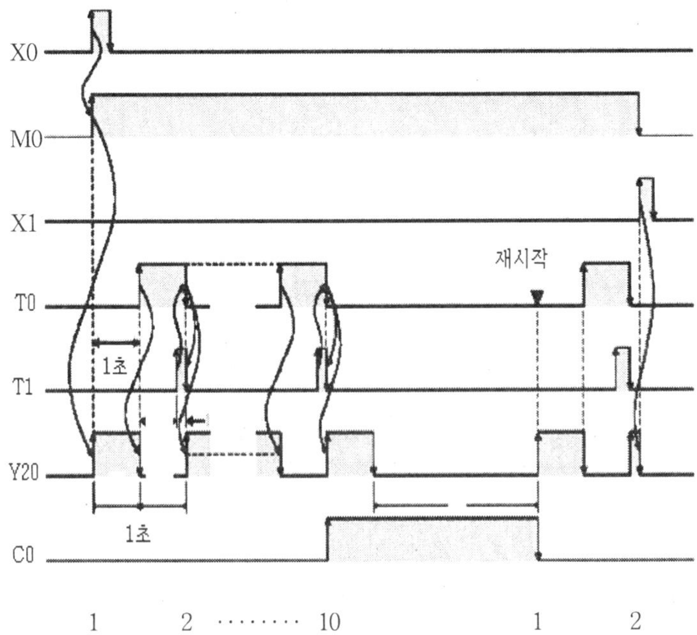

5.2 PLS/PLF 명령

PLS 펄스(입력 조건 펄스가 상승할 때 지정된 장치 1스캔 ON 명령)

PLF 펄스(입력 조건 펄스가 하강할 때 지정된 장치 1스캔 ON 명령)

PLS 명령은 명령 조건이 OFF에서 ON으로 될 때에 지정된 장치를 1스캔만 ON 한다.

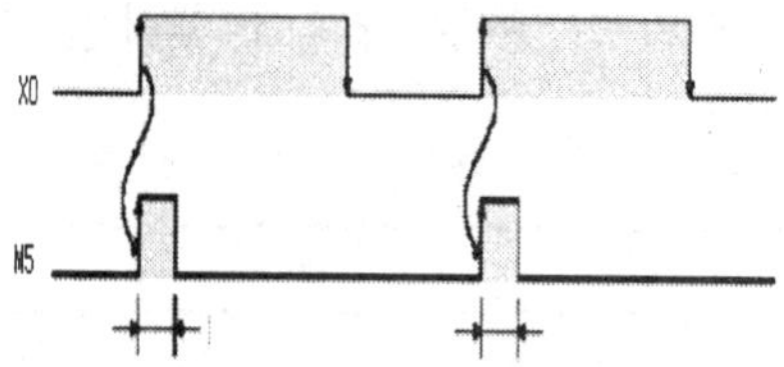

PLF 명령은 명령 조건이 ON에서 OFF로 될 때에 지정된 장치를 1스캔만 ON한다.

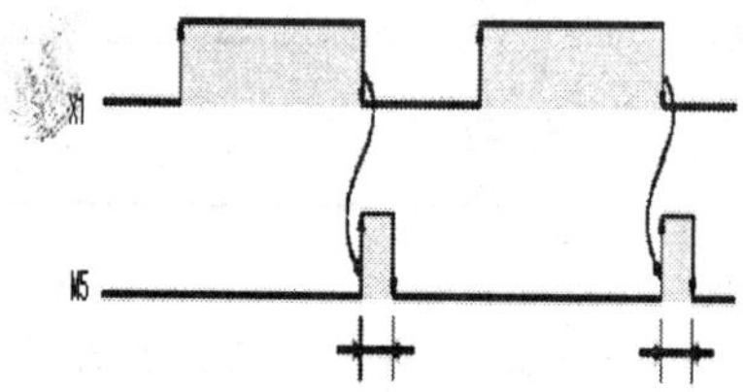

운전 조건 대기(대기 중) 프로그램에 사용할 수 있다.

이동하는 물체의 통과를 검출하는 프로그램에 사용할 수 있으며 제품이 통과한 것을 검출하여 다음 가공을 시작하는 조건에 사용할 수 있다.

입력이 ON에서 OFF로 될 때에 출력을 일정 시간 기동하는 프로그램에 사용할 수 있다.

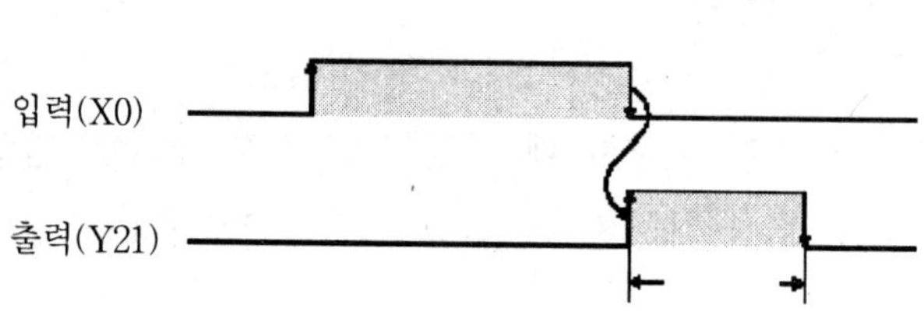

Y21이 OFF되는 시간은 T0의 시정수로 변경할 수 있다.

푸시버튼 스위치를 누를 때마다 ON과 OFF를 반복하는 반복 동작 프로그램에 사용할 수 있다.

PLS 명령을 사용하면 푸시버튼 스위치를 눌렀을 때에 동작하는 프로그램이 되고, PLF 명령을 사용하면 손을 떼었을 때에 동작하는 프로그램이 된다.

스위치 X2를 ON하면 Y20이 ON하고, X0을 ON하면 Y20이 OFF한다. X2가 ON인 상태에서도 X0을 ON하면 Y20은 OFF한다.

스위치 X3을 OFF하면 Y21이 ON하고, X1을 ON하면 Y21이 OFF한다.

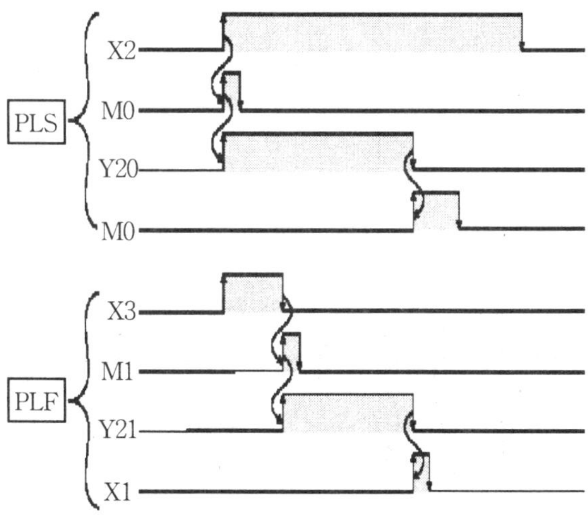

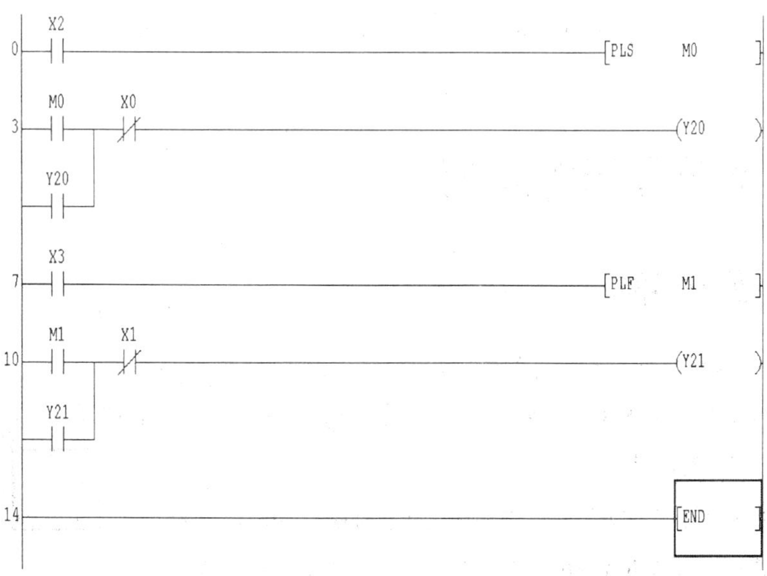

다음 프로그램은 X0이 펄스 상승할 때는 Y20이 ON→OFF→ON→OFF를 반복하

고, X0이 펄스 하강할 때는 Y21이 ON→OFF→ON→OFF를 반복한다.

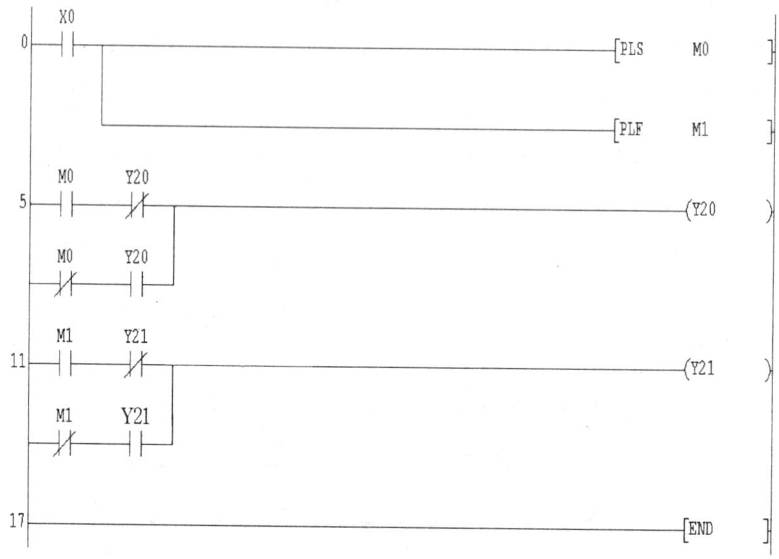

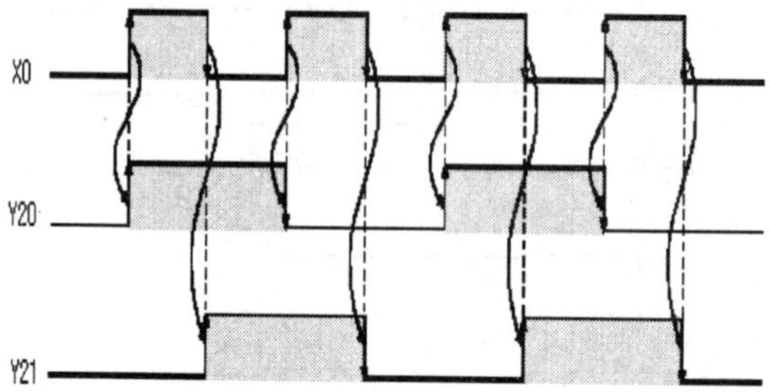

5.3 카운터/타이머 명령

(1) 카운터 계수

카운터는 현재값의 갱신(카운트 값+1)은 OUT C 명령의 펄스 상승시(OFF→ON)에 실행하며 OUT C 명령이 OFF, ON→ON 및 ON→OFF시에는 현재값의 갱신을 실행하지 않는다.

카운터의 현재값은 OUT C 명령이 OFF해도 클리어 되지 않고 카운터 현재값의 클리어(리셋)와 접점의 OFF는 RST C 명령으로 실행한다.

RST C 명령을 실행한 시점에서 카운터값은 클리어 되고 접점도 OFF된다.

카운터는 입력 신호가 올라갈 때 업 에지에서 카운트하며 카운트 업 후에는 입력 신호가 있어도 카운트하지 않는다.

한 번 카운트 업하면 RST 명령이 실행될 때까지 접점 상태나 현재값(카운터의 카운트 값)이 변하지 않는다.

카운트 업하기 전에 RST 명령을 실행하면 현재값이 0으로 바뀌며 설정값에 마이너스인 수(−32768∼−1)는 설정할 수 없으며 설정값이 0일 때는 설정값이 1일 때와 같이 동작한다.

(2) 타이머 계측

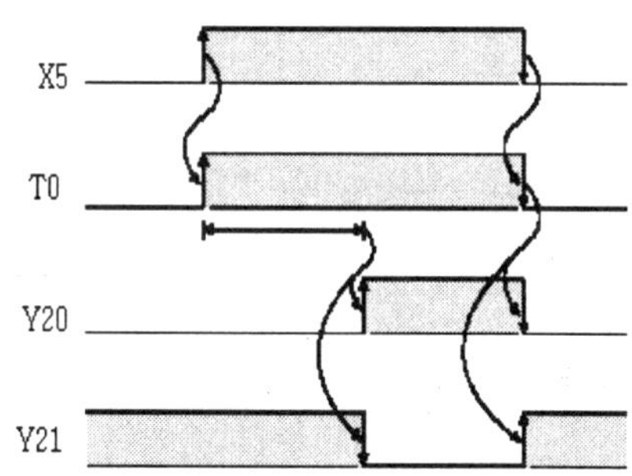

타이머 접점은 코일을 여자한 다음 설정된 시간만큼 늦게 동작하는 온 딜레이 타이머이며 타이머 설정값은 K1∼K32767이다.

100[ms] 타이머는 0.1∼3276.7초이며 10[ms] 타이머는 0.01∼327.67초 범위이다.

설정값에 마이너스인 수(−32768∼−1)는 설정할 수 없으며 설정값이 0일 때는 OUT 명령 실행시에 타임업 한다.

파라미터에서 각 타이머 수를 바꿀 수 있으며 100[ms], 10[ms], 적산 타이머의 순으로 16개 단위로 설정한다.

타이머에는 다음 표와 같은 3종류가 있다.

종 류	타이머 번호(초기값)
100[ms] 타이머 100[ms] 단위로 카운트	T0~2047(2,048개)
10[ms] 타이머 10[ms] 단위로 카운트	T0~T2047(100[ms] 타이머와 공용)
적산 타이머 100[ms] 단위로 시간을 적산	초기값 0개

카운터 C0은 입력 신호 X0가 데이터 레지스터 D10의 내용과 같은 수만큼 ON하면 카운터가 동작한다.

외부의 디지털 스위치로 설정한 값을 카운터 설정값으로 할 때에 편리하다.

타이머의 경우도 카운터와 같이 데이터 레지스터 D에 의한 간접 설정이 가능하다.

설정값의 설정에는 K에 의한 직접 설정 이외에 D(데이터 레지스터)에 의한 간접 설정이 있다.

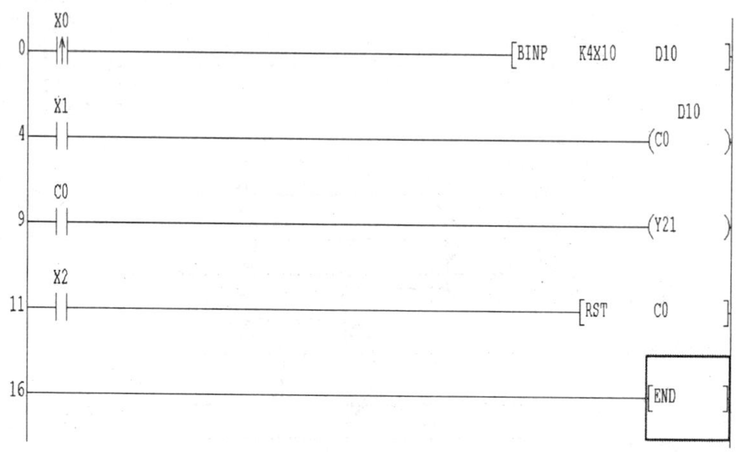

타이머, 카운터는 K(10진수 정수)에 의한 직접 지정 이외에 D(데이터 레지스터)에 의한 간접 지정이 가능하여 다음과 같이 프로그래밍하면 외부 디지털 스위치로 설정값을 변경할 수 있다.

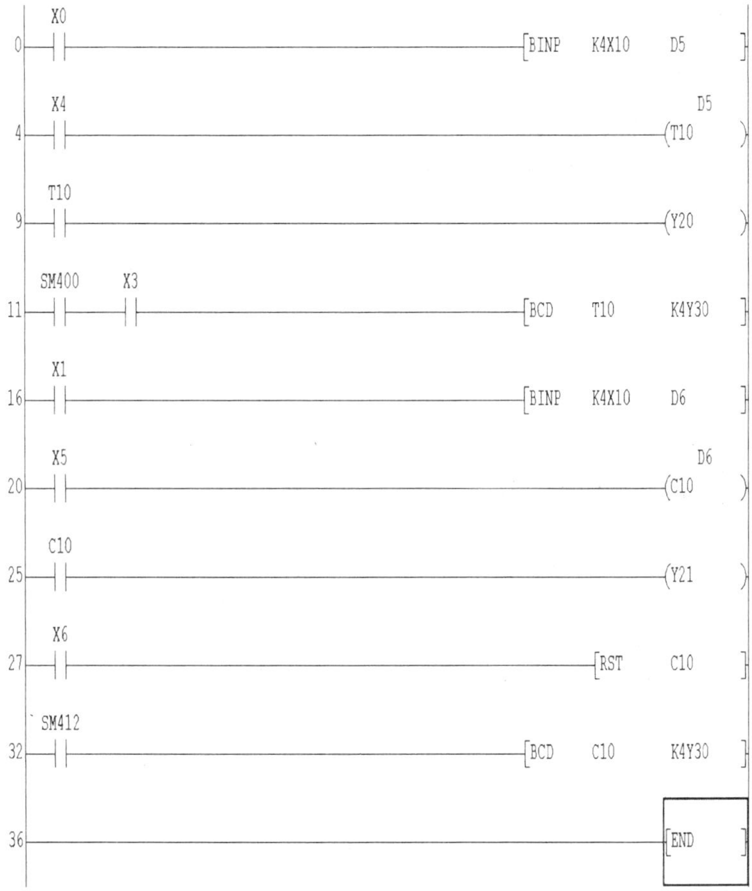

(가) 타이머 설정값의 외부 설정과 현재값 표시

디지털 스위치(X10～1F)에 타이머 설정값을 설정한 다음 스위치 X0을 ON으로 한다.

스위치 X4를 ON으로 하면 디지털 스위치에서 설정한 시간만큼 늦게 Y20이 ON 한다.

(예를 들어 1234로 설정하면 123.4초 후에 Y20이 ON한다)

또한 디지털 표시기(Y30～3F)에는 X3이 ON되면 타이머 T10의 현재값이 표시된다.

(나) 카운터 설정값의 외부 설정과 현재값 표시

디지털 스위치(X10～1F)에 카운터 설정값을 설정한 다음 스위치 X1을 ON으로 한다.

스위치 X5로 OFF→ON을 반복하면 디지털 스위치에서 설정한 수와 같은 횟수만큼 ON하였을 때(카운트 업하였을 때) Y21이 ON된다.

또 디지털 표시기(Y30~3F)에는 카운터 C10의 현재값(X5가 ON한 횟수)이 표시된다. 스위치 X6을 ON으로 하면 카운터 C10은 현재값이 0이 되며 카운트 업하여 접점 C10이 ON일 때는 접점도 해제된다.

위 프로그램은 BINP 명령으로 외부 장치에서 입력을 받고 처리하여 BCD 명령으로 외부에 카운터의 현재값을 나타낸다.

5.4 MC/MCR 명령

(1) 마스터 컨트롤(MC : 시작) 마스터 컨트롤 리셋(MCR : 종료)

≑은 모니터 모드로 하면 나타난다.

마스터 컨트롤의 접점은 래더 작성시에 직접 입력할 필요가 없다.

래더를 작성하고 변환(SHIFT+F4)한 다음 모니터 모드로 하면 자동으로 삽입되며 [MC N M] ~ [MCR N] 이 명령에서 네스팅(N) 번호로는 N0~N14의 15개를 사용할 수 있다.

MC/MCR에서의 스캔 타임은 거의 변하지 않으며 MC/MCR에서 프로그램의 장치 상태는 다음과 같다.

· 모두 OFF로 되는 것 : OUT 명령
· 그 상태를 유지하는 것 : SET, RST, SFT 명령, 카운터 값, 적산 타이머 값
· 수치가 0으로 되는 것 : 100[ms] 타이머, 10[ms] 타이머

이 명령은 수동 운전과 자동 운전을 변환하는 프로그램에 사용할 수 있다.

MC, MCR 명령은 다음 프로그램 예와 같이 네스팅 구조로도 사용할 수 있다.

MC~MCR 프로그램 내부에 MC~MCR 프로그램을 넣을 수도 있다(네스팅 구조).

단, 이러한 경우에는 ① MC의 N의 번호로는 작은 번호부터 사용하며 ② MCR의 N의 번호로는 MC에서 사용하는 번호 가운데 큰 번호부터 사용한다.

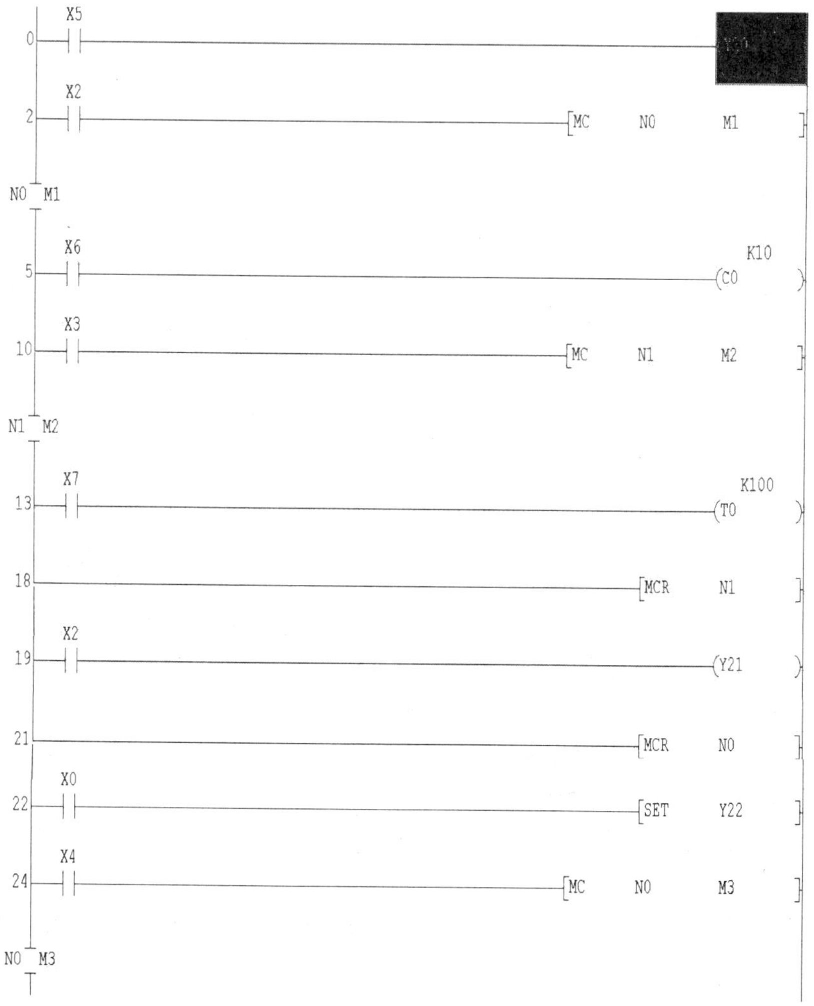

위 예와 같이 프로그램 외부에 프로그램을 넣을 수 있으며 N의 번호로는 같은 번호를 사용할 수 있다.

내부 릴레이 M의 번호는 MC별로 다르게 하며 M은 프로그램 예와 같이 접점으로 사용할 수 있다.

다음 래더는 MC, MCR 명령을 사용해서 수동 운전과 자동 운전을 변환하는 프로그램이다.

X7을 OFF로 하여 수동 운전을 선택하였을 때 ① X2를 ON으로 하면 저속 운전이 된다. ② X3을 ON으로 하면 고속 운전이 된다.

X7을 ON으로 하여 자동 운전을 선택하였을 때는 다음과 같이 기동 후에 3초간 저속 운전을 한 다음 10초간 고속 운전을 하고 정지한다.

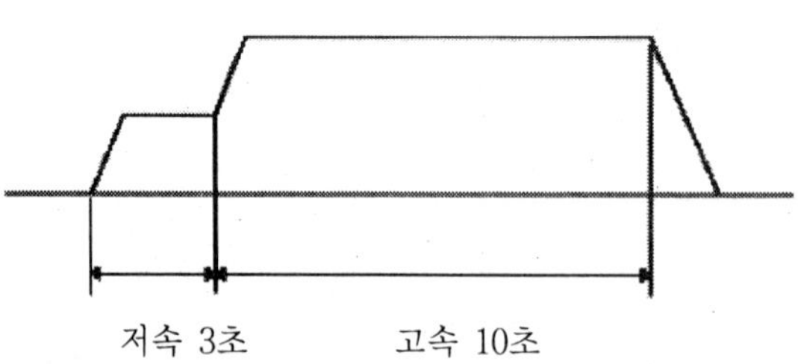

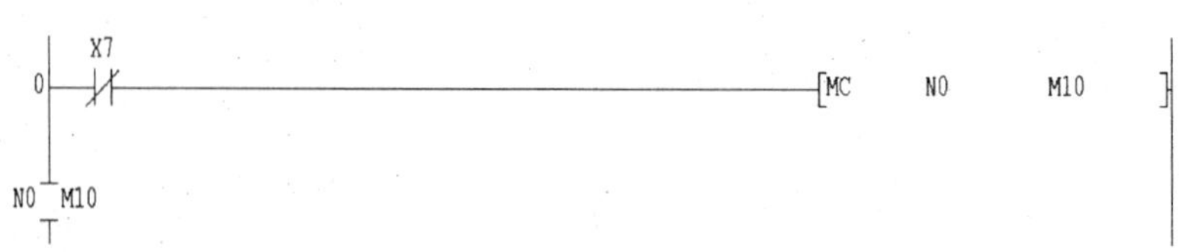

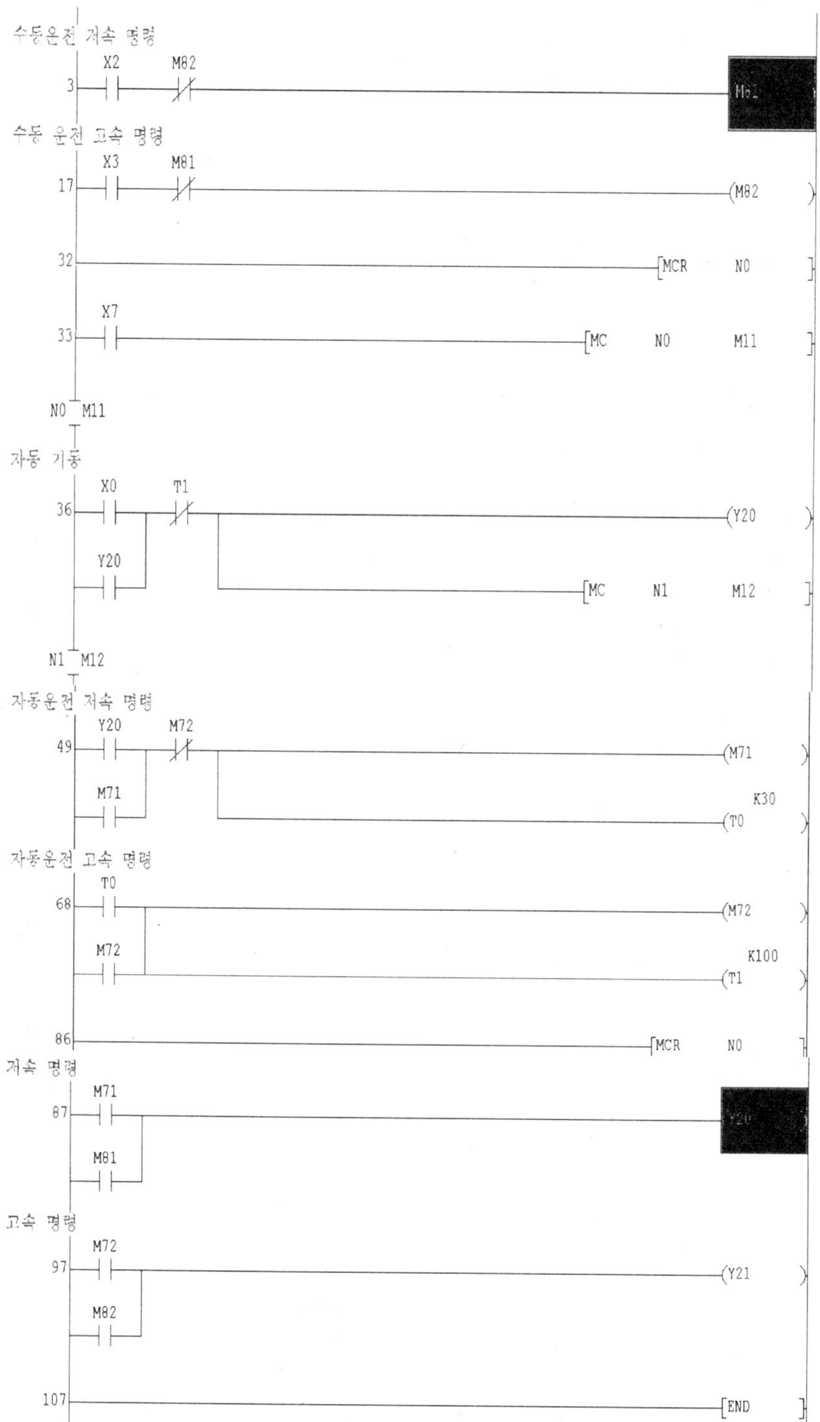

M81 : 수동운전 저속 명령, M82 : 수동운전 고속 명령, Y20 : 자동기동, M71 : 자

동운전 저속 명령, M72 : 자동운전 고속명령, Y21 : 저속명령

MCR 명령이 한 곳에 모여 있는 네스팅 구조일 때는 가장 작은 네스팅(N) 번호 하나로 모든 마스터 컨트롤을 종료 할 수 있다.

5.5 CJ/CSJ 명령

CJ(조건 점프 즉시 실행 조건 점프)

SCJ(에스 조건 점프 1스캔 후의 실행 조건 점프)

CJ 명령은 입력 조건이 ON일 때 바로 지정된 곳(포인터 번호)으로 이동하여 프로그램을 실행하며 입력조건이 OFF일 때는 이동하지 않는다.

SCJ 명령은 입력 조건이 ON으로 되면 현재의 스캔은 실행하지만, 다음 스캔은 지정된 곳(포인터 번호)부터 실행하며 입력조건이 OFF일 때는 이동하지 않는다.

SCJ 명령은 이동하기 전에 실행해야 할 것이 있을 때에 사용하며 출력을 ON으로 하거나 반대로 리셋 할 때에 사용한다.

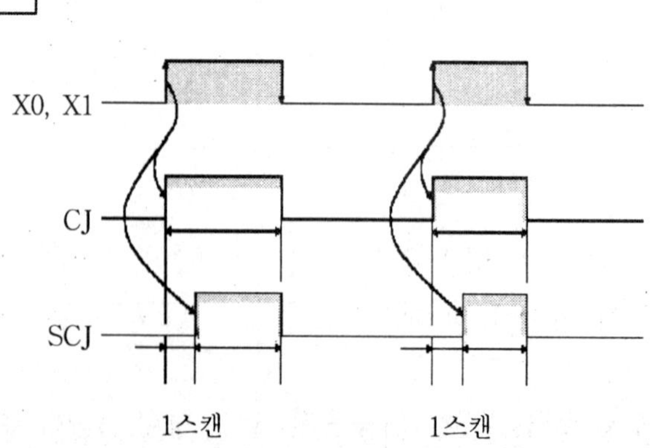

CJ와 SCJ 명령의 포인터 번호는 P0~P4095를 사용할 수 있으며 P255가 이동할 곳은 END 명령이다. CJ와 SCJ 명령으로 프로그램을 블록별로 처리할 때는 FEND 명령을 사용한다.

CJ 명령으로 이동된 래더는 CJ 명령을 실행하기 전 상태를 유지하며 타이머 코일이 ON으로 된 다음 CJ, SCJ 명령으로 타이머 코일을 건너뛰어도 현재값은 갱신된다.

타이머는 END 뒤에 현재값을 갱신하거나 접점을 ON/OFF하기 때문에 타임업을 하면 접점은 ON으로 된다.

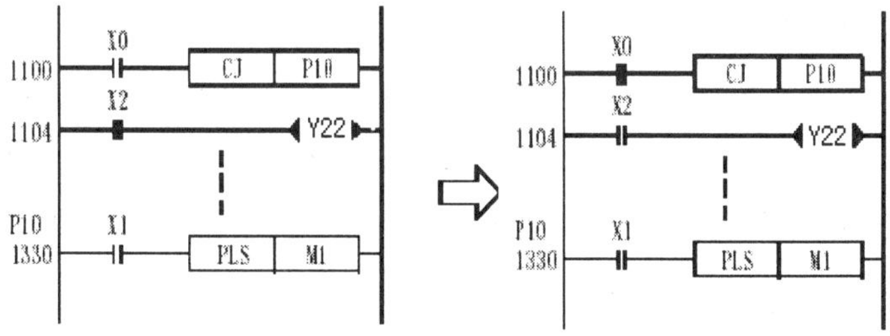

(CJ 명령 실행 전) (CJ 명령 실행 중)

X0가 ON으로 되어 있기 때문에 P10으로 점프되어 X2를 OFF로 해도 Y72는 ON 상태를 유지한다.

다음 프로그램에서 CJ, SCJ의 차이를 비교 확인한다.

X0, X1이 OFF일 때는 CJ, SCJ 명령이 실행되지 않아서 Y20이 ON상태가 되며 X0이 ON으로 되면 CJ 명령이 실행되어 P10으로 점프하며 Y20은 ON상태를 유지한다.

X0을 OFF로 하고 X1을 ON으로 하면 SCJ 명령이 실행되어 두 번째 스캔 이후

부터 P10으로 점프하여 Y20은 OFF가 된다.

5.6 CALL/RET 명령

(1) CALL(P) 콜, RET 리턴 서브루틴 프로그램

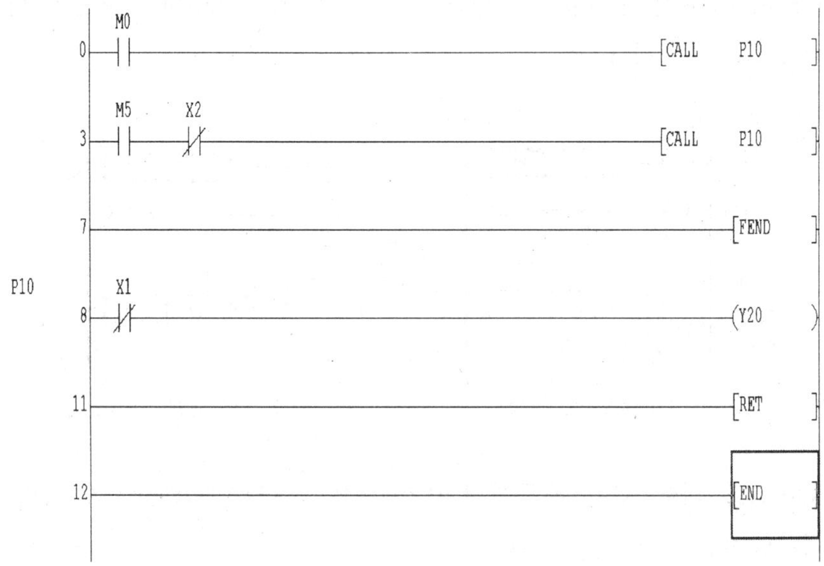

위와 같은 형태가 서브루틴 프로그램을 실행시키는 CALL, RET 명령의 기본적인 사용법이며 이러한 형태를 지키지 않으면 오류가 발생하여 PLC가 정지한다.

서브루틴 프로그램은 하나의 프로그램 안에 여러번 같은 내용을 실행시킬 때 사용하는 프로그램이며 포인터 P로 시작하여 RET 명령에 의해 종료된다.

포인터 P의 번호는 0~254이며 CJ, SCJ 명령에서 사용하는 포인터 번호는 공용이다.

FEND 명령은 다음과 같은 경우에 END 명령과 같은 명령으로 사용한다.

① 시퀀스 프로그램을 래더 블록별로 연산하여 종료할 때 CJ, SCJ 명령과 함께 사용한다.(시작 CJ, 종료 FEND)
② 서브 루틴 프로그램(CALL, RET 명령)을 사용할 때 : 메인프로그램 종료
③ 인터럽트 프로그램을 사용할 때

FEND 명령을 실행하면 PLC는 타이머, 카운터의 현재값을 처리하거나 자기 진

단을 한 다음 0스텝부터 다시 연산을 시작한다.

FEND 명령은 시퀀스 프로그램에서 여러 번 사용할 수 있지만, 서브루틴 프로그램과 인터럽트 프로그램에서는 사용할 수 없고 시퀀스 프로그램(메인과 서브 모두)의 마지막에서는 사용할 수 없으며 마지막에는 반드시 END 명령을 사용한다.

CALL 명령의 네스팅은 16중 까지 사용이 가능하다.

인터럽트 프로그램은 일반 프로그램의 실행 중에 인터럽트 요인이 발생하면 먼저 실행되는 프로그램이다.

① X3이 OFF일 때 : 0~FEND까지 연산하고 X4를 ON/OFF하면 Y20이 ON/OFF한다.
X5를 ON/OFF하여도 Y22는 바뀌지 않는다.

② X3이 ON일 때 : CJ 명령에 의해 P10 포인터로 점프하고 X4를 ON/OFF하여도 Y20은 바뀌지 않는다. X5를 ON/OFF하면 Y22가 ON/OFF한다.

③ X2가 OFF일 때는 0~FEND까지 연산하며 X3을 ON/OFF하면 Y20이 ON/OFF하며 X4를 ON/OFF하여도 Y21은 바뀌지 않는다.

④ X2가 ON일 때는 P10의 서브루틴을 실행한 다음 스텝 3부터 FEND까지 연산하며 X3을 ON/OFF하면 Y20이 ON/OFF하며 X4를 ON/OFF하면 Y21이 ON/OFF한다.

CJ, CALL, RET, FEND이 명령의 예제는 다음과 같다.

X7이 OFF일 때는 Y20과 Y21이 0.5초씩 깜박이고 X7이 ON일 때는 Y22와 Y23이 2초씩 깜박이는 래더 프로그램이며 X0이 ON하면 깜박이고 있는 Y20~Y23을 리셋하는 래더 프로그램이다.

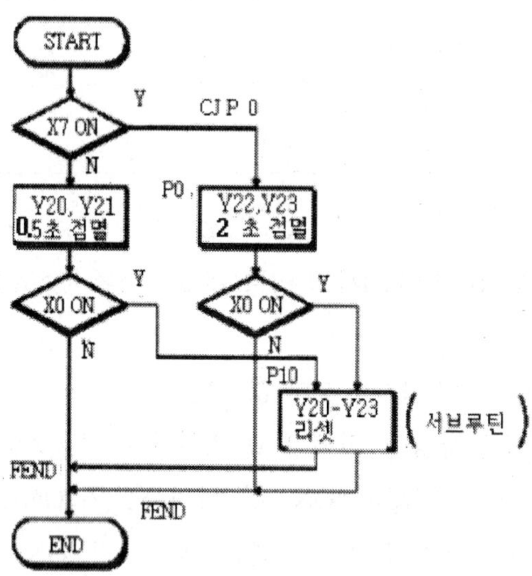

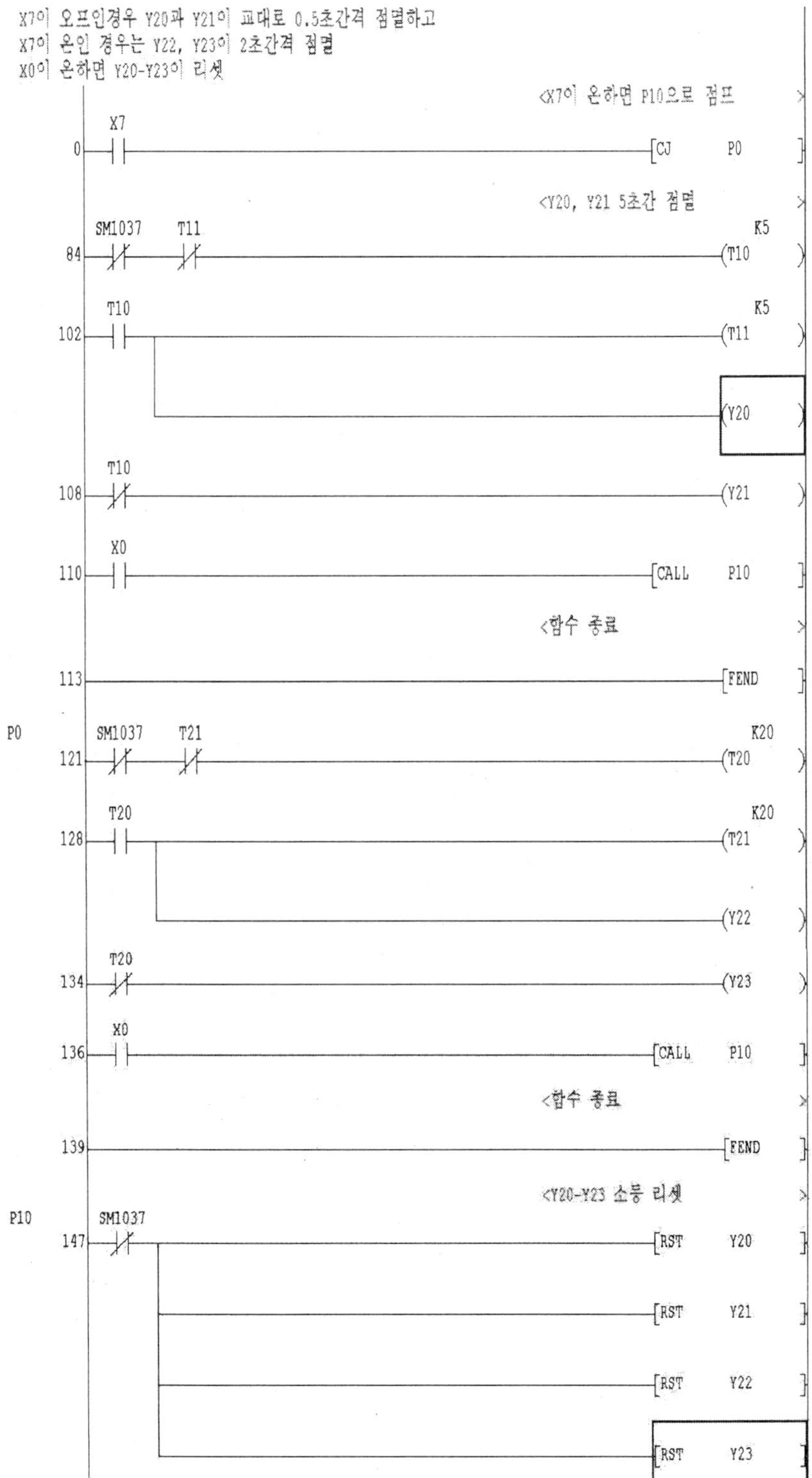
X7이 오프인경우 Y20과 Y21이 교대로 0.5초간격 점멸하고
X7이 온인 경우는 Y22, Y23이 2초간격 점멸
X0이 온하면 Y20-Y23이 리셋
<X7이 온하면 P10으로 점프 >
X7
0
CJ P0
<Y20, Y21 5초간 점멸 >
SM1037 T11 K5
84
T10
T10 K5
102
T11
Y20
T10
108
Y21
X0
110
CALL P10
<함수 종료 >
113
FEND
P0
SM1037 T21 K20
121
T20
T20 K20
128
T21
Y22
T20
134
Y23
X0
136
CALL P10
<함수 종료 >
139
FEND
<Y20-Y23 소등 리셋 >
P10
SM1037
147
RST Y20
RST Y21
RST Y22
RST Y23

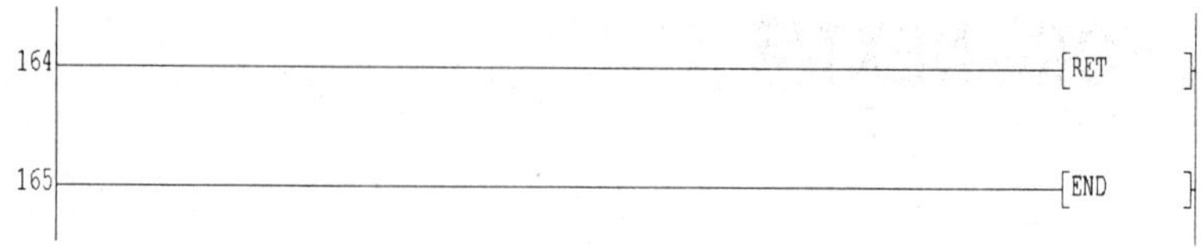

스위치 X0를 누르는 경우 서브루틴이 수행되어 스위치 X01의 입력 회수를 카운터하고 카운터 값이 15 이상인 경우 램프(Y20)이 1초 주기로 점등하며 스위치(X02)를 누르는 경우 램프가 소등되고 서브루틴이 종료되는 프로그램이다.

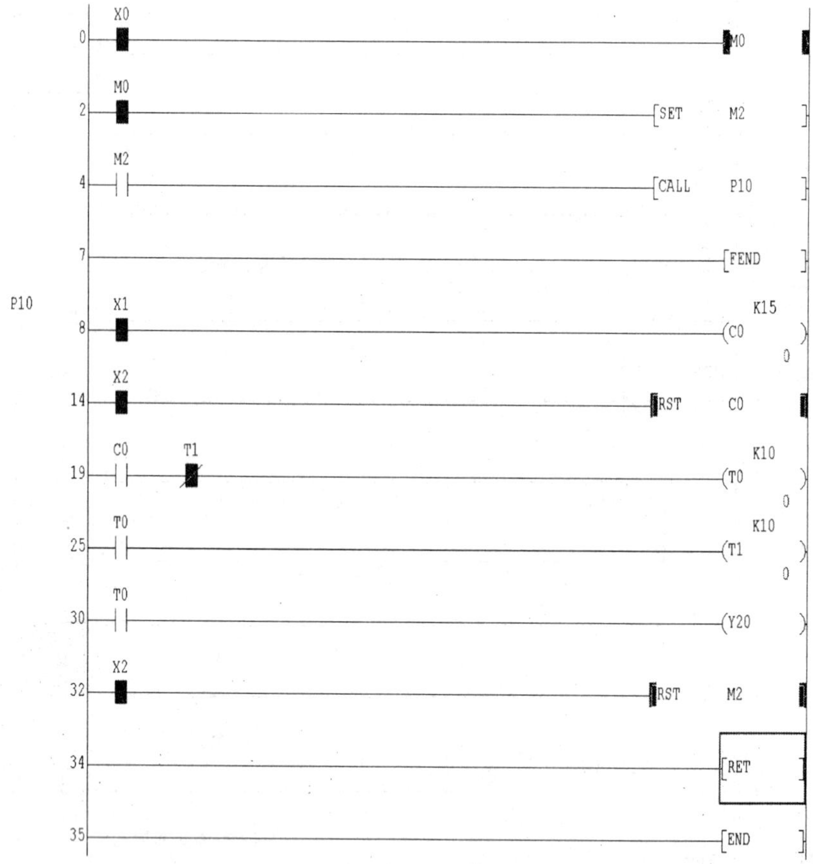

5.7 FOR-NEXT문

FOR-NEXT문은 일정 루틴을 정해진 회수만큼 반복하는 명령어이며 조건이 합당할 경우 정해진 회수 반복 동작이 필요한 부분에 유용하다.

다음 예제는 인덱스 레지스터를 증가하는 예를 모니터 테스터로 나타낸 것이며 실제 인덱스값은 제한이 있다.

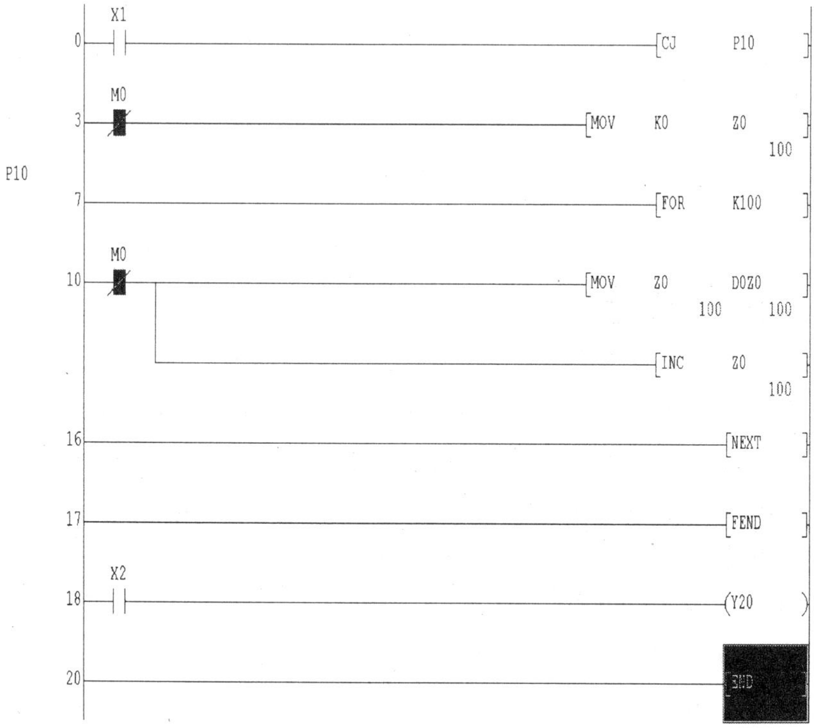

위 프로그램에서 X1를 ON하면 P10으로 점프하여 인덱스 Z0를 100번 1씩 증가하고 온라인-모니터-디바이스 일괄을 선택하여 디바이스명을 입력하고 모니터 시작을 클릭하면 다음과 같이 나타난다.

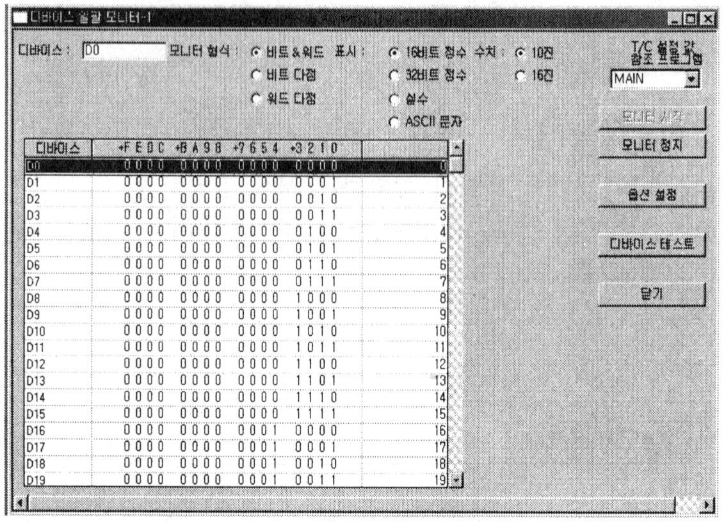

5.8 전송 명령

PLC CPU에서는 모든 정보를 ON과 OFF 또는 1과 0의 상태로 기억하여 처리하며 수치 연산도 1과 0으로 처리한 수치인 2진수(Binary number, BIN)로 처리된다.

그러나 일상생활에서 10진수를 가장 많이 사용하고 있으며 PLC에 수치 명령을 전달하거나 PLC의 수치 정보를 읽을때(모니터)에는 10진수에서 2진수로 또는 2진수에서 10진수로 변환해야 한다.

프로그래밍 장치에는 이러한 변환이 가능한 기능이 포함되어 있으며 프로그램 명령에도 변환 기능이 있다.

2진수는 0과 1의 2종류 기호로 순서와 크기를 나타내는 수이며 1자리가 비트이며 8비트를 1바이트, 16비트(2바이트)를 1워드라고 한다.

MELSEC의 각 워드 장치의 레지스터 데이터 레지스터 D, 타이머 T의 현재값, 카운터 C의 현재값, 파일 레지스터 R, 링크 레지스 W는 16비트로 구성되어 있다.

16비트(1워드)로 취급할 수 있는 수치에는 다음 2종류가 있다.

① 0~65535

② −32768~0~+32767

음수는 양수(1~+32767)에 대한 2의 보수를 사용하며 2의 보수는 2진수의 각 비트에서 1을 0으로 0을 1로 바꾼 다음 최하위 비트에 1을 더한 것이다.

최하위 비트는 음수일 때 반드시 1이 되는 부호 비트이다.

2진화 10진수(BCD)는 10진수의 각 자리 숫자를 2진수로 표현한 것이며 따라서 2진화 10진수는 10진수의 0~9999(4자리의 최대수)를 16비트로 표현한다.

2진화 10진수는 다음과 같은 경우에 사용한다.

① 디지털 스위치의 출력 신호
② 7소자 표시기(디지털 표시기)의 신호

(1) MOV(P) 데이터(16비트) 전송

① 입력 조건이 "ON"으로 되면 타이머 T0의 현재값을 데이터 레지스터 D0으로 전송하고 소스(S : 송신하는 곳), 목적지(D : 수신하는 곳)로 구분되며 T0의 현재값은 레지스터에 2진수(BIN)로 저장되어 있다.
이것을 2진수로 데이터 레지스터 D0으로 전송하며 전송시에는 변환하지 않는다.

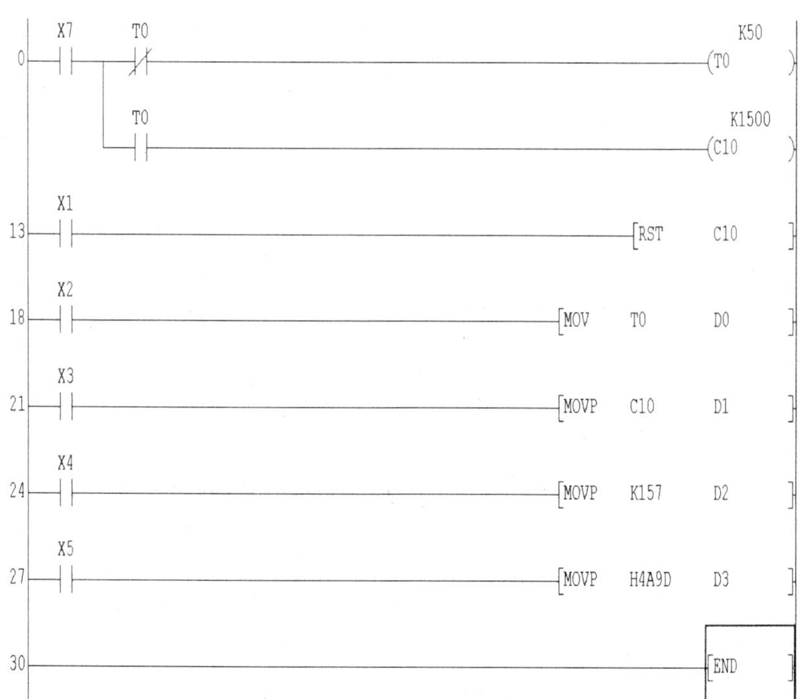

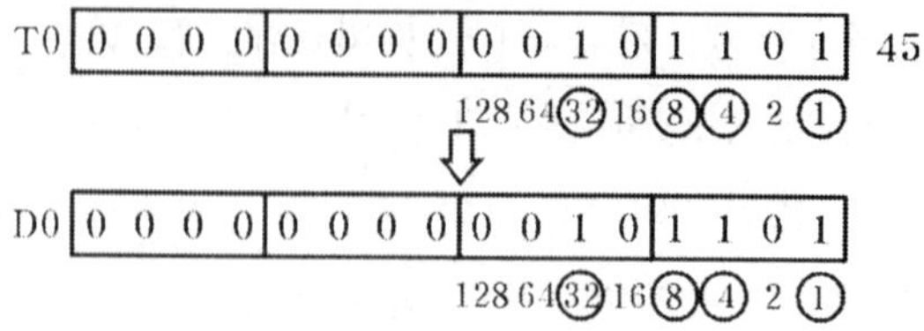

② 입력 조건이 "ON"으로 되면 10진수 157을 데이터 레지스터 D2로 전송하며 데이터 레지스터 D2에는 2진수로 저장되며 10진수(K)는 자동으로 2진수로 변환되어 전송된다.

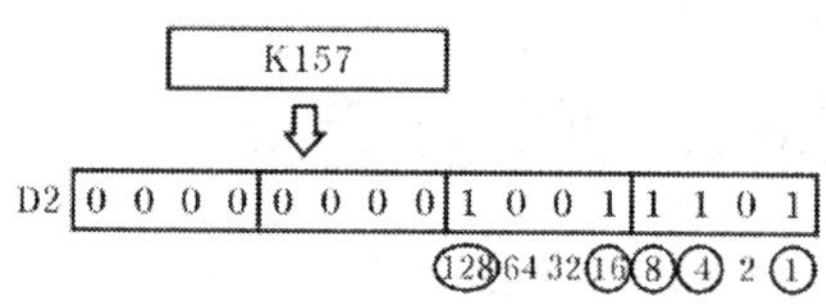

③ 입력 조건이 "ON"으로 되면 16진수 4A9D를 데이터 레지스터 D3으로 전송한다.

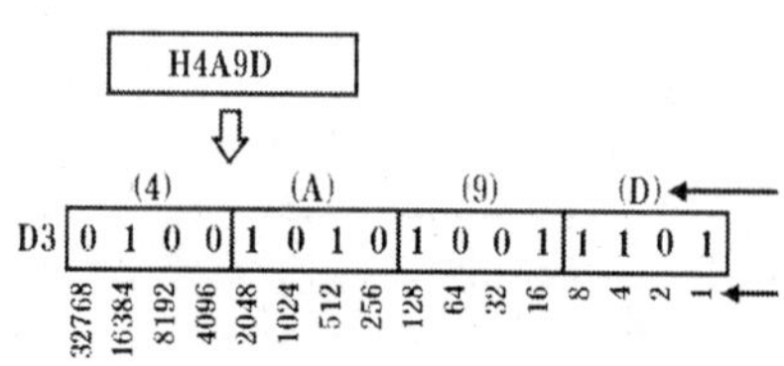

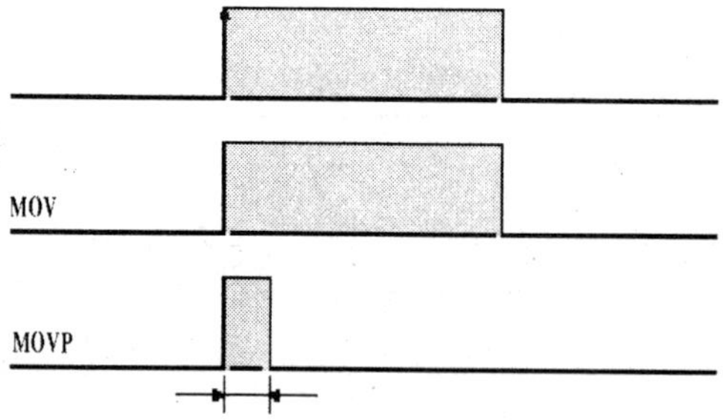

MOV와 MOVP의 차이를 위 그림에서 나타내었으며 변화하는 데이터를 읽을 때는 MOV 명령을 사용하며 데이터 설정이나 이상 발생시의 데이터 불러오기 등과 같은 순간 전송에는 MOVP 명령을 사용한다.

CPU는 RUN 입력 X2, X3, X4, X5, X7은 ON 상태에서 데이터 레지스터 D0

~D3의 내용을 모니터하는 방법은 다음과 같다.
PLC에 저장한 다음 [온라인]→[모니터]→[디바이스 일괄]을 선택하면 디바이스 일괄 모니터라는 화면이 나타난다. 디바이스 일괄 모니터라는 화면의 장치에 “D0”을 입력하고 “모니터 시작” 버튼을 클릭한다.

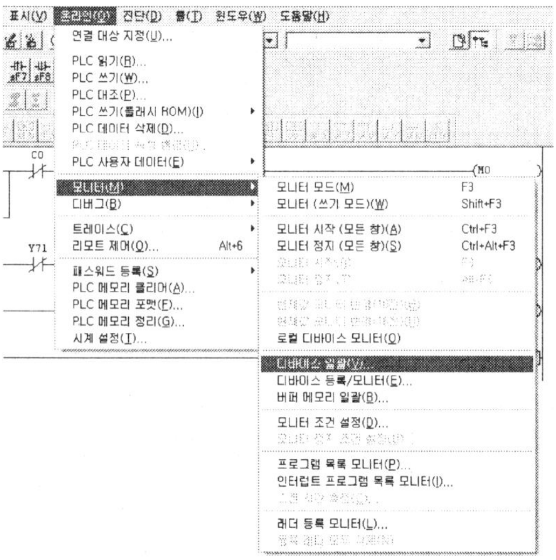

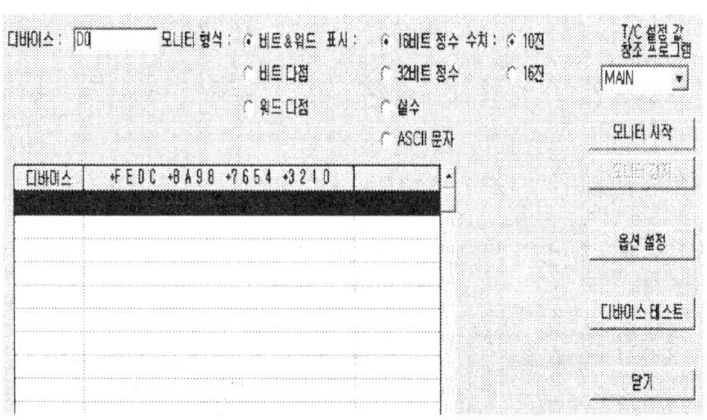

디바이스	+FEDC +BA98 +7654 +3210	
D0	0000 0000 0000 1111	15
D1	0000 0000 0011 0100	52
D2	0000 0000 1001 1101	157
D3	0100 1010 1001 1101	19101
D4	0000 0000 0000 0000	0
D5	0000 0000 0000 0000	0
D6	0000 0000 0000 0000	0

타이머와 카운터의 현재값을 모니터하고 있으며 10진수 157(K157)이 저장되어

있다.

16진수 4A9D에 해당하는 10진수는 19101이며 워드장치를 비트 단위의 ON/OFF로 나타내며 OFF는 2진수의 0에 해당되며 ON은 2진수의 1에 해당된다.

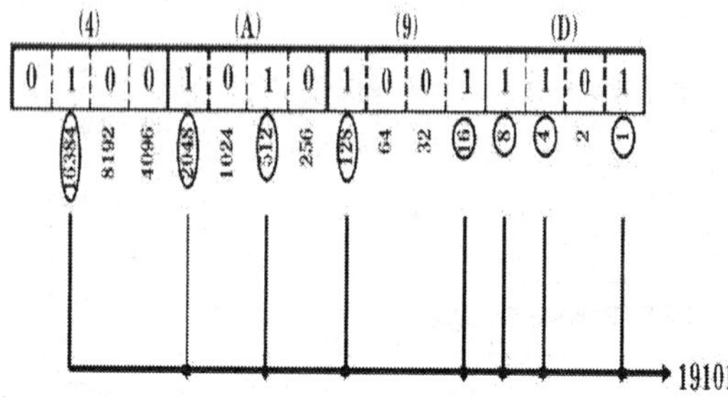

모니터 수치를 16진수로 표시하려면 디바이스 일괄 모니터의 수치에 있는 을 클릭하여 16진수를 선택한다.

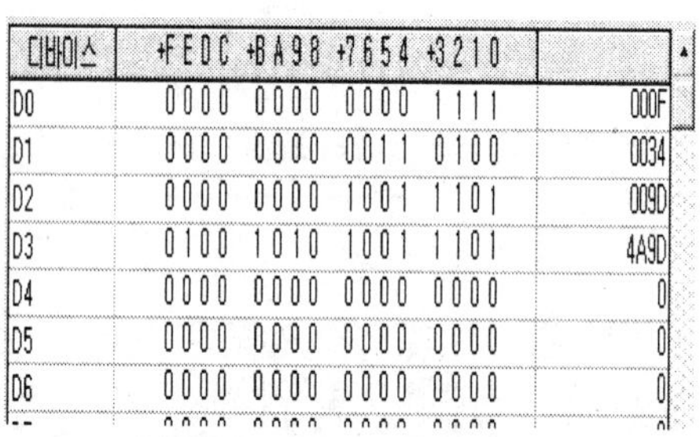

모니터의 수치를 2진수로 표시하려면 디바이스 일괄 모니터의 모니터 형식에 있는 을 클릭하여 비트 다점을 선택한다.

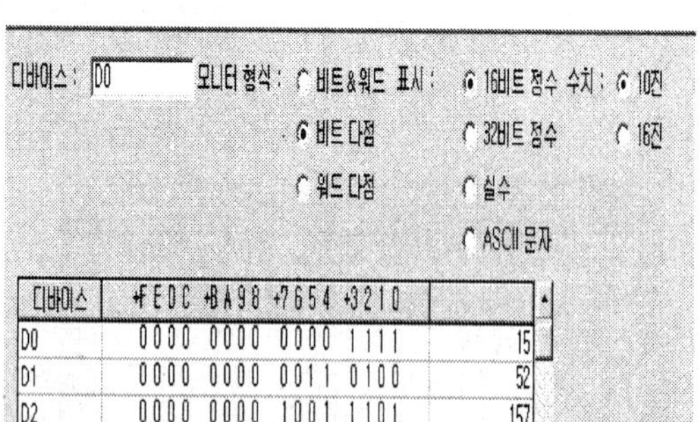

아래와 같은 래더를 작성하여 "MOV 명령"을 실행시켜 확인한다.

전송 명령 데이터를 수정할 때는 아래와 같이 동작 시킨다.

예 [MOV K200 D0]와 같은 전송 데이터에서 K200을 K100으로 수정하는 경우는 다음과 같다.

수정할 명령을 더블 클릭한다.

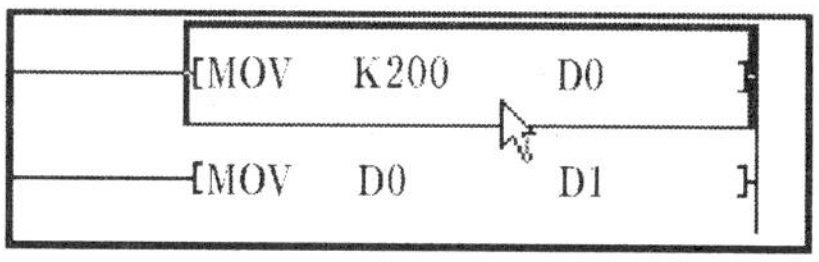

커서를 "MOV K200 D0"의 "2"로 이동시킨 다음 "1"로 수정한다.

④ 래더 입력 화면의 확인 버튼을 클릭하며 데이터를 수정할 때는 위 조작 방법으로 모두 가능하며 단, 화면 오른쪽 아래에 "삽입"이라고 표시되어 있을 경우에는 INSERT키를 눌러 "덮어쓰기"로 바꾼 다음 위와 같이 동작 시킨다.

수정이 완료되면 툴 바의 프로그램 변환/컴파일을 클릭한다.

X0을 ON으로 하여 모니터 화면에서 D0과 D1의 내용이 모두 200으로 되는 것을 확인한다.

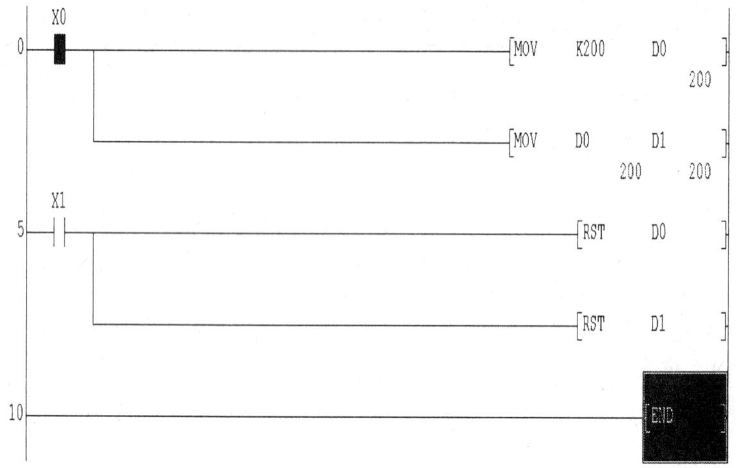

예제

X0~X7의 8점 입력 상태를 한 번에 D0로 전송한 다음 Y20~Y27의 8점으로 출력한다.(예를 들어 X0이 ON이면 Y20이 ON이 된다)

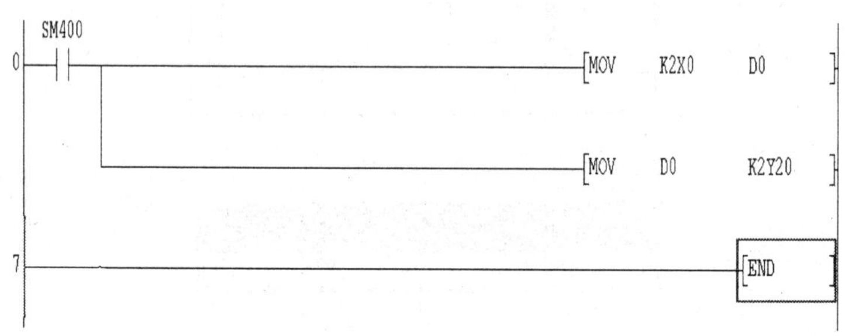

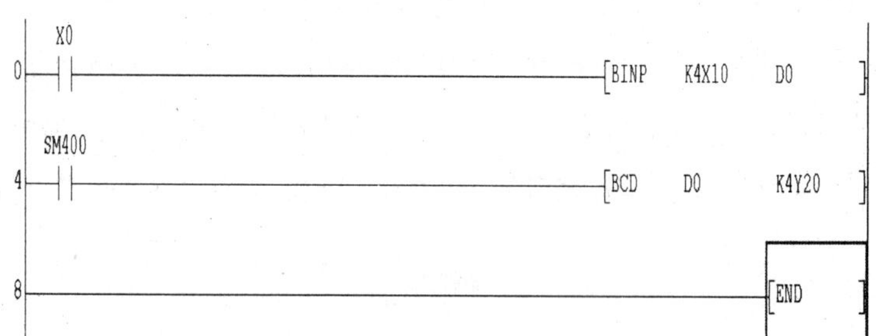

(2) FMOV(P)/BMOV(P) 명령

FMOV(P) 에프 무브(동일 데이터의 일괄 전송)

BMOV(P) 비 무브(블록 데이터의 일괄 전송)

FMOV 명령은 입력 조건이 ON이 되면 Ⓢ에서 지정한 장치 내용을 Ⓓ에서 지정한 ⓝ개의 장치로 전송한다.

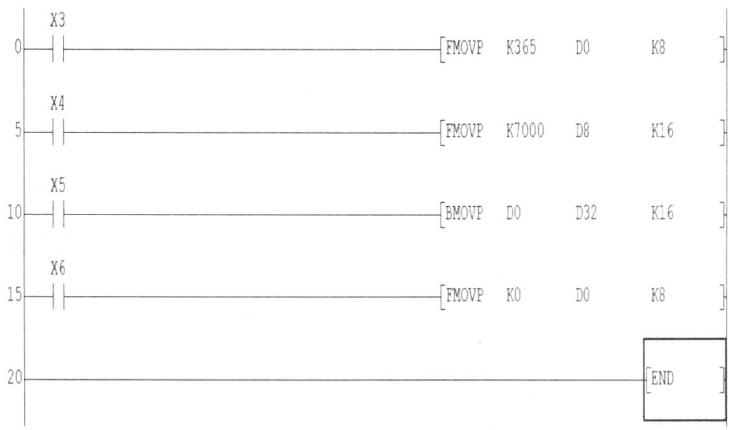

X3을 ON으로 하여 FMOVP 명령을 실행하였을 때의 동작은 다음과 같다.

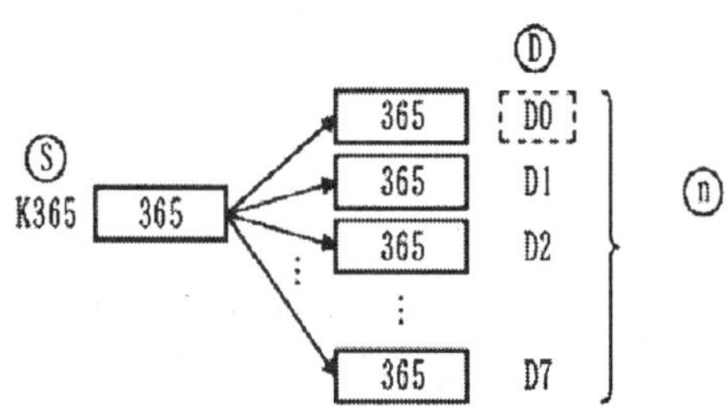

FMOVP 명령은 대량의 데이터를 한번에 삭제할 경우에 편리하다.

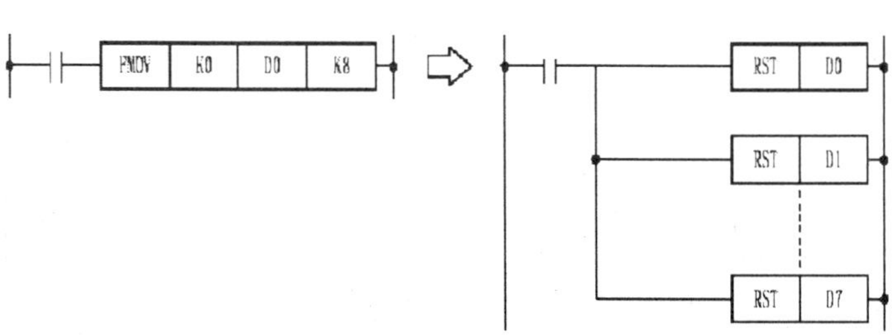

FMOVP 명령을 사용하면 위 오른쪽 그림과 같이 RST 명령을 여러개 사용할 필요가 없다.

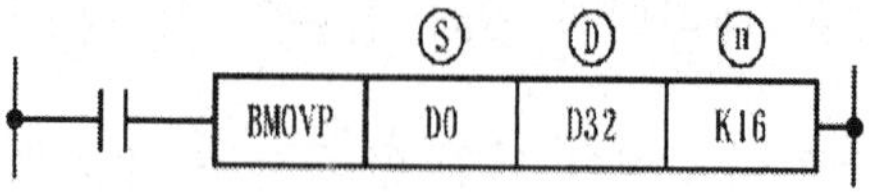

BMOVP 명령은 입력 조건이 "ON"으로 되면 Ⓢ에서 지정한 장치를 선두로 하여 장치에 저장되어 있는 ⓝ개의 데이터를 Ⓓ에서 지정한 장치를 선두로 하는 ⓝ개의 장치로 일괄 전송한다.

X5를 ON으로 하여 BMOVP 명령을 실행하였을 때의 동작은 다음과 같다.

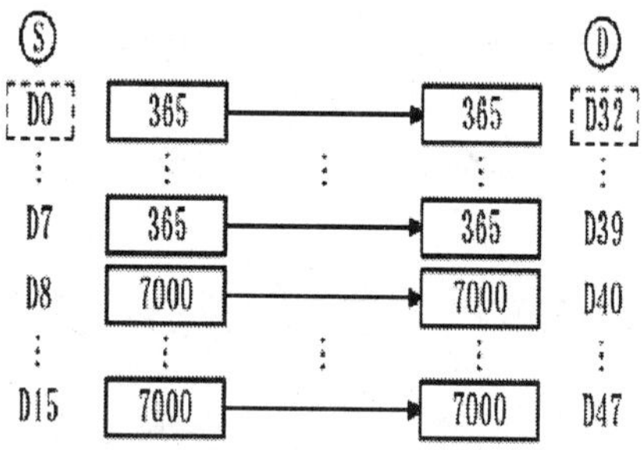

로그인 데이터 파일이나 귀중한 데이터(예 : 자동 운전용 데이터, 측정 데이터 등)의 래치 영역으로 대피하며 예를 들어 파라미터에서 정전 유지용으로 설정한 데이터 레지스터로 대피시켜 정전으로 인한 데이터 소멸을 방지하는 경우에 BMOVP 명령이 사용된다.

위 프로그램을 CPU에 저장한 다음 CPU를 작동시키고 다음 순서에 따라 장치를 일괄 모니터하여 D0~D47의 내용을 모니터할 수 있다.

PLC에 저장한 다음 [온라인]→[모니터]→[디바이스 일괄]을 선택하고 디바이스 일괄 모니터라는 화면에서 장치 "D0"을 입력한다.

모니터 형식의 을 클릭하면 드롭다운 메뉴가 나타나므로 워드 다점을 선택한 다음 모니터 시작 버튼을 클릭한다.

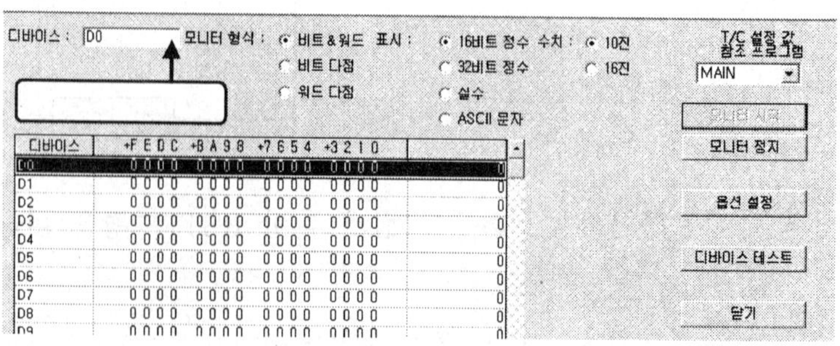

① X3을 ON으로 하면 수치 데이터 365가 D0~D7의 8개 레지스터로 일괄 전송된다.

디바이스	+0	+1	+2	+3	+4	+5	+6	+7
D0	365	365	365	365	365	365	365	365
D8	0	0	0	0	0	0	0	0
D16	0	0	0	0	0	0	0	0
D24	0	0	0	0	0	0	0	0
D32	0	0	0	0	0	0	0	0
D40	0	0	0	0	0	0	0	0
D48	0	0	0	0	0	0	0	0
D56	0	0	0	0	0	0	0	0

② X4를 ON으로 하면 수치 데이터 7000이 D8~D23의 16개 레지스터로 일괄 전송된다.

디바이스	+0	+1	+2	+3	+4	+5	+6	+7
D0	365	365	365	365	365	365	365	365
D8	7000	7000	7000	7000	7000	7000	7000	7000
D16	7000	7000	7000	7000	7000	7000	7000	7000
D24	0	0	0	0	0	0	0	0
D32	0	0	0	0	0	0	0	0
D40	0	0	0	0	0	0	0	0
D48	0	0	0	0	0	0	0	0
D56	0	0	0	0	0	0	0	0

③ X5를 ON하면 D0~D15의 16개 레지스터 내용이 일괄적으로 D32~D47의 16개 레지스터로 전송된다.

디바이스	+0	+1	+2	+3	+4	+5	+6	+7
D0	365	365	365	365	365	365	365	365
D8	7000	7000	7000	7000	7000	7000	7000	7000
D16	7000	7000	7000	7000	7000	7000	7000	7000
D24	0	0	0	0	0	0	0	0
D32	365	365	365	365	365	365	365	365
D40	7000	7000	7000	7000	7000	7000	7000	7000
D48	0	0	0	0	0	0	0	0
D56	0	0	0	0	0	0	0	0
D64	0	0	0	0	0	0	0	0

④ X6을 ON으로 하면 0이 D0~D47의 48개 레지스터로 일괄적으로 전송되어 48개의 레지스터 내용이 삭제된다.

디바이스	+0	+1	+2	+3	+4	+5	+6	+7
D0	0	0	0	0	0	0	0	0
D8	0	0	0	0	0	0	0	0
D16	0	0	0	0	0	0	0	0
D24	0	0	0	0	0	0	0	0
D32	0	0	0	0	0	0	0	0
D40	0	0	0	0	0	0	0	0
D48	0	0	0	0	0	0	0	0
D56	0	0	0	0	0	0	0	0

아래와 같은 래더를 GX Developer로 작성하여 저장한 다음 FMOV 명령을 실행시켜 동작을 확인한다.

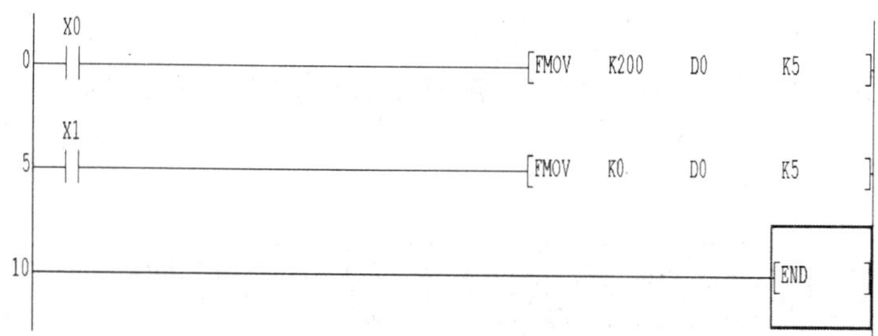

디바이스	+0	+1	+2	+3	+4	+5	+6	+7
D0	200	200	200	200	200	0	0	0
D8	0	0	0	0	0	0	0	0
D16	0	0	0	0	0	0	0	0
D24	0	0	0	0	0	0	0	0
D32	0	0	0	0	0	0	0	0
D40	0	0	0	0	0	0	0	0
D48	0	0	0	0	0	0	0	0
D56	0	0	0	0	0	0	0	0

실습기 조작 패널의 X0을 ON으로 하여 일괄 모니터 화면에서 D0~D4의 내용이 200으로 되는 것을 확인하며 X1을 ON으로 하면 삭제된다.

디바이스 일괄 모니터의 설정을 아래와 같이 하면 10진수 표시나 16진수 표시, 2진수 표시가 가능하다.

수치 : 10진수 : 10진수로 표시, 16진수 : 16진수로 표시, 모니터 형식 : 비트 다점 : 2진수로 표시된다.

예제

X0이 ON하였을 때 Y20~Y3F까지의 32점 출력을 ON으로 하고 X0이 OFF하였을 때 Y20~Y3F까지의 32점 출력을 OFF로 하는 프로그램을 작성한다.

FMOV 명령을 사용하지 않고 시퀀스 명령으로 프로그램을 작성하면 스텝수는

130이 된다.

CPU로부터 정수를 출력할 경우는 2진수 대응으로 처리하며 문제에서는 32점 (Y20~Y3F) 출력이므로 255를 출력 단위로 가정한다면 4개의 블록이 필요하다.

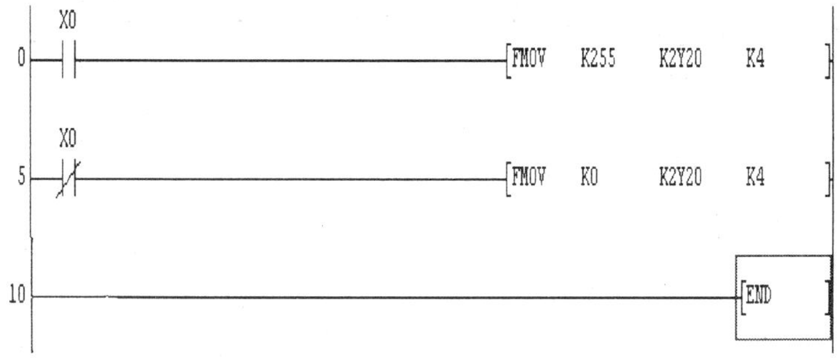

5.9 데이터 변환 명령

(1) BIN(P) BCD→BIN 변환 명령

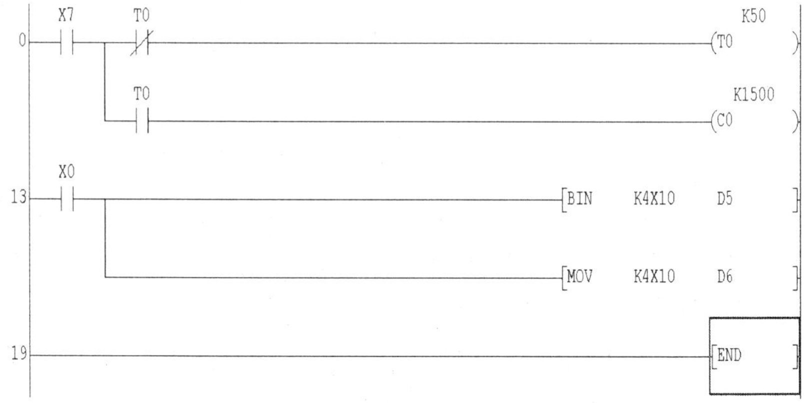

입력 조건이 "ON"으로 되면 Ⓢ에서 지정한 장치의 데이터를 2진화 10진수(BCD 코드)로 보고 2진수(BIN 코드)로 변환하여 Ⓓ에서 지정한 장치로 전송한다.

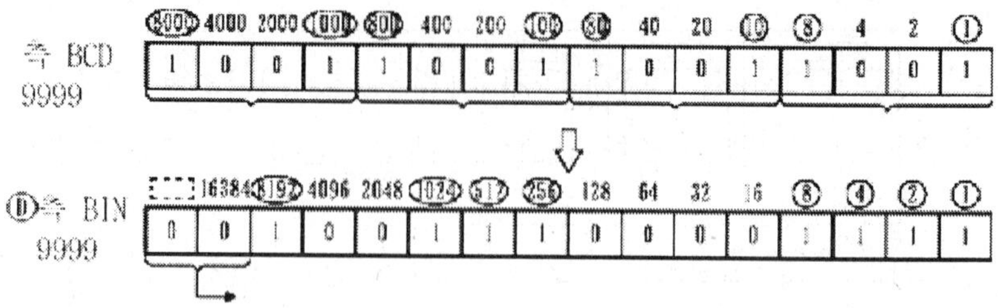

보통 디지털 스위치에서는 BCD 코드를 사용하며 디지털 스위치의 데이터를 PLC로 전달할 때는 BIN 명령을 사용한다.

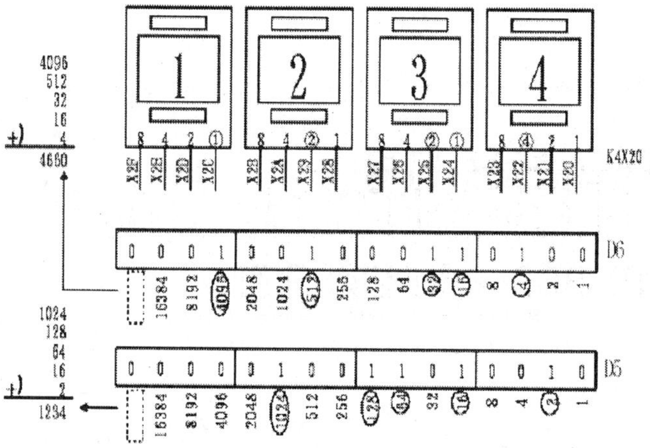

D6은 BCD 상태로 입력한 경우이며 D5는 BIN으로 변환하여 입력한 경우이다.

K4X20의 의미는 워드 장치 D(데이터 레지스스터), T(타이머 현재값), C(카운터 현재값) 등은 1개가 16비트(1워드)로 구성되어 있고, 원칙적으로 1개의 장치 사이에서 데이터를 전송한다.

비트장치(X, Y, M 등)도 16점으로 워드장치와 같은 크기의 데이터로 취급할 수 있으며 단 16개의 장치 번호가 연속해야 한다.

비트장치의 경우는 4점 단위로 데이터를 취급할 수 있다.

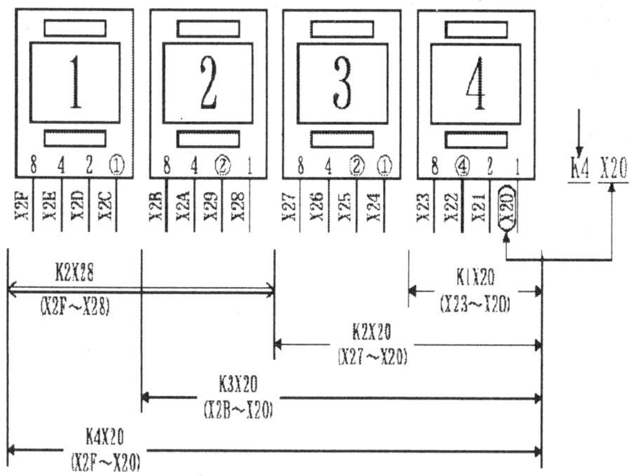

다른 비트장치의 데이터도 위와 같이 할 수 있다.(예 내부 릴레이 : M)

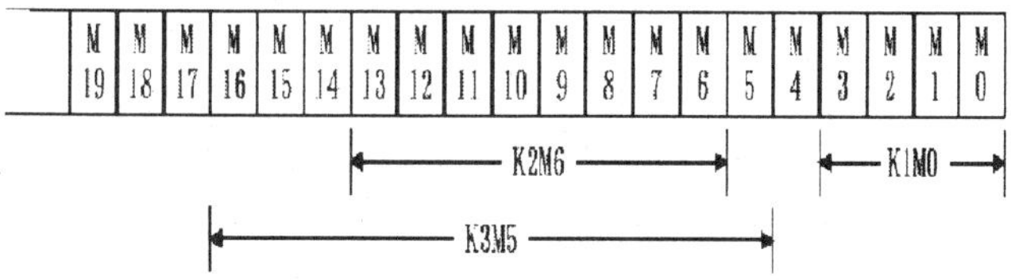

예제

X1이 ON한 횟수를 Y20~Y2F에 연결된 표시기에 BCD로 출력한다.

단 카운터(C0) 설정값은 디지털 스위치(X10~X1F)로 입력하고 X0을 ON하면 설정할 수 있어야 한다.

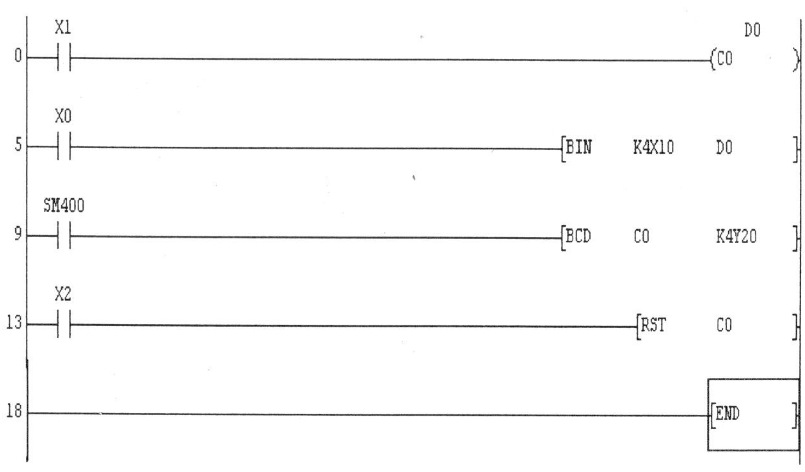

(2) BCD(P) BIN→BCD 변환 명령

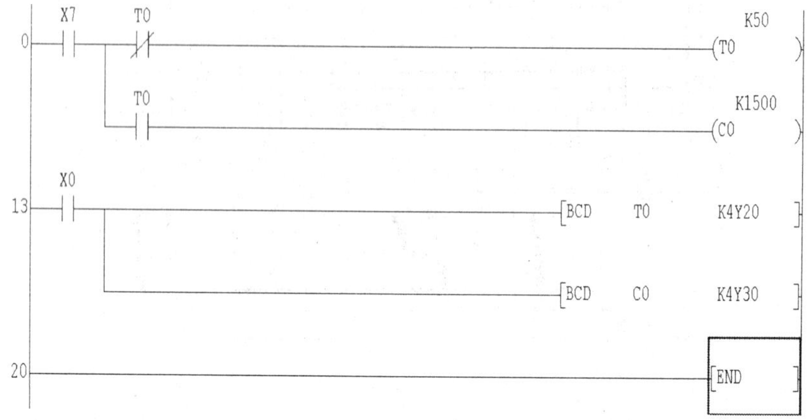

입력 조건이 "ON"으로 되면 Ⓢ에서 지정한 장치의 데이터를 2진수(BIN 코드)로 보고 2진화 10진수(BCD 코드)로 변환하여 Ⓓ에서 지정한 장치로 전송한다.

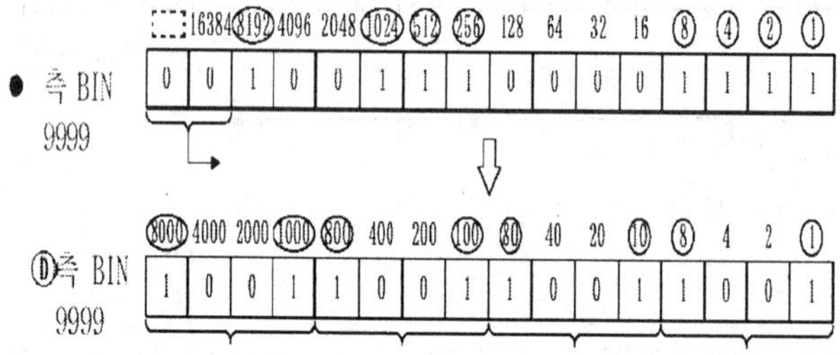

대부분의 디지털 표시기에서는 BCD 코드로 숫자를 표시한다. PLC의 데이터(타이머나 카운터의 현재값, 연산 결과인 데이터 레지스터의 값)를 표시할 때에 사용한다.(Y50 대 표시)

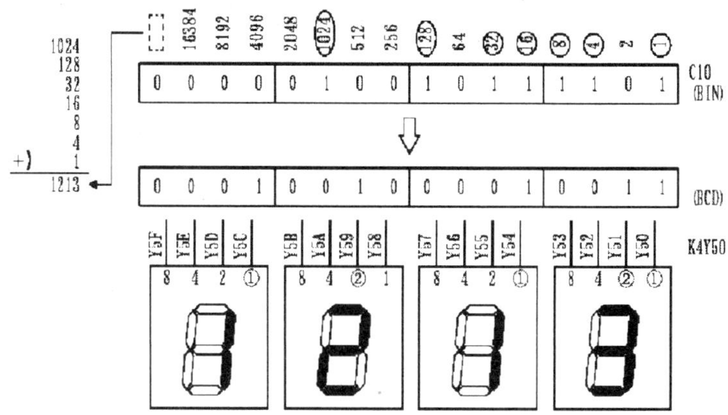

BCD 명령에서는 표시할 데이터(BIN→BCD의 데이터)가 0~9999일 때 가능하며 이 이상의 값이면 오류가 발생한다.(오류 코드 50 : OPERATION ERROR)

예를 들어 설정값이 9,999를 넘는 타이머 현재값을 표시할 때에는 DBCD 명령을 사용하며 이러한 경우에는 99,999,999까지의 숫자를 취급할 수 있다.

아래와 같은 래더를 작성하여 "BCD 명령"을 실행시켜 확인한다.

실습기 패널의 X0을 여러번 ON하면 Y20~Y27의 BCD 디지털 표시기에 C0의 값이 표시되며 X1을 ON으로 하면 C0가 리셋된다.

K2Y20은 2자리수를 확보하여 Y20 표시대에 나타내는 명령어이다.

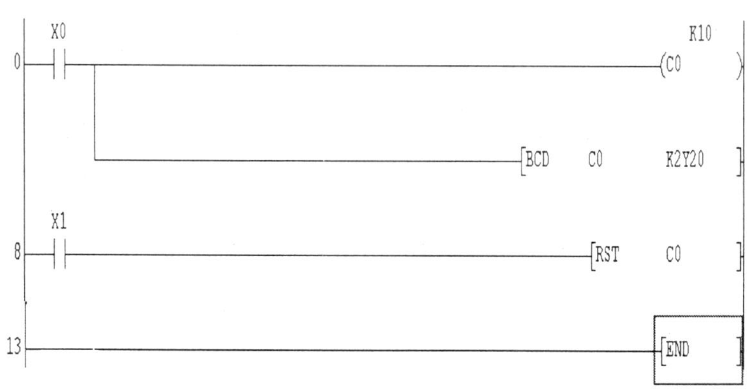

5.10 비교 연산 명령

두 수의 비교 결과에 따른 연산처리를 하며 같은(=), 다른(><), 큰(>), 작은(<),

작거나 같은(>=), 크거나 같은(<=) 경우로 다음과 같이 구분된다.

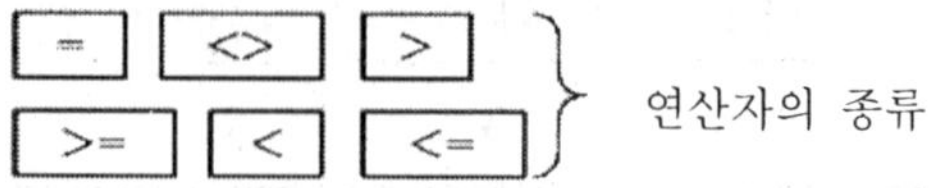

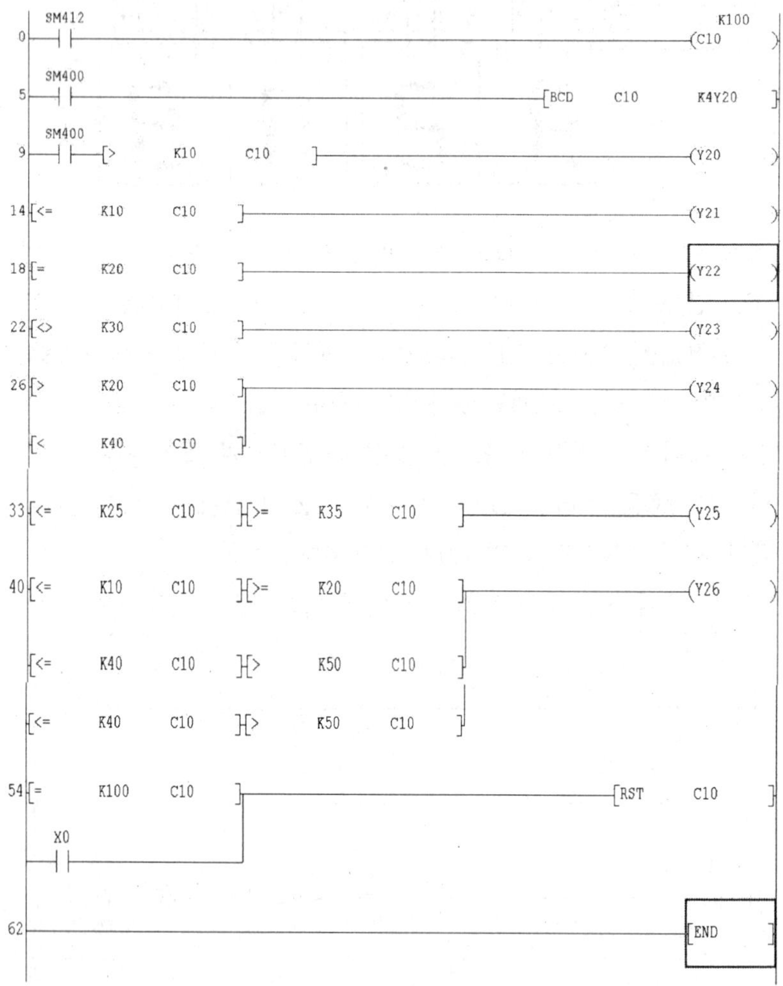

비교 명령은 소스 1(Ⓢ1)과 소스 2(Ⓢ2)의 2 데이터를 비교하여 조건이 성립하면 도통하며 조건이 성립하면 도통하므로 1개의 a접점 { }로 볼 수 있다.

=	Ⓢ1	Ⓢ2	···· 소스1과 소스2가 일치하였을 때 도통
<	Ⓢ1	Ⓢ2	···· 소스1이 소스2보다 작을 때 도통
>	Ⓢ1	Ⓢ2	···· 소스1이 소스2보다 클 때 도통
<=	Ⓢ1	Ⓢ2	···· 소스1이 소스2보다 작거나 같을 때에 도통
>=	Ⓢ1	Ⓢ2	···· 소스1이 소스2보다 크거나 같을 때에 도통
<>	Ⓢ1	Ⓢ2	···· 소스1과 소스2가 일치하지 않을 때 도통

프로그램을 실행하면 C10이 카운트를 시작한다.(1초마다 한 번 카운트)

카운터의 현재값은 디지털 표시기에 표시되며 카운터는 100초마다 리셋된다.

이와 같이 비교 명령은 하나의 데이터와 비교하는 것 이외에도 범위를 지정할 수도 있어서 제품 등의 합격/불합격을 판정하는 프로그램에 이용되고 있다.

다음 프로그램은 T0<3초이면 Y20이 ON되고 2.7초<T0<3.3초이면 Y21이 ON되고 3초<T0이면 Y22가 ON된다.

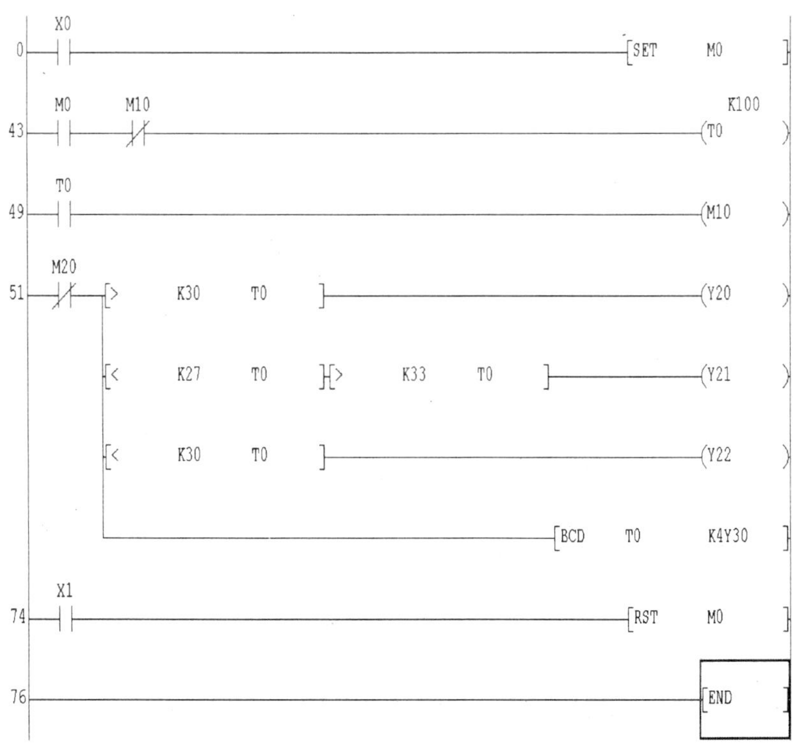

5.11 사칙 연산 명령

(1) +(P) 비트 데이터의 덧셈, -(P) 비트 데이터의 뺄셈

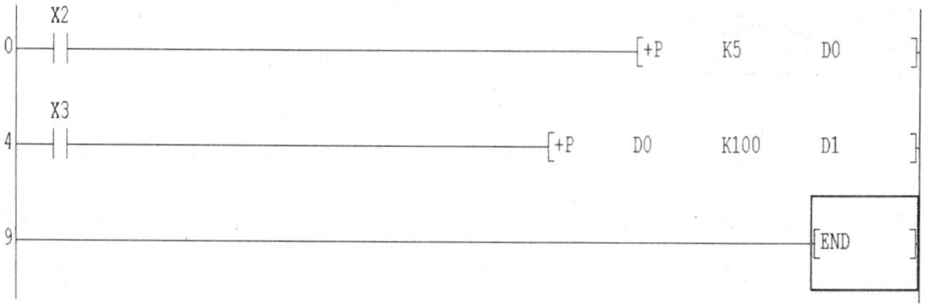

0번 스텝의 K5는 S, D0가 D이며 4번 스텝의 D0가 S1, K100이 S2, D1이 D가 된다.

입력 조건이 “ON”으로 될 때마다 Ⓓ에서 지정한 장치 내용에 Ⓢ에서 지정한 장치 내용을 더해 결과를 Ⓓ의 장치에 저장한다.

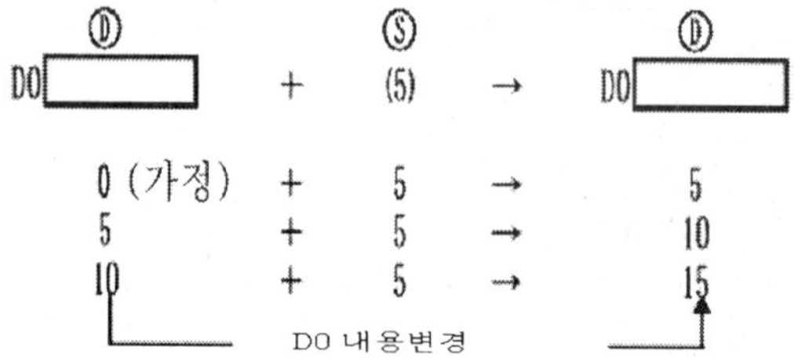

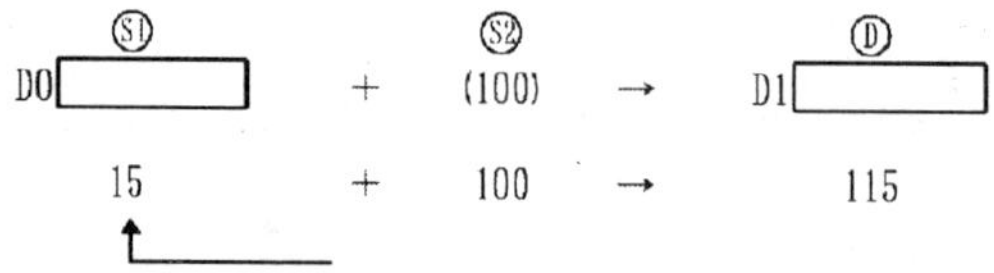

입력 조건이 “ON”으로 되면 Ⓢ1에서 지정한 장치 내용에서 Ⓢ2에 지정한 장치 내용을 빼서 결과를 Ⓓ의 장치에 저장한다.

3번 스텝의 K10은 S, D2가 D이며 7번 스텝의 D2가 S1, K50이 S2, D3이 D가 된다.

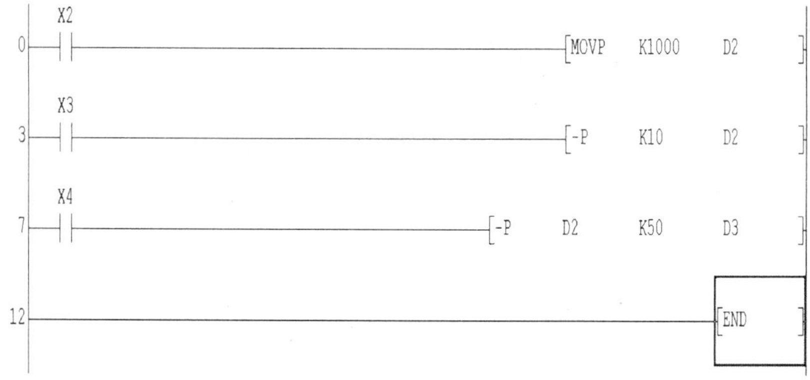

입력 조건이 "ON"으로 될 때마다 Ⓓ에서 지정한 장치 내용에서 Ⓢ에서 지정한 장치 내용을 빼서 결과를 Ⓓ의 장치에 저장한다.

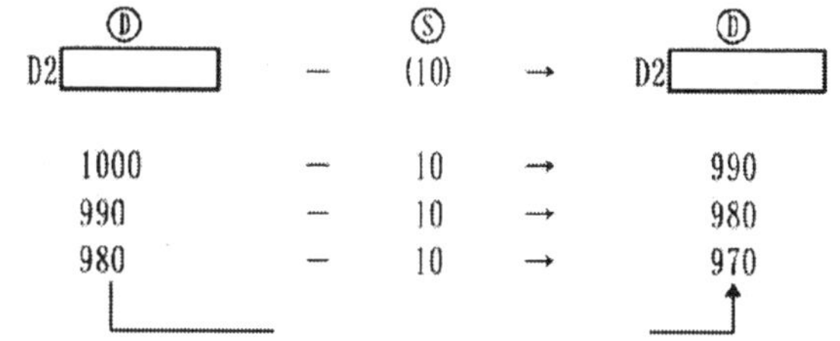

입력 조건이 "ON"으로 되면 Ⓢ1에서 지정한 장치 내용에서 Ⓢ2에서 지정한 장치 내용을 빼서 결과를 Ⓓ의 장치에 저장한다.

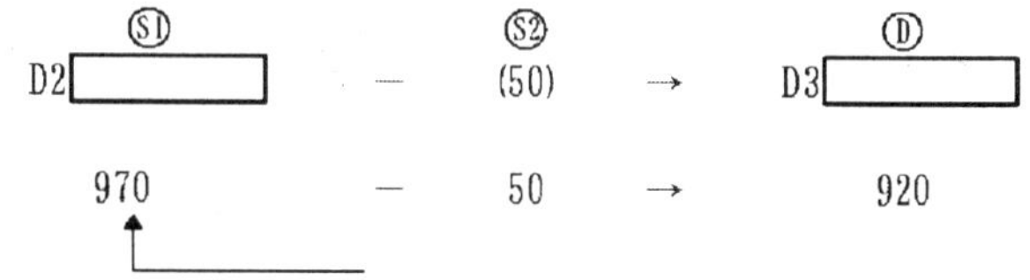

D2의 내용은 뺄셈을 하여도 바뀌지 않는다.

덧셈 및 뺄셈 명령에는 반드시 +P -P 를 사용하며 + - 로는 스캔마다 연산을 실행할 수 없으며 미리 펄스화한 조건은 사용할 수 있다.

+P K1 D0 명령은 INCP D0와 같은 명령이고 −P K1 D0 명령은 DECP D0와 같다.

아래와 같은 래더를 작성하여 "+, −명령"을 실행시켜 확인한다.

① X0을 ON으로 하면 X10~X17(X10~X1F)의 데이터와 X18~X1F(X20~X2F)

의 데이터를 더해 그 결과를 Y20~Y2F로 출력한다.

② X1을 ON으로 하면 X0~X07(X00~X0F)의 데이터에서 X10~X1F(X10~X1F)의 데이터를 빼 그 결과를 Y20~Y2F로 출력한다.

단, 결과가 음일 경우에는 Y10을 ON하고 Y20~2F를 0으로 출력한다.

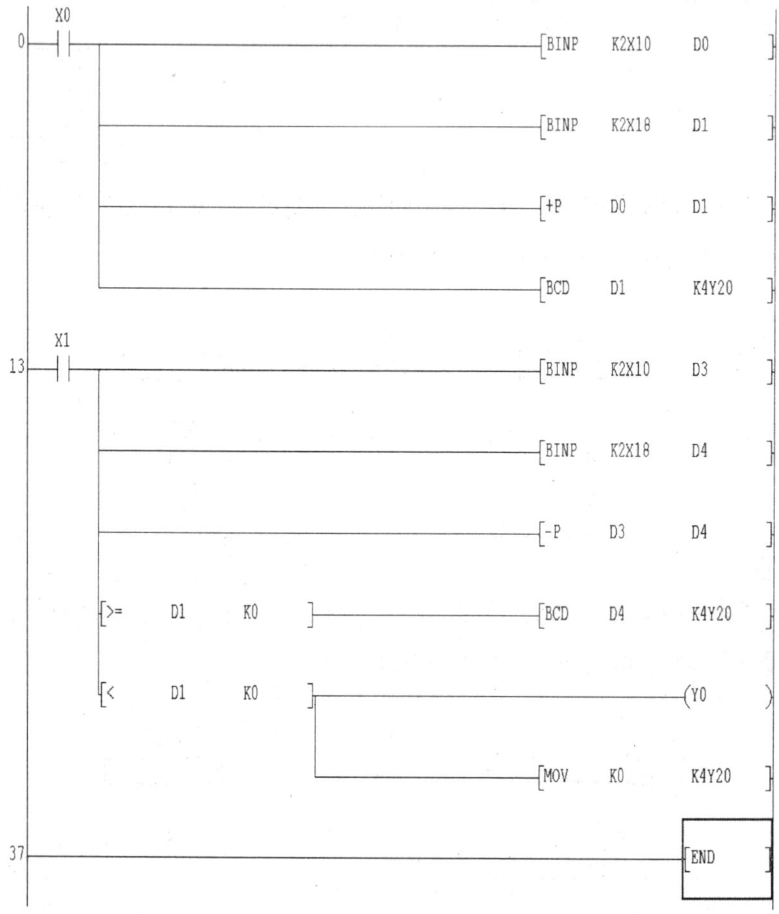

상시 온 접점인 SM400을 이용한 덧셈과 플리커를 이용한 뺄셈을 나타내는 프로그램이며 현 실습 세트와 부합된 I/O 구성으로 되어 있으며 덧셈의 결과는 D1에 저장된다.

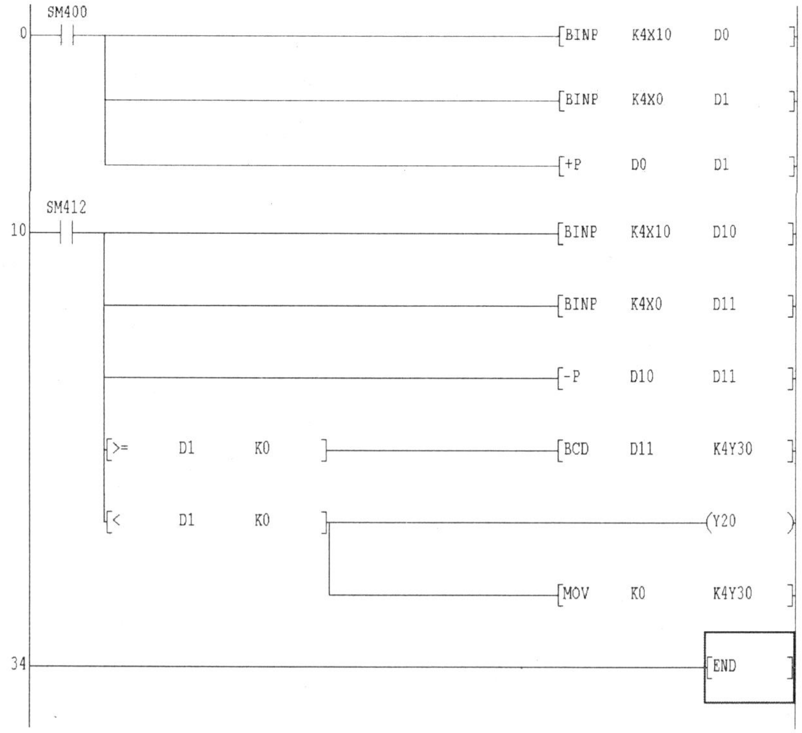

예제

2개의 BCD 디지털 스위치(X00, X10)를 사용하여 (A－B) 연산을 수행하고 결과를 BCD 디지털 표시기(Y30~Y3F)에 표시한다.

A－B의 결과를 Y30~Y3F의 BCD 표시기에 표시하고 A－B<0(음)일 때의 표시는 0으로 하고 Y20의 LED를 점등시키며 양인 경우에는 BCD 표시기에 표시하고 Y20의 LED는 소등한다.

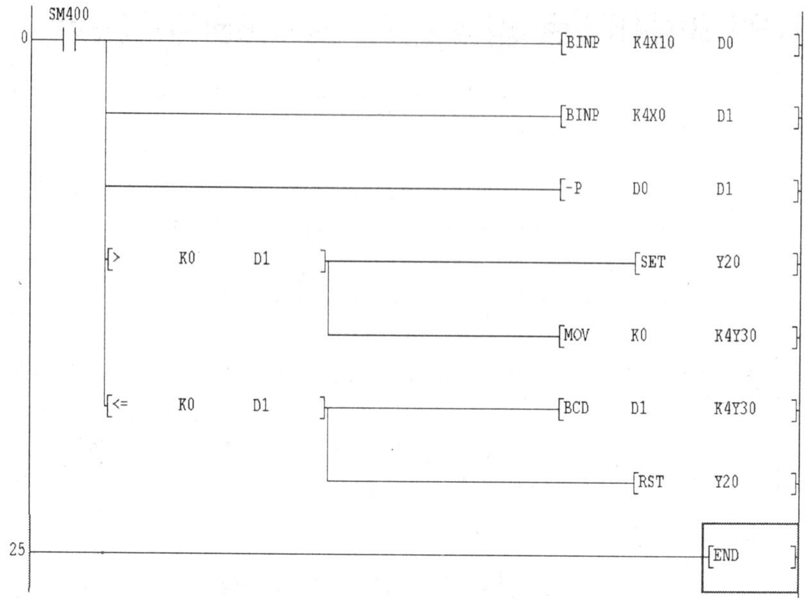

외부 설정값을 D0에 더하고 결과가 양일 때(K8Y20)에 표시한다.

D0, D1(32비트 데이터)에 대한 2의 보수를 구하는 것은 절대값을 구하는 것과 같다.

CML 명령은 입력 조건이 ON으로 되면 S의 비트 패턴을 반전하여 D로 전송한다.

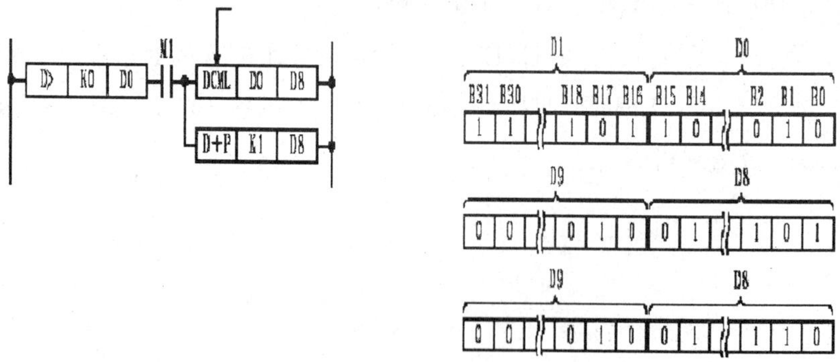

상기 그림은 DCML 실행 전, DCML 실행 후, D+P 실행 후(절대값) 상태를 나타내고 있다.

(2) *(P) BIN16비트 곱셈 /(P) BIN16비트 나눗셈

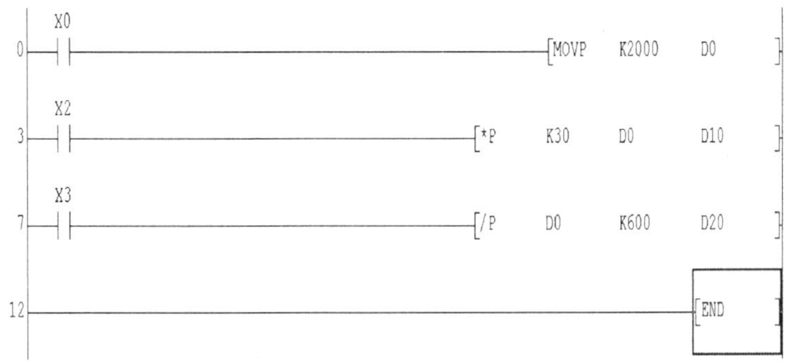

입력 조건이 "ON"으로 되면 Ⓢ1에서 지정한 장치 내용과 Ⓢ2에서 지정한 장치 내용을 곱해 그 결과를 Ⓓ에서 지정한 장치에 저장한다.

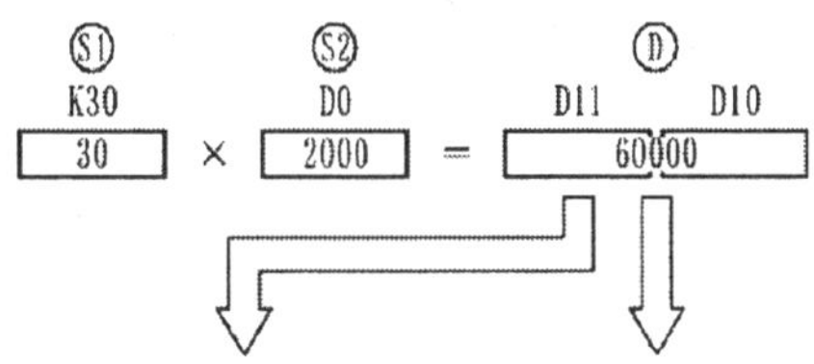

16비트 데이터 * 16비트 데이터의 결과를 저장하는데 16비트(1워드)는 충분하지 않아 프로그램에서 지정한 D10 이외에 다음 장치 번호인 D11도 결과를 저장하는데 사용된다.

32비트의 레지스터로 취급하기 때문에 D10의 왼쪽 끝 비트(B15)는 부호를 판정하는 비트가 아니고 데이터를 저장하는데 사용한다.

*(P) 명령으로 얻은 연산 결과를 이용하여 프로그래밍 할 때는 32비트 명령으로 해야 한다.(DMOV 명령, DBCD 명령 등)

입력 조건이 "ON"으로 되면 Ⓢ1에서 지정한 장치 내용을 Ⓢ2에서 지정한 장치 내용으로 나누어 그 결과를 Ⓓ에 저장한다.

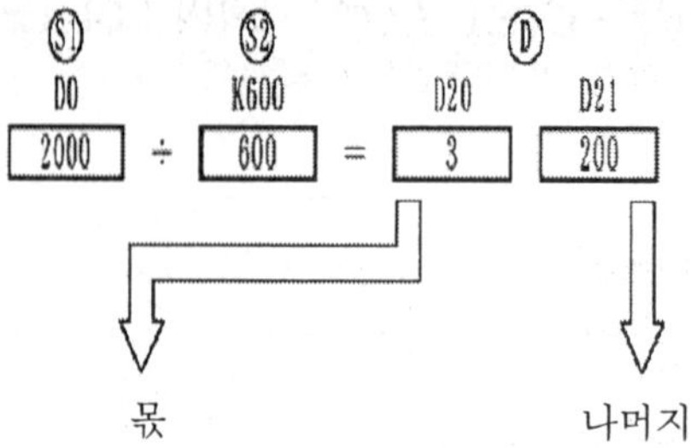

프로그램에서 지정한 D20에는 몫이 저장되며 다음 장치 번호인 D21에는 나머지가 저장된다.

나눗셈의 결과에서 소수점 이하의 수치는 버리고 D를 비트장치로 설정한 경우에는 몫은 저장되지만 나머지는 저장되지 않는다.

음수는 다음과 같이 취급한다.

−5 ÷ (−3) = 1 나머지 −2
−5 ÷ (3) = −1 나머지 −2

0으로 나누거나 0을 나누면 다음과 같이 된다.

0 ÷ 0 , 1 ÷ 0 오류 "OPERATION ERROR"
0 ÷ 1 몫과 나머지가 모두 0

프로그램 동작 순서는 X0을 ON으로 하고 D0에 2000(BIN 값)을 저장하고 X2를 ON으로 하면 다음과 같은 계산이 실행된다.

단, D11, D10의 연산 결과 "60000"을 16비트 정수로 취급하고 D10만을 모니터하면 "−5536"으로 표시된다.

X3을 ON하면 다음과 같은 동작이 나타난다.

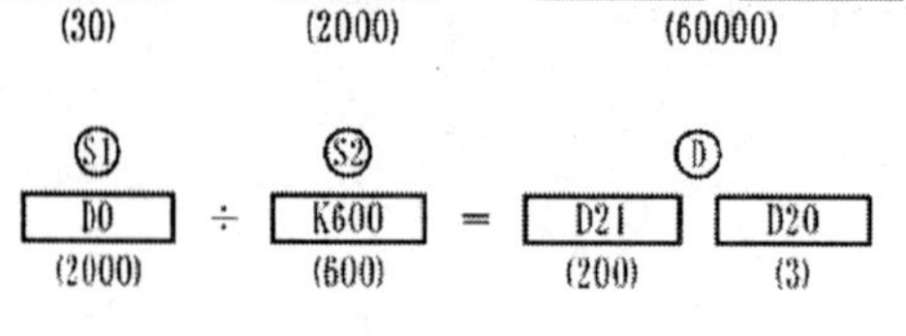

32비트 정수 데이터를 모니터하는 법은 곱셈 명령 등으로 연산 결과가 0~32,767 범위를 벗어나면 하위 레지스터의 내용을 래더 모니터 하여도 올바르게 표시되지

않는다.

디바이스 등록 모니터 조작은 [온라인]→[모니터]→[디바이스 등록/모니터]을 선택한다.

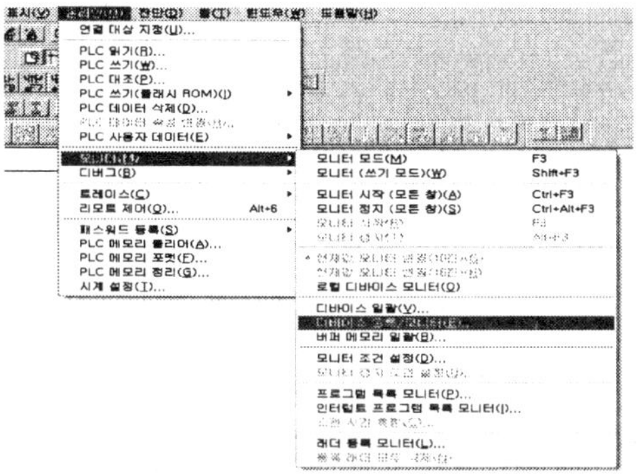

"디바이스 등록/모니터" 버튼을 클릭하면 디바이스 등록 화면이 나타난다.

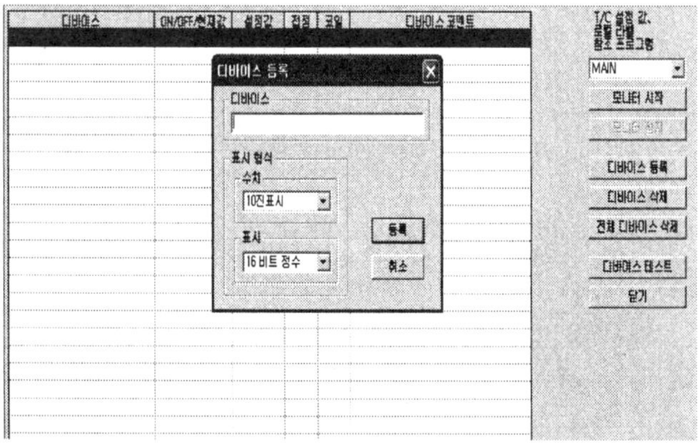

디바이스 등록 화면의 장치에 "D10"을 입력하고 표시의 을 클릭하여 "32비트 정수"를 선택한다.

등록 버튼을 클릭하면 디바이스 등록 모니터 화면에 나타나며 디바이스 등록이 끝나면 디바이스 등록 화면의 취소 버튼을 클릭하여 닫는다.

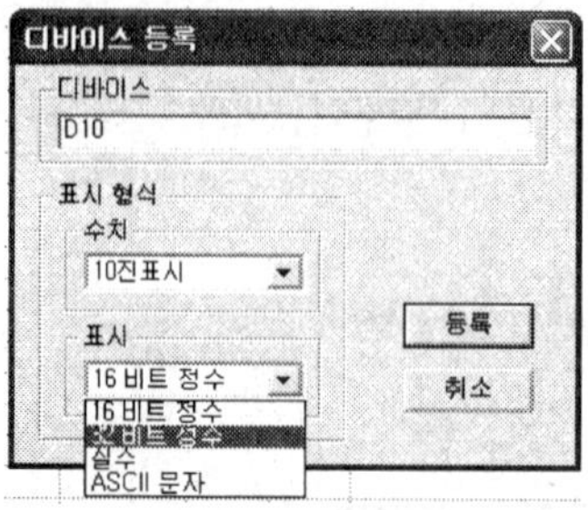

D10과 D11에 저장한 2워드 분의 연산 결과를 모니터할 모니터 시작을 클릭하면 D10과 D11의 연산 결과가 나타난다.

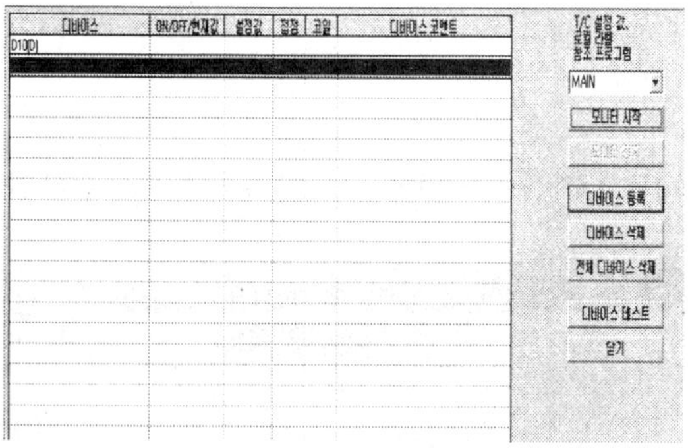

예제 프로그램으로는 (1) X0을 ON으로 하면 X20~2F의 데이터와 X30~3F의 데이터를 곱해 그 결과를 Y40~5F로 출력한다.

X1을 ON으로 하면 X20~2F의 데이터를 X30~3F의 데이터로 나누어 몫을 Y50~5F로 나머지를 Y40~4F로 출력하는 프로그램은 다음과 같다.

(2) X10 입력을 D0에 저장하고 X00 입력을 D1에 저장하여 곱셈하여 D2에 결과를 저장하고 나눗셈을 하여 D4에 저장하는 프로그램은 다음과 같다.

곱셈인 경우는 D3가 상위, D2가 하위이며 나눗셈의 경우 D4가 몫, D5는 나머지 값을 저장한다.

59번 스텝에 BCD D4 K4Y20, BCD D5 K4Y30으로 변경하면 몫과 나머지를 나타낼 수 있다.

예제 1

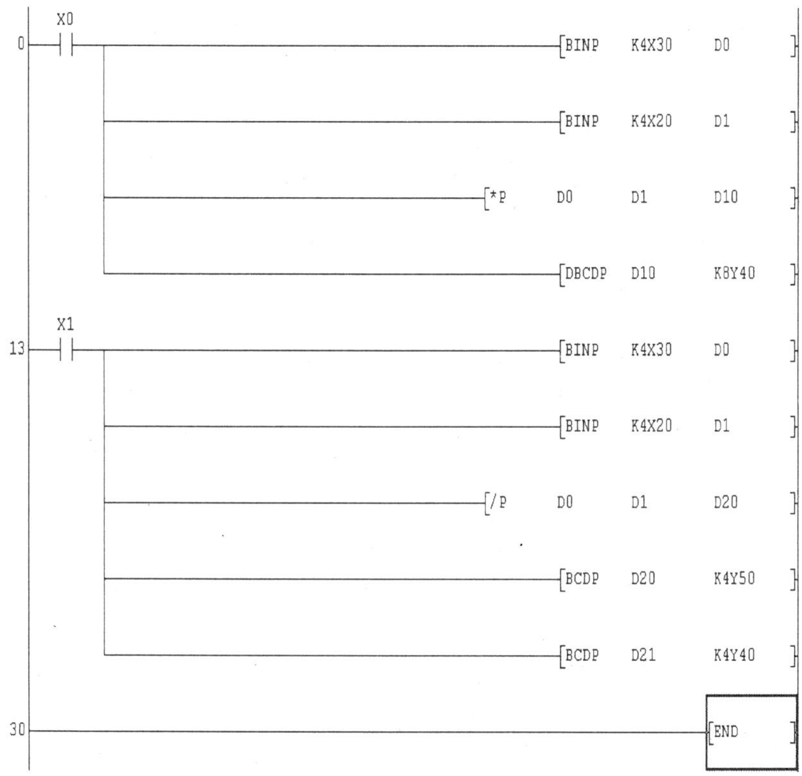
X0
0
BINP K4X30 D0
BINP K4X20 D1
*P D0 D1 D10
DBCDP D10 K8Y40
X1
13
BINP K4X30 D0
BINP K4X20 D1
/P D0 D1 D20
BCDP D20 K4Y50
BCDP D21 K4Y40
30
END

예제 2

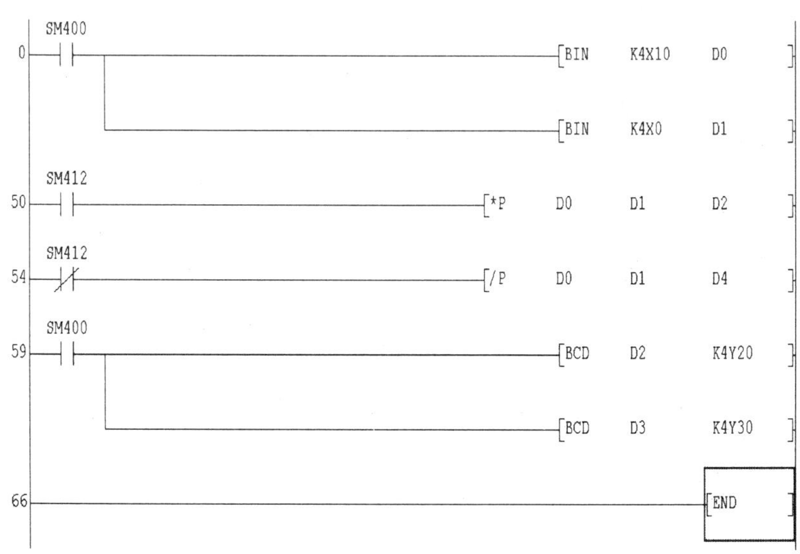
SM400
0
BIN K4X10 D0
BIN K4X0 D1
SM412
50
*P D0 D1 D2
SM412
54
/P D0 D1 D4
SM400
59
BCD D2 K4Y20
BCD D3 K4Y30
66
END

① X0을 ON으로 하면 곱셈이나 나눗셈의 데이터를 설정할 수 있다. X2를 ON으로 하였을때 디지털 스위치 X10~X17과 X18~X1F에서 지정한 값의 BIN 곱셈을 수행하고, X3을 ON으로 하였을 때는 BIN 나눗셈을 수행한다. 곱셈 결과는 Y30~Y20대에 나타내고 나눗셈의 몫은 Y20~Y2F BCD 표시기로 출력하고 나눗셈의 나머지는 Y30~Y37의 BCD 표시기로 출력하는 프로그램을 작성한다.

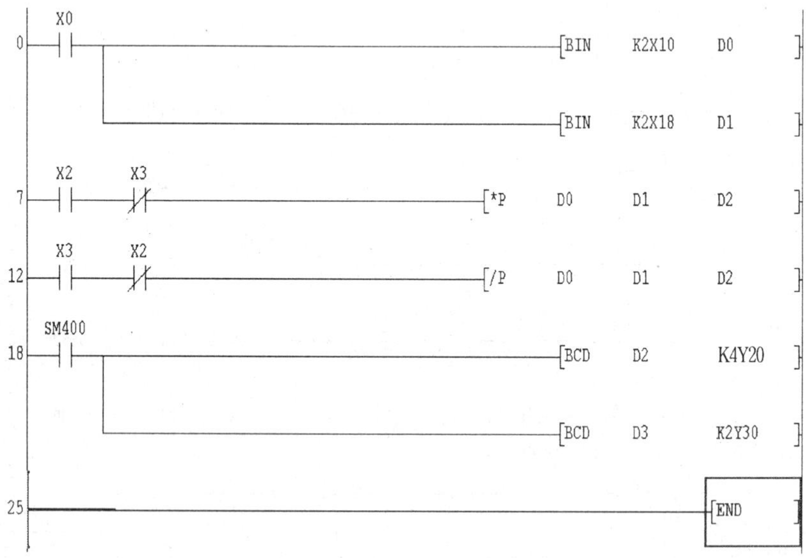

② 디지털 스위치 X10~X1F과 X20~X2F에서 지정한 값의 BIN 곱셈을 수행하고, BIN 나눗셈을 수행한다.

곱셈 결과는 Y30~Y20대에 나타내고 나눗셈의 몫은 Y20~Y2F BCD 표시기로 출력하고 나눗셈의 나머지는 Y30~Y3F의 BCD 표시기로 출력하는 프로그램을 작성한다.

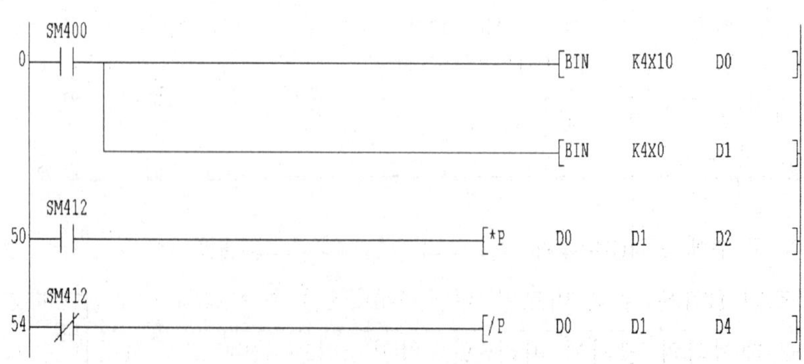

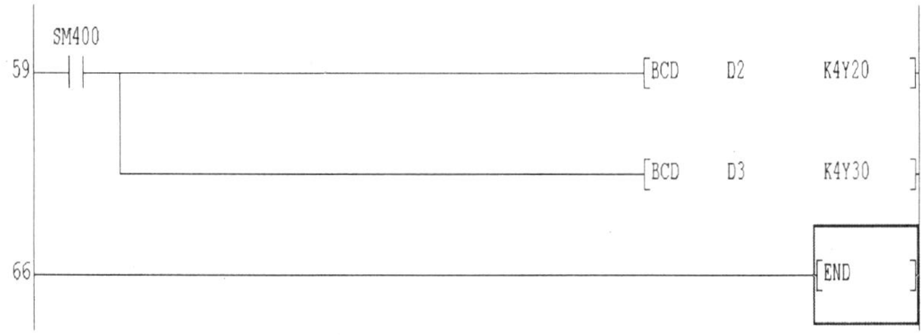

PLC의 데이터 메모리는 16비트로 구성된 1워드 단위의 메모리이며 전송이나 비교, 연산에서는 보통 1워드 단위로 처리한다.

PLC에서는 2워드(32비트) 단위도 취급할 수 있다. 이러한 경우는 각 명령의 선두에 2워드를 의미하는 "D"를 사용하며 아래의 예를 참조한다.

표 5-1 워드 명령어 비교

	1워드 16비트	2워드 32비트
전 송	MOV(P)	DMOV(P)
	BIN(P)	DBIN(P)
	BCD(P)	DBCD(P)
비 교	< , > ,<= , >=, =, <>	D<, D>, D<=, D>=, D=, D<>
연 산	+ (P)	D + (P)
	− (P)	D − (P)
	× (P)	D × (P)
	/ (P)	D / (P)
취급 가능한 숫자 범위	−32,768 ~ 32,768 (0 ~ 9,999) ( )는 BIN(P) , BCD(P)명령일 때	−2147483648 ~ 2147483648 (0 ~ 99,999,999) ()는 DBIN(P), DBCD(P) 명령일 때
자리 지정에서 가능한 범위	K1 ~ K4	K1 ~ K8

32비트의 경우에도 16비트와 같이 음수는 양수에 대한 2의 보수로 표현하므로 최상위 비트인 B31은 부호 비트가 된다.(16비트일 때는 B15가 부호 비트).

취급하는 데이터의 크기에 따라 필요하면 2워드(32비트)로 하며 다음과 같은 경우에는 2워드 명령으로 해야 한다.

① 데이터가 1워드의 범위(−32768～+32767)를 넘을 때
② 16비트 곱셈 명령(1워드 명령)의 결과를 전송할 때
③ 32비트 나눗셈 명령의 결과를 이용할 때

소수점을 포함한 값의 곱셈 및 나눗셈 계산 예(연산 명령 ×, /을 사용한 경우)로는 원주를 구하는 계산 프로그래밍 방법은 원주율을 3.14의 100배인 314로 한 다음 나중에 100으로 나누며 소수점 이하의 작은 데이터를 취급하는 계산예(나눗셈 예) 0.006을 정수 6으로 취급하기 위해 1000배 하여 계산하고 이후에 1000으로 나눈다.

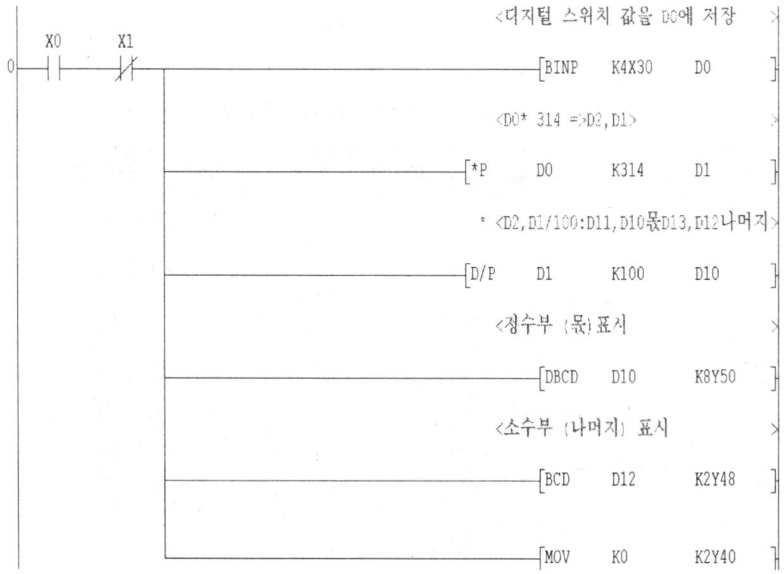

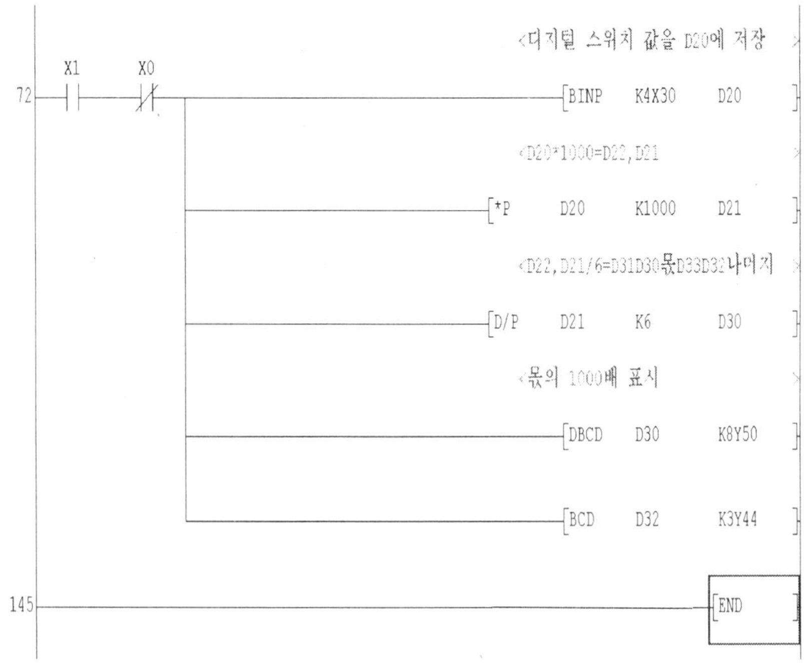

디지털 스위치 (K4X30) 설정값을 D0에 차례 저장하고 D0 × 314 → D2 D1, D2 D1 ÷ 100 → D11 D10 D13 D12 정수부(몫) 표시, 소수부(나머지) 표시한다.

다음은 소수점 이하의 계산예(디지털 스위치값입력 : 4X30÷0.06)는 썸휠 디지털 입력 스위치 설정값을 기억장소 D20에 저장 D20 × 1000 → D22 D21 D22 D21 ÷ 6 → D31 D30 D33 D32, 몫의 1000배를 표시 나머지의 1000배를 표시한다. 몫을 K8Y50에 나타내며 나머지는 K4Y44에 나타낸다.

예제 1

X1가 ON으로 되었을 때 5자리의 디지털 스위치(X04~X1F)에서 설정한 값에 1,100을 BIN로 곱하고 그 결과가 99,999,999 이하이면 8자리 표시기(Y20~Y3F)로 표시한다. 또 X2이 ON으로 되었을 때 8자리의 디지털 스위치(X20~X3F)에서 설정한 값을 40,000으로 BIN 나눗셈을 하고 그 결과는 X3가 ON이면 몫을 X3가 OFF이면 나머지를 8자리 표시기(Y20~Y3F)로 표시한다.

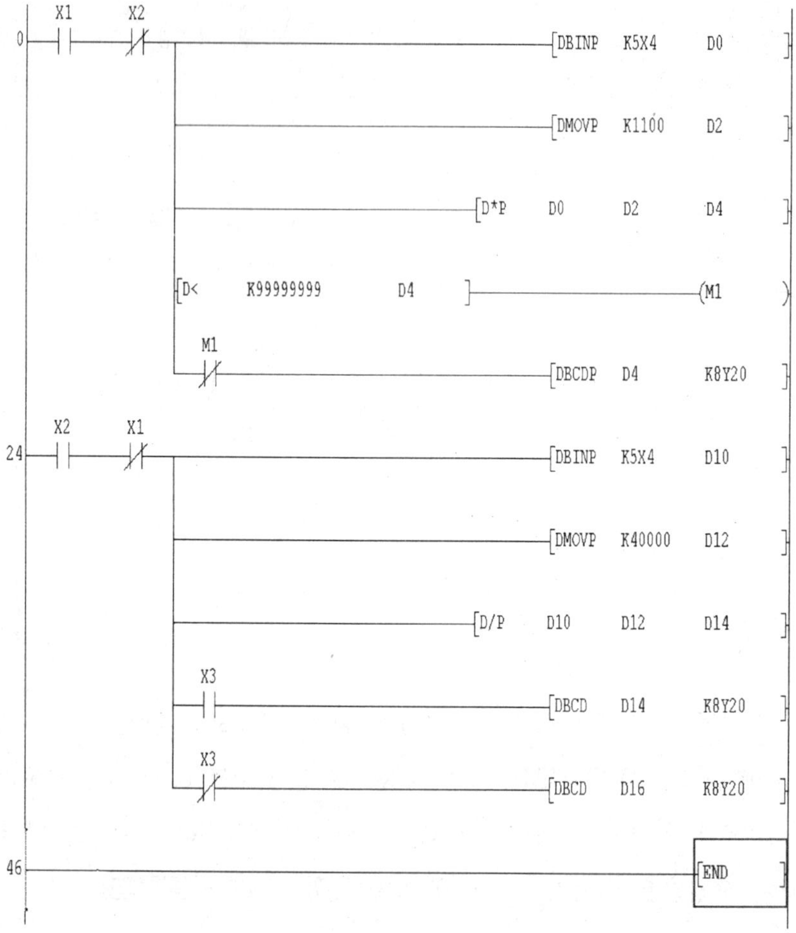

위 프로그램은 입출력 I/O가 많이 필요하며 DOUBLE DATA 곱과 나눗셈 프로그램 예를 나타낸 것이다.

예제 2

X0이 ON 하였을때 디지털 스위치(X10~X1F)에서 지정한 값을 D3과 D2(32비트 데이터)에 저장하고, D1과 D0에 더한 결과를 표시기(Y20~Y3F)에 표시한다.

또 X1이 ON하였을 때 디지털 스위치(X10~X1F)에서 지정한 값을 D5과 D4에 저장한 다음 D1과 D0에서 뺀 결과를 표시한다. 단 결과가 음일 때는 결과에 대한 2의 보수를 구해 표시한다.

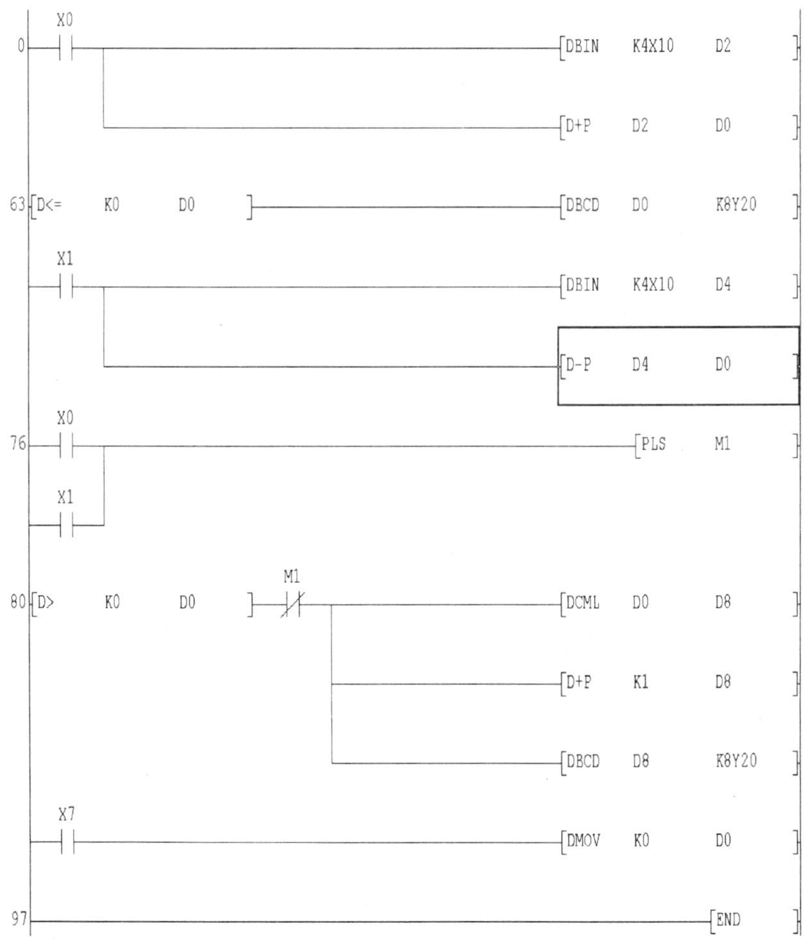

제6장 제어 프로그램 예제

이번장에서는 시퀀스 및 논리회로를 PLC 프로그램으로 나타내며 제어에 사용되는 기본 프로그래밍 및 AC 전동기 제어 관련 응용 회로, DC 전동기 제어, 물류 이송 장치에 사용되는 실린더 및 컨베이어 벨트 동작에 관한 프로그램 예를 나타내었다.

6.1 시퀀스 프로그래밍

(1) 지연점등 즉시소등

X1이 ON되면 T0가 동작 개시되면서 M0 출력이 나타나 자기 유지된다. 3초후 T0 접점이 ON되면 Y20이 출력되고 X0를 누르면 즉시 T0, Y20이 OFF된다.

(2) TON으로 TOFF 동작하기

X0가 ON되고 Y20이 동작 개시되면 T0가 동작되고 5초후 T0 출력이 나타나면 접점이 ON되고 Y20이 OFF된다.

(3) 플리커 동작

X1을 ON하면 Y20은 2초 ON, 1초 OFF 상태로 깜박이며 플리커 타임을 변경할 수 있다.

X0이 ON하면 Y20이 자기 유지하고 0.5초마다 Y24와 Y27이 교대로 깜박이며 X1이 ON하면 Y20이 OFF하고, Y24와 Y27의 깜박임도 정지하는 프로그램이다.

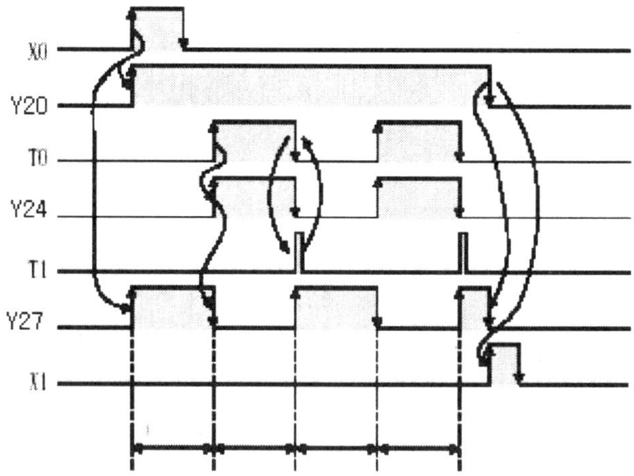

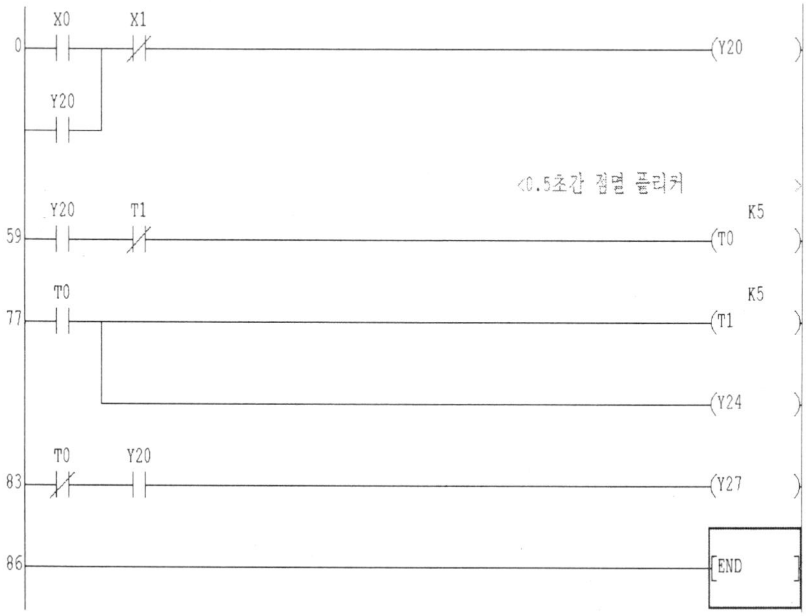

(4) ONE SHOT 동작

X1이 ON되면 T1이 동작 개시하고 일정시간 5초 후에 T1이 ON되면 Y20이 OFF되어 ONE-SHOT 동작을 나타낸다.

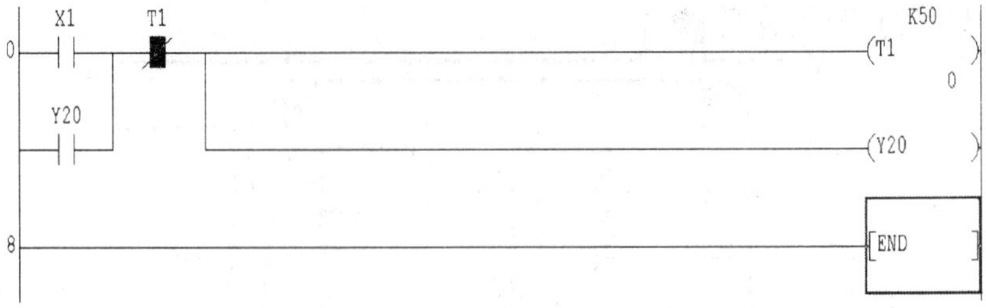

(5) 자기유지 회로

자기유지 회로는 짧은 신호가 인가되는 경우 출력의 a접점을 병렬로 연결하여 입력 신호가 OFF 되더라도 별도의 신호로 차단되지 않으면 유지되는 회로이며 시퀀스 로직에서 많이 사용되며 기동우선 자기유지, 정지우선 자기유지 회로가 있다.

✤ 기동우선 자기유지 ✤

✤ 정지우선 자기유지 ✤

(6) 인터록 회로

인터록 회로는 상반되는 2개의 출력이 동시에 출력되는 경우 기계적, 전기적으로 시스템에 충격을 주어 전체 계통에 문제가 발생되는 경우(전동기 정, 역회전)에 사용되는 보호 회로로 상대 출력의 b접점을 직렬로 연결하여 원천적으로 상반 동작이 불가능하다.

(7) 일치 회로

두 입력의 상태가 같을 경우에만 출력된다.

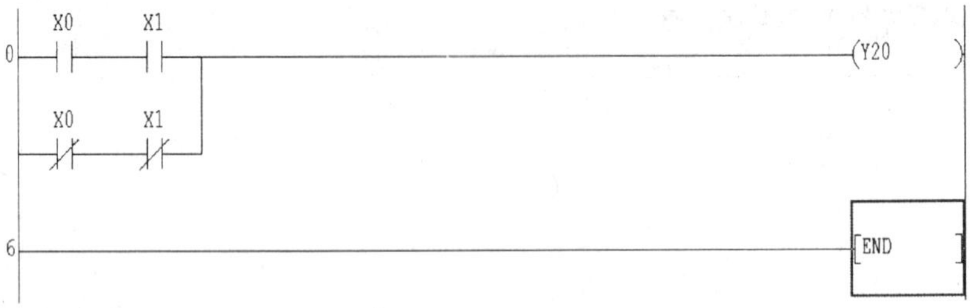

(8) 배타적 논리합 회로

두 입력이 서로 다른 경우에만 출력되는 회로로 배타적 논리합의 기능이 있다.

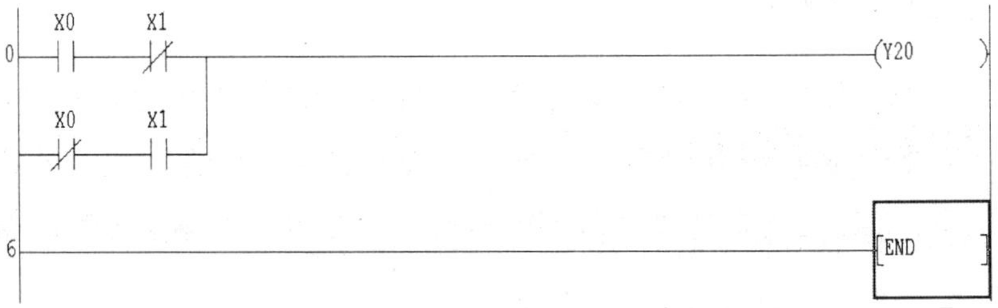

6.2 전동기 제어 예제

(1) 전동기 기동 정지회로

전동기 제어는 기동 정지회로로 기동 스위치를 ON하면 기동되고 정지 스위치를 ON하면 정지하는 회로이며 MC가 ON되어 운전 상태에서는 운전 표시등이 점등되고 정지 상태에서는 정지 표시등이 ON된다.

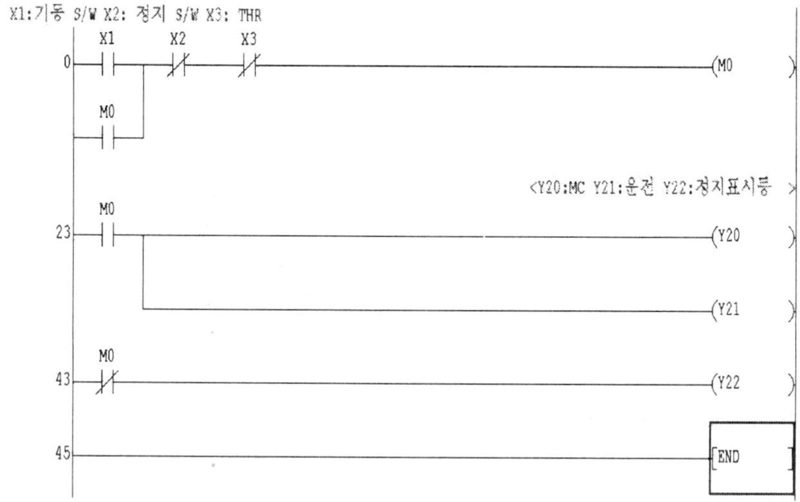

(2) 전동기 정역 회로

3상 전동기 정역 회전은 RST 3단자중 2개 배선을 변경하면 회전 방향이 반대가 되어 MC를 2개 사용하여 전동기 결선을 변경하며 각 MC간 인터록 결선이 필요하다. 입력은 정방향 S/W, 역방향 S/W, 운전정지 S/W, THR이 있다.

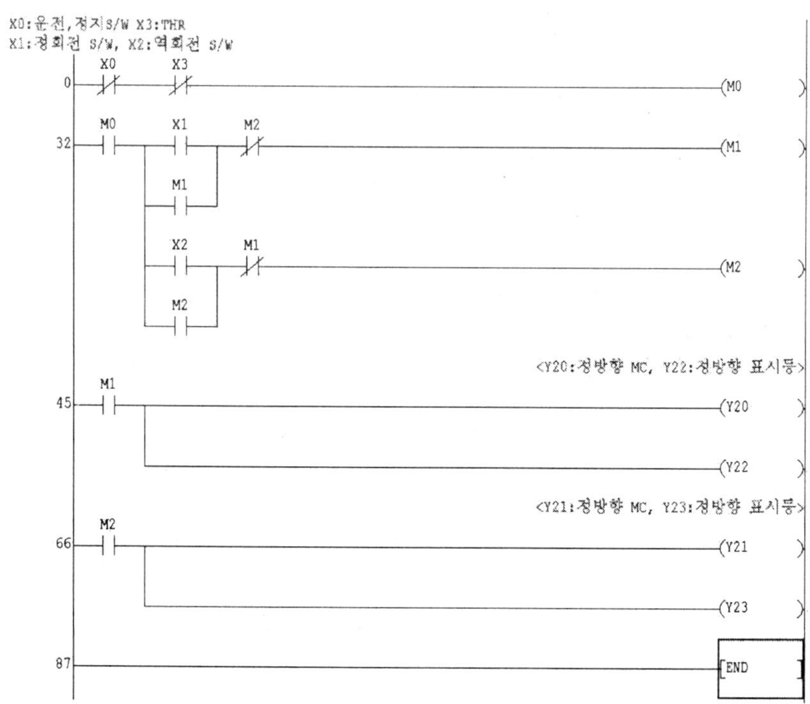

(3) 인칭(Inching) 회로

기계설비 조정 등을 목적으로 순간적으로 전동기를 기동, 정지시키는 용도로 사용되는 회로가 인칭(촌동)회로이다.

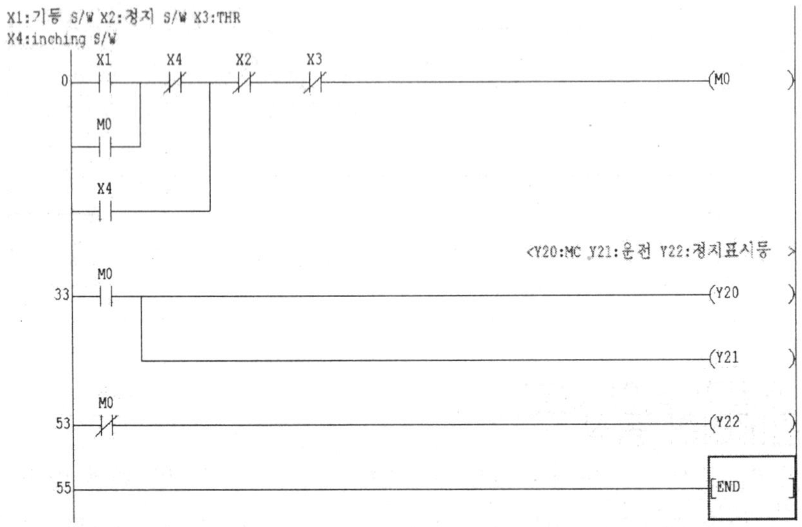

(4) 전동기 Y-△ 기동법

Y-△ 기동법이란 전동기의 고정자 권선을 외부 개폐기로 변경하여 기동시 Y결선하여 $V/\sqrt{3}$이 인가되어 기동 전류를 제한하고 일정 시간후 정상 동작시에는 △결선하여 전전압이 전동기에 인가되어 정상운전 상태로 동작된다.

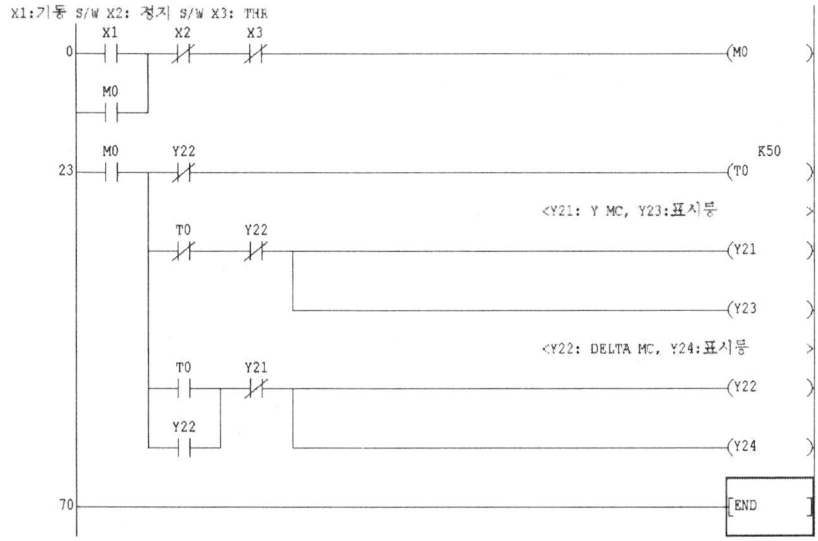

(5) 컨베이어 동작

컨베이어 운전 명령(X0) 스위치를 ON하면 3초간 부저(Y20)가 울린 다음 컨베이어가 운전(Y21)을 시작한다.

제품이 6개 반송된 것을 검출(X1)하면 컨베이어 벨트는 자동으로 정지한다.

컨베이어는 DC 전동기로 구동되며 PLC 출력점을 보호하기 위하여 릴레이를 중계하여 전원이 전동기로 인가되게 구성한다.

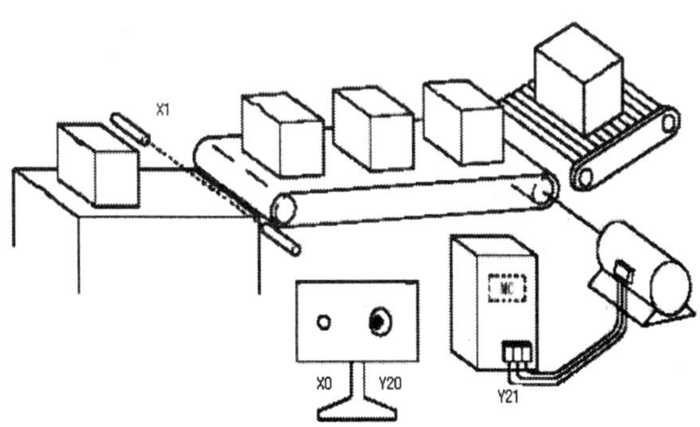

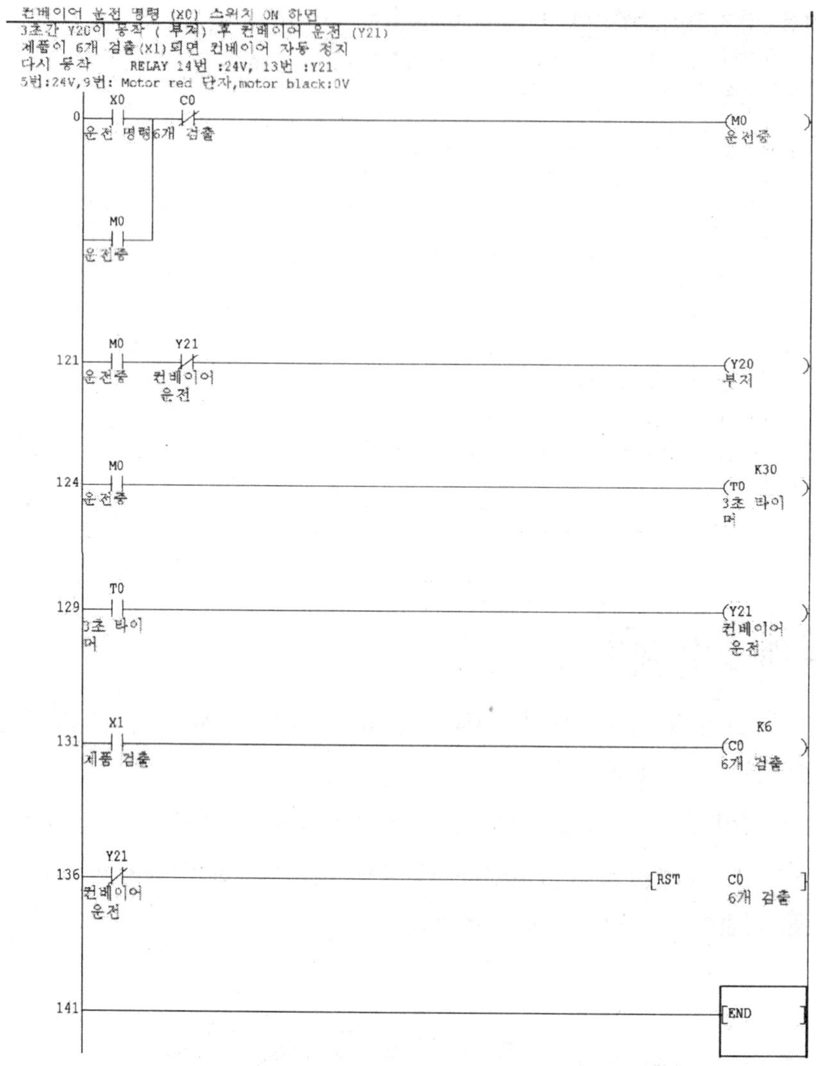

(6) DC 전동기 제어 예제

다음은 DC 전동기 운전 프로그램으로 DC 전동기와 PLC 출력은 릴레이를 중계하여 연결된다. 전동기축에 1회전당 3펄스 출력용 검출(X05) 소자가 연결되어 있으며 펄스 입력을 카운팅하여 1/3한 결과는 전동기 회전수가 된다.

디지털 입력장치(X10대)로 전동기의 회전수를 설정하여 D11에 저장하고 X05의 입력을 전동기 회전 펄스가 입력 될 때마다 +1 가산하여 3으로 나누어 전동기 회전수를 체크하여 전동기 회전 설정수(D11)와 나눗셈의 몫인 D13과 비교하여 같으면 전동기를 정지하는 예이다. D14는 나눗셈의 나머지가 저장되는 장소이다.

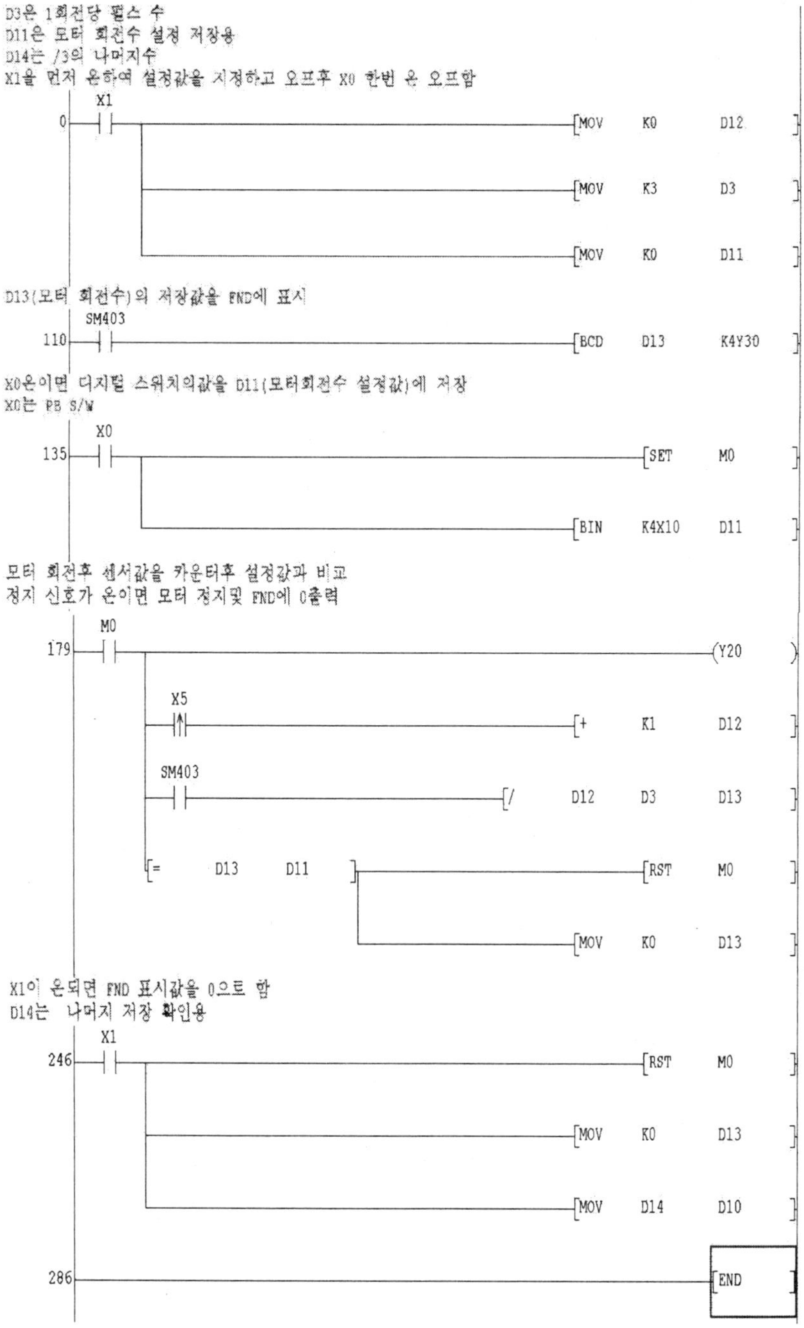

다음 프로그램은 D0에 0을 인가하여 초기화 시키고 D10의 내용을 Y30대로 출력하고 펄스 입력이 발생 할때마다 D10의 내용을 +1(INC)하고 D10의 값이 100보다

크면 D10에 0값을 인가한다.(최대값 제한)

D10이 0보다 크면 Y20으로 출력하여 전동기 회전 신호로 이용되며 X0는 D10의 초기화용 입력이다.

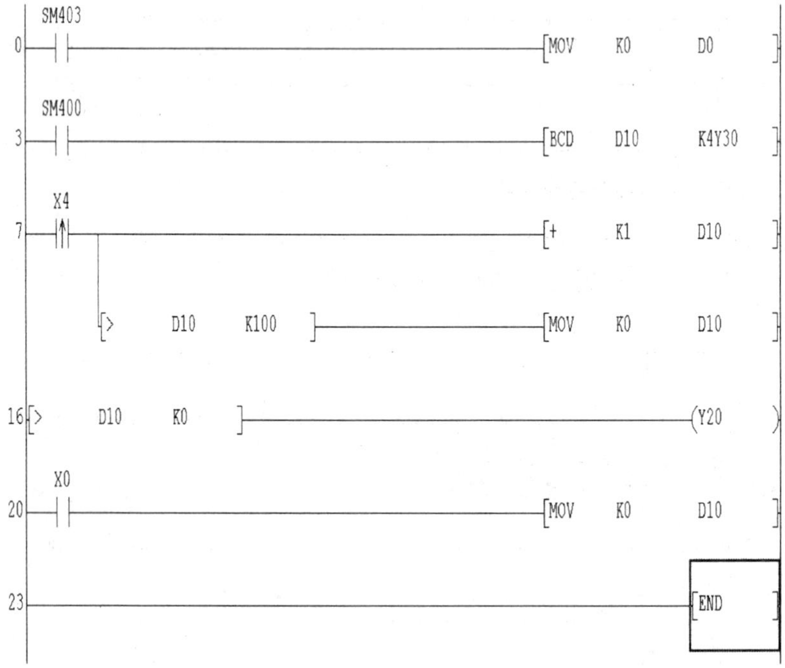

다음 프로그램은 X10대의 입력으로 D11에 디지털 섬휠(thumb wheel) 입력장치에서 설정된 값을 D11에 저장하고 펄스 발생기나 별도의 스위치 입력으로 D13을 +1, D14을 −1 하여 설정값 보다 D13의 값이 크거나 300보다 크면 출력 Y20을 ON하여 전동기 회전 신호로 사용되며 220보다 크면 M20이 셋되어 Y20이 OFF된다.

X0를 ON하면 각 데이터 값을 초기화 하며 X1은 Y20 출력 OFF 입력으로 사용된다.

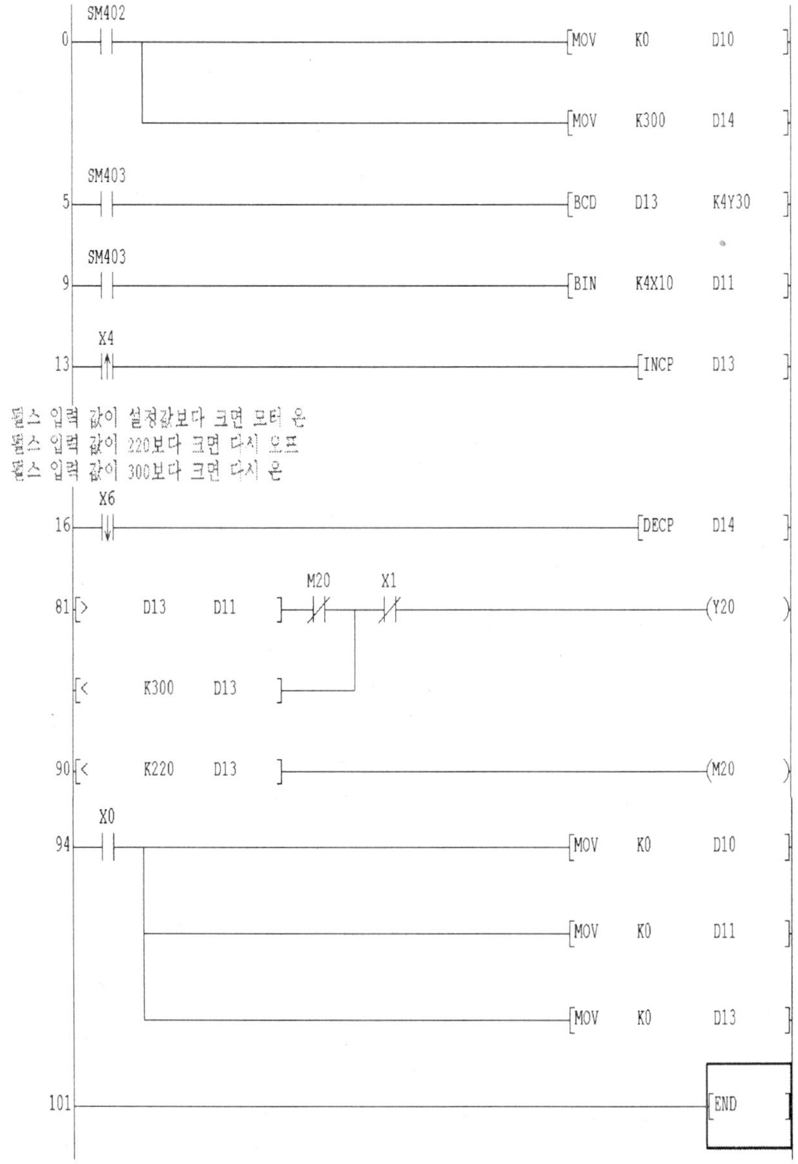

다음 프로그램은 X10대의 입력으로 D11에 디지털 섬휠 입력장치에서 설정된 값을 D11에 저장하고 SM412 펄스 입력(1초 간격 플리커)으로 D13을 +1하여 설정값 보다 D13의 값이 크거나 300보다 크면 출력 Y20을 ON하여 전동기 회전 신호로 사용되며 220보다 크면 M20이 셋되어 Y20이 OFF된다.

X0를 ON하면 각 데이터값을 초기화하며 X1은 Y20 출력 OFF 입력으로 사용된다.

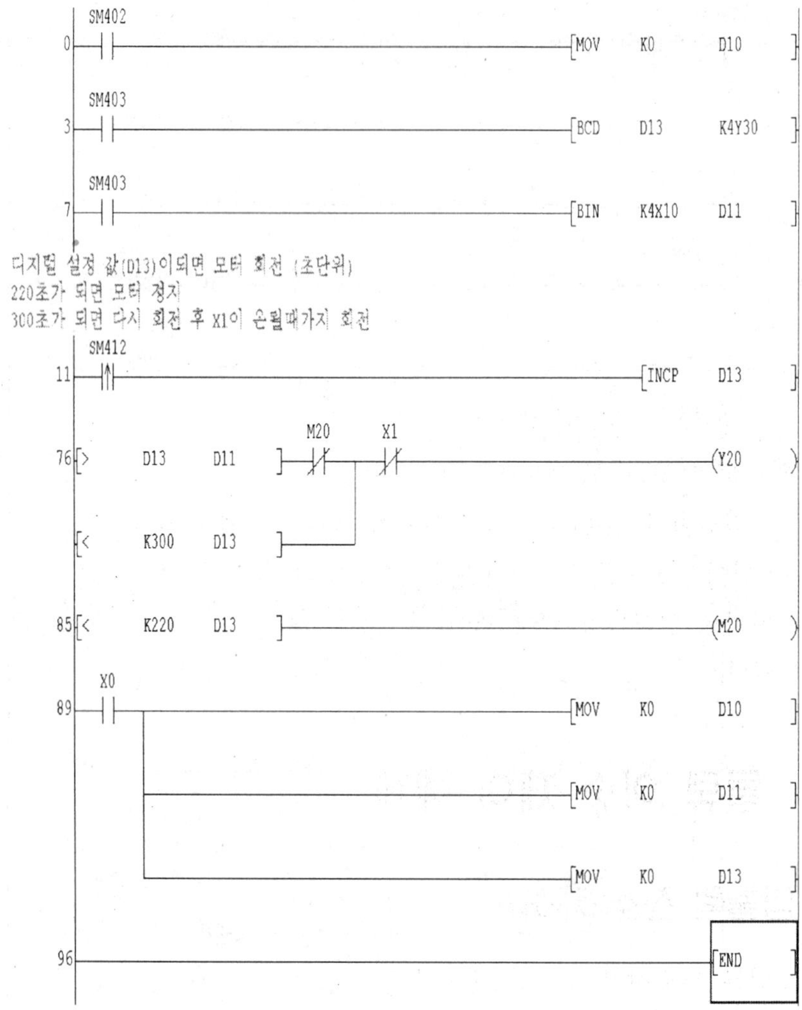

다음은 PLC 접점 4개를 이용하여 DC 전동기를 정, 역 회전하는 프로그램이며 출력 Y20번대의 PLC의 컴먼 단자는 (+)이며 Y30번대의 PLC의 컴먼 단자는 (−)로 한다.

입력은 정회전 명령 스위치 X0과 역회전 스위치 X1이며 출력 단자 Y20, Y31은 전동기 (+)입력 전원측에 같이 연결하고 출력 단자 Y21, Y30은 전동기 (−)입력 전원측에 같이 연결한다.

X0가 입력되면 Y20, Y30이 출력되어 전동기 (+)전원에 +, 전동기 (−)전원에 그라운드가 연결되어 전동기가 회전하며 X1가 입력되면 Y21, Y31이 출력되어 전동기 (+)전원에 −, 전동기 (−)전원에 +가 연결되어 전동기가 역회전하게 된다.

입력 스위치로 인터록킹 되어 있어 정, 역 회전 출력이 동시에 나타나는 경우는 배제되어 있다.

6.3 물류 이송 제어 예제

(1) 입출력 신호 제어

다음 그림은 컨베이어 물류 이송장치이며 입력은 실린더 1후진, 전진 검출(S1, S2), 실린더 2후진, 전진 검출(S3, S4), 실린더 3후진, 전진 검출(S5, S6), 실린더 4후진, 전진 검출(S7, S8) 물품 있음 검출(LS1), 불량품 검출(LS2), 이송된 물품 있음 검출(LS3)과 푸시버튼 스위치로 구성된다.

출력은 컨베이어 벨트 운전 전동기, 실린더 1(SOL 1), 실린더 2(SOL 2), 실린더 3(SOL 3), 실린더 4(SOL 4), 흡입장치, 램프로 구성되어 있다.

다음 프로그램은 출력점검 프로그램으로 PB1이 ON하면 컨베이어가 기동하며 실린더(SOL 1, 2, 3, 4)전진, 흡착컵 흡착, 표시 램프(1, 2, 3, 4)가 ON한다.

PB1이 ON하면 모든 동작을 유지하며 PB1이 OFF되는 순간 모든 동작은 OFF된다.

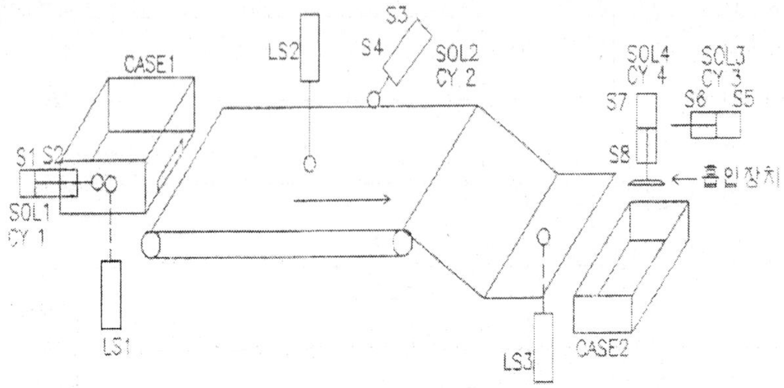

I/O 리스트

입 력		출 력	
시작/정지S/W1(PB1)	X0	컨베이어 구동	Y20
실린더 1후진 검출	X3	SOL1 구동	Y21
실린더 1전진 검출	X4	SOL2 구동	Y22
실린더 2전진 검출	X5	SOL3 구동	Y23
실린더 3후진 검출	X6	SOL4 구동	Y24
실린더 3전진 검출	X7	흡착컵 구동	Y25
실린더 4후진 검출	X8	표시 램프 1	Y26
실린더 4전진 검출	X9	표시 램프 2	Y27
		표시 램프 3	Y28
		표시 램프 4	Y29

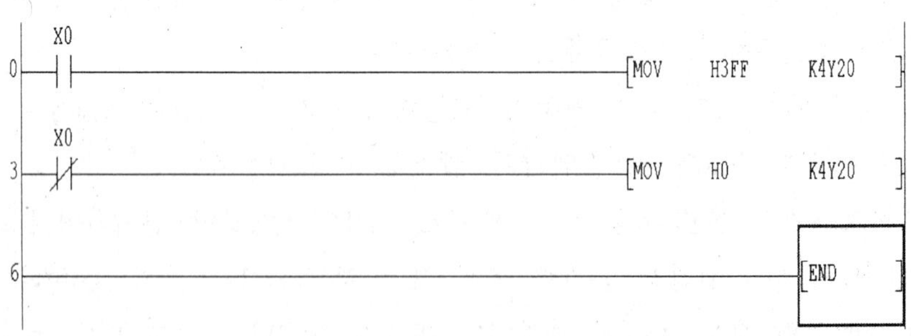

다음 프로그램은 입력 스위치와 출력 램프를 입력 Unit(X0), 출력 Unit(Y20~Y27)로 결선하여 입력 스위치 X0를 ON하면 Y20부터 Y27까지 차례대로 1초 간격으로 ON하며 이 경우 먼저 동작된 접점은 ON 상태를 유지하고 입력 스위치 X0를 OFF하면 Y27부터 Y20까지 역순으로 1초 간격으로 OFF하며 이 경우 먼저 동작된 접점은 OFF 상태를 유지하는 프로그램이다.

I/O 리스트

입력		출력	
입력 스위치	X0	출력램프 1	Y20
		출력램프 2	Y21
		출력램프 3	Y22
		출력램프 4	Y23
		출력램프 5	Y24
		출력램프 6	Y25
		출력램프 7	Y26
		출력램프 8	Y27

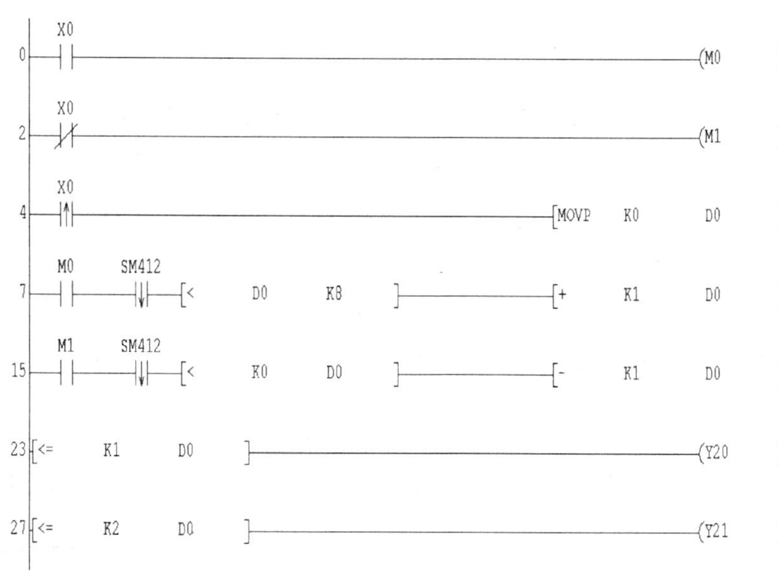

(2) 실린더 1개 동작

공압 실린더는 단동식과 복동식으로 나누어지며 내부 스프링에 의해서 자동 복귀되는 타입은 단동식 실린더이다.

압축 공기의 경로를 변경하는 솔레노이드는 단동식, 복동식으로 나누어지며 형태와 구조에 따라 4/2 Way, 5/2 Way, 3/2 Way 등으로 구분된다.

이하 사용되는 실린더는 복동식 실린더이며 솔레노이드는 단동식 솔레노이드 밸브가 적용된다.

X0은 A 실린더 동작 개시용 PB S/W, X1은 B 실린더 동작 개시용 PB S/W 이며 X11은 실린더 A전진 검출, X10은 실린더 A후진 검출, X13는 실린더 2의 전진 검출, X12은 실린더 B의 후진 검출 신호이다.

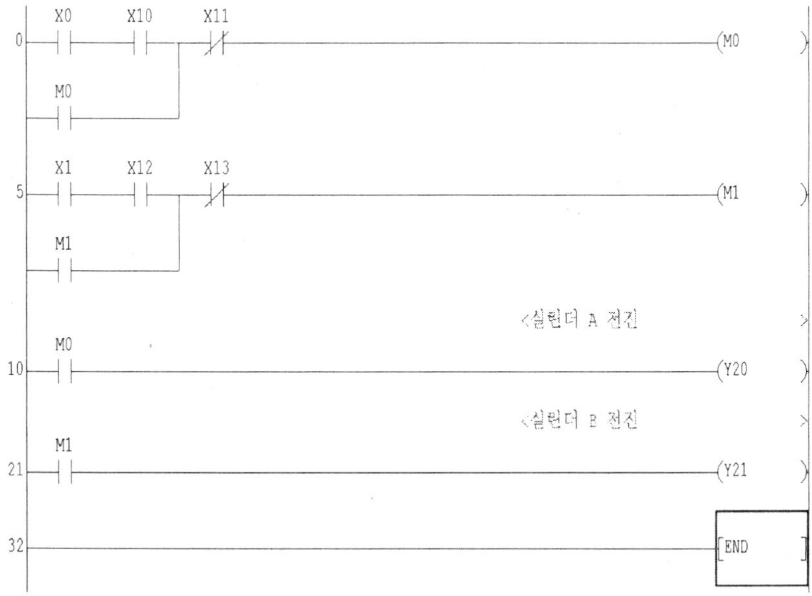

(3) 실린더 2개 동작

푸시버튼을 ON/OFF하면 A+, B+, B−, A− 동작을 하는 프로그램 예는 다음과 같다.

X10은 동작 개시용 PB S/W이며 X1은 실린더 A전진 검출, X2는 실린더 B의 전진 검출 신호이다.

Y21은 실린더 A의 전진 출력, Y22는 실린더 B의 전진 출력이며 단동식 솔레노이드와 연결되어 신호가 출력되면 실린더가 전진하고 신호가 OFF되면 실린더는 후진하게 된다.

T0의 시정수가 실린더 A의 후진 시간을 결정하며 T1은 실린더 리셋 시간이다.

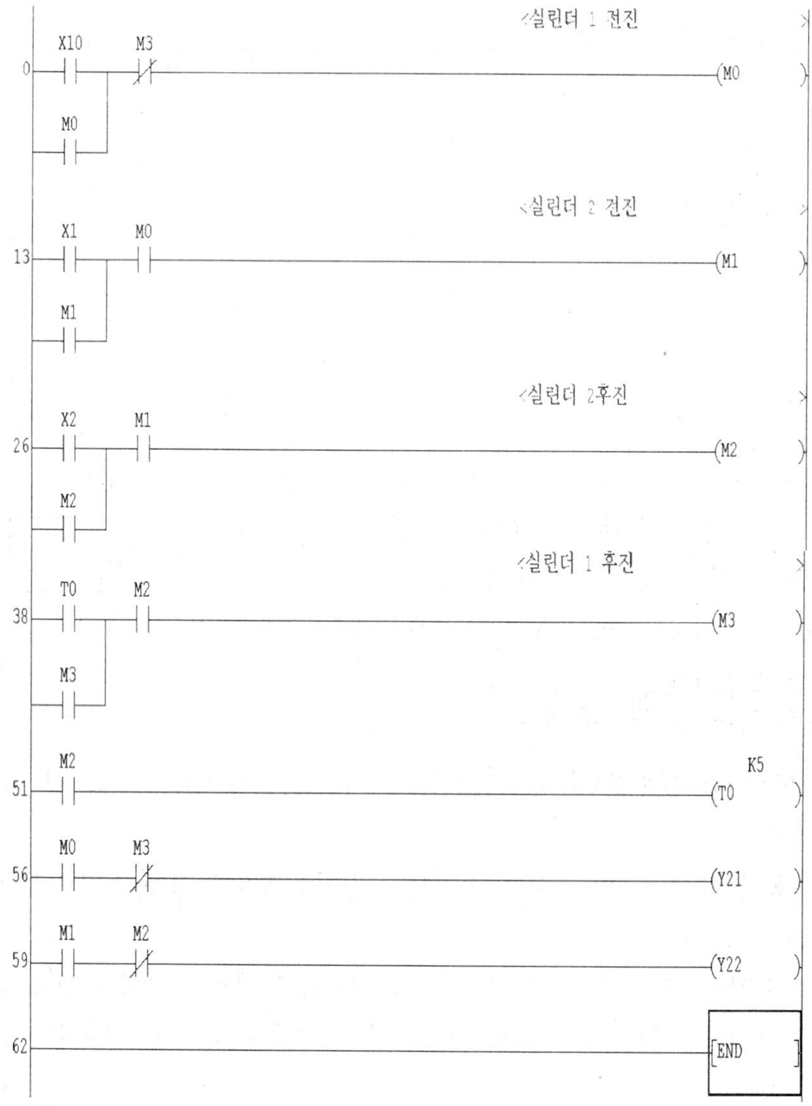

다음 프로그램은 실린더, 솔레노이드는 복동식을 사용하며 입력 X00(작업 시작 푸시버튼 스위치), X01(실린더 A 후진 검출), X02(실린더 A 전진 검출), X03(실린더 B 후진 검출), X04(실린더 B 전진 검출), 출력 Y21(실린더 A 전진), Y22(실린더 A 후진), Y23(실린더 B 전진), Y24(실린더 B 후진) 솔레노이드와 결선되어 있다. 동작 순서는 A+, B+, B−, A− 이다.

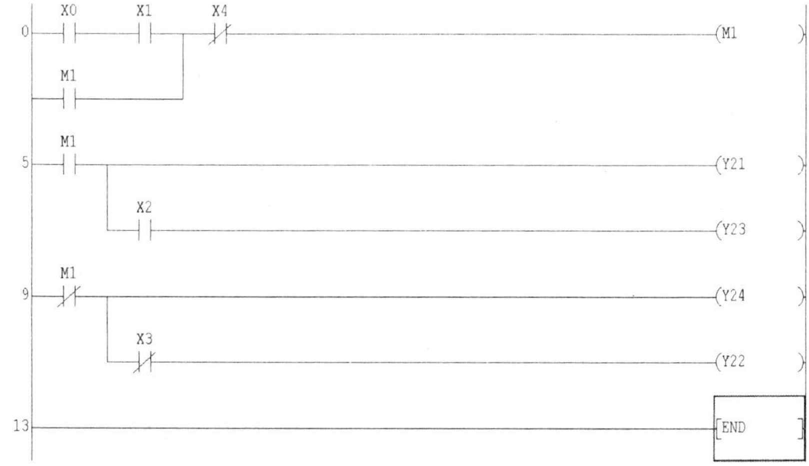

다음 프로그램은 푸시버튼을 ON/OFF하면 A+, B+, A−, B− 동작을 하는 프로그램 예는 다음과 같으며 입출력 할당은 상기 프로그램과 동일하다.

X10은 동작 개시용 PB S/W이며 X1은 실린더 A전진 검출, X2는 실린더 B의 전진 검출 신호이다.

Y21은 실린더 A의 전진 출력, Y22는 실린더 B의 전진 출력이며 단동식 솔레노이드와 연결되어 신호가 출력되면 실린더가 전진하고 신호가 OFF되면 실린더는 후진하게 된다.

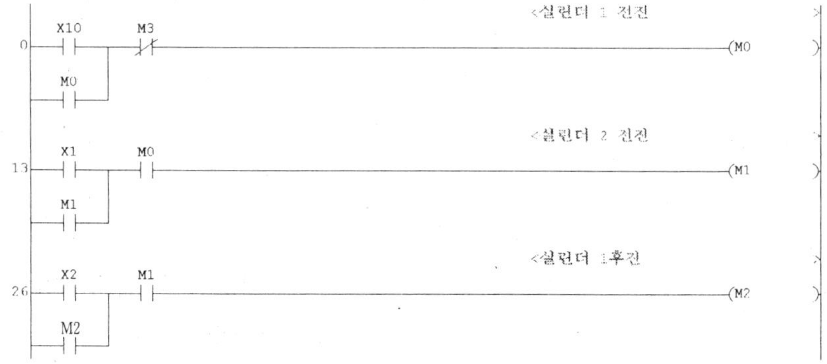

다음 프로그램은 실린더, 솔레노이드는 복동식을 사용하며 입력 X00(작업시작 푸시버튼 스위치), X01(실린더 A 후진 검출), X02(실린더 A 전진 검출), X03(실린더 B 후진 검출), X04(실린더 B 전진 검출), 출력 Y21(실린더 A 전진), Y22(실린더 A후진), Y23(실린더 B 전진), Y24(실린더 B 후진) 솔레노이드와 결선되어 있다. 동작 순서는 A+, B+, A−, B− 이다.

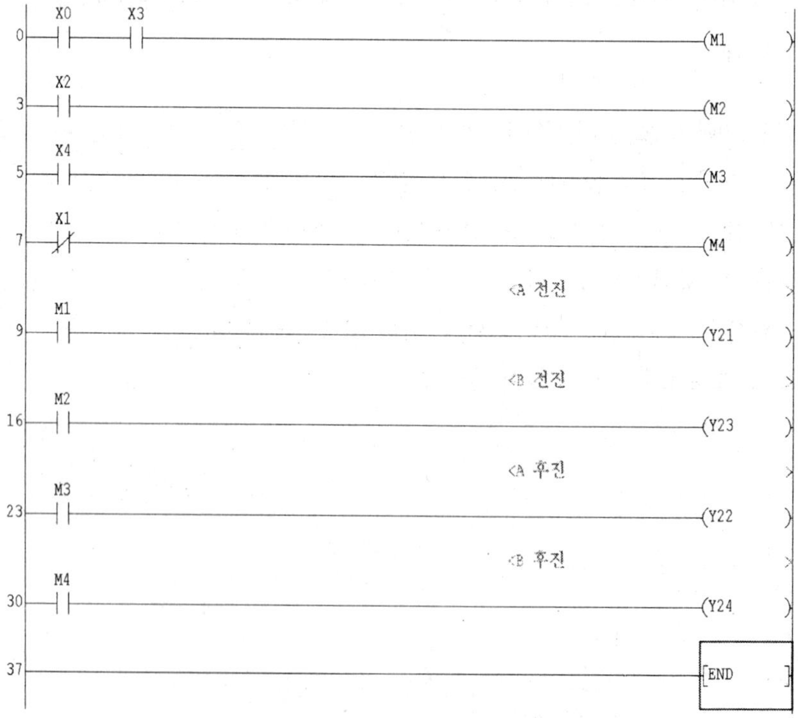

다음 프로그램의 실린더는 복동식, 솔레노이드는 단동식을 사용하며 입력 X00(작업 시작 푸시버튼 스위치), X01(실린더 A 후진 검출), X02(실린더 A 전진 검출), X03(실린더 B 후진 검출), X04(실린더 B 전진 검출), 출력 Y21(실린더 A 동작), Y22(실린더 B 동작) 솔레노이드와 결선되어 있다. 동작 순서는 A+, B+, A−, B−이다.

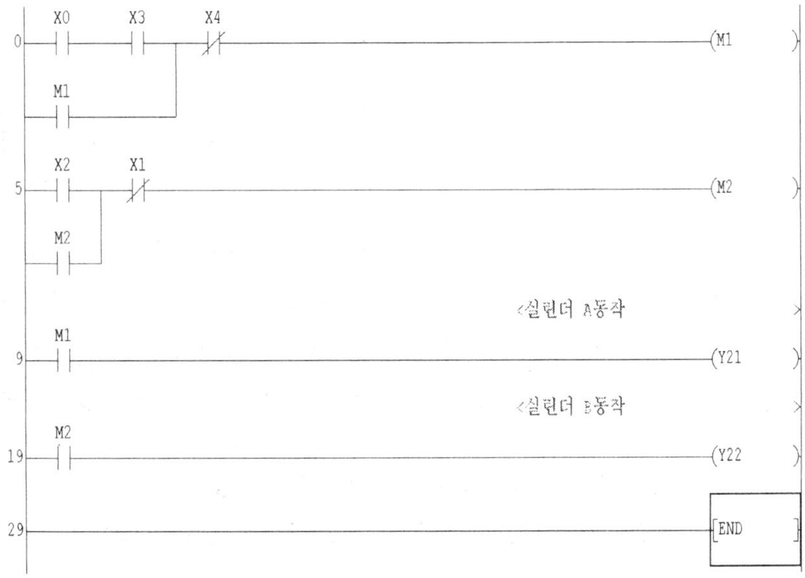

다음 프로그램의 실린더, 솔레노이드는 복동식을 사용하며 입력 X00(작업 시작 푸시버튼 스위치), X01(실린더 A 후진 검출), X02(실린더 A 전진 검출), X03(실린더 B 후진 검출), X04(실린더 B 전진 검출), 출력 Y21(실린더 A 전진), Y22(실린더 A 후진), Y23(실린더 B 전진), Y24(실린더 B 후진) 솔레노이드와 결선되어 있다. 동작 순서는 A+, A−, B+, B− 이며 수동 동작으로는 X05 릴레이를 작동시키며 연속 과정에서는 작동 되지 않는다.

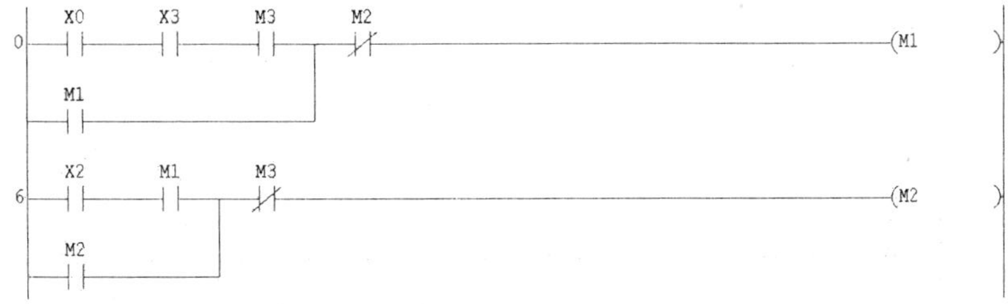

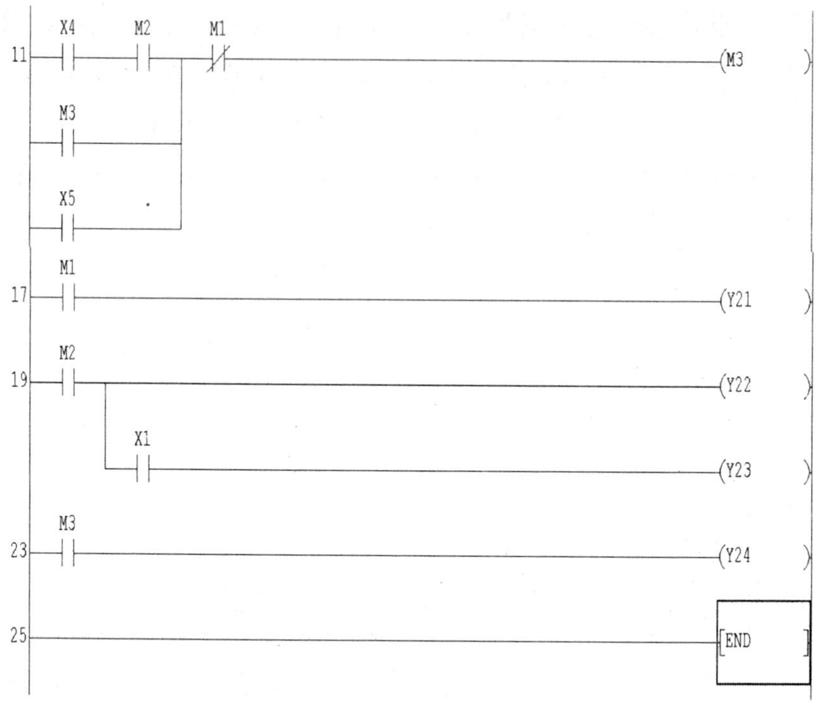

다음 프로그램에서 푸시버튼을 ON/OFF하면 실린더 동작 A+, A− B+, A+ B −, A− 동작하는 프로그램 예는 다음과 같으며 단동식 솔레노이드를 사용한다.

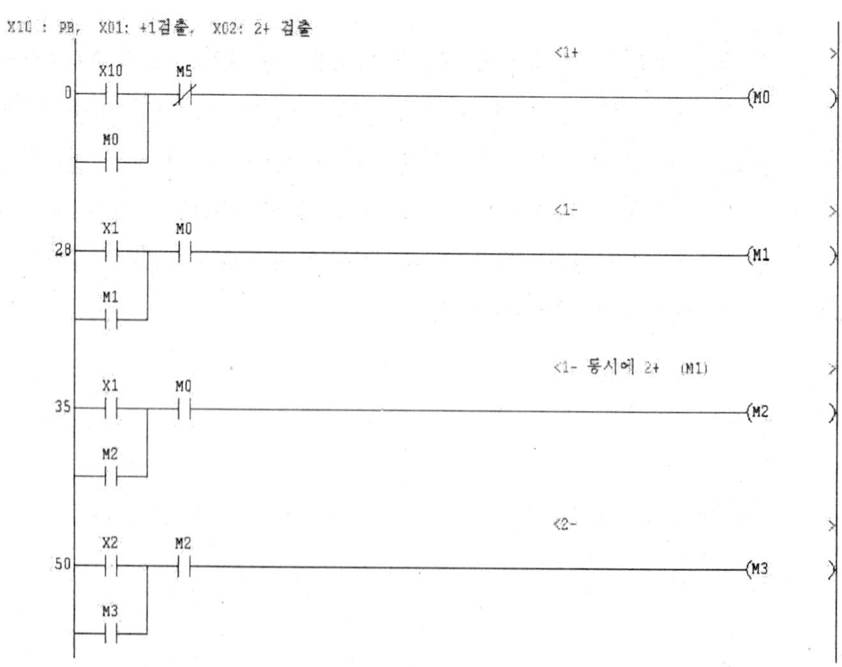

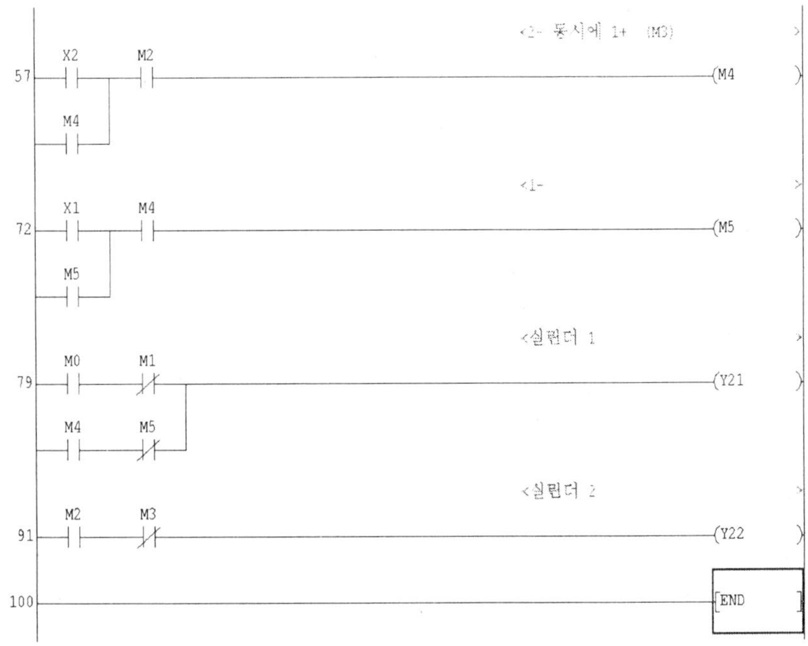

(4) 실린더 3번, 4번 흡착 과정

다음 그림과 같은 컨베이어 물류 이송장치에서 실린더 3, 4, 흡착 동작을 나타내는 프로그램으로 입출력 할당은 X08 : 이송된 물품 검출, X03 : 실린더 3전진 검출, X05 : 실린더 4전진 검출, X04 : 실린더 3후진 검출, Y24는 실린더 4후진 검출이 없어 실린더 3 후진개시 신호용으로 사용(T0 실린더 3후진 조건 M6 ON후)되며 Y25는 흡착 해제 검출이 없는 관계로 실린더 4 후진 조건 개시용으로 사용한다.

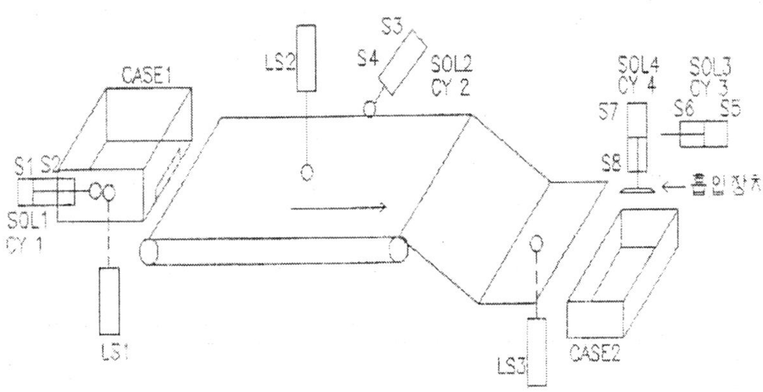

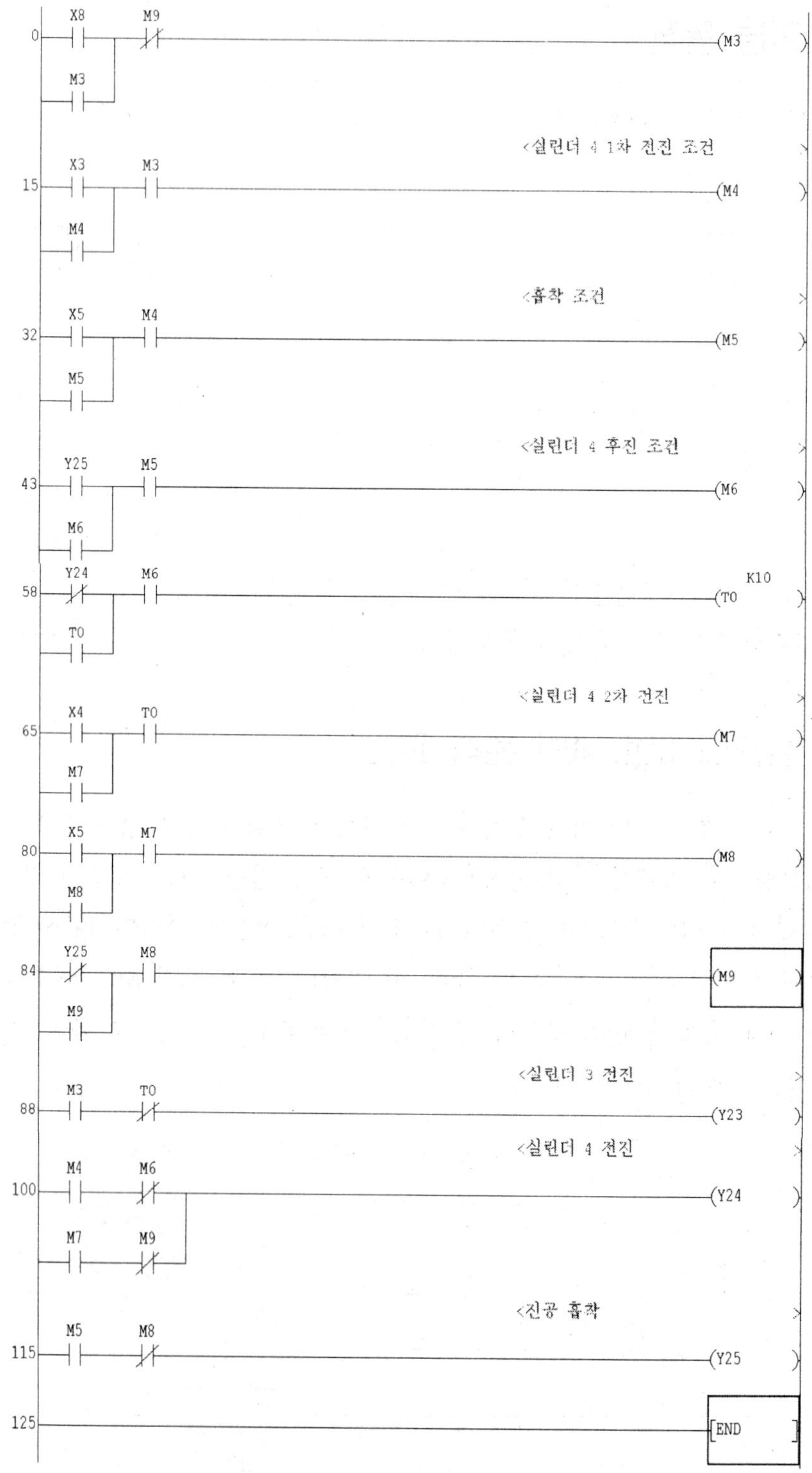
0
X8
M9
M3
M3
<실린더 4 1차 전진 조건
15
X3
M3
M4
M4
<흡착 조건
32
X5
M4
M5
M5
<실린더 4 후진 조건
43
Y25
M5
M6
M6
58
Y24
M6
T0
K10
T0
<실린더 4 2차 전진
65
X4
T0
M7
M7
80
X5
M7
M8
M8
84
Y25
M8
M9
M9
<실린더 3 전진
88
M3
T0
Y23
<실린더 4 전진
100
M4
M6
M7
M9
Y24
<진공 흡착
115
M5
M8
Y25
125
END

(5) 기본 동작

푸시버튼 1(X0)을 ON/OFF하면 램프 1(Y26)이 점등되고 컨베이어(Y20)가 동작한다.

푸시버튼 2(X9)를 ON/OFF하면 램프1(Y26)이 소등되고 동시에 램프2(Y27)가 점등되고 3초후 컨베이어(Y20)가 정지하며 램프2가 소등한다.(END 생략)

케이스 1에 물품이 있으면 물품이 감지되고(X5) 5초후에 컨베이어 벨트(Y20)동작 X4 입력시 컨베이어가 정지한다.

컨베이어 동작후 3초 후에 6초 간격으로 실린더 A(Y21) 전진 검출(X1), 후진 물

품 분배하며 전, 후진 동작은 물품이 있을 경우에만 동작한다.

불량품이 검출(X7)되면 실린더 B(Y22)를 동작시켜 불량품 배출 동작을 하며 실린더 B 전진 검출은 X2이다.

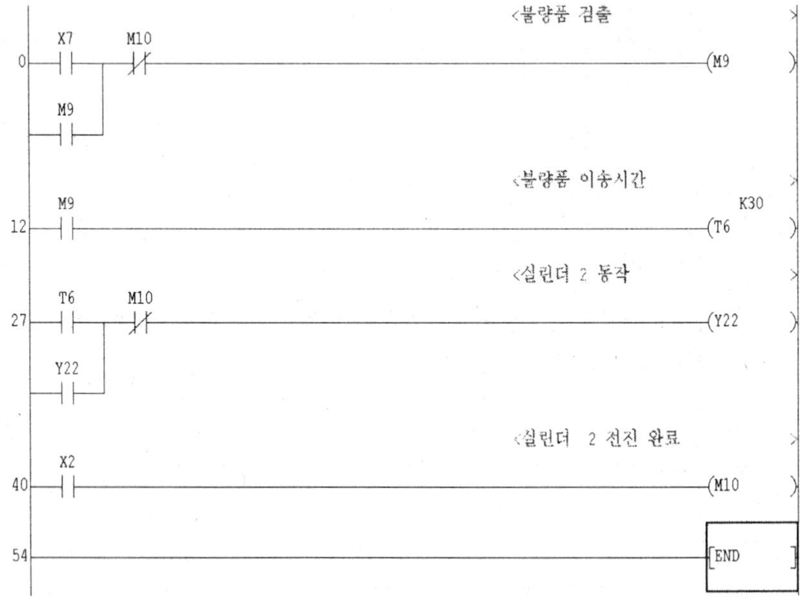

공급 매거진에 물품(X0A)이 없으면 마지막 물품을 보낸 후 컨베이어(Y20) 정지 조건 설정, 정상품일 경우에는 정상품 취출후 5초후 컨베이어 정지/불량품 취출후 5초후 컨베이어가 정지한다. 물품 투입시 정상 동작이 가능하려면 Y20의 병렬 기동 조건이 필요하다.

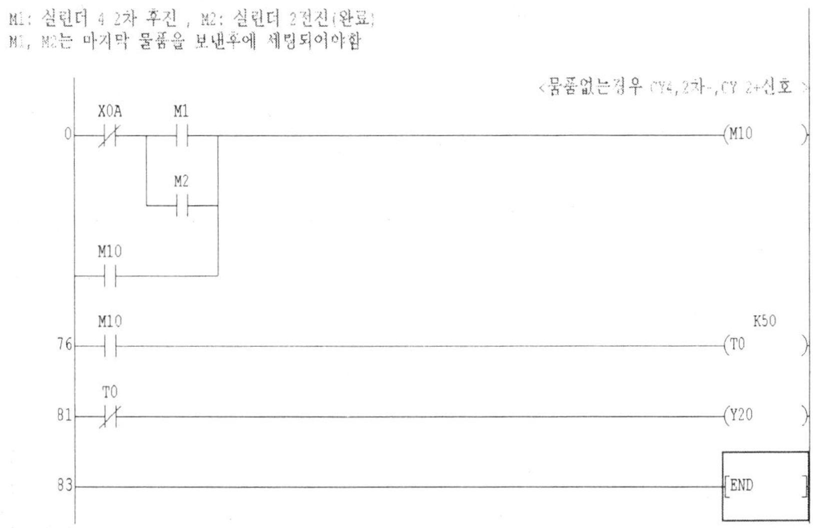

X2를 누른 상태에서 X1을 누르면 시정수가 0.5초씩 증가하여 기본 4초에서 누른 횟수만큼 더한값이 타이머 시정수로 설정된다.

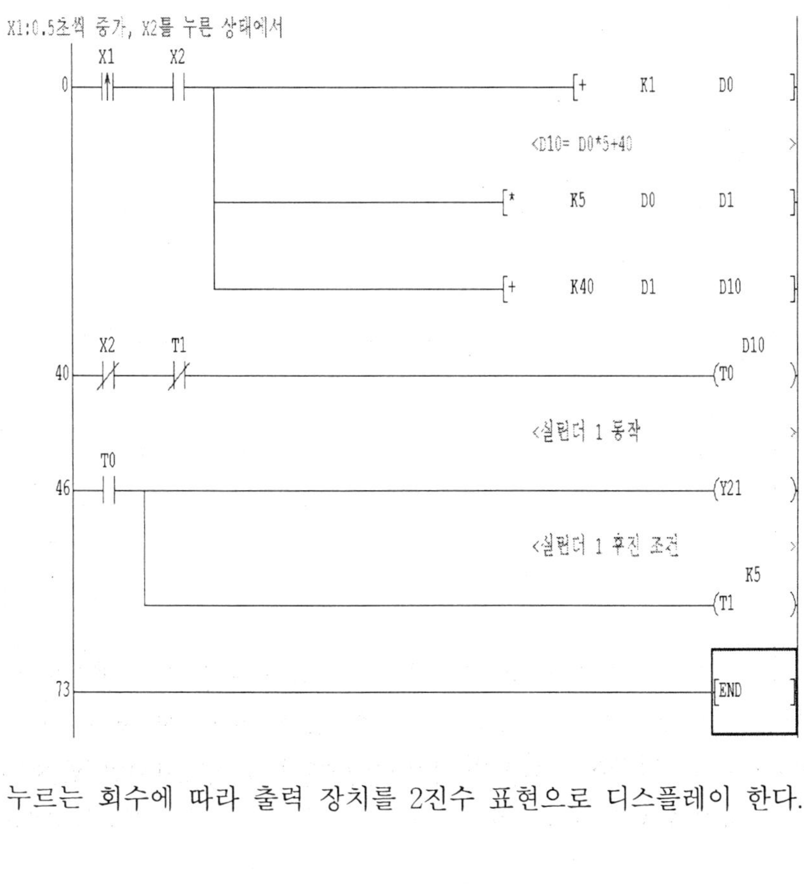

X1을 누르는 회수에 따라 출력 장치를 2진수 표현으로 디스플레이 한다.

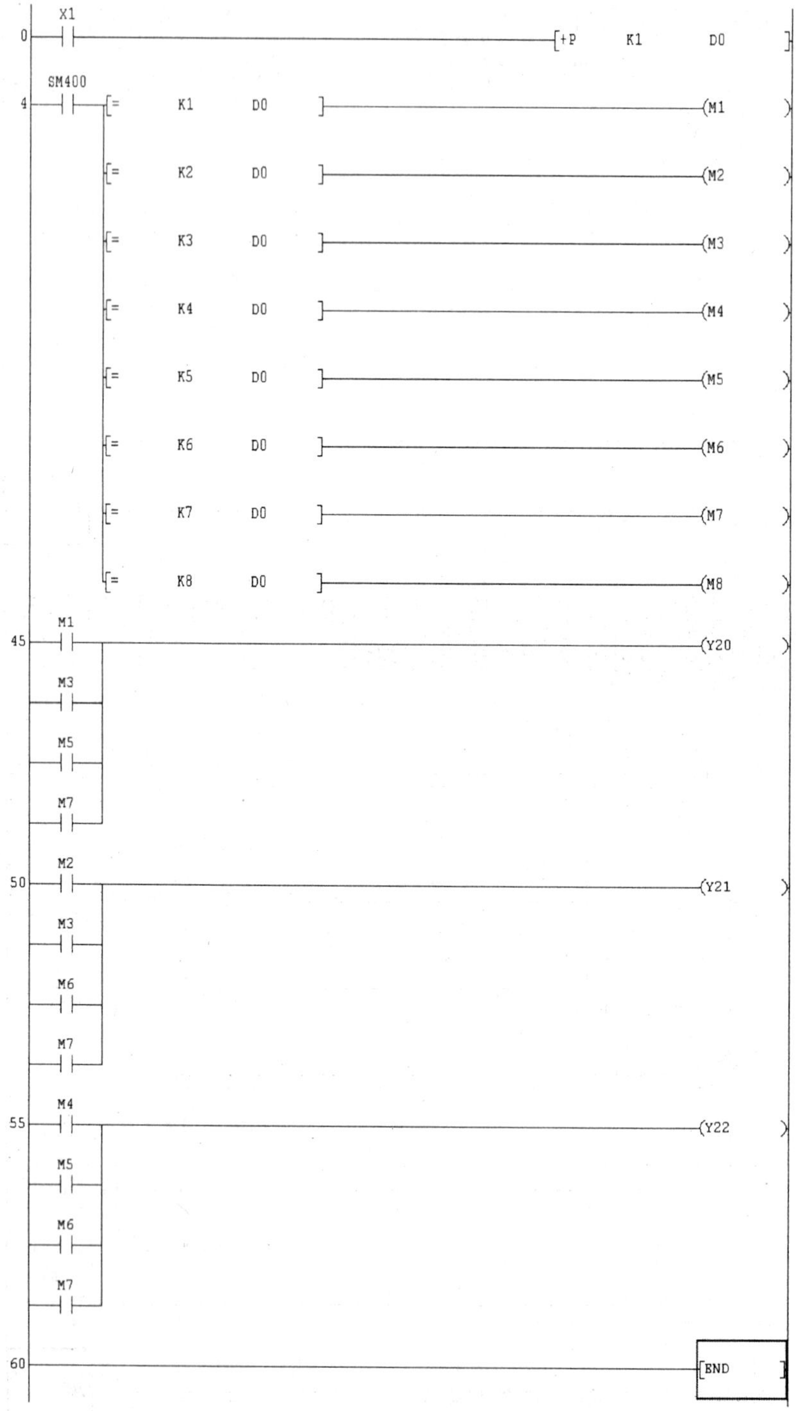

INCP와 MOV 명령어를 사용하여 X1이 입력되는 펄스 입력 신호가 입력되어 INCP D10, MOV D10 K1Y25, D10의 값이 7보다 크면 MOV K0 D10으로 D10을

리셋하여 나타낼 수도 있다.

출력 4개의 타워 램프에 2진수 형태로 나타내는 프로그램 예제는 다음과 같다.(Y25 : LSB, Y28 : MSB)

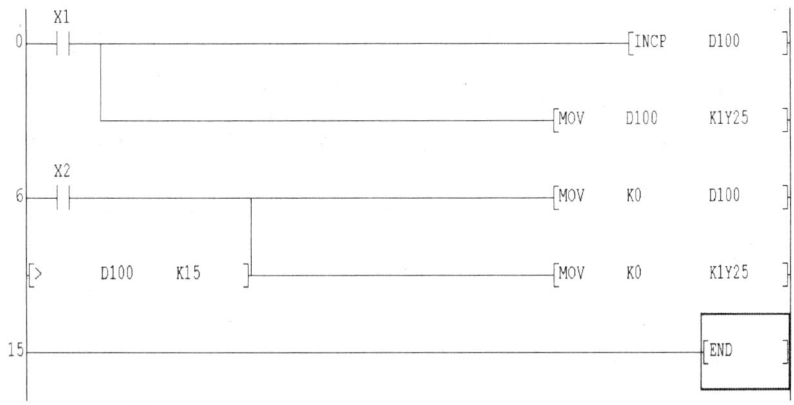

출력 4개의 타워 램프에 2진수 형태로 나타내는 프로그램 예제는 다음과 같다.(Y28 : LSB, Y25 : MSB)

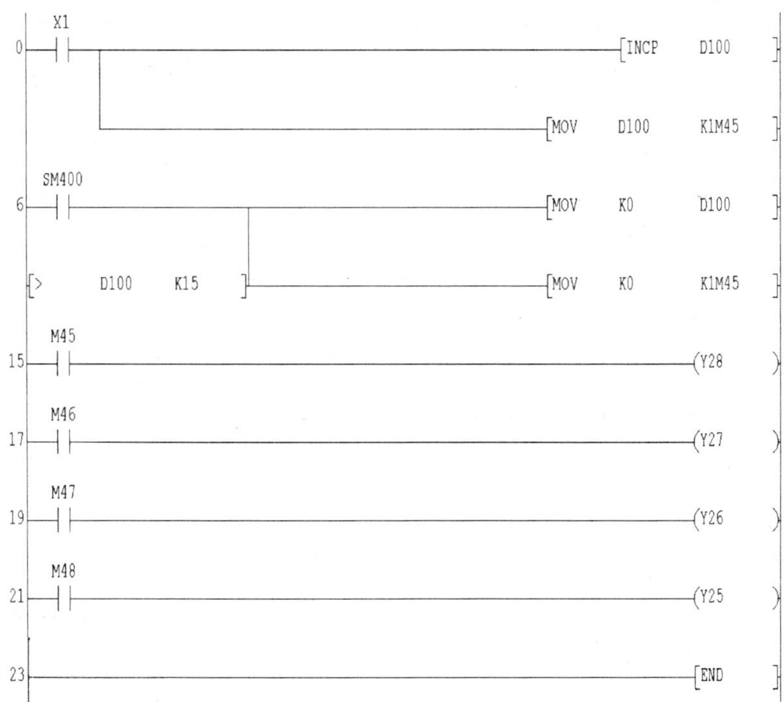

(6) 실린더 3개 캐스캐이드 제어

실린더 및 솔레노이드는 복동식을 사용하며 입력 X00(작업 시작 푸시버튼 스위치), X01(실린더 A 후진 검출), X02(실린더 A 전진 검출), X03(실린더 B 후진 검출), X04(실린더 B 전진 검출), X05(실린더 C 전진 검출), X06(실린더 C 전진 검출), 출력 Y00(A 실린더 전진), Y01(A 실린더 후진), Y02(B 실린더 전진), Y03(B 실린더 전진), Y04(C 실린더 전진), Y05(C 실린더 후진) 솔레노이드와 결선되어 있다. 동작 순서는 A+, B+, B−, A−, C+, C−이다.

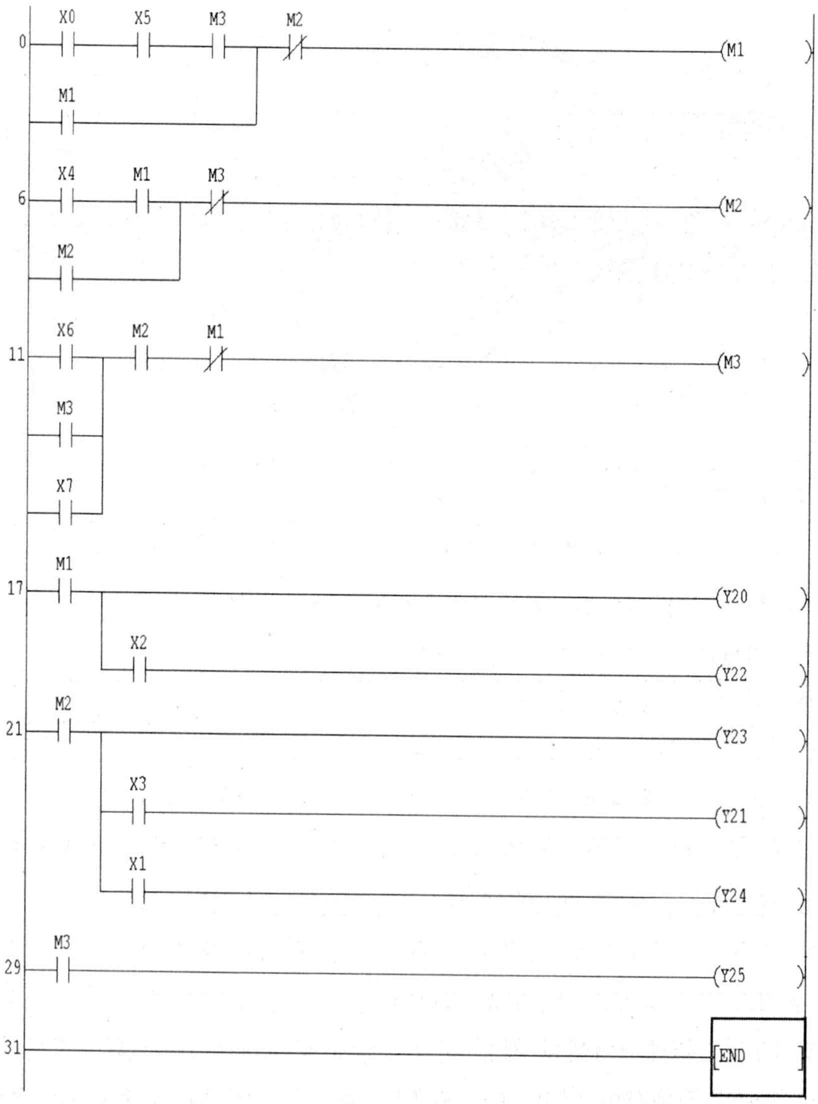

6.4 MPS TRAINNER 제어 예제

본 장비는 자동화 산업 기사 실기 시험에 대응하고 현장 기술에 포함되는 시스템. 설계, 하드웨어 조립, 공압 요소, Sensor, PLC 제어 등의 기술을 실습할 수 있다.

구성은 공급, 검사, 이송, 저장의 공정으로 이루어져 있으며 자동화 생산시스템의 함축적인 구성요소를 갖추어 있다.

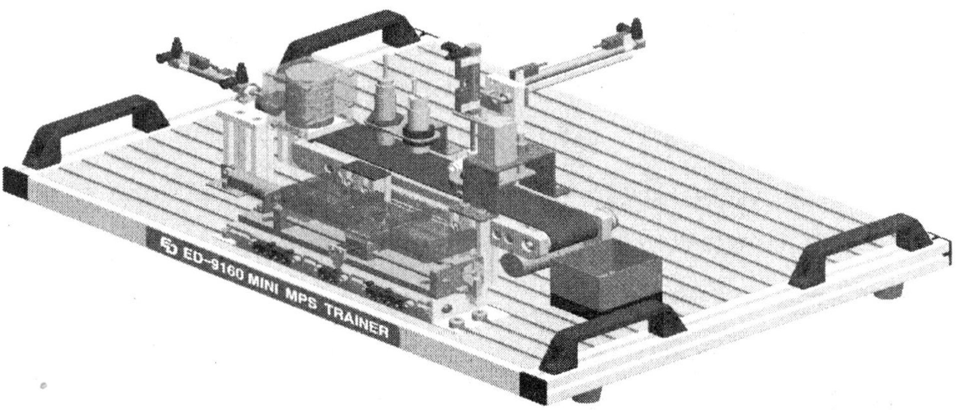

▶ 대표 사양

· 공급 Unit : 매거진에 부품이 적재된 후 공급 실린더에 의해 부품이 컨베이어 공정으로 공급이 되도록 공급실린더, 매거진, 공급블록으로 구성된다.

· 컨베이어 Unit : 제품 공급으로부터 공급된 부품의 이송을 위한 컨베이어로서 컨베이어 벨트, 구동모터, 환 벨트용 풀리로 구성된다.

· 센서 Unit : 제품공급공정에 의해 공급된 부품이 제품 이송 공정에 의해 이동되며, 센서를 활용하여 부품의 유무검사와 부품의 판별이 가능하다.

· 정지 Unit : 컨베이어에 의해 공급된 부품을 이동시키기 위하여 부품의 위치를 고정하는 공정으로 광센서에 의해 부품 유무의 확인이 가능하다.

· 분류 Unit : 스토퍼부에 의해 정지된 부품을 분류하여 적재하기 위하여 이송하는 공정으로 진공패드, X, Y축 실린더 등으로 구성된다.

· 저장 Unit : 컨베이어에서 제품 분류공정에 의해 이동된 부품을 적재하는 공정으로 3개의 적재함이 있고, TM SCREW에 의해 지정된 위치로 이동이 가능하

며, 구동모터, TM SCREW와 적재함으로 구성된다.

(1) MPS TRAINNER 제어 예제 1

메카트로닉스 미니 MPS 장치, PLC 및 주변기기와의 다음 주어진 작업을 완성해야 한다.

① 초기 상태 ② 기본 동작 ③ 응용 동작

(가) 초기 상태

① 부품 조건 설정 : 다음 조건 설정을 완료하고 각 부분별 장치의 이상 유무를 공압 및 전압을 공급해서 확인 한다.

· 다음 부품에 대해 주어진 조건과 같이 설정한다.
공급 실린더[A][양솔 사용], 스토퍼 실린더[B][편솔 사용], 좌우 실린더[C][편솔 사용], UP/DOWN(상하)실린더[D][편솔 사용], 흡착기[편솔 사용], PHOTO센서[NPN Type]

· LAMP1(LM1) : READY LAMP
· LAMP2(LM2) : 운전 표시 LAMP
· LAMP3(LM3) : WORK 재고 상태 표시 LAMP
· LAMP4(LM4) : STOP 표시용 LAMP
· LAMP5(LM5) : 저장공정 진행 표시용 LAMP
· LAMP6(LM6) : 셀 1 저장 상태 표시용 LAMP
· LAMP7(LM7) : 셀 2 저장 상태 표시용 LAMP
· LAMP8(LM8) : 셀 3 저장 상태 표시용 LAMP
· FND1 : WORK 수량 표시
· FND2 : 금속 WORK 수량 표시
· PUSH BUTTON 스위치1(PSW1) : 동작준비 PUSH BUTTON SWITCH
· PUSH BUTTON 스위치2(PSW2) : START PUSH BUTTON SWITCH
· PUSH BUTTON 스위치3(PSW3) : STOP PUSH BUTTON SWITCH
· PUSH BUTTON 스위치4(PSW4) : RESET PUSH BUTTON SWITCH
· TOGGLE 스위치1(TSW1) : 기본/응용 동작 전환 TOGGLE SWITCH

② 시스템 준비 : 동작준비 PUSH BUTTON SWITCH(PSW1)를 1회 ON/OFF 하면 다음 조건에 맞게 시스템이 동작대기 상태가 된다.

· 공급 실린더 · 좌우 실린더 · 상하 실린더 · 스토퍼 실린더 : 후진, 흡착기 : OFF
· 적치대 : 셀1번 위치로 이동[LS1 감지]
· 적치대 창고 위치 감지센서 : 리미트 스위치
· FND1, 2 : "0"표시
· READY LAMP(LM1) : ON
· WORK 재고 상태 표시 LAMP(LM3) : 상태표시(있으면[ON], 없으면[OFF])
· STOP 표시용 LAMP(LM4) : ON
· 기타 LAMP : OFF

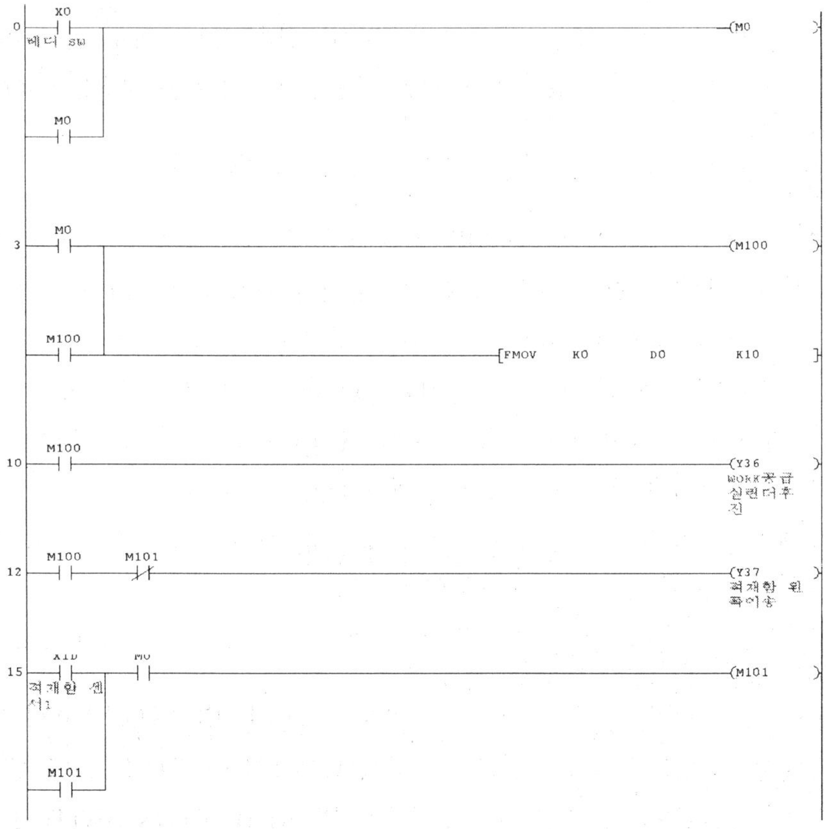

(나) 기본 동작

(가)의 "초기 상태"가 완료되면 기본동작을 할 수 있다.

※ 메카트로닉스 미니 MPS 동작 시퀀스[TOGGLE 스위치1(TSW1)→기본]
공급 실린더 전진→컨베이어 동작→공급 실린더 후진→WORK 공급유무 및 금속 비금속 판별→스토퍼 전진→WORK 스토퍼 도착 감지→다음 WORK 공급(공급 실린더 전후진) 및 스토퍼 후진→WORK 배출

① "시스템준비" 상태에서, START PUSH BUTTON SWITCH(PSW2)를 ON/OFF 1회하면, 다음 공정이 시작된다. 이때 READY LAMP(LM1)와 STOP 표시용 LAMP(LM4)는 OFF 되고, "운전 표시 LAMP(LM2)"는 ON된다.

- 중력 메거진에 WORK가 없는 경우(WORK 없는 상태에서 ON/OFF 한 경우)
  - WORK 재고 상태 표시 LAMP(LM3)는 약 0.5초 간격으로 WORK가 공급될 때까지 점멸한다. 공급 후에는 ON 상태를 유지한다.
  - 정의한 램프 상태를 제외하고, 모든 동작은 정지한다. 다시 WORK가 공급되더라도 공급 실린더는 동작하면 안된다.
  - WORK 공급후, 다시한번 START PUSH BUTTON SWITCH(PSW2)를 ON/OFF 1회 하면 정상 작동한다.
- 중력 메거진에 WORK가 있는 경우(WORK 있는 상태에서 ON/OFF 한 경우)
  - 주어진 조건에서 정상 동작한다.
- 운전 중 WORK가 모두 소모된 경우
  - 소모된 후에는 "(나)-①-첫번째"의 "중력메거진에 WORK가 없는 경우"와 같이 동작한다. 단, 공급 실린더 이외의 메카트로닉스 미니 MPS 장치의 동

작은 WORK가 모두 배출되고, 시퀀스가 완료 될 때까지 동작한다.

- 최종 WORK 공급 후 약 6초가 지나도 추가 공급이 없을 경우는 메카트로닉스 미니 MPS 장치를 "(가)-②"의 초기상태로 유지한다.(LAMP 및 FND는 현상태 유지)

② 다음은 FND와 정지 동작에 대해서 정의한다.

· FND1에는 공급된 WORK의 수량을 표시하고, FND2는 공급된 금속 WORK의 수량을 표시한다. 수량 카운트는 센서부에서 감지된 신호를 이용한다.

· STOP PUSH BUTTON SWITCH(PSW3)를 1회 ON/OFF 하면, 공급된 WORK를 모두 배출하고 정지한다.

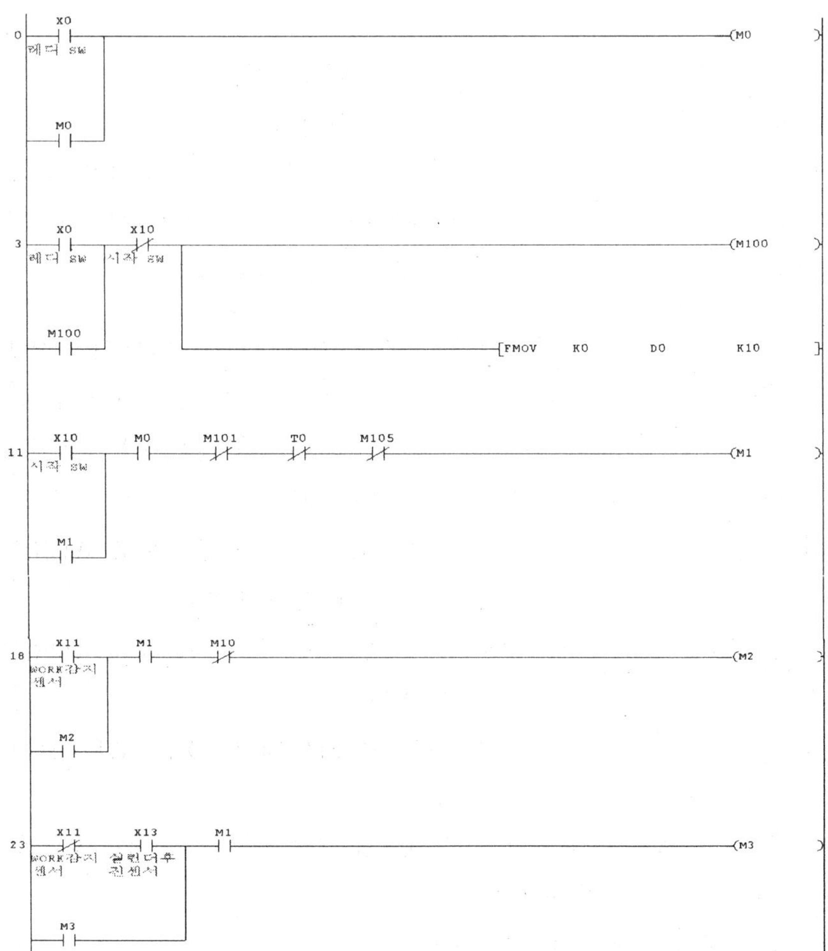

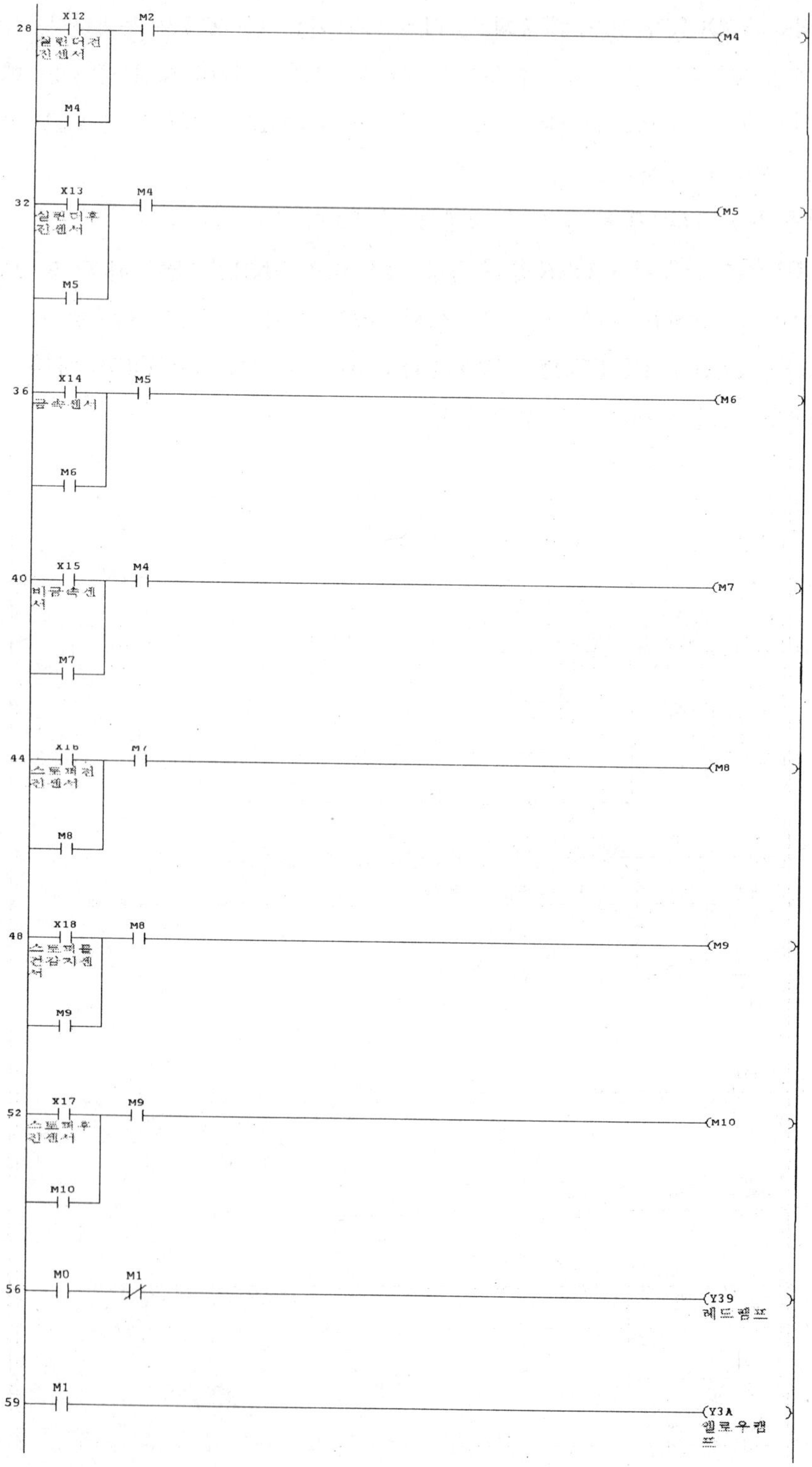
28
X12
실린더전
진센서
M2
M4
M4
32
X13
실린더후
진센서
M4
M5
M5
36
X14
금속센서
M5
M6
M6
40
X15
비금속센
서
M4
M7
M7
44
스토퍼전
진센서
M8
M8
48
X18
스토퍼물
건감지센
서
M8
M9
M9
52
X17
스토퍼후
진센서
M9
M10
M10
56
M0
M1
Y39
레드램프
59
M1
Y3A
옐로우램
프

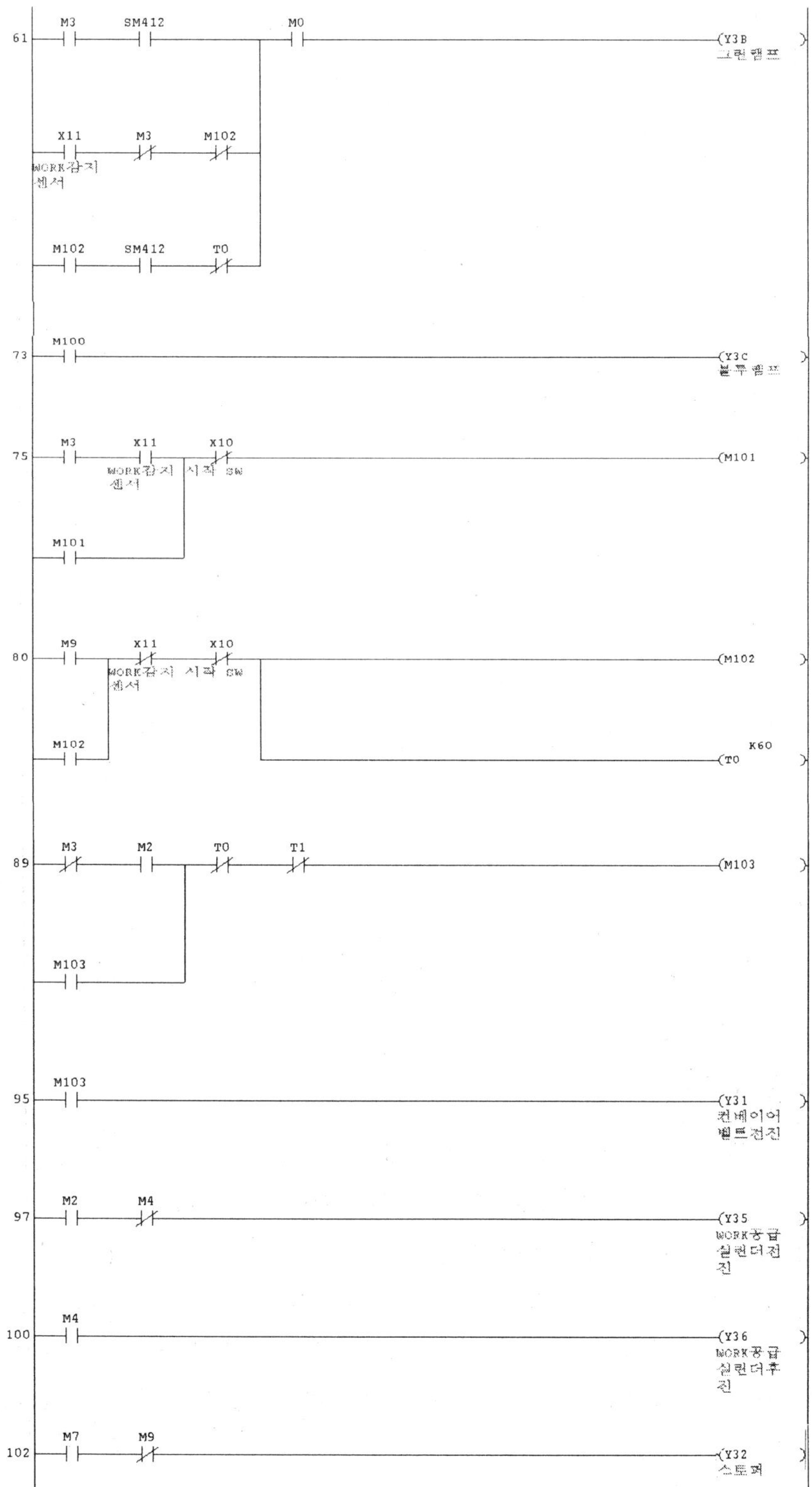
61
M3
SM412
M0
Y3B
그린램프
X11
M3
M102
WORK감지
센서
M102
SM412
T0
73
M100
Y3C
블루램프
75
M3
X11
X10
M101
WORK감지
센서
시작 SW
M101
80
M9
X11
X10
M102
WORK감지
센서
시작 SW
M102
T0
K60
89
M3
M2
T0
T1
M103
M103
95
M103
Y31
컨베이어
벨트전진
97
M2
M4
Y35
WORK공급
실린더전
진
100
M4
Y36
WORK공급
실린더후
진
102
M7
M9
Y32
스토퍼

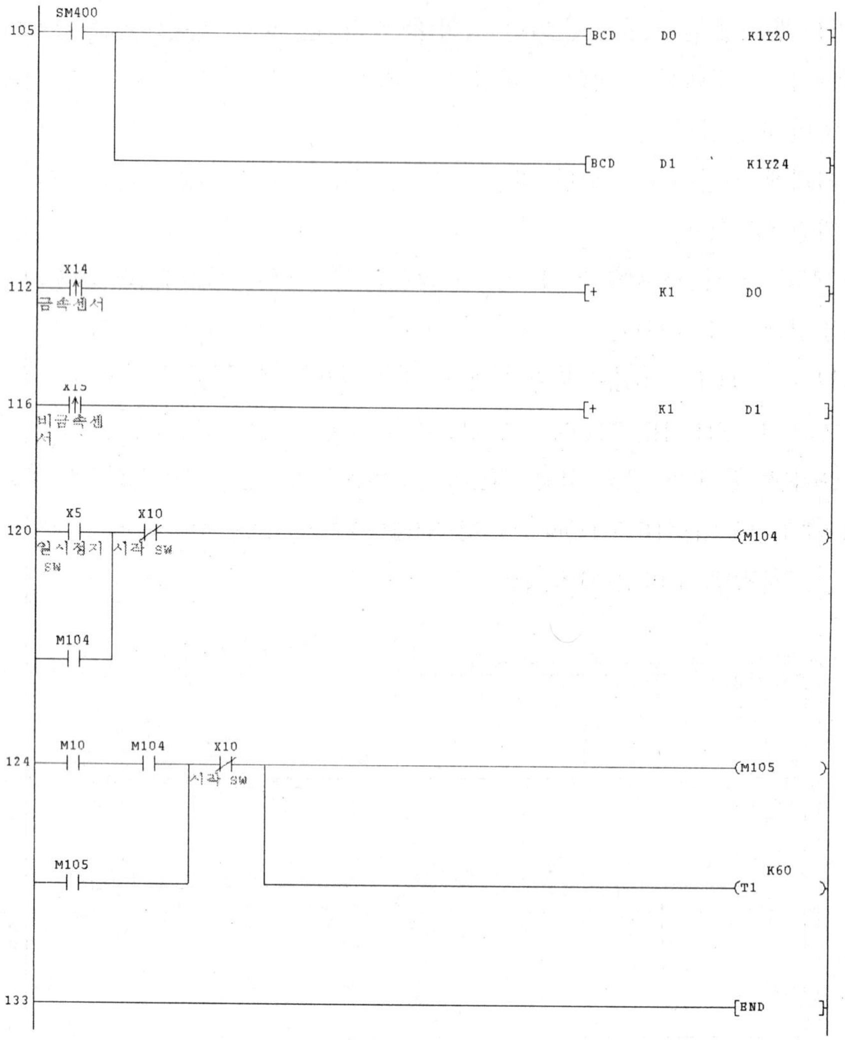

(다) 응용 동작

(나)기본 동작"이 완료되면 응용 동작을 할 수 있다. 다음은 기본 동작과 연계한 응용 동작 공정이 시작된다.[TOGGLE 스위치1(TSW1) → 응용]

※ 메카트로닉스 미니 MPS 동작 시퀀스

공급 실린더 전진 → 컨베이어 동작 → 공급 실린더 후진 → WORK 공급 유무 및 금속, 비금속 판별 → 스토퍼 전진 → WORK 스토퍼 도착 감지 → 저장 공정(금속) → 다음 WORK 공급(공급 실린더 전후진) 및 스토퍼 후진 → WORK 배출(비금속)

① 기본 동작중 금속이 검출되면 적치대 셀 2, 1, 3번에 차례대로 저장한다.
금속은 적치대에 저장하고 비금속은 저장 공정을 하지 않고 다음 공정을 진행하여 배출한다.

- 적지대에 저장이 시작되면 저장 공정 진행 표시용 LAMP(LM5)를 ON하고 완료되면 OFF한다.
- 셀 상태 표시 램프는 각각 저장 상태를 표시한다. 저장되면 ON하고 없으면 OFF상태를 유지한다.

② 다음은 STOP과 RESET 동작에 대해서 정의한다.

- STOP PUSH BUTTON SWITCH(PSW3)를 1회 ON/OFF 하면, 공급된 WORK를 금속의 경우 저장하고 정지한다. 비금속의 경우 배출하고 정지한다.
- RESET PUSH BUTTON SWITCH(PSW4)를 1회 ON/OFF 하면 공정상의 ①-② 시스템 준비 상태가 된다.

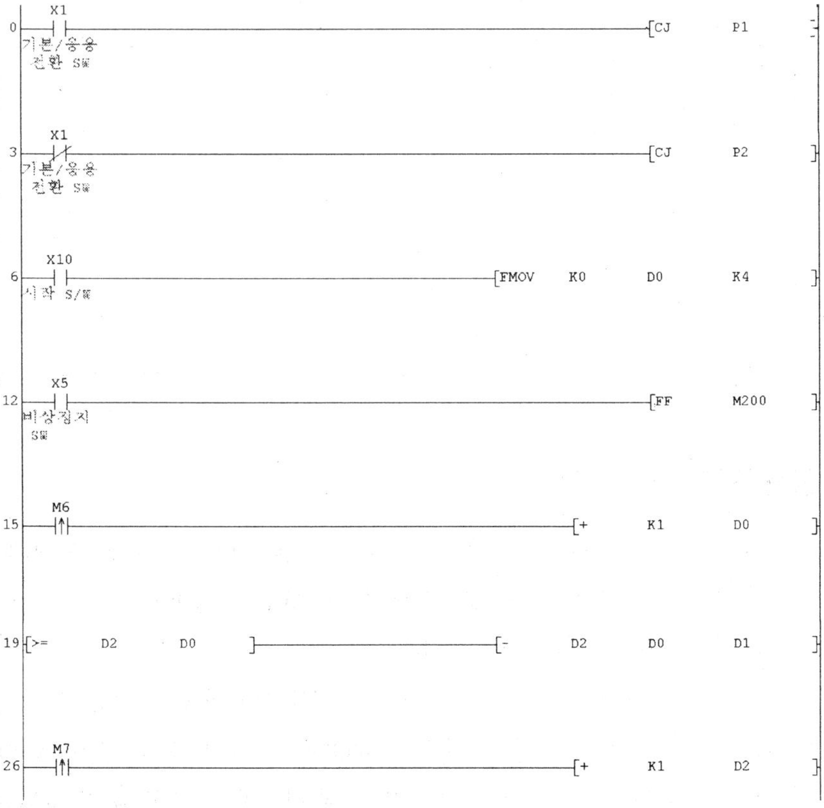

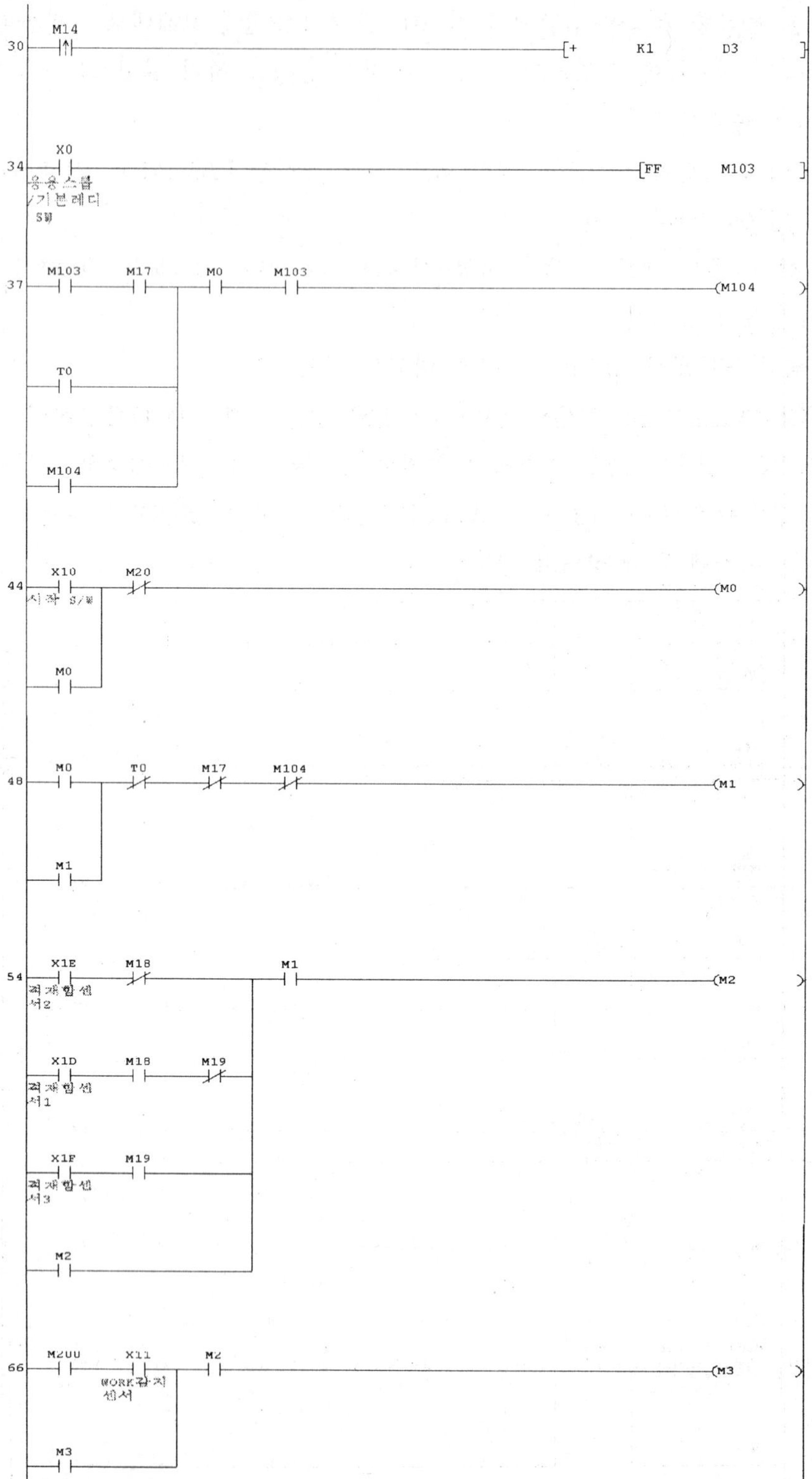
30
M14
+
K1
D3
34
X0
응용스텝/기본레디 S퀘
FF
M103
37
M103
M17
M0
M103
M104
T0
M104
44
X10
시작 S/W
M20
M0
M0
48
M0
T0
M17
M104
M1
M1
54
X1E
적재함센서2
M18
M1
M2
X1D
적재함센서1
M18
M19
X1F
적재함센서3
M19
M2
66
M200
X11
WORK감지센서
M2
M3
M3

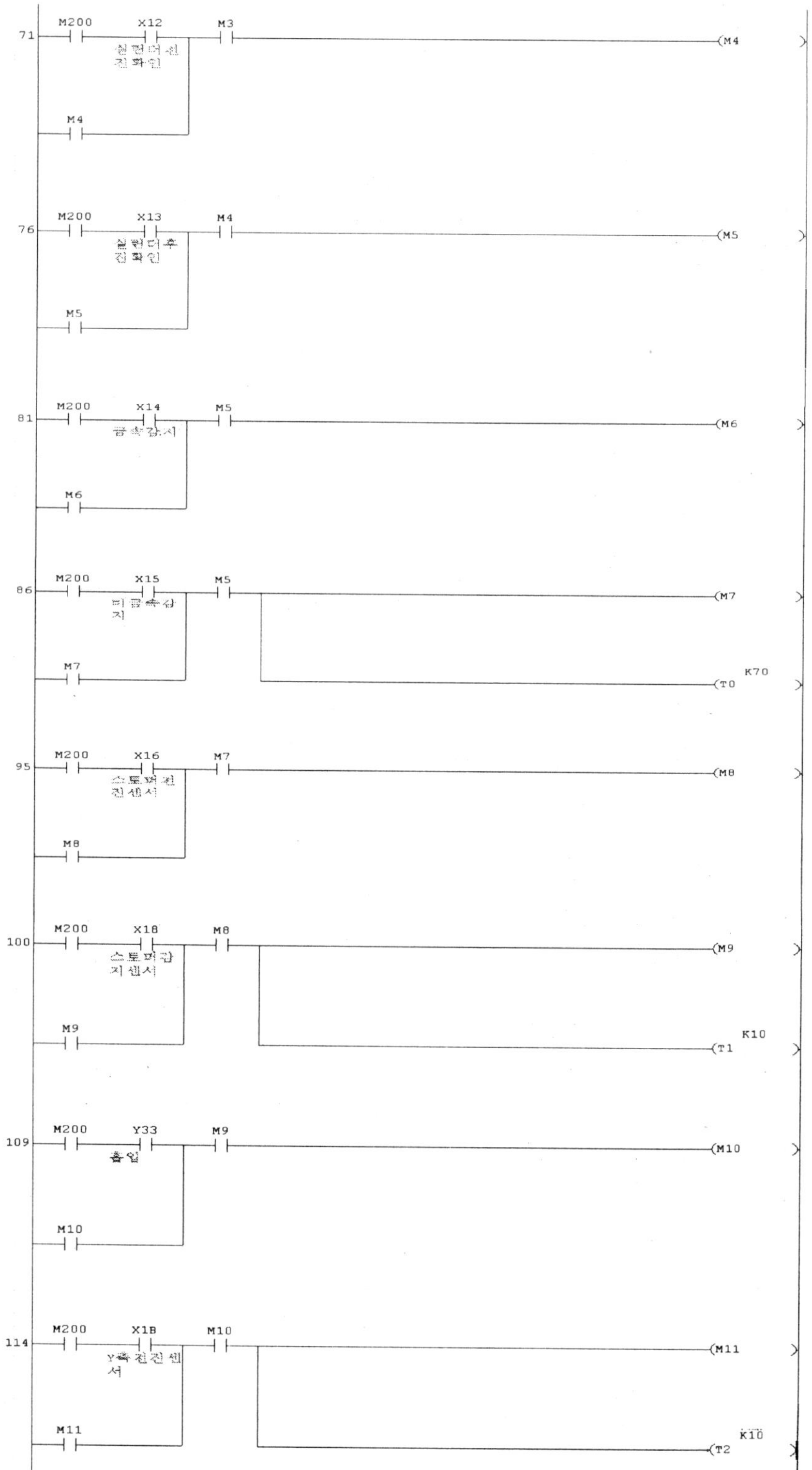
71
M200
X12
M3
M4
실린더선
진확인
M4
76
M200
X13
M4
M5
실린더후
진확인
M5
81
M200
X14
M5
M6
금속감지
M6
86
M200
X15
M5
M7
비금속감
지
M7
T0
K70
95
M200
X16
M7
M8
스토퍼전
진센서
M8
100
M200
X18
M8
M9
스토퍼감
지센서
M9
T1
K10
109
M200
Y33
M9
M10
흡입
M10
114
M200
X1B
M10
M11
Y축전진센
서
M11
T2
K10

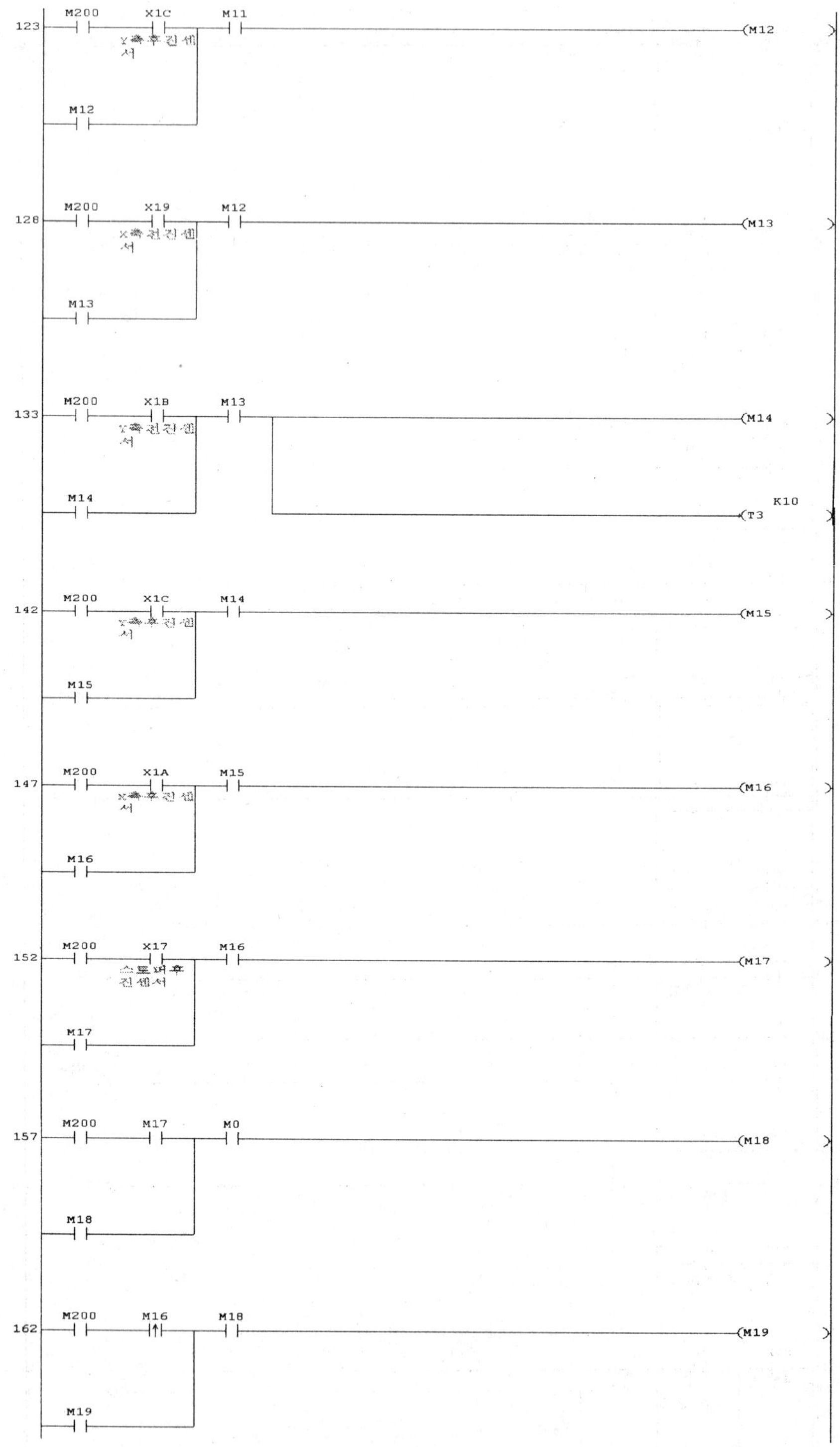
123
M200
X1C
Y축후진센서
M11
M12
M12
128
M200
X19
X축전진센서
M12
M13
M13
133
M200
X1B
Y축전진센서
M13
M14
M14
T3
K10
142
M200
X1C
Y축후진센서
M14
M15
M15
147
M200
X1A
X축후진센서
M15
M16
M16
152
M200
X17
스토퍼후진센서
M16
M17
M17
157
M200
M17
M0
M18
M18
162
M200
M16
M18
M19
M19

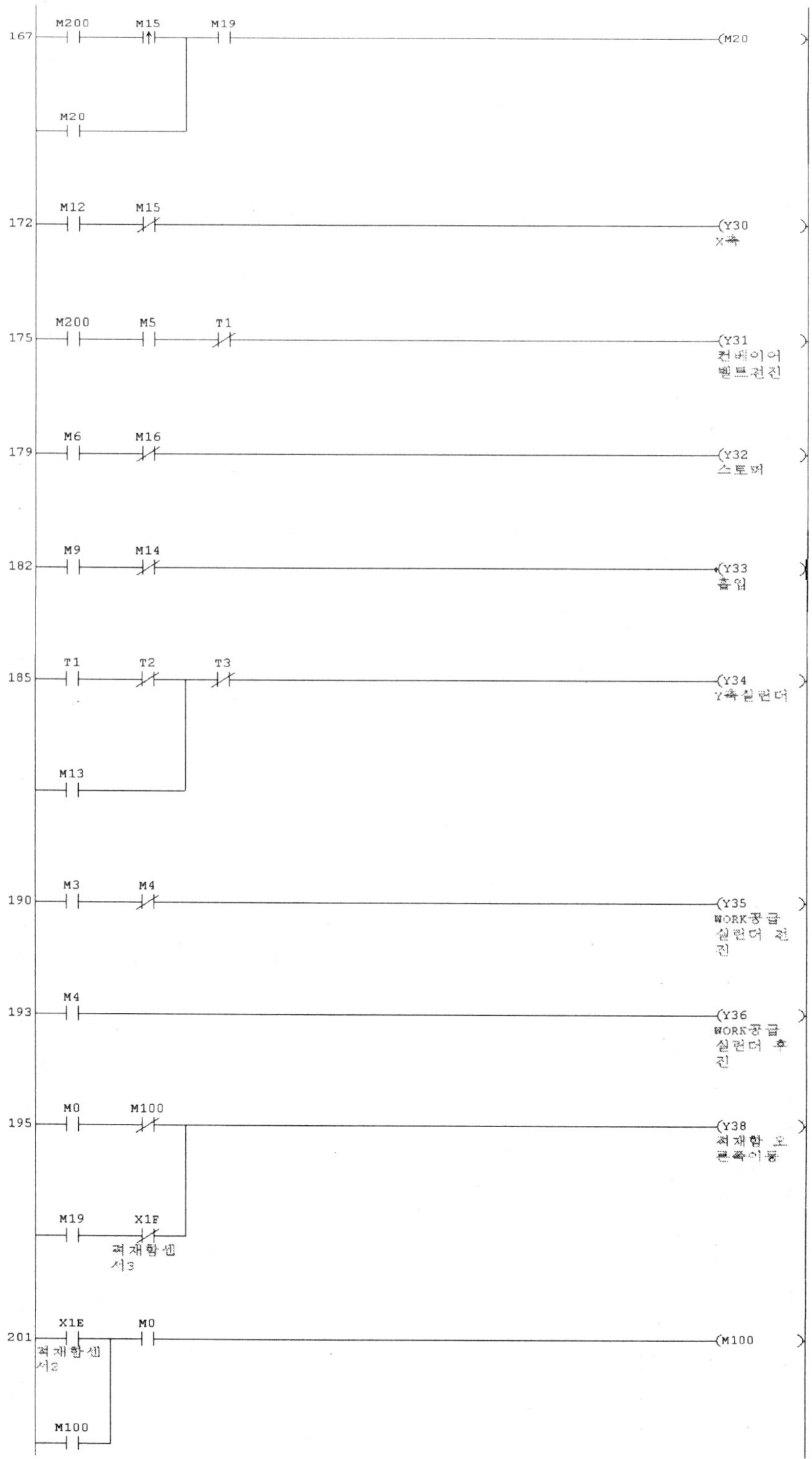
167
M200
M15
M19
M20
M20
172
M12
M15
Y30
X축
175
M200
M5
T1
Y31
컨베이어
벨트전진
179
M6
M16
Y32
스토퍼
182
M9
M14
Y33
흡입
185
T1
T2
T3
Y34
Y축실린더
M13
190
M3
M4
Y35
WORK공급
실린더 전
진
193
M4
Y36
WORK공급
실린더 후
진
195
M0
M100
Y38
적재함 오
른쪽이동
M19
X1F
적재함센
서3
201
X1E
적재함센
서2
M0
M100
M100

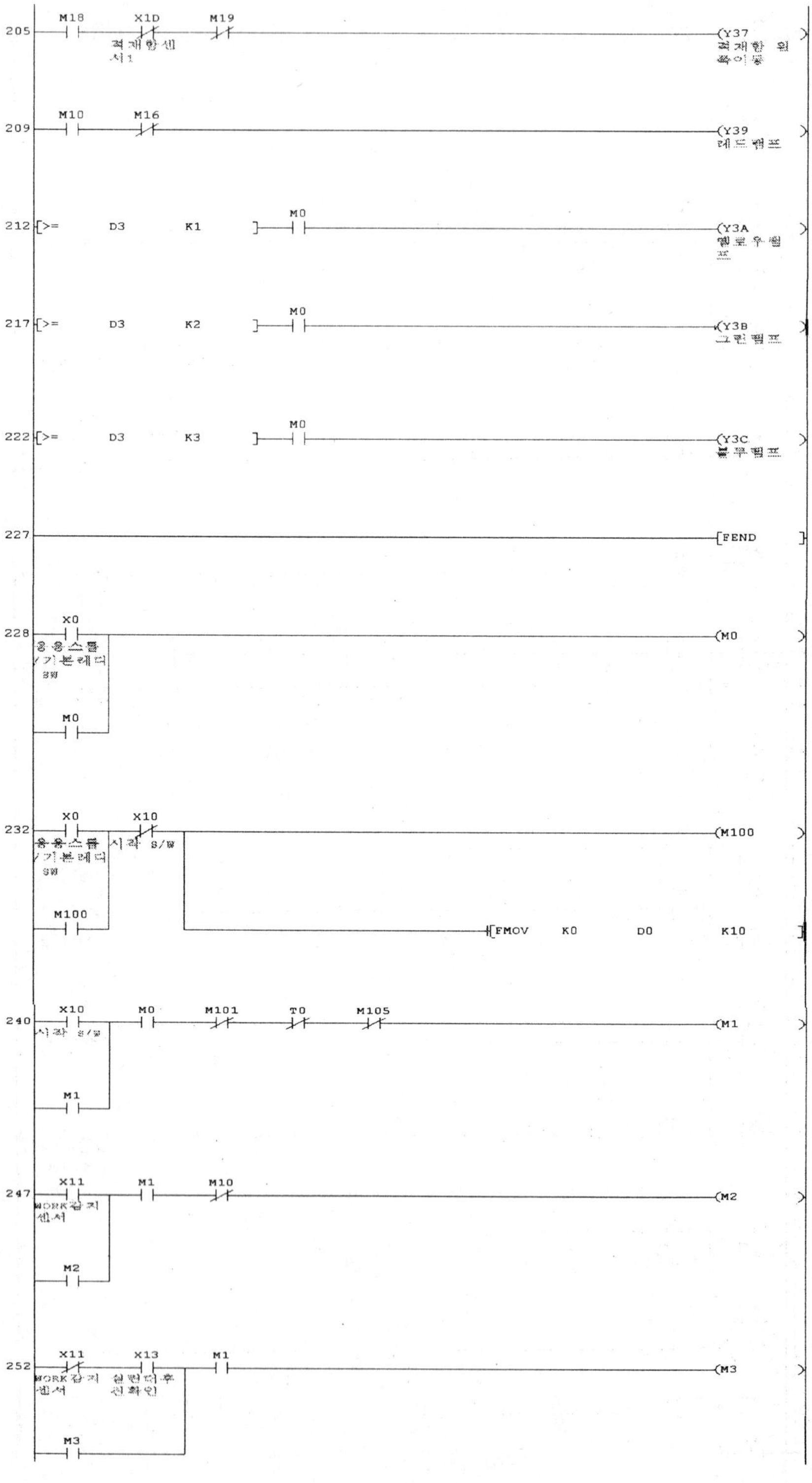

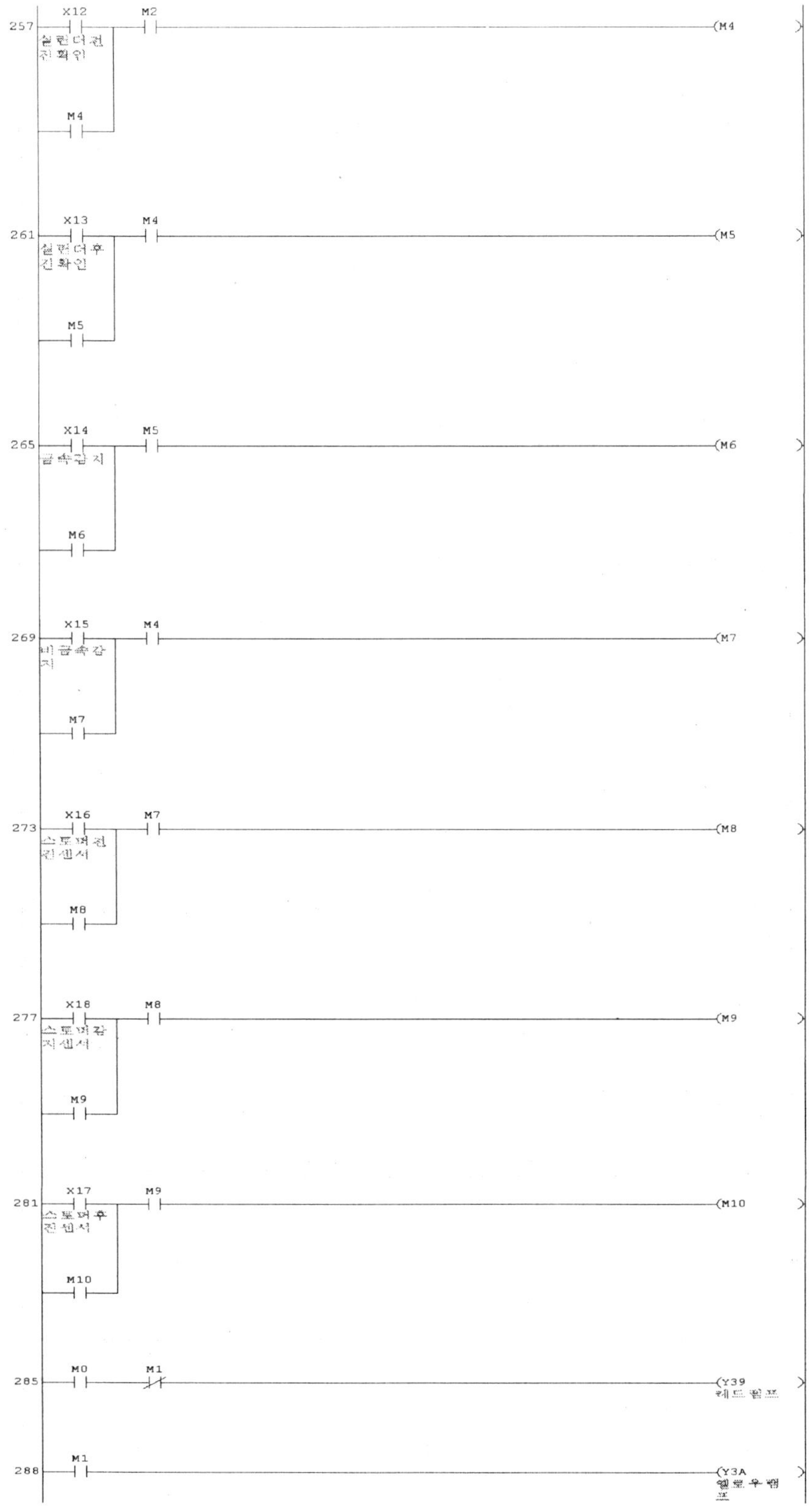
257
X12
실린더전진확인
M2
M4
M4
261
X13
실린더후진확인
M4
M5
M5
265
X14
금속감지
M5
M6
M6
269
X15
비금속감지
M4
M7
M7
273
X16
스토퍼전진센서
M7
M8
M8
277
X18
스토퍼감지센서
M8
M9
M9
281
X17
스토퍼후진센서
M9
M10
M10
285
M0
M1
Y39
레드램프
288
M1
Y3A
옐로우램프

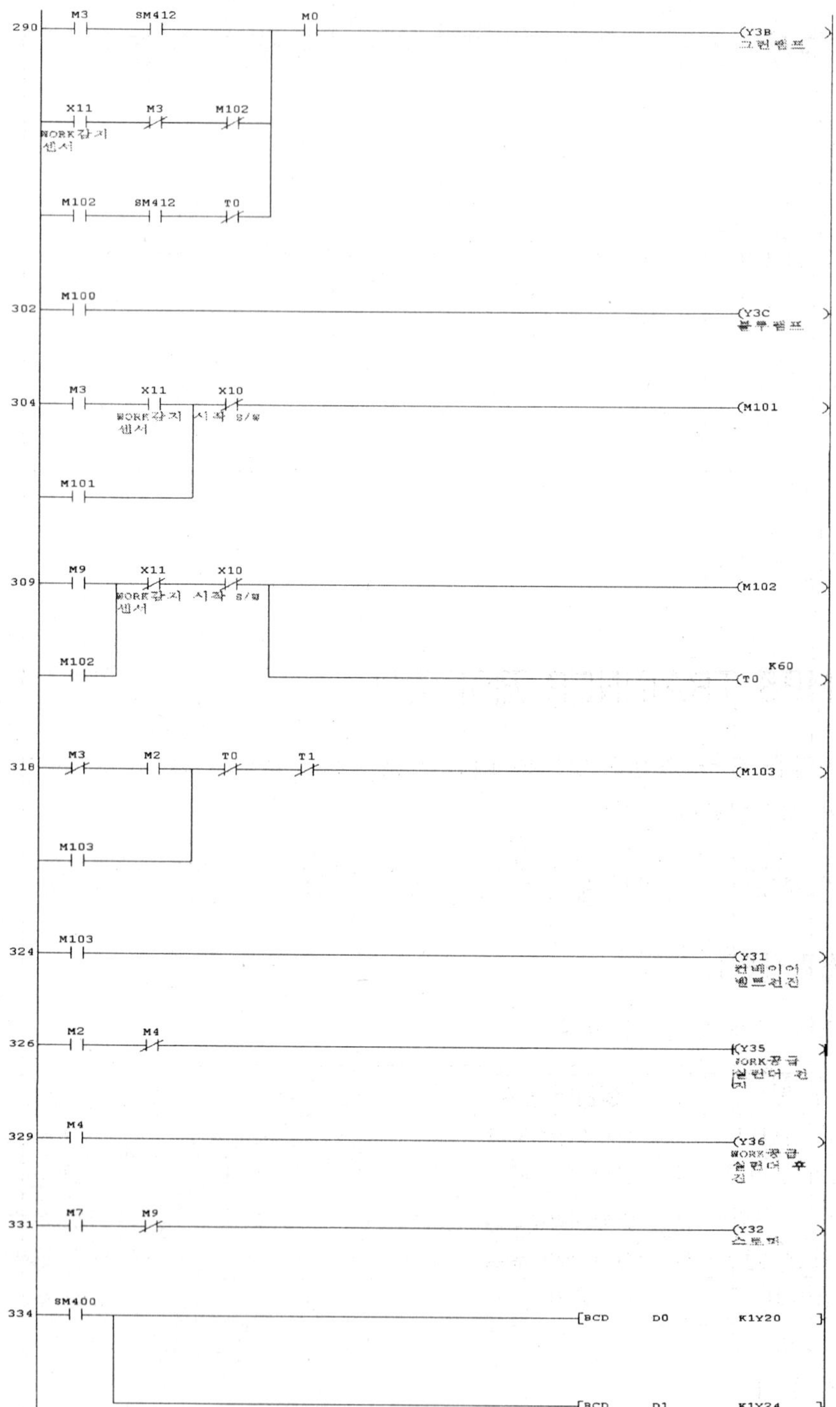
290
M3
SM412
M0
Y3B
그린램프
X11
M3
M102
WORK감지 센서
M102
SM412
T0
302
M100
Y3C
블루램프
304
M3
X11
X10
WORK감지 센서
시작 S/W
M101
M101
309
M9
X11
X10
WORK감지 센서
시작 S/W
M102
M102
K60
T0
318
M3
M2
T0
T1
M103
M103
324
M103
Y31
컨베이어 벨트전진
326
M2
M4
Y35
WORK공급 실린더 전진
329
M4
Y36
WORK공급 실린더 후진
331
M7
M9
Y32
스토퍼
334
SM400
BCD D0 K1Y20
BCD D1 K1Y24

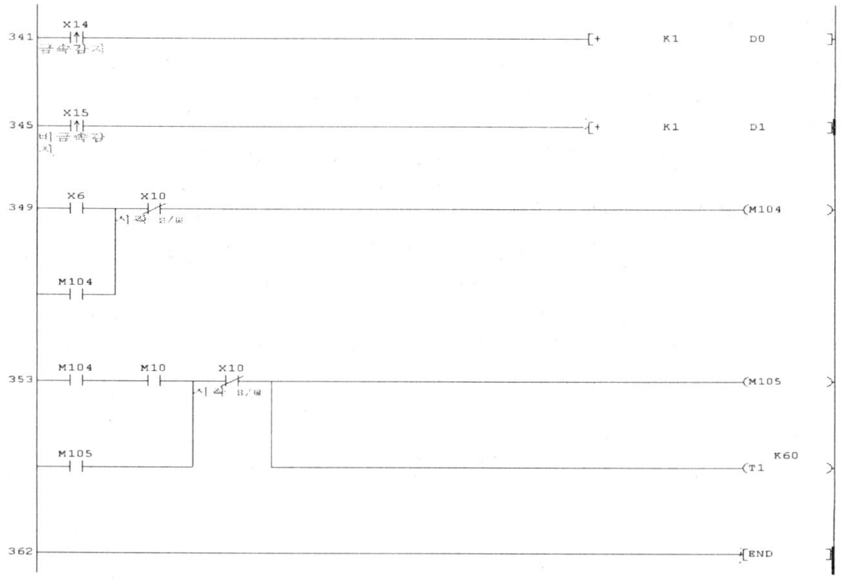

(2) MPS TRAINNER 제어 예제 2

다음 동작을 요구 조건에 맞도록 PLC 프로그램을 작성하고, ①, ②, ③ 동작 순서를 지켜 시운전한다.

① 초기 동작　② 기본 동작　③ 응용 동작

(가) 초기 동작

① 시스템 구성 및 초기 상태

구 분	실린더 구분	초기 상태	제어용 솔레노이드
공급 실린더	실린더1(CYL1)	후진	양 솔레노이드
스토퍼 실린더	실린더2(CYL2)	후진	편 솔레노이드
상하 이송 실린더	실린더3(CYL3)	후진	편 솔레노이드
전후 이송 실린더	실린더4(CYL4)	후진	편 솔레노이드
흡착컵	흡착컵	정지	편 솔레노이드

② 초기 동작

· 토글 스위치(TG1)를 ON하면 초기 동작이 선택된다.

· 시작 스위치(PB1)를 눌렀다 떼면(ON/OFF) 시스템이 동작 순서에 따라 다음

과 같이 동작한다.

동작순서	구분	동작 및 표시 상태
1	공급 실린더	전진과 후진을 3회 반복하고 정지한다.
2	상하 이송 실린더 및 흡착컵	1) 실린더는 전진하여 3초 후 후진한다. 2) 흡착컵1은 실린더가 전진 완료 후 동작하고 후진 완료하면 정지한다.
3	FND1, FND2	FND1, FND2 순으로 0~9를 0.5초 간격으로 1씩 증가하여 9를 표시한다. ※ FND1이 먼저 표시되고, FND2가 표시되어야 한다.
4	준비 램프	FND1, FND2에 9가 표시되면 PL1은 1초 간격으로 점멸한다.

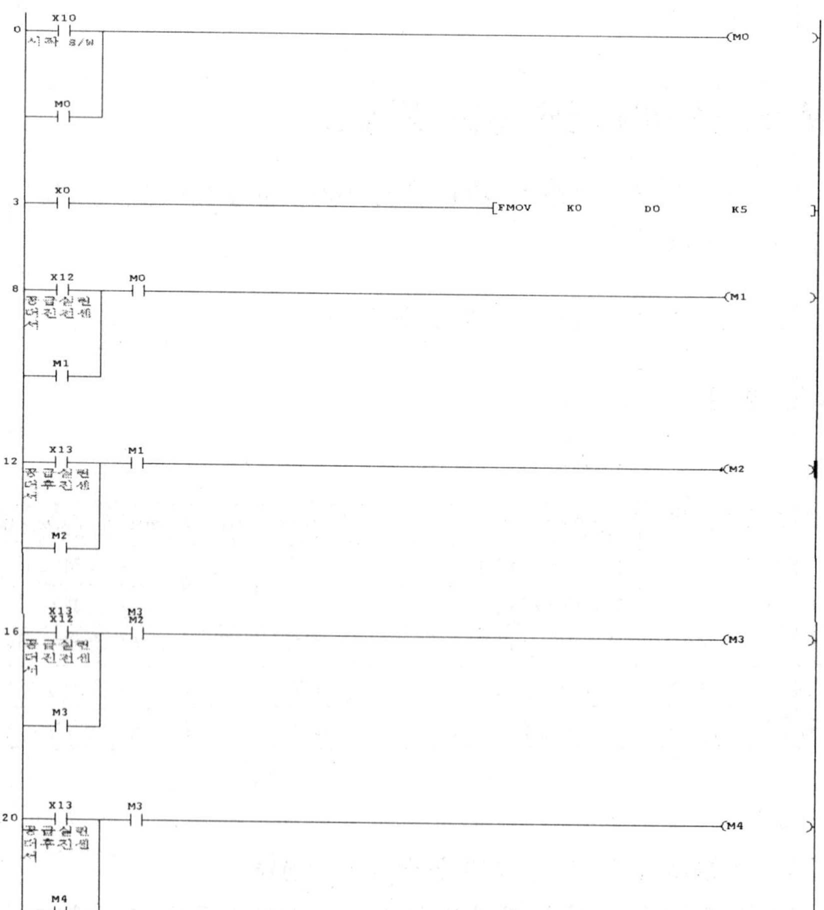

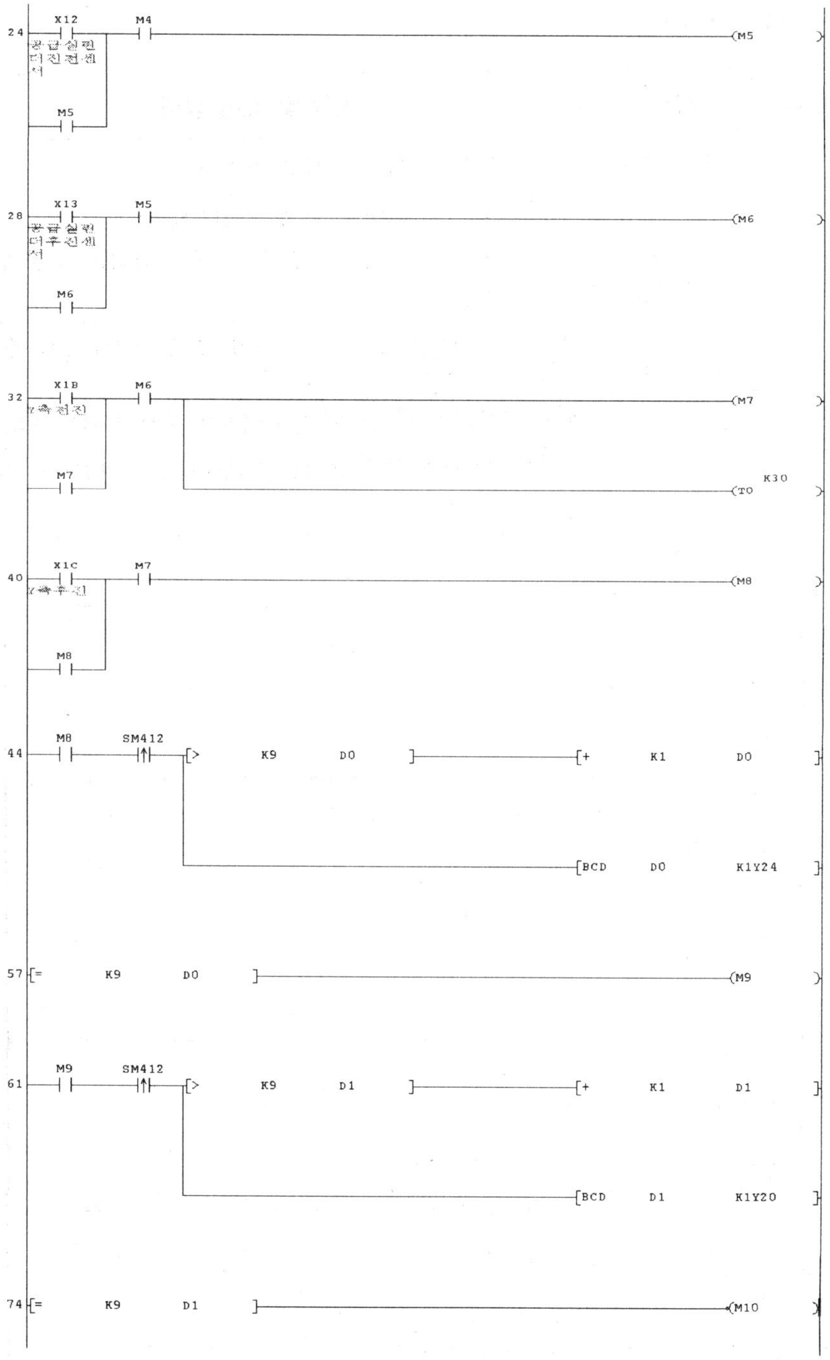
24
X12
공급실린더전진센서
M4
M5
M5
28
X13
공급실린더후진센서
M5
M6
M6
32
X1B
Z축전진
M6
M7
M7
T0
K30
40
X1C
Z축후진
M7
M8
M8
44
M8
SM412
[> K9 D0]
[+ K1 D0]
[BCD D0 K1Y24]
57
[= K9 D0]
M9
61
M9
SM412
[> K9 D1]
[+ K1 D1]
[BCD D1 K1Y20]
74
[= K9 D1]
M10

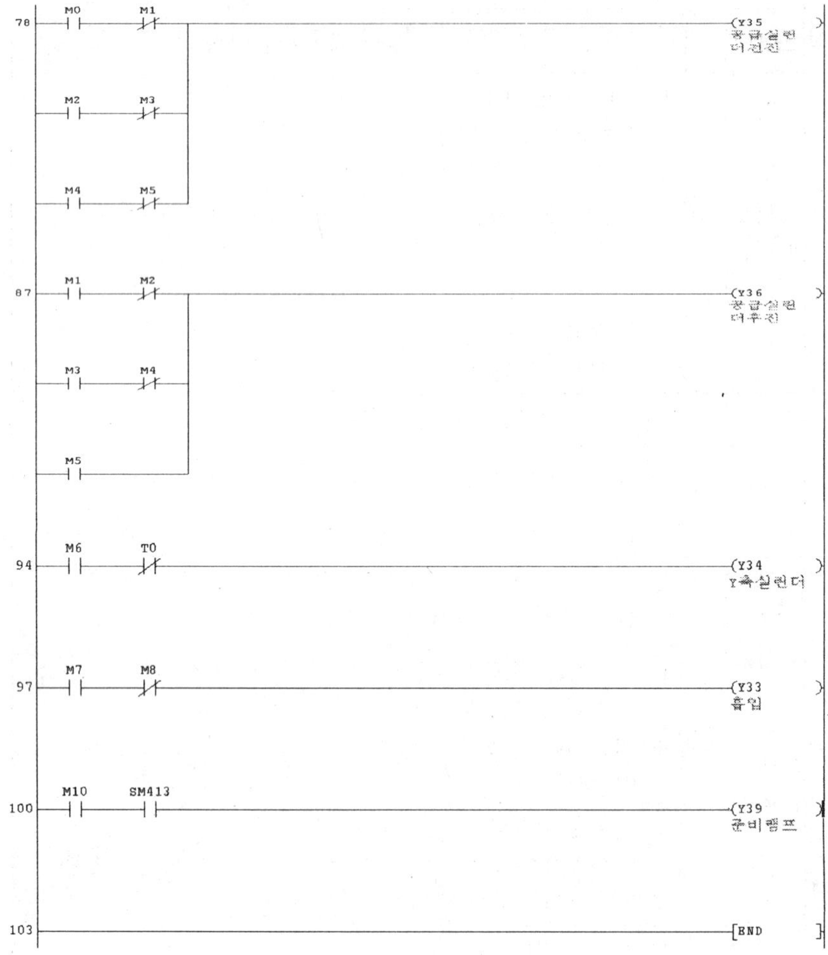

(나) 기본 동작

① 초기 동작이 완료되어 준비 램프(PL1)가 1초 간격으로 점멸하면 기본 동작을 할 수 있다.

· 매거진에 공작물을 재질 구분 없이 공급한다.

· 시작 스위치(PB1)를 눌렀다 떼면(ON/OFF) 시스템이 다음과 같이 연속으로 동작한다.

· 연속 동작이 정지되면 시작 스위치(PB1)에 의해 기본 동작을 시작할 수 있어야 한다.

동작 요소	동작 및 표시 상태
1. 표시램프 (PL1, PL2, PL3)	1) 준비 램프(PL1) : 점등 2) 운전표시 램프(PL2) : 점등 3) 공작물 재고표시 램프(PL3) : 매거진에 공작물이 있으면 점등하고, 공작물이 없으면 0.5초 간격으로 점멸. ① 연속동작 중 공작물이 없으면 3초 후 0.5초 간격으로 점멸한다. ② 재고 표시램프(PL3)가 점멸할 때, 10초 이내에 공작물을 공급하면 점등한다.
2. 공급실린더 (CYL1)	1) 표시 램프(PL2)가 점등되면 공작물을 공급하고 3초 후 후진한다. ※ 연속동작에 따른 공작물은 작업 중인 공작물에 배출 또는 저장이 완료되면 공급한다. 2) 표시램프(PL3)가 점멸하면 동작하지 않는다.
3. 컨베어	1) 공급 실린더(CYL1)가 공작물을 공급하고 2초 후 동작한다. 2) 연속 동작을 종료하면 정지한다.
4. 센서 (S10, S11)	1) 비금속을 검출하면 센서(S12)에 공작물이 검출되고, 3초 후 스토퍼 실린더(CYL2)를 후진시켜 배출한다. ※ 비금속이 검출되면 표시램프(PL4)를 배출 또는 적재 완료시까지 점멸한다. 2) 금속을 검출하면 스토퍼 실린더(CYL2)를 즉시 후진시켜 컨베어를 이용해 배출한다. ※금속이 검출되면 표시램프(PL4)를 배출 완료시 까지 점등한다.
5. 스토퍼 실린더 (CYL2)	1) 공급 실린더(CYL1)가 전진을 완료하면 전진하고, 센서(S12)에 비금속공작물이 검출되면 3초 후 후진한다. 2) 공급 실린더(CYL1)가 전진을 완료하면 전진하고, 센서(S10, S11)가 금속을 검출하면 즉지 후진한다.
8. 연속 동작 정지	1) 정지 스위치(PB2)를 누르면(ON) 초기 동작이 완료된 상태로 정지한다. 2) 재고 표시램프(PL3)가 10초간 점멸하면, 초기 동작이 완료된 상태로 정지한다. ※ 초기 동작이 완료된 상태 : 준비 램프(PL1)가 1초 간격으로 점멸 상태

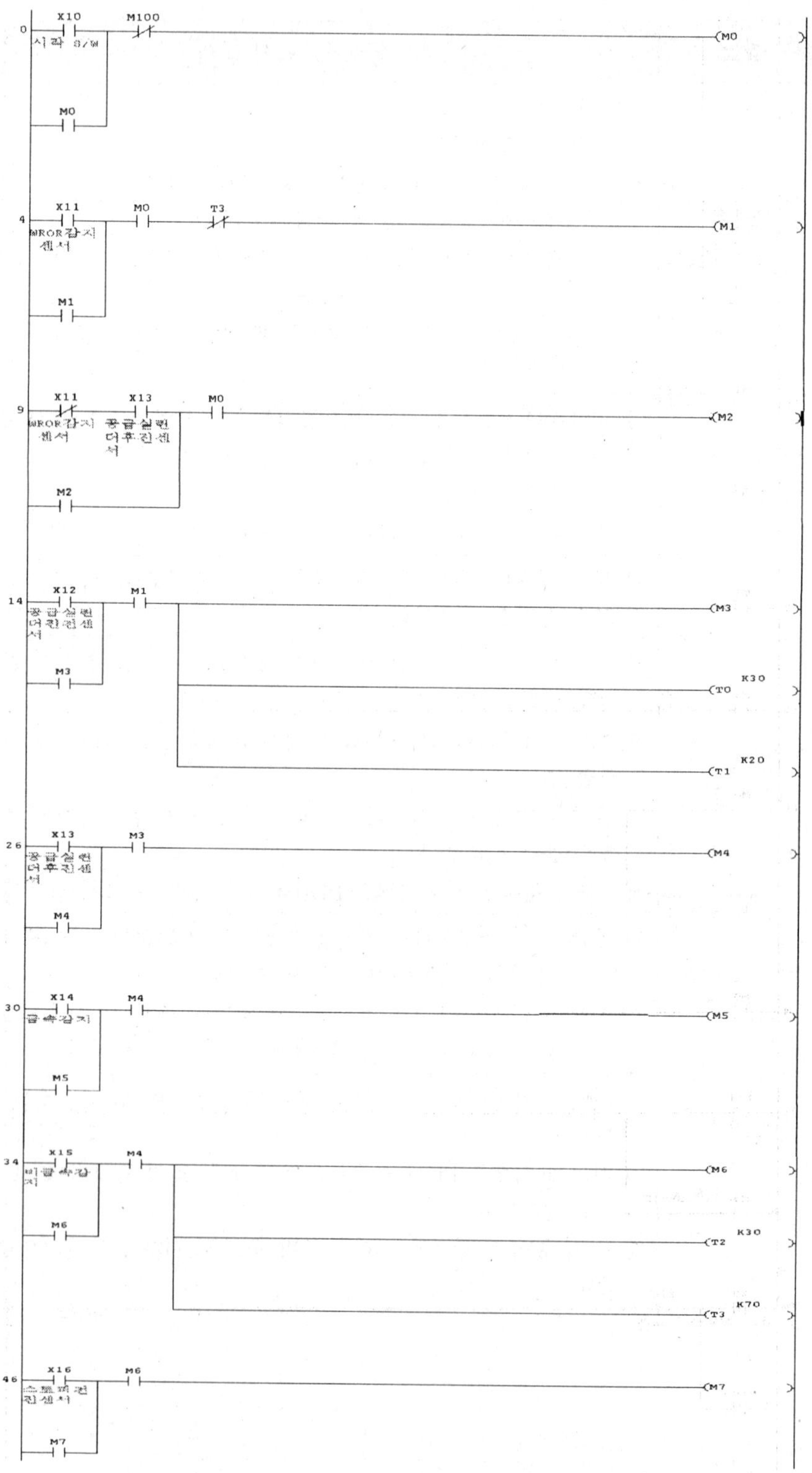
X10
M100
시작 S/W
M0
M0
X11
M0
T3
WROR감지 센서
M1
M1
X11
X13
M0
WROR감지 센서
공급실린더후진센서
M2
M2
X12
M1
공급실린더전진센서
M3
M3
T0
K30
T1
K20
X13
M3
공급실린더후진센서
M4
M4
X14
M4
금속감지
M5
M5
X15
M4
비금속감지
M6
M6
T2
K30
T3
K70
X16
M6
스토퍼전진센서
M7
M7

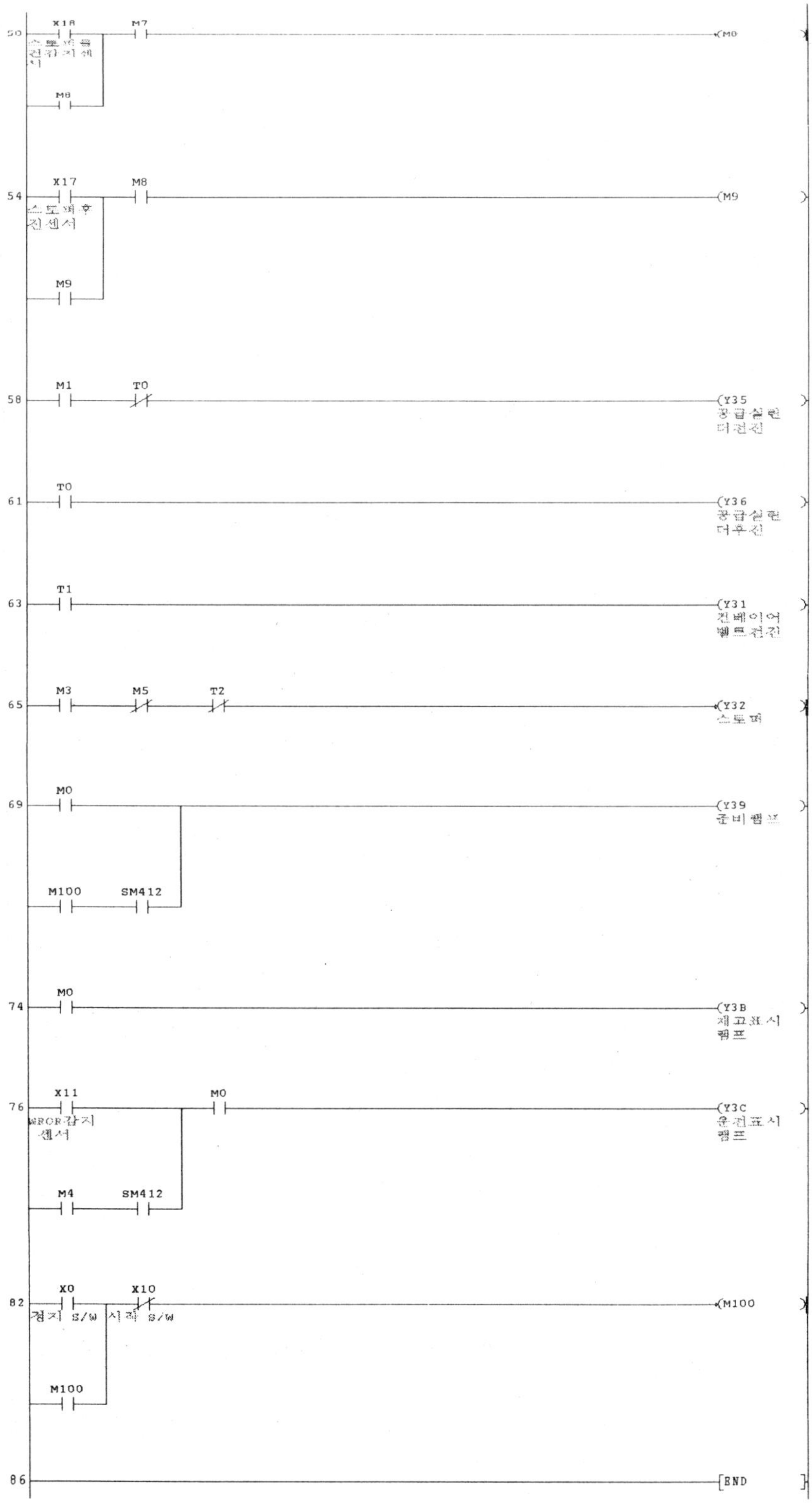
50
X18
M7
(M0
M8
54
X17
스토퍼후진센서
M8
(M9
M9
58
M1
T0
(Y35
공급실린더전진
61
T0
(Y36
공급실린더후진
63
T1
(Y31
컨베이어벨트전진
65
M3
M5
T2
(Y32
스토퍼
69
M0
(Y39
준비램프
M100
SM412
74
M0
(Y3B
재고표시램프
76
X11
M0
(Y3C
운전표시램프
M4
SM412
82
X0
X10
정지 S/W
시작 S/W
(M100
M100
86
[END

(다) 응용 동작

기본 동작이 진행되고 있는 상태에서 토글스위치(TG2)를 ON하면 기본 동작 요소에 응용 동작 1의 동작 요소를 추가하여 동작되도록 해야 한다.

① 응용 동작 1

· 토글스위치(TG2)를 ON 한다.

· 토글스위치(TG2)가 ON 되고 최초 공급되는 공작물부터 다음 동작 요소를 추가하여 연속동작이 되도록 해야 한다.

· 토글스위치(TG2)가 OFF 되면 최초 공급되는 공작물부터 기본 동작을 실행해야 한다.

· 연속 동작이 정지되면 시작 스위치(PB1)에 의해 응용 동작을 시작할 수 있어야 한다.

동작 요소	동작 및 표시 상태
2. 공급 실린더 (CYL1)	1) 센서(S10, S11)가 비금속 3개를 검출하면 공급 실린더는 공작물 공급을 일시 중지한다. ※ 센서(S10, S11)가 비금속 3개를 검출하면 운전표시 램프(PL2)는 0.5초 간격으로 점멸한다.
5. 스토퍼 실린더 (CYL2)	1)공급 실린더(CYL1)가 전진을 완료하면 전진하고, 흡착컵1과 상하 이송 실린더(CYL3)가 공작물을 흡착하여 후진하면 후진한다. 2) 공급 실린더(CYL1)가 전진을 완료하면 전진하고, 센서(S10, S11)에서 금속을 검출하면 즉시 후진한다.
6. 흡착, 이송 실린더 (흡착컵1, CYL3, CYL4)	1) 스토퍼 실린더의 센서(S12)에 비금속 공작물이 검출되면 공작물을 적재부(STAGE)로 이송한다. ※ 공작물 이송을 위한 실린더 및 흡착컵1의 동작순서는 간섭이 없고 원활한 동작이 되도록 수검자가 판단하여 정한다.
7. 적재부	1) 흡착컵1이 비금속 공작물을 흡착하면 저장 위치로 이동한다. 2) 공작물은 STAGE 2, 3, 1 순으로 저장한다.
8. 연속 동작 정지	1) 정지 스위치(PB2)를 누르면(ON) 초기동작이 완료된 상태로 정지한다. 2) 적재부에 3개의 공작물이 저장되면 초기 동작이 완료된 상태로 정지한다. 3) 재고 표시램프(PL3)가 10초간 점멸하면, 초기 동작이 완료된 상태로 정지한다.

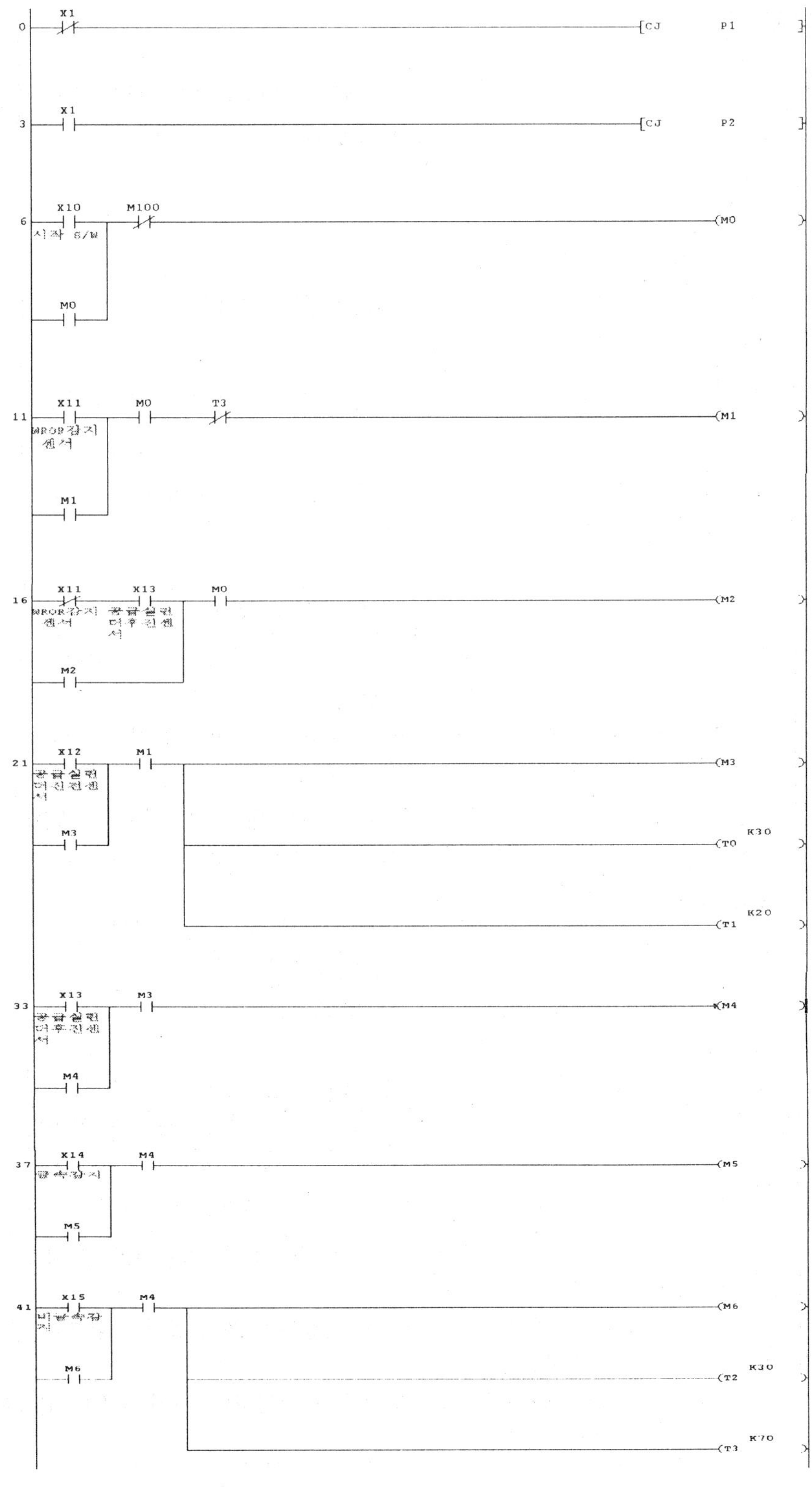
X1
CJ P1
X1
CJ P2
X10 M100
시작 S/W
M0
M0
X11 M0 T3
WROR감지 센서
M1
M1
X11 X13 M0
WROR감지 센서
공급실린더후진센서
M2
M2
X12 M1
공급실린더전진센서
M3
M3
T0 K30
T1 K20
X13 M3
공급실린더후진센서
M4
M4
X14 M4
공속감지
M5
M5
X15 M4
M6
M6
T2 K30
T3 K70

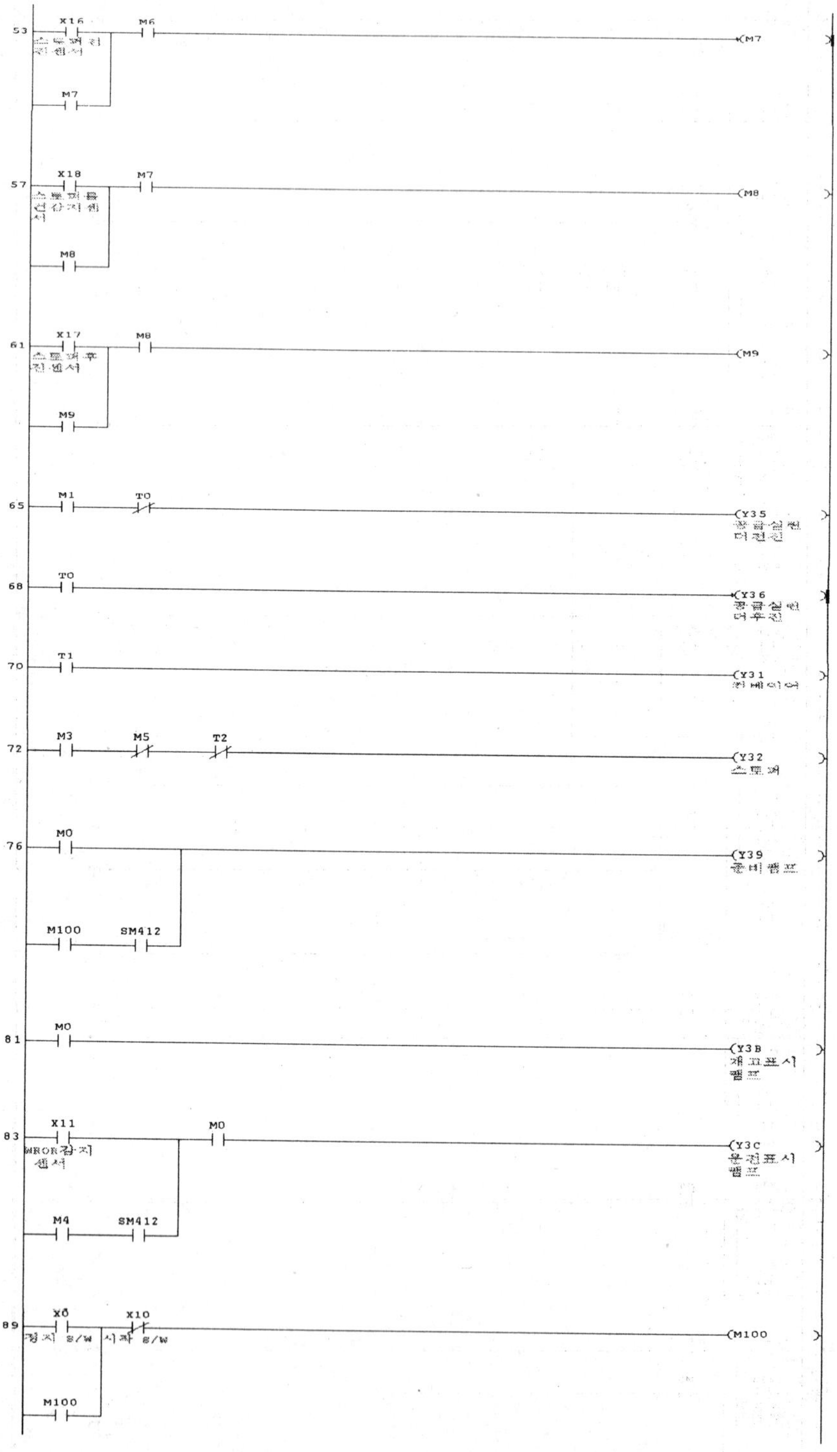

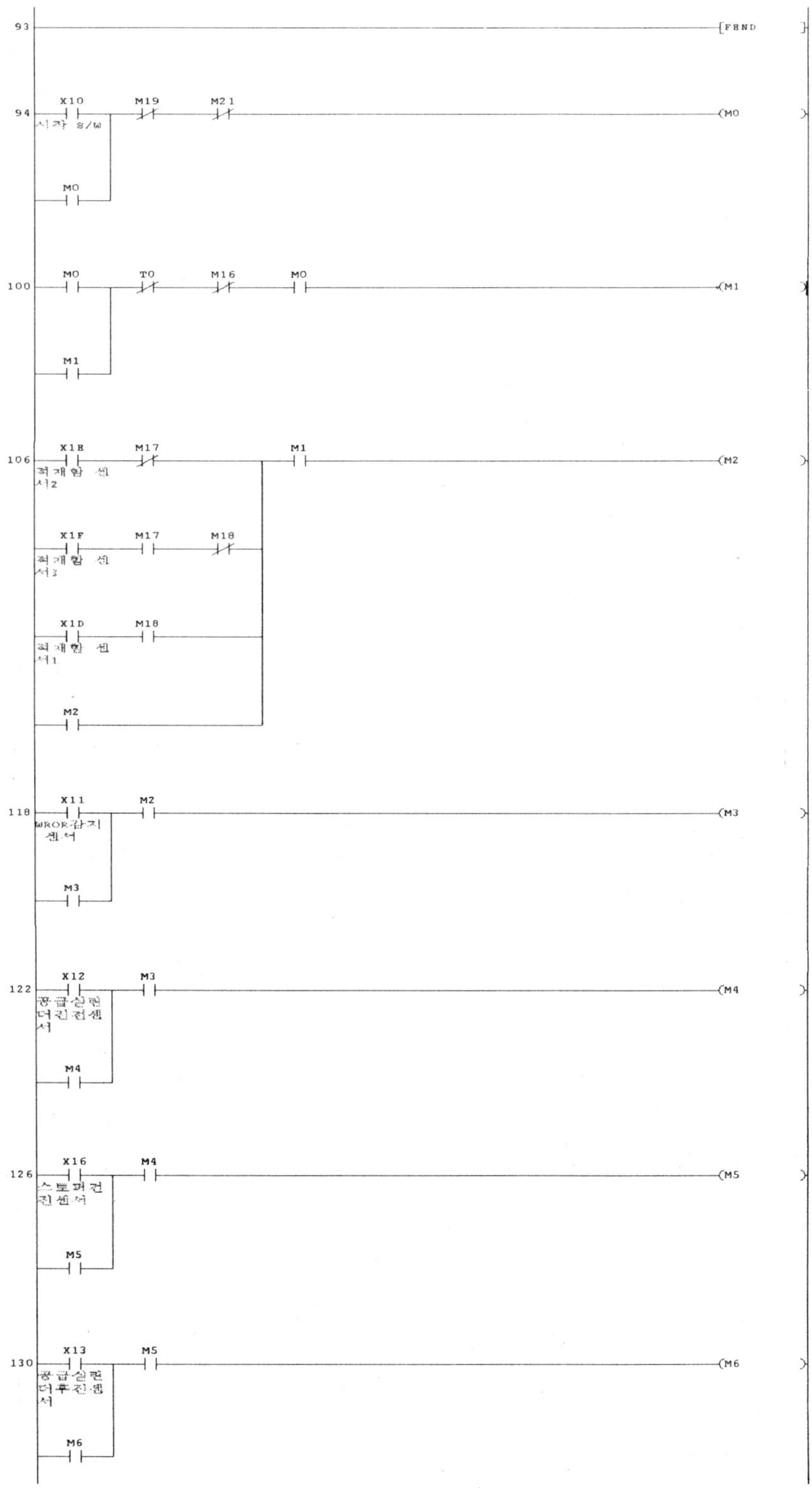
93
FEND
94
X10
시작 S/W
M19
M21
M0
M0
100
M0
T0
M16
M0
M1
M1
106
X1E
적재함 센서2
M17
M1
M2
X1F
적재함 센서3
M17
M18
X1D
적재함 센서1
M18
M2
118
X11
WROR감지 센서
M2
M3
M3
122
X12
공급실린더리전센서
M3
M4
M4
126
X16
스토퍼전진센서
M4
M5
M5
130
X13
공급실린더후진센서
M5
M6
M6

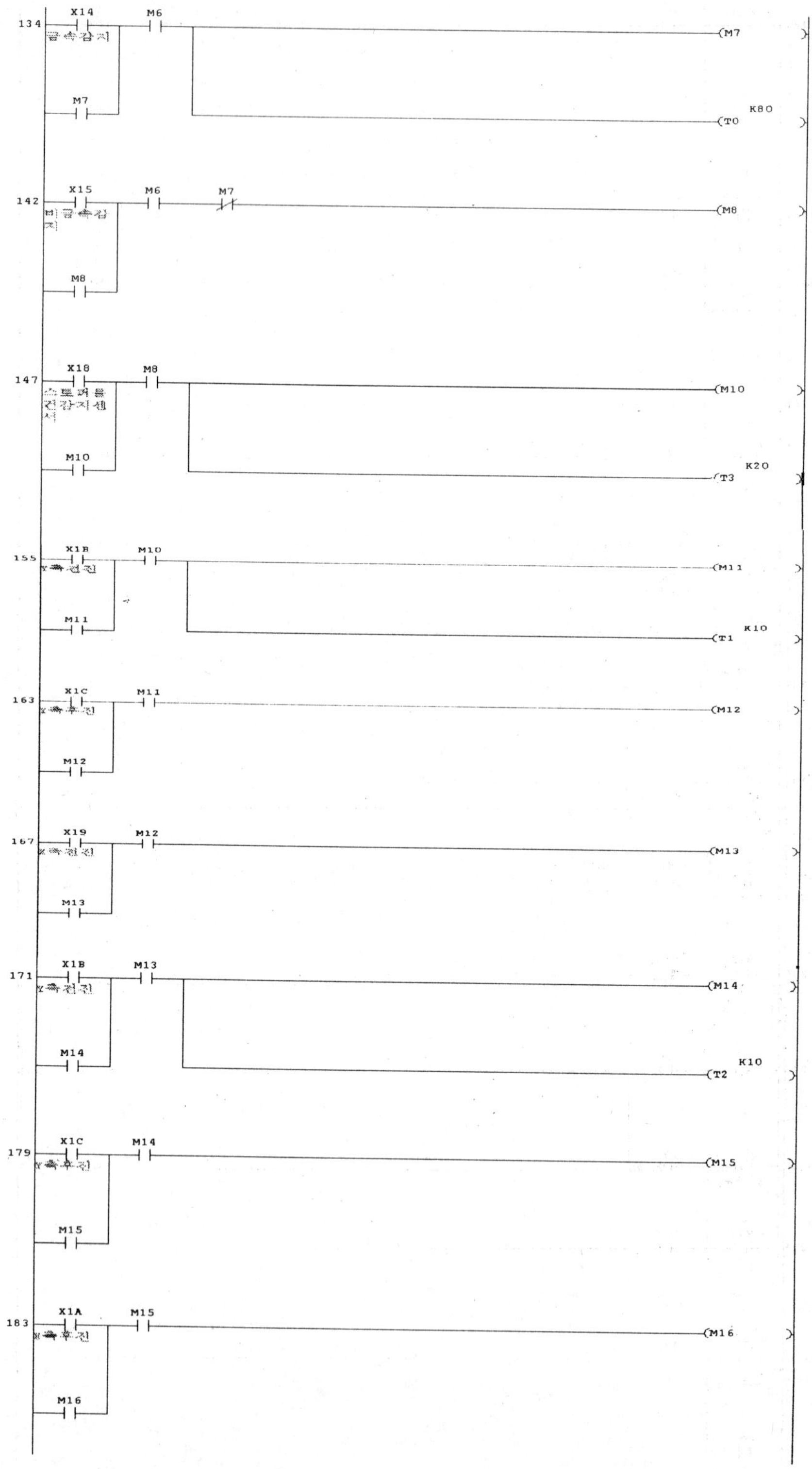
134
X14
M6
M7
M7
K80
T0
142
X15
M6
M7
M8
M8
147
X18
M8
M10
M10
K20
T3
155
X1B
M10
M11
M11
K10
T1
163
X1C
M11
M12
M12
167
X19
M12
M13
M13
171
X1B
M13
M14
M14
K10
T2
179
X1C
M14
M15
M15
183
X1A
M15
M16
M16

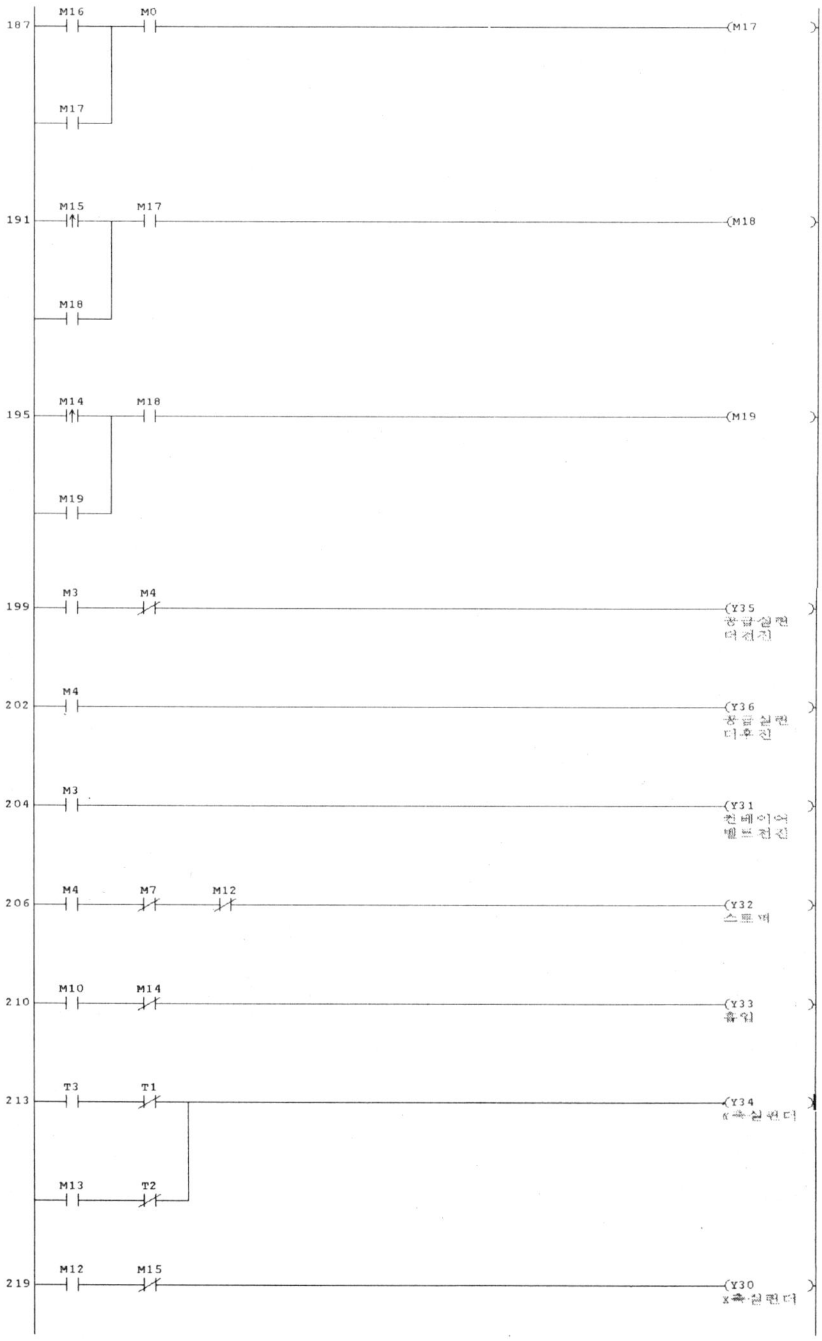
187
M16
M0
M17
M17
191
M15
M17
M18
M18
195
M14
M18
M19
M19
199
M3
M4
Y35
202
M4
Y36
204
M3
Y31
206
M4
M7
M12
Y32
210
M10
M14
Y33
213
T3
T1
Y34
M13
T2
219
M12
M15
Y30

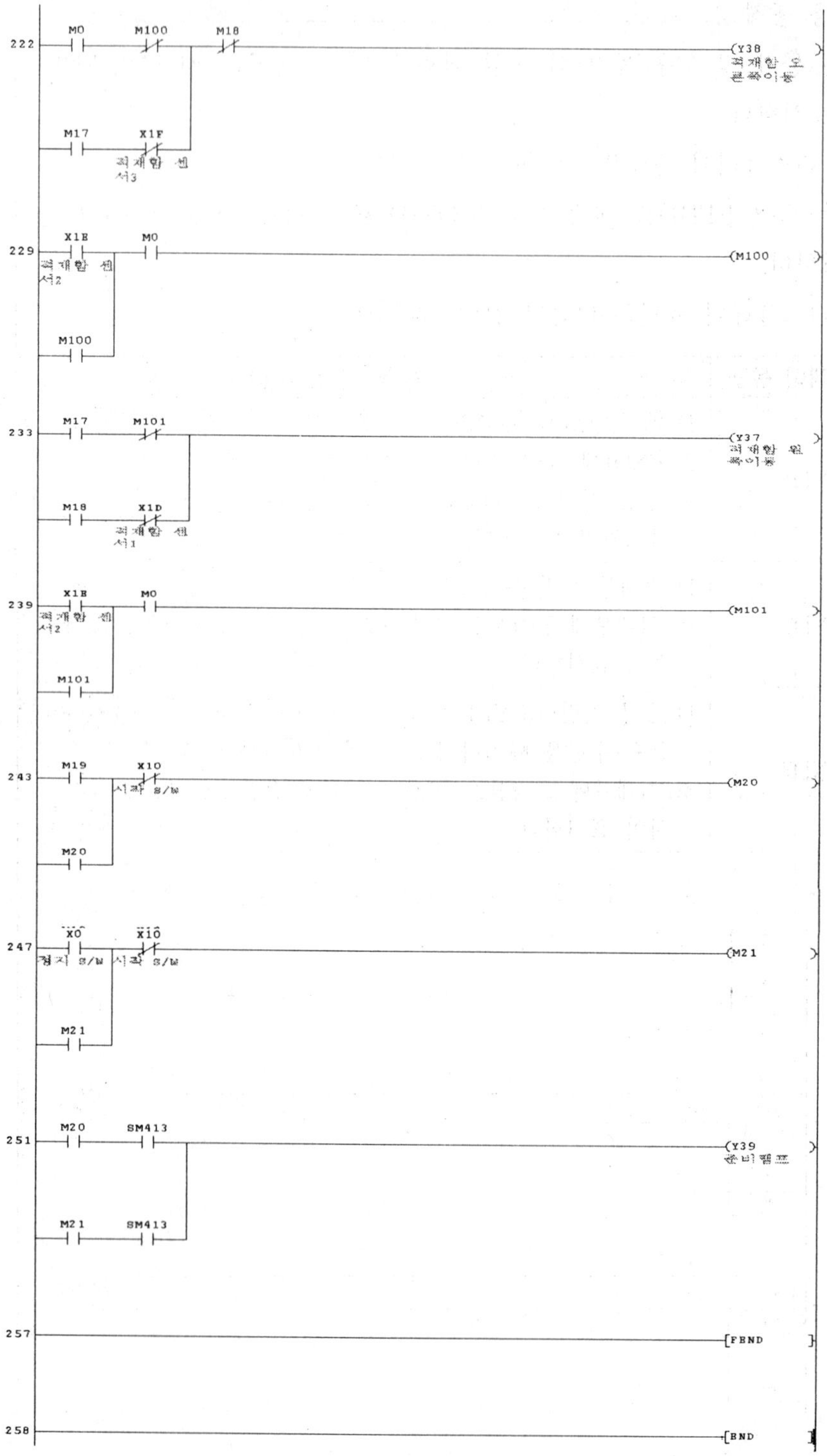
222
M0
M100
M18
Y38
M17
X1F
229
X1E
M0
M100
233
M17
M101
Y37
M18
X1D
239
X1E
M0
M101
243
M19
X10
시작 S/W
M20
247
X0
정지 S/W
X10
시작 S/W
M21
251
M20
SM413
Y39
M21
SM413
257
FEND
258
END

② 응용 동작 2

· 기본 동작 및 응용 동작1의 작업 결과를 디스플레이유닛(FND1, FND2, FND3)에 표시한다.

※ 각 디스플레이 유닛은 [0]~[9]까지 표시할 수 있다.

· 시작 스위치(PB1)를 눌렀다 떼면(ON/OFF) FND1, FND2, FND3은 [9][3][0]을 표시한다.

· 각 디스플레이 유닛은 다음과 같이 표시한다.

디스플레이 유닛	동작 및 표시 상태
FND1	1) 매거진(MAGAZINE)에 저장된 공작물의 잔여 수량을 표시한다. 2) FND1에 [0]이 표시되면 초기 동작이 완료된 상태로 정지한다. ※ 공급 실린더(CYL1)가 공작물을 공급하고 후진하면, [9]에서 1씩 감소하며 표시한다.
FND2	1) 적재부에 저장될 비금속 공작물의 잔여 수량을 표시한다. ※ 적재부에 공작물을 저장하고 흡착컵이 정지하면, [3]에서 1씩 감소하여 표시한다.
FND3	1) 공급 실린더(CYL1)가 공급한 공작물의 정체 수량에서 저장된 비금속 수량을 빼기하여 그 수량을 표시한다. ※ 적재부에 공작물을 저장하고 이송 실린더(CYL3)가 후진하면 계산하여 표시한다.

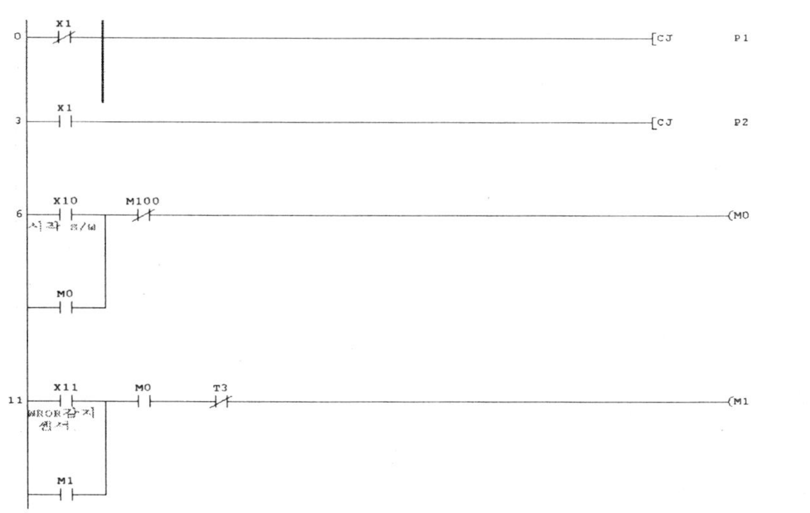

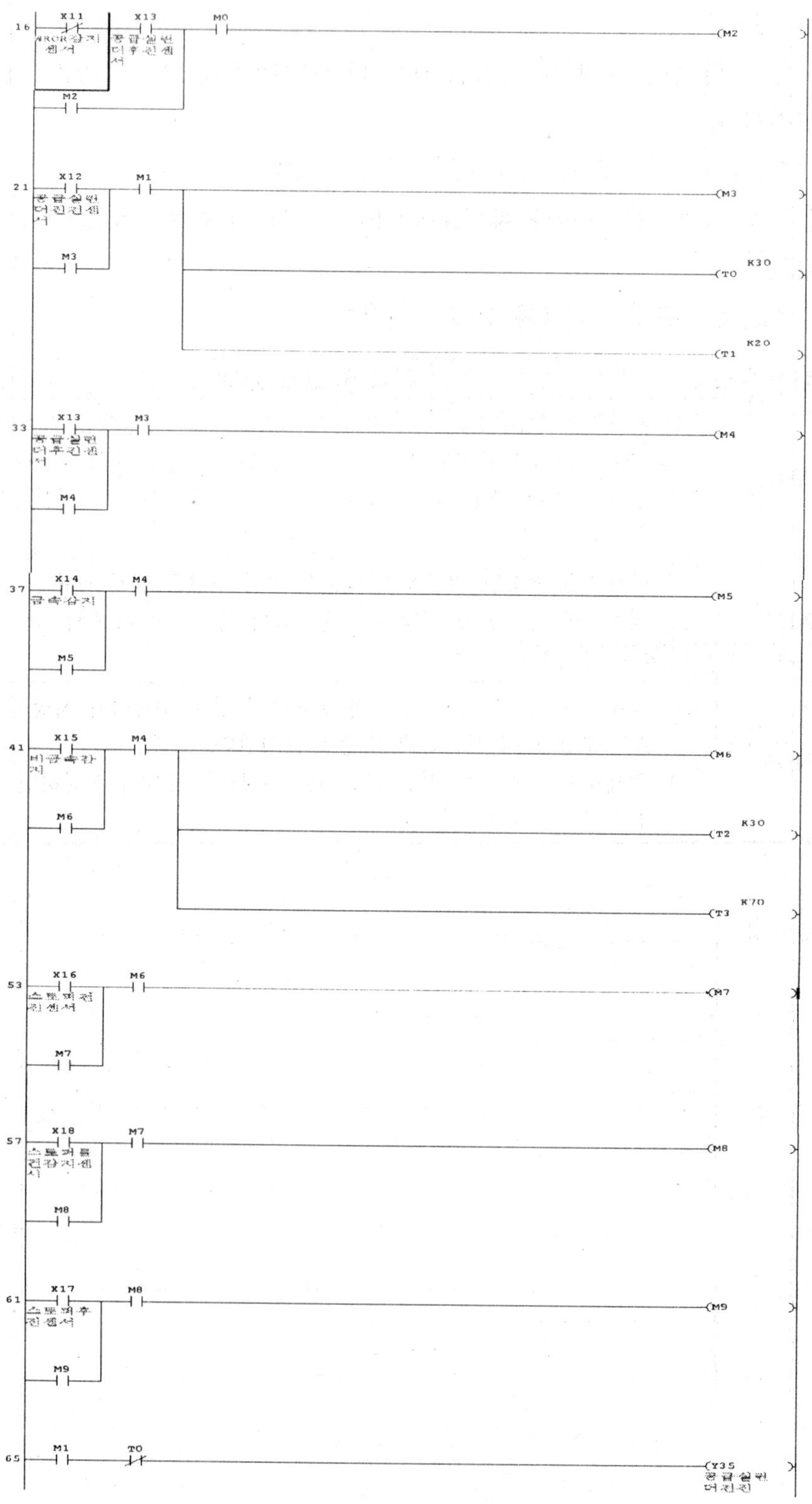

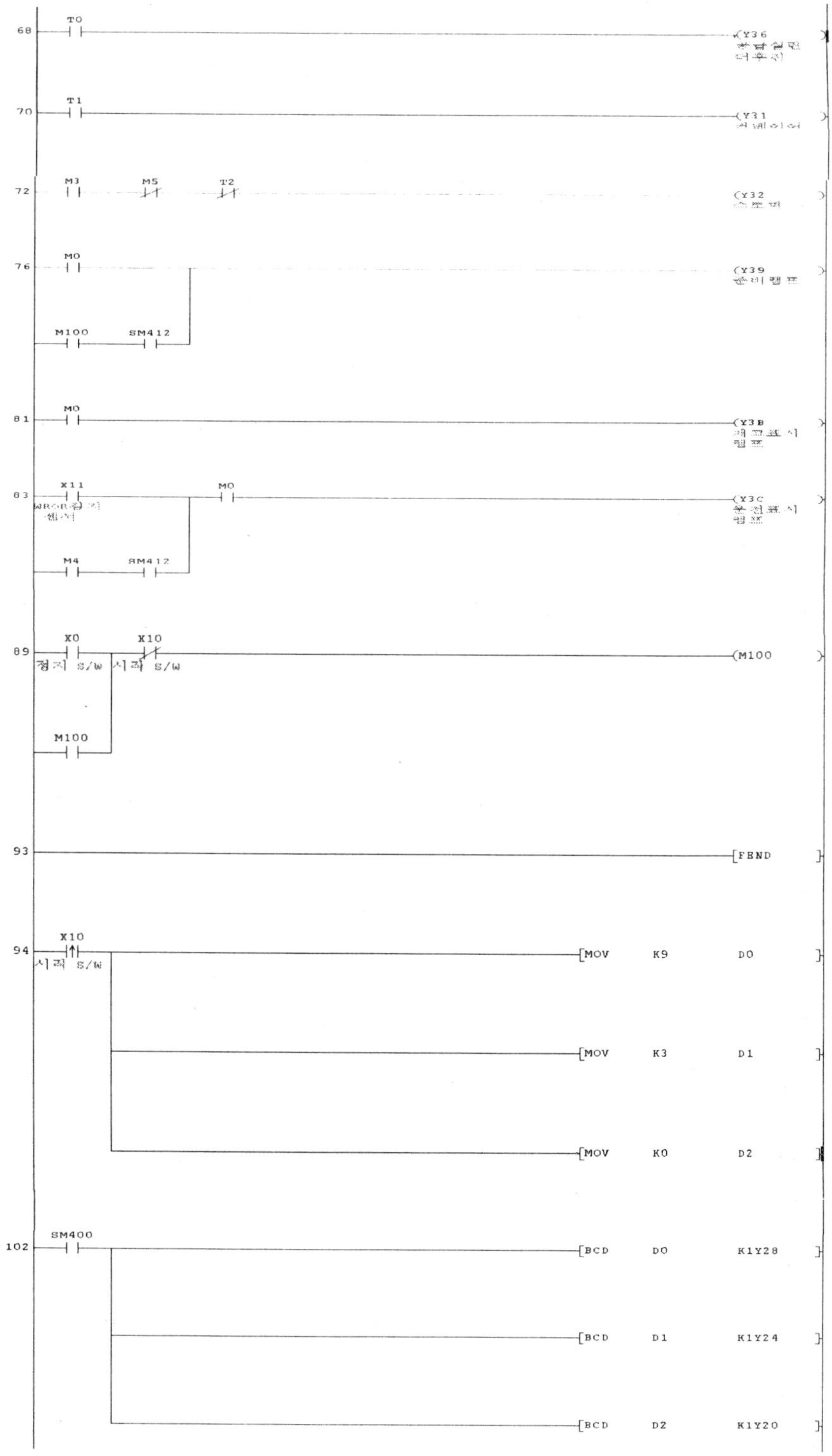

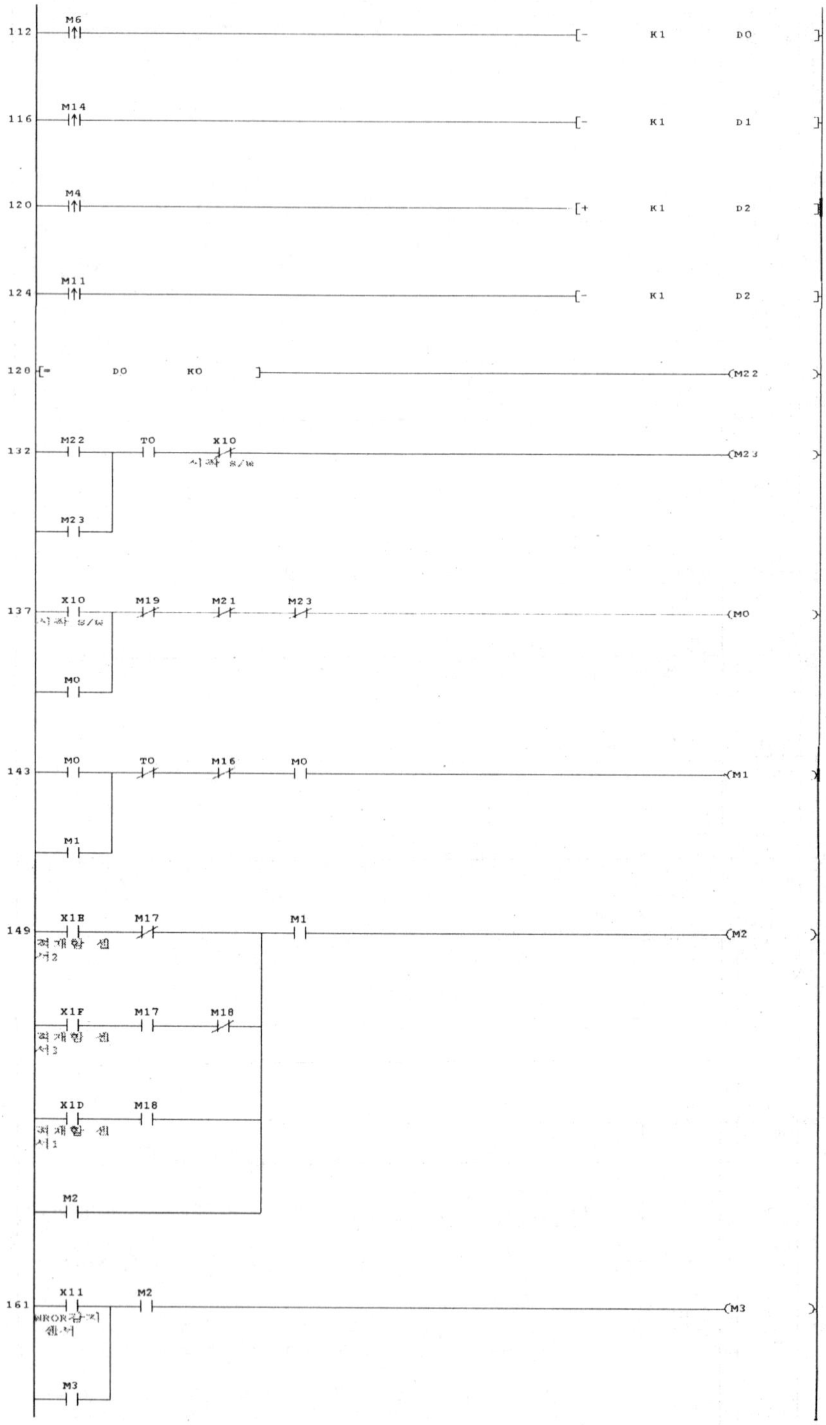

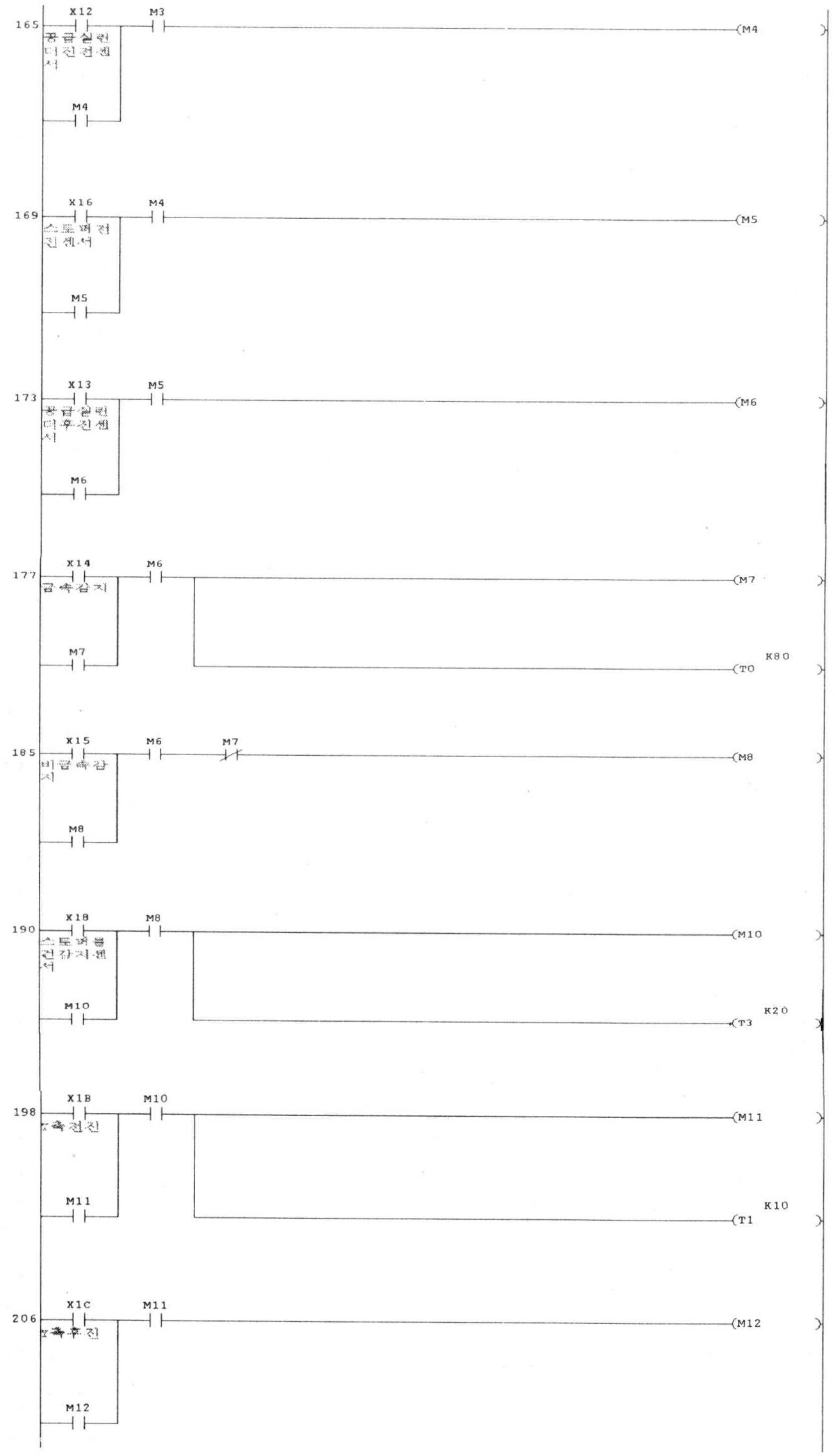

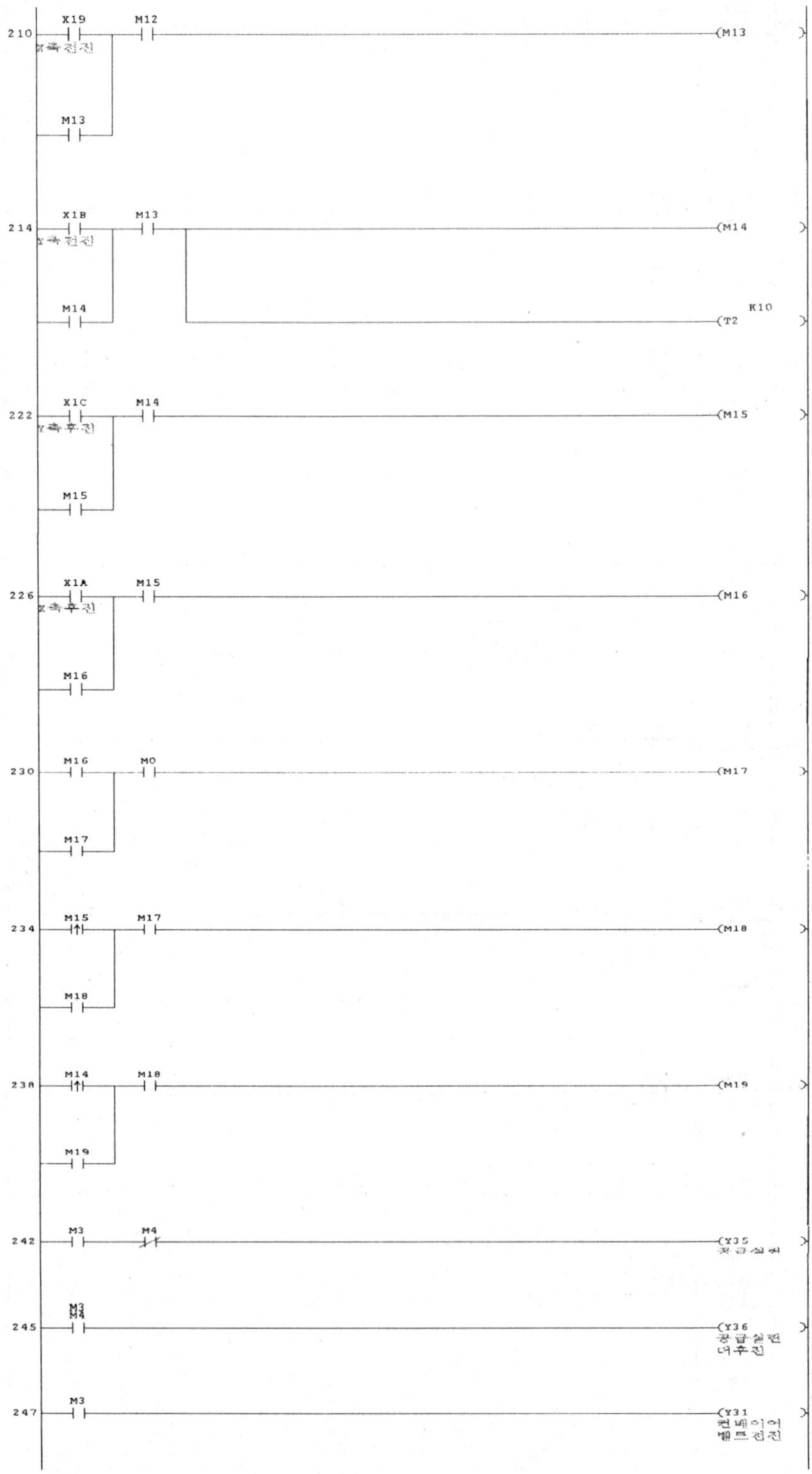
210 X19 M12 M13
M13
214 X1B M13 M14
M14 T2 K10
222 X1C M14 M15
M15
226 X1A M15 M16
M16
230 M16 M0 M17
M17
234 M15 M17 M18
M18
238 M14 M18 M19
M19
242 M3 M4 Y35
245 M3 M4 Y36
공급실린
더후진
247 M3 Y31
컨베이어
벨트전진

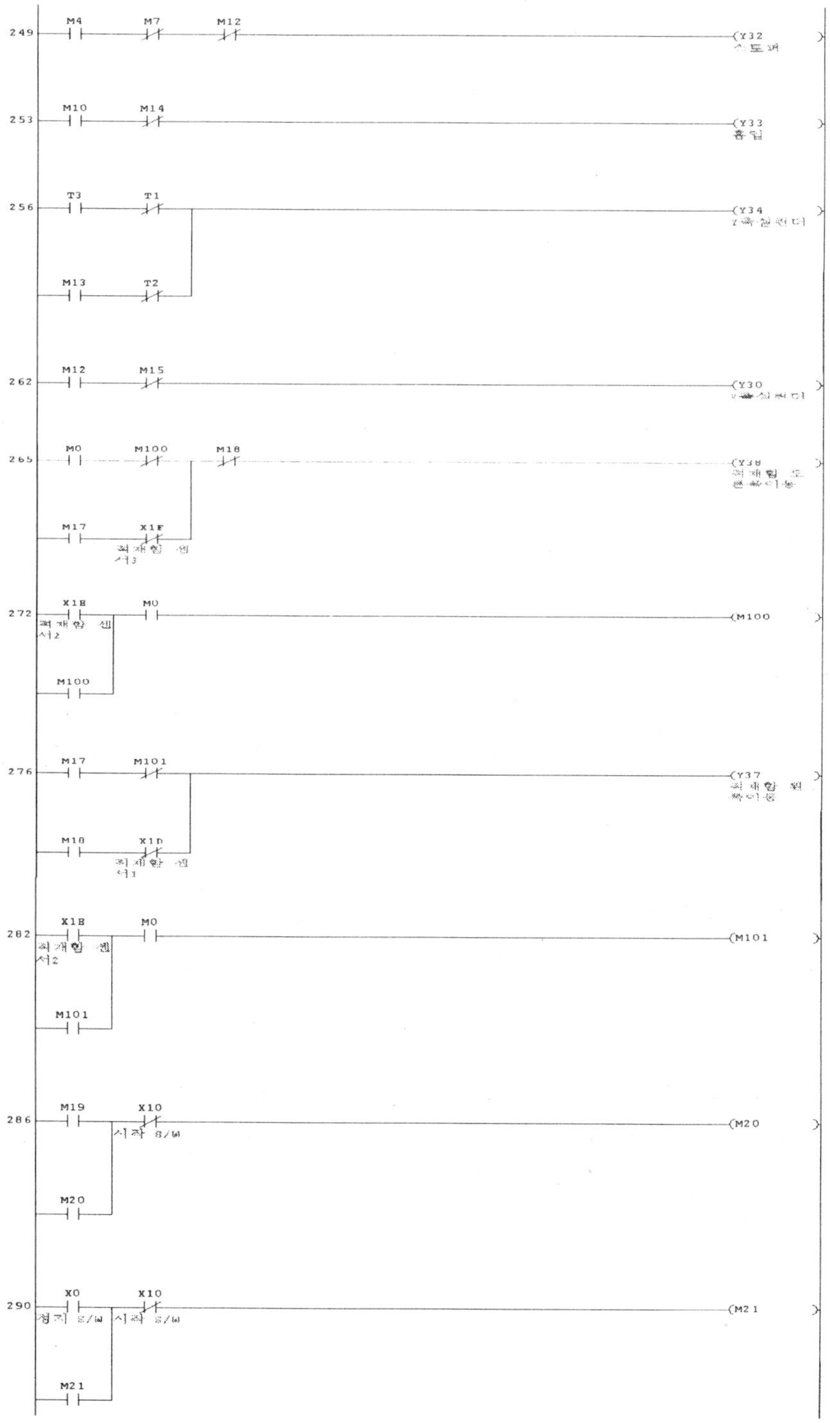

(3) MPS TRAINNER 제어 예제 3

(가) 초기 동작

① 시스템 구성 및 초기 상태

구 분	실린더 구분	초기 상태	제어용 솔레노이드
공급 실린더	실린더1(CYL1)	후진	편 솔레노이드
스토퍼 실린더	실린더2(CYL2)	후진	양 솔레노이드
상하 이송 실린더	실린더3(CYL3)	후진	편 솔레노이드
전후 이송 실린더	실린더4(CYL4)	후진	편 솔레노이드
흡착컵	흡착컵1	정지	편 솔레노이드

② 초기 동작

· 토글 스위치(TG1)를 ON하면 초기 동작이 선택된다.

· 시작 스위치(PB1)를 눌렀다 떼면(ON/OFF) 시스템이 동작 순서에 따라 다음과 같이 동작한다.

동작순서	구분	동작 및 표시 상태
1	공급 실린더	전진하여 3초간 정지한 후 후진한다.
2	상하 이송 실린더 및 흡착컵	1) 전진과 후진을 3회 반복하고 정지한다. 2) 표시램프(PL1)가 0.5초 간격으로 점멸하고 정지하면 소등한다.
3	FND1, FND2	1) FND1은 [9]~[0]를 1초 간격으로 1씩 감소하여 [0]을 표시한다. 2) FND2는 [0]~[9]를 0.5초 간격으로 1씩 증가하여 [9]를 표시하고, [9]~[0]를 0.5초 간격으로 1씩 감소하여 [0]을 표시한다. ※ FND1, FND2는 동시에 감소 또는 증가하여 표시되어야한다.
4	표시램프	FND1에 [0], FND2에 [0]이 표시되면 PL1은 1초 간격으로 점멸한다.

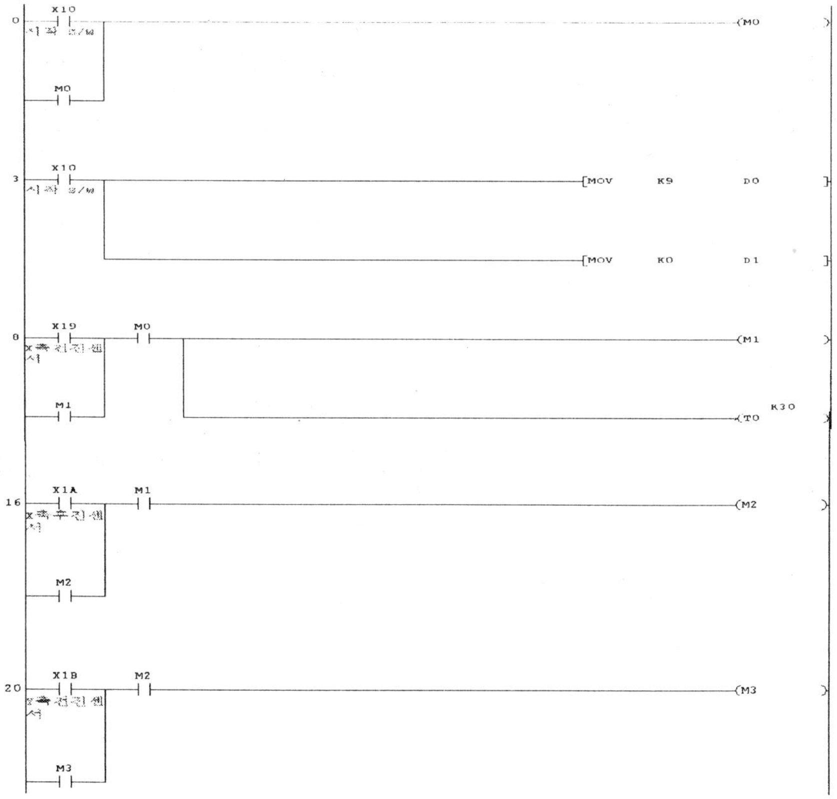

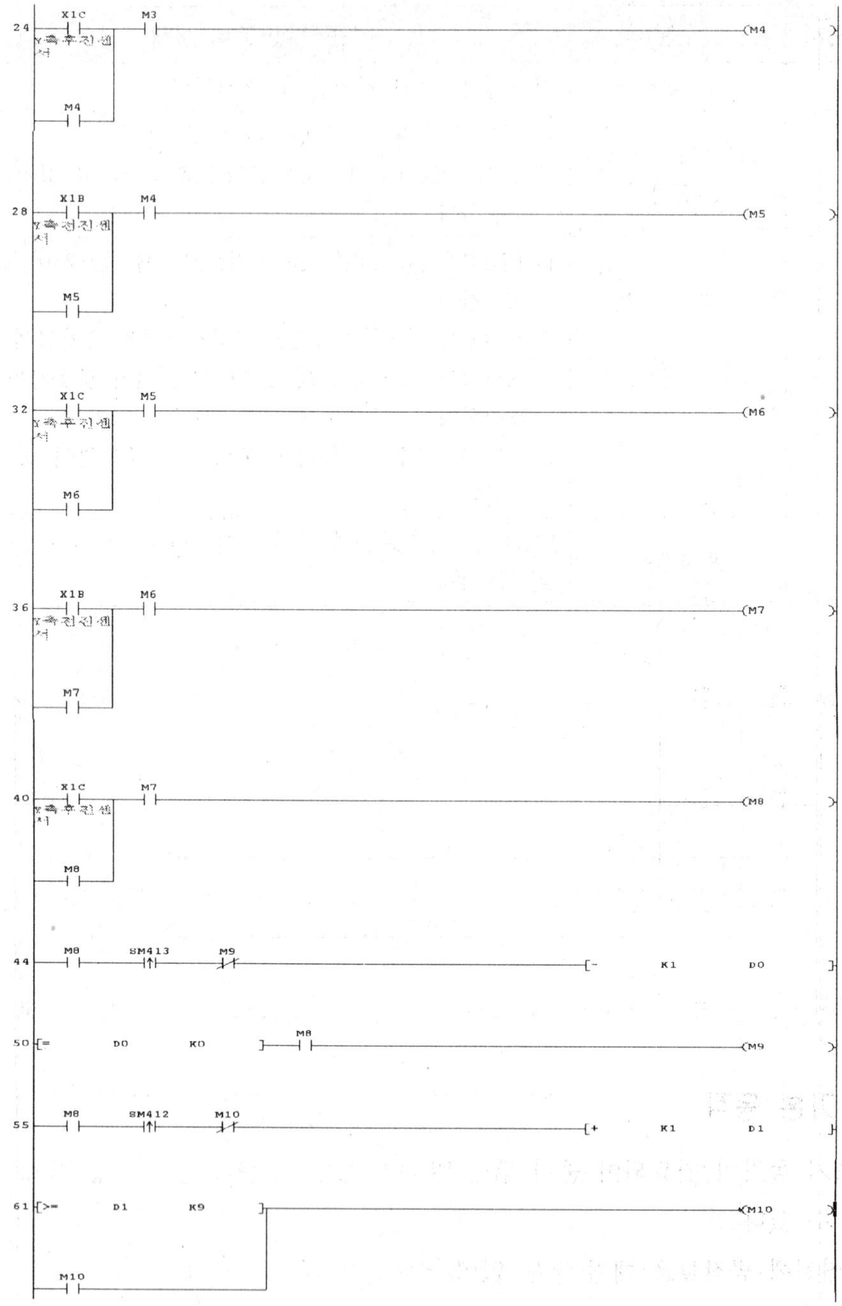
24
X1C
M3
Y축후진센서
M4
M4
28
X1B
M4
Y축전진센서
M5
M5
32
X1C
M5
Y축후진센서
M6
M6
36
X1B
M6
Y축전진센서
M7
M7
40
X1C
M7
Y축후진센서
M8
M8
44
M8
SM413
M9
- K1 D0
50
= D0 K0
M8
M9
55
M8
SM412
M10
+ K1 D1
61
>= D1 K9
M10
M10

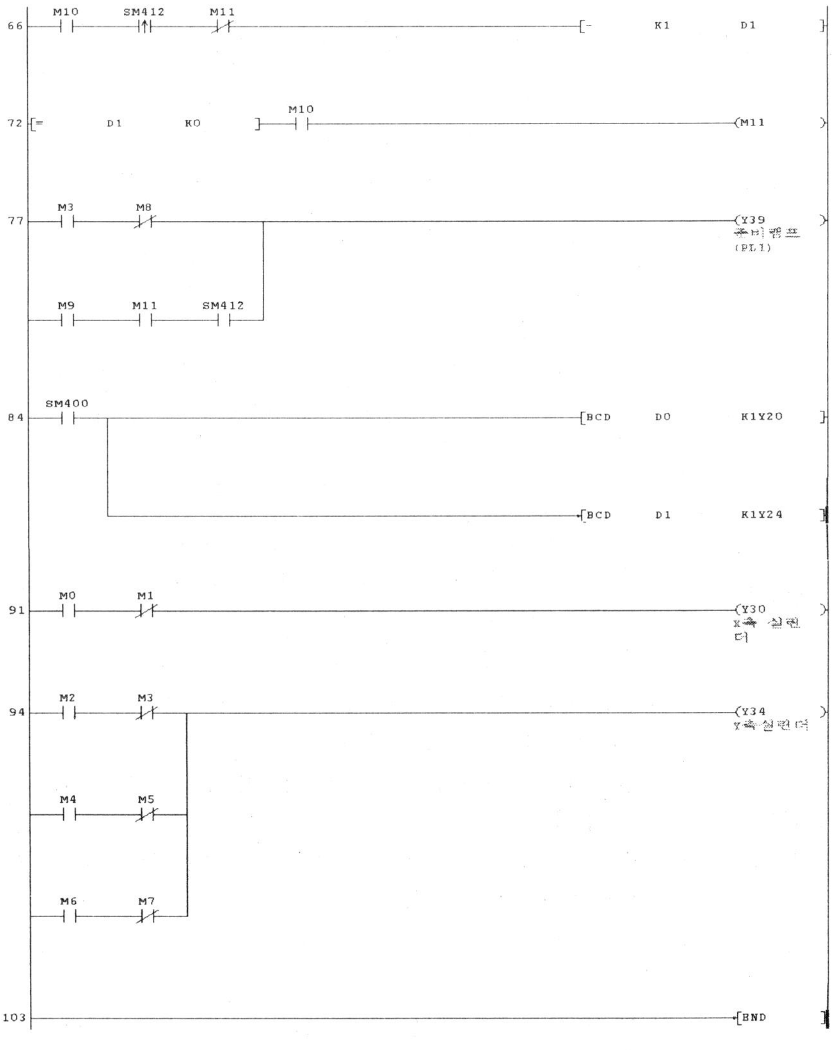

(나) 기본 동작

① 초기 동작이 완료되어 준비 램프(PL1)가 1초 간격으로 점멸하면 기본 동작을 할 수 있다.

· 매거진에 공작물을 재질 구분 없이 공급한다.

· 시작 스위치(PB1)를 눌렀다 떼면(ON/OFF) 시스템이 다음과 같이 연속으로 동작한다.

· 연속 동작이 정지되면 시작 스위치(PB1)에 의해 기본 동작을 시작할 수 있어야 한다.

동작 요소	동작 및 표시 상태
1. 표시램프 (PL1, PL2, PL3)	1) 준비 램프(PL1) : 점등 2) 운전표시 램프(PL2) : 1초 간격으로 점멸 3) 공작물 재고표시 램프(PL3) : 매거진에 공작물이 없으면 점등하고, 공작물이 있으면 0.5초 간격으로 점멸. ① 연속동작 중 공작물이 없으면 3초 점등한다. ② 재고 표시램프(PL3)가 점등되고 10초 이내에 공작물을 공급하면 점멸한다.
2. 공급 실린더 (CYL1)	1) 표시 램프(PL2)가 점멸되면 공작물을 공급하고 후진한다. ※ 연속동작에 따른 공작물은 작업 중인 공작물이 배출 또는 적재가 완료되면 공급한다. 2) 표시램프(PL3)가 점등되어 있으면 동작하지 않는다.
3. 컨베어	1) 공급 실린더(CYL1)가 공작물을 공급하고 2초 후 동작한다. 2) 센서(S12)가 공작물을 검출하면 일시 정지하고, 스토퍼 실린더가 후진 완료하면 다시 동작한다. 3) 연속 동작을 종료하면 정지한다.
4. 센서 (S10, S11)	1) 금속을 검출하면 센서(S12)에 공작물이 검출되고, 3초 후 스토퍼 실린더(CYL2)를 후진시켜 배출한다. ※ 금속이 검출되면 표시램프(PL4)를 배출 또는 적재 완료시까지 점등한다. 2) 비금속을 검출하면 스토퍼 실린더(CYL2)를 즉시 후진시켜 컨베어를 이용해 배출한다. ※ 비금속이 검출되면 표시램프(PL4)를 배출 완료시 까지 0.5초 간격으로 점멸한다.
5. 스토퍼 실린더 (CYL2)	1) 컨베어가 동작하면 전진하고, 센서(S12)에 금속 공작물이 검출되면 3초 후 후진한다. 2) 컨베어가 동작하면 전진하고, 센서(S10,S11)가 비금속을 검출하면 즉지 후진한다.
8. 연속 동작 정지	1) 정지 스위치(PB2)를 누르면(ON) 초기 동작이 완료된 상태로 정지한다. 2) 재고 표시램프(PL3)가 10초간 점등되면, 초기 동작이 완료된 상태로 정지한다. ※ 초기 동작이 완료된 상태 : 준비 램프(PL1)가 1초 간격으로 점멸 상태

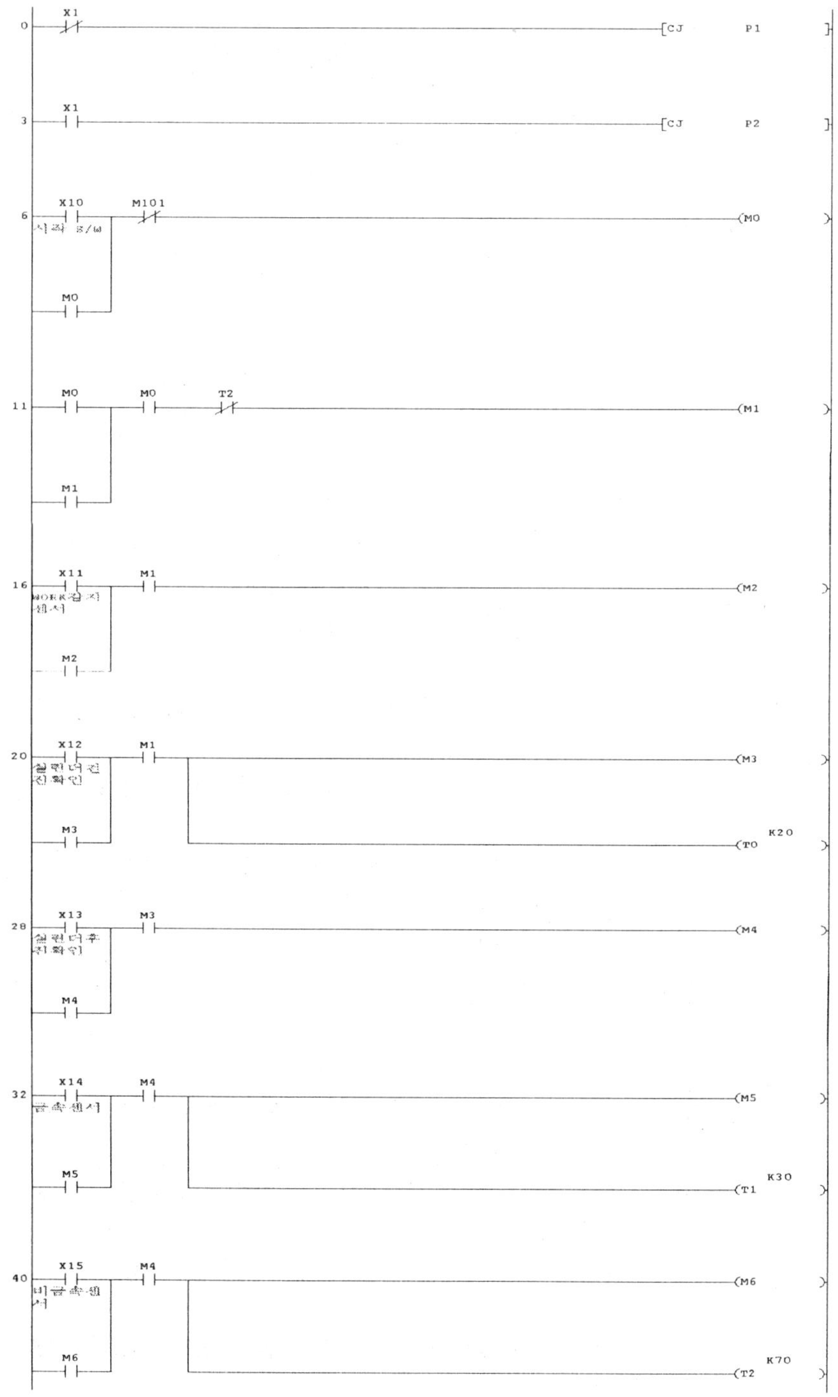
0
X1
CJ
P1
3
X1
CJ
P2
6
X10
시작 S/W
M101
M0
M0
11
M0
M0
T2
M1
M1
16
X11
WORK검지
센서
M1
M2
M2
20
X12
실린더전
진확인
M1
M3
M3
K20
T0
28
X13
실린더후
진확인
M3
M4
M4
32
X14
금속센서
M4
M5
M5
K30
T1
40
X15
비금속센
서
M4
M6
M6
K70
T2

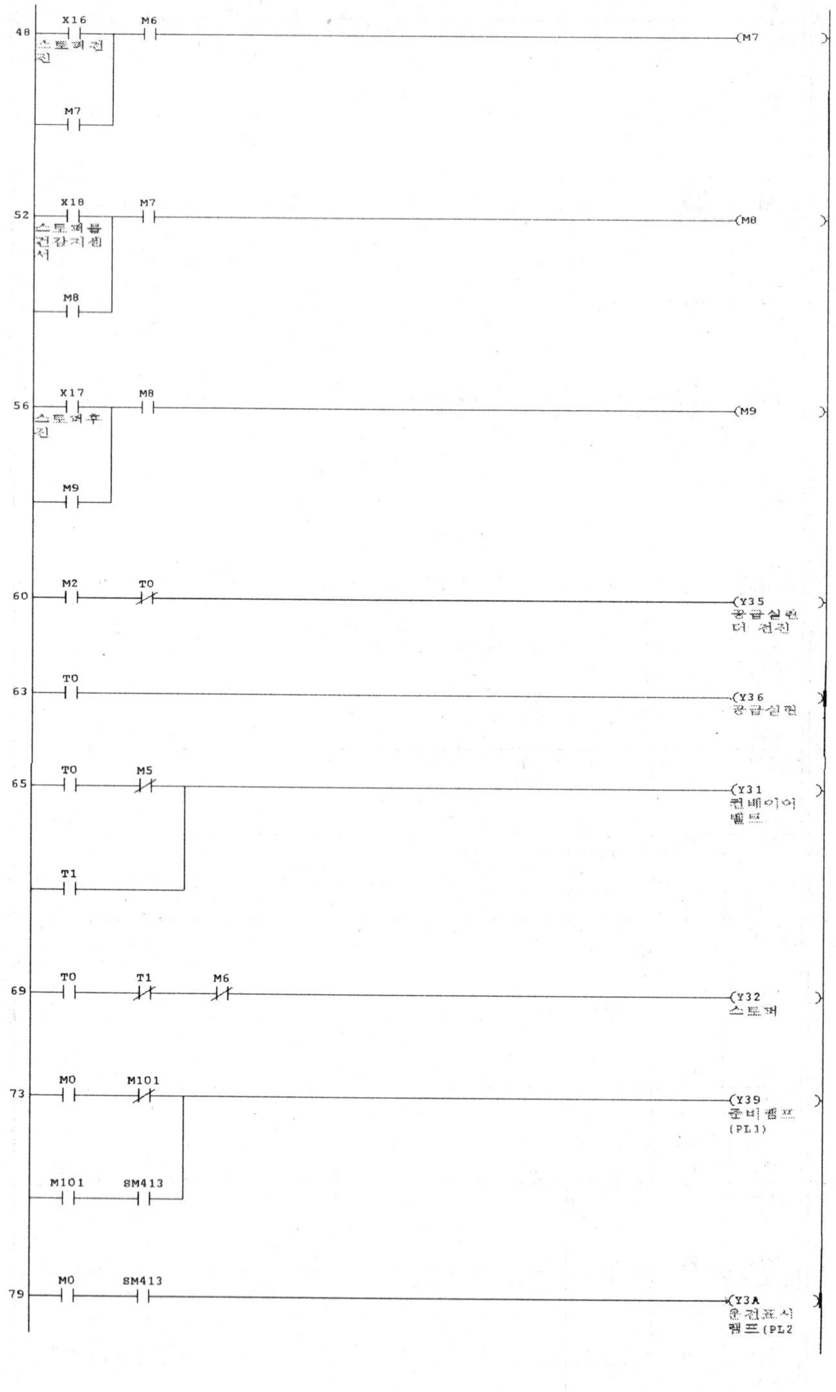
48
X16
스토퍼전진
M6
M7
M7
52
X18
스토퍼용전감지센서
M7
M8
M8
56
X17
스토퍼후진
M8
M9
M9
60
M2
T0
Y35
공급실린더 전진
63
T0
Y36
공급실린
65
T0
M5
Y31
컨베이어벨트
T1
69
T0
T1
M6
Y32
스토퍼
73
M0
M101
Y39
준비램프
(PL1)
M101
SM413
79
M0
SM413
Y3A
운전표시램프(PL2

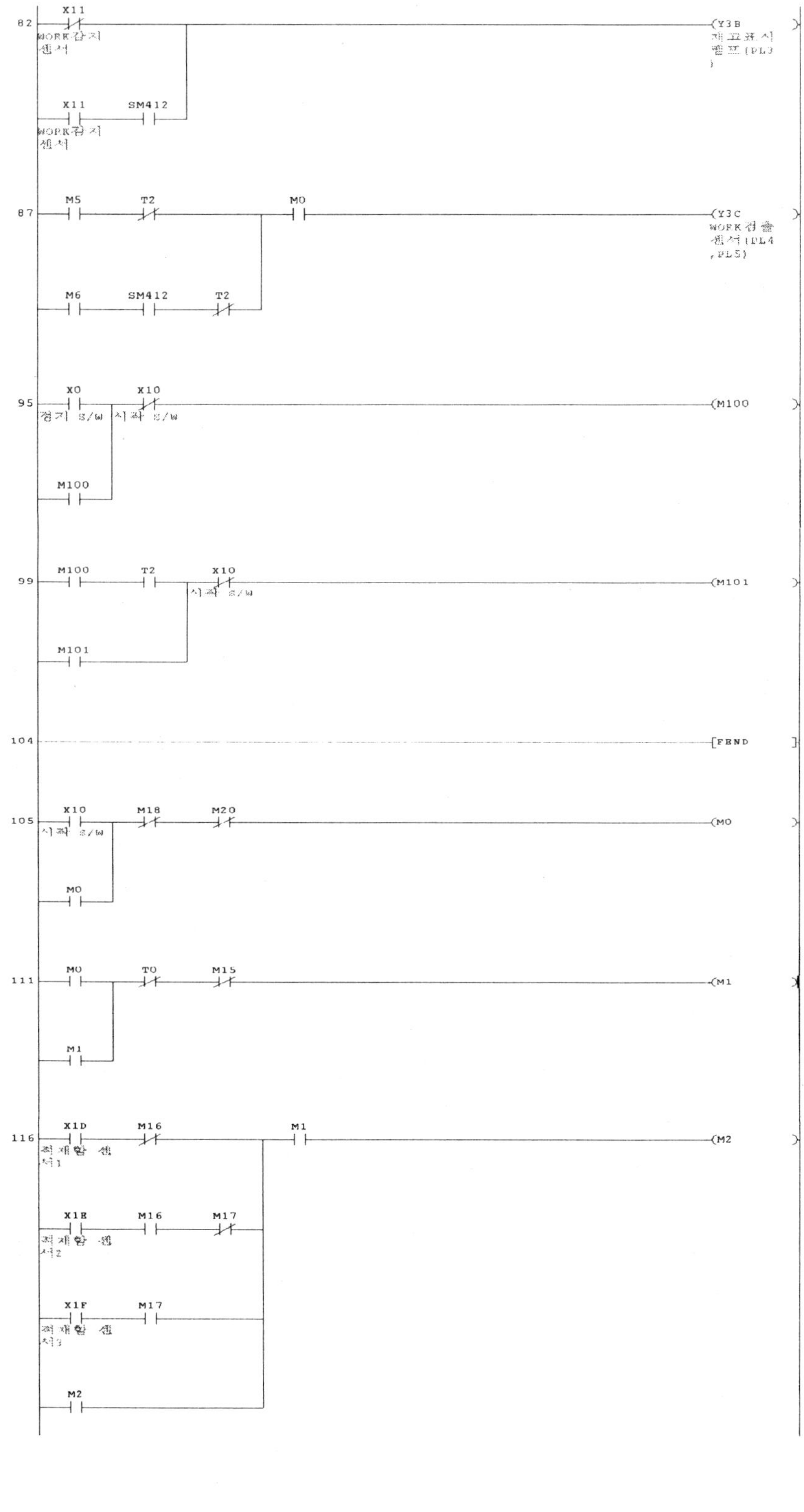

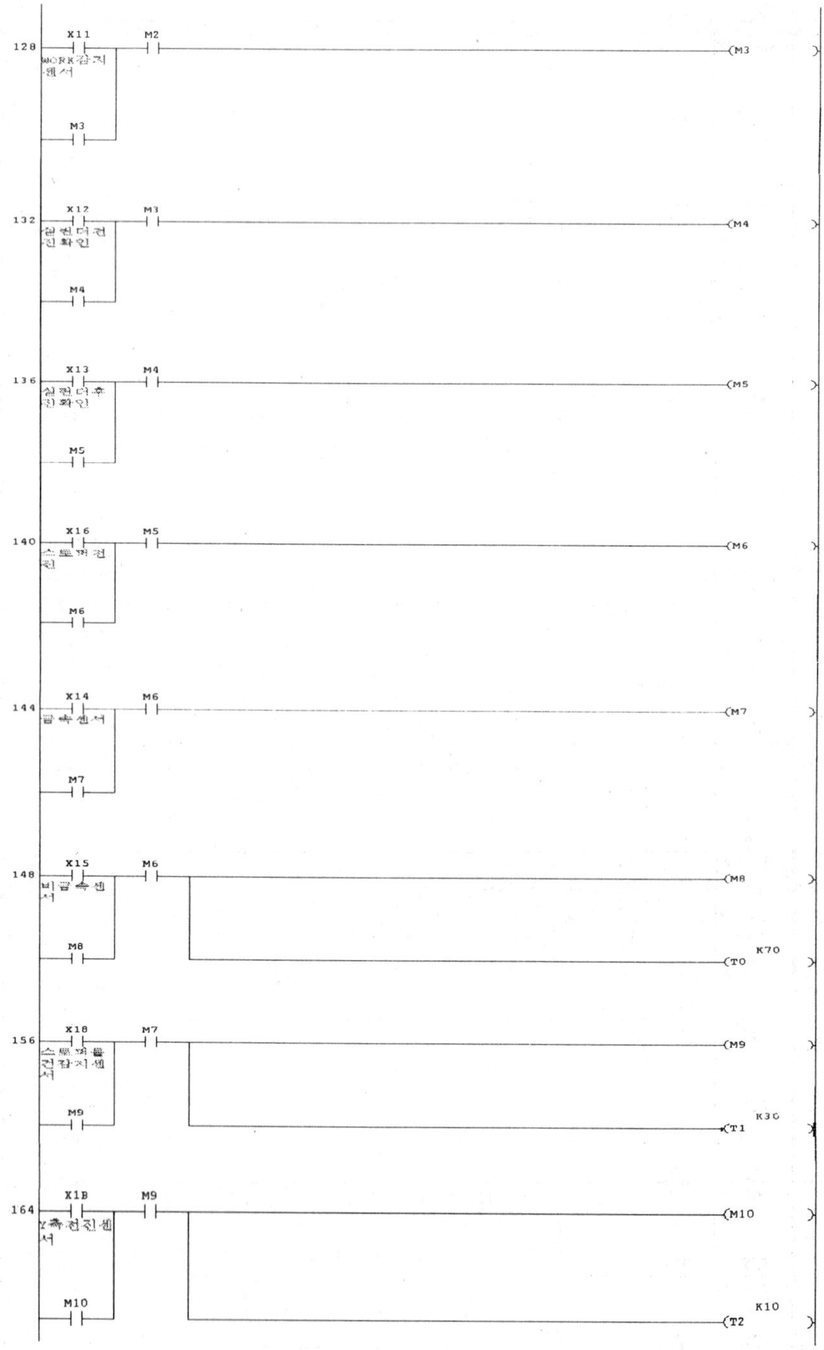

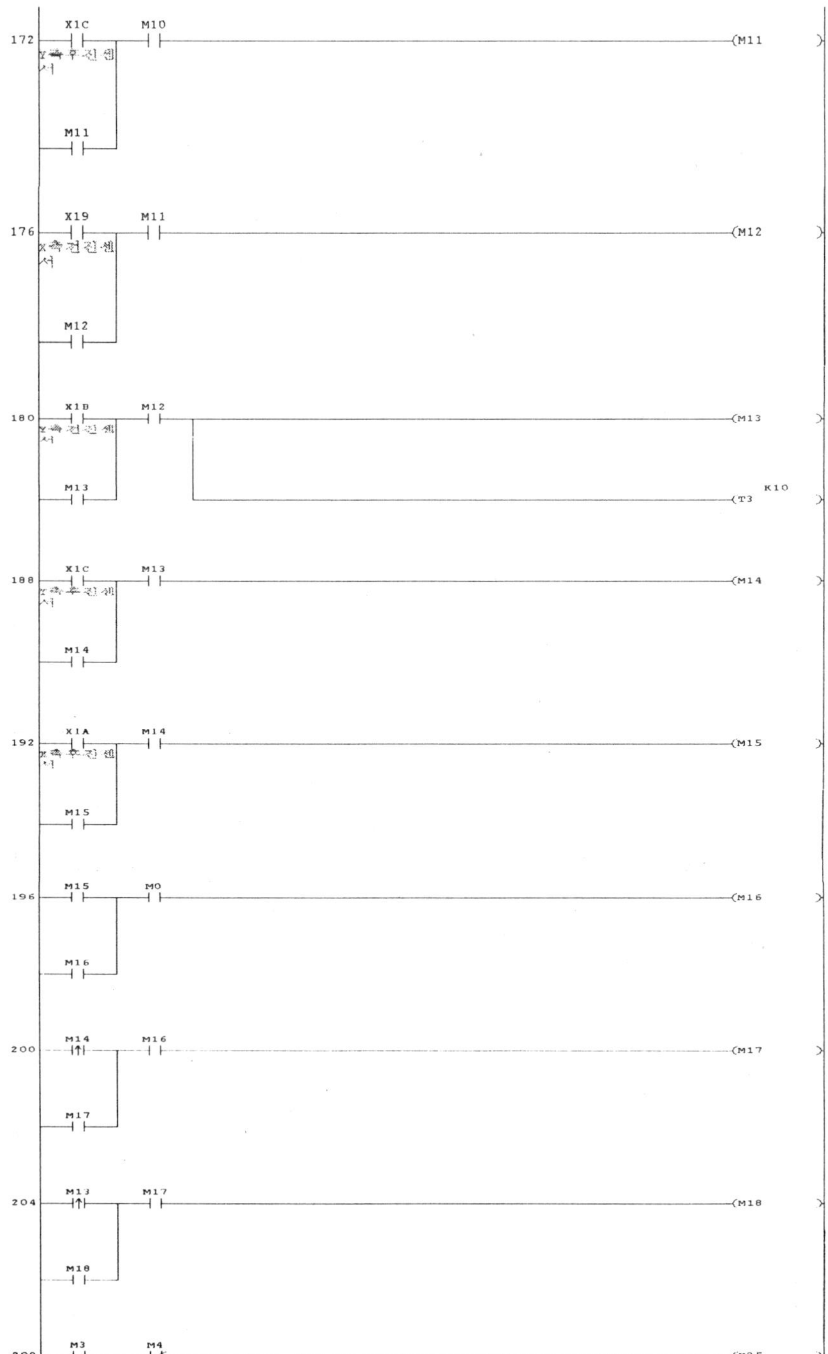
172
X1C
M10
M11
M11
176
X19
M11
M12
M12
180
X1B
M12
M13
M13
T3
K10
188
X1C
M13
M14
M14
192
X1A
M14
M15
M15
196
M15
M0
M16
M16
200
M14
M16
M17
M17
204
M13
M17
M18
M18
208
M3
M4
Y35

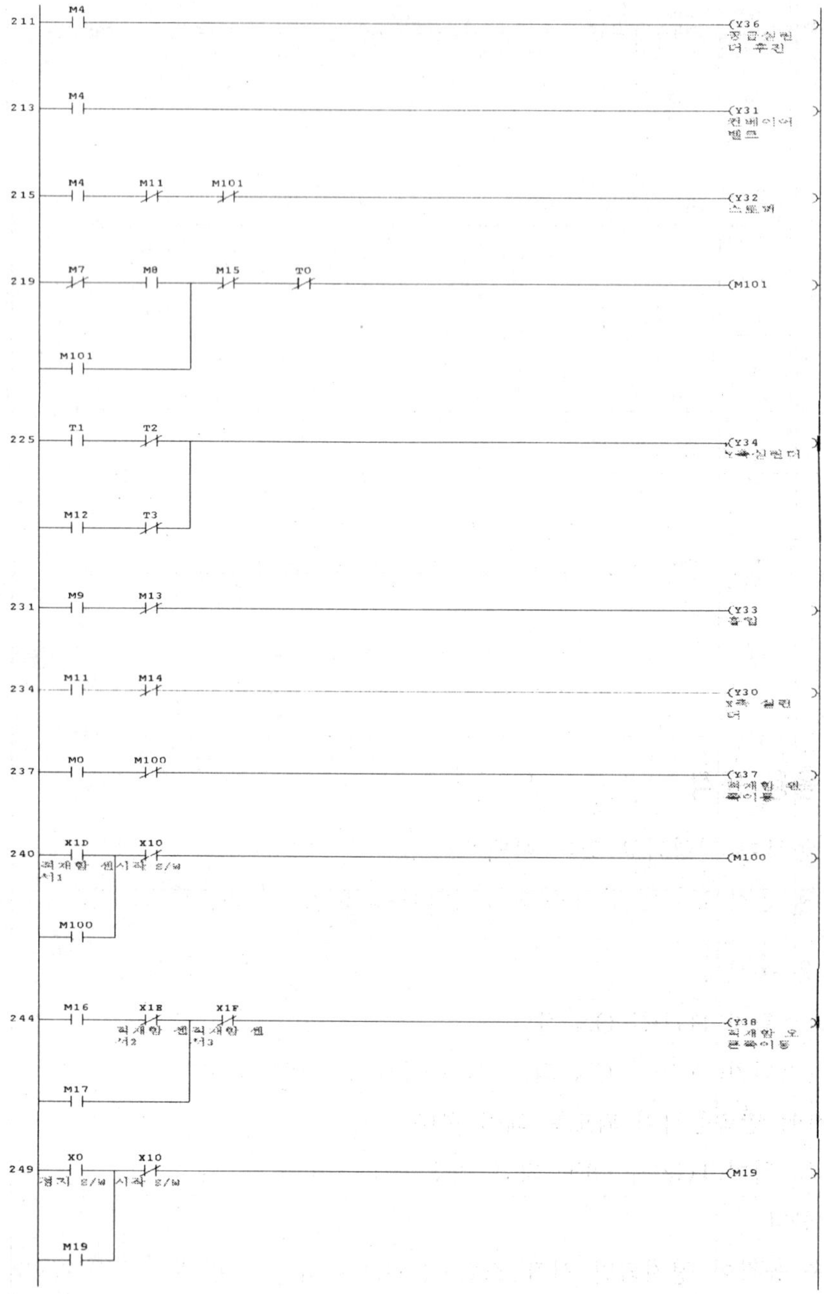

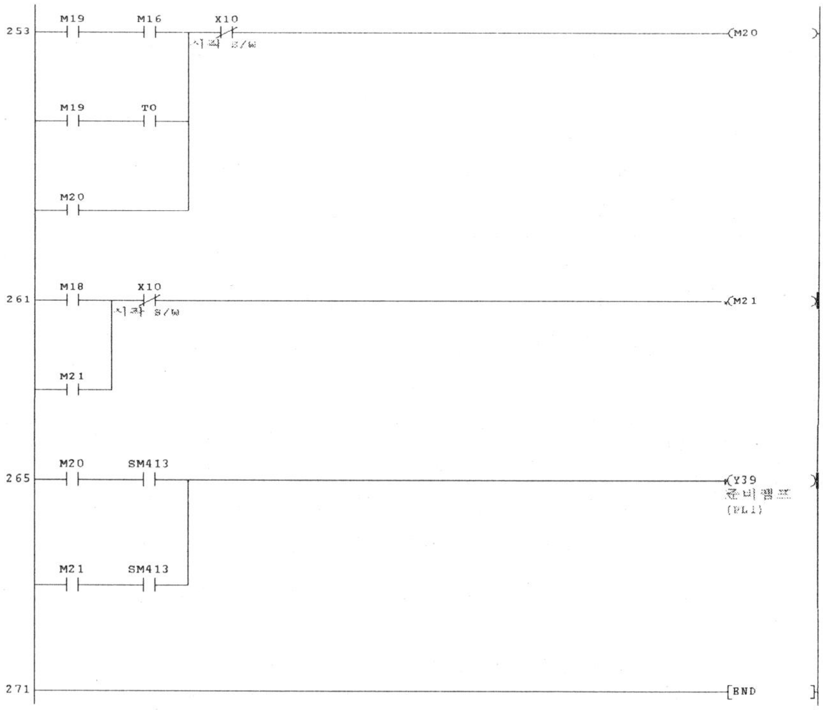

(다) 응용 동작

기본 동작이 진행되고 있는 상태에서 토글스위치(TG2)를 ON하면 기본 동작 요소에 응용 동작 1의 동작 요소를 추가하여 동작되도록 해야 한다.

① 응용 동작 1

- 토글스위치(TG2)를 ON 한다.
- 토글스위치(TG2)가 ON 되고 최초 공급되는 공작물부터 다음 동작 요소를 추가하여 연속동작이 되도록 해야 한다.
- 토글스위치(TG2)가 OFF 되면 최초 공급되는 공작물부터 기본 동작을 실행해야 한다.
- 연속 동작이 정지되면 시작 스위치(PB1)에 의해 응용 동작을 시작할 수 있어야 한다.

동작 요소	동작 및 표시 상태
2. 공급 실린더 (CYL1)	1) 센서(S10, S11)가 금속 3개를 검출하면 공급 실린더는 공작물 공급을 일시 중지한다. ※ 센서(S10, S11)가 금속 3개를 검출하면 운전표시 램프(PL2) 점등한다.
5. 스토퍼 실린더 (CYL2)	1) 컨베어가 동작하면 전진하고, 흡착컵1과 상하 이송 실린더 (CYL3)가 공작물을 흡착하여 후진하면 후진한다. 2) 컨베어가 동작하면 전진하고, 센서(S10, S11)에서 비금속을 검출하면 즉시 후진한다.
6. 흡착, 이송 실린더 (흡착컵1, CYL3, CYL4)	1) 스토퍼 실린더의 센서(S12)에 금속 공작물이 검출되면 3초 후 공작물을 적재부(STAGE)로 이송한다. ※ 공작물 이송을 위한 실린더 및 흡착컵의 동작순서는 간섭이 없고 원활한 동작이 되도록 수검자가 판단하여 정한다.
7. 적재부	1) 전후 이송 실린더(CYL4)가 전진을 완료하면 적재해야할 위치로 이동한다. 2) 공작물은 STAGE 1, 3, 2 순으로 저장한다.
8. 연속 동작 정지	1) 정지 스위치(PB2)를 누르면(ON) 초기동작이 완료된 상태로 정지한다. 2) 적재부에 3개의 공작물이 저장되면 초기 동작이 완료된 상태로 정지한다. 3) 재고 표시램프(PL3)가 10초간 점등되면, 초기 동작이 완료된 상태로 정지한다.

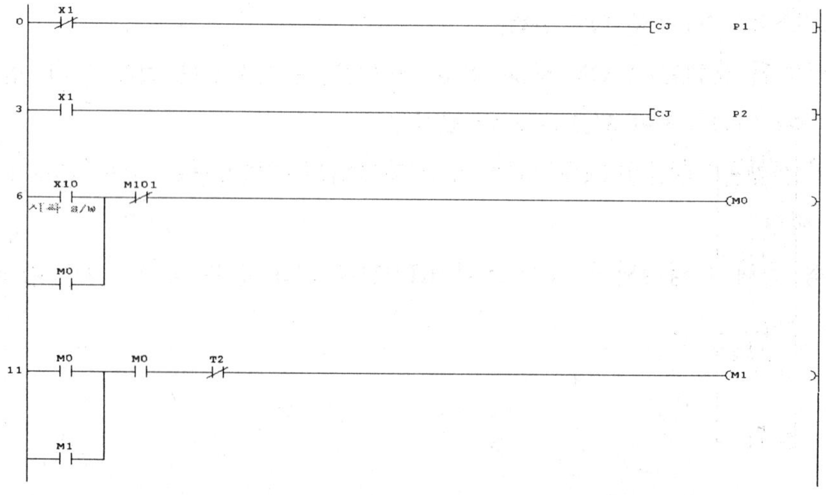

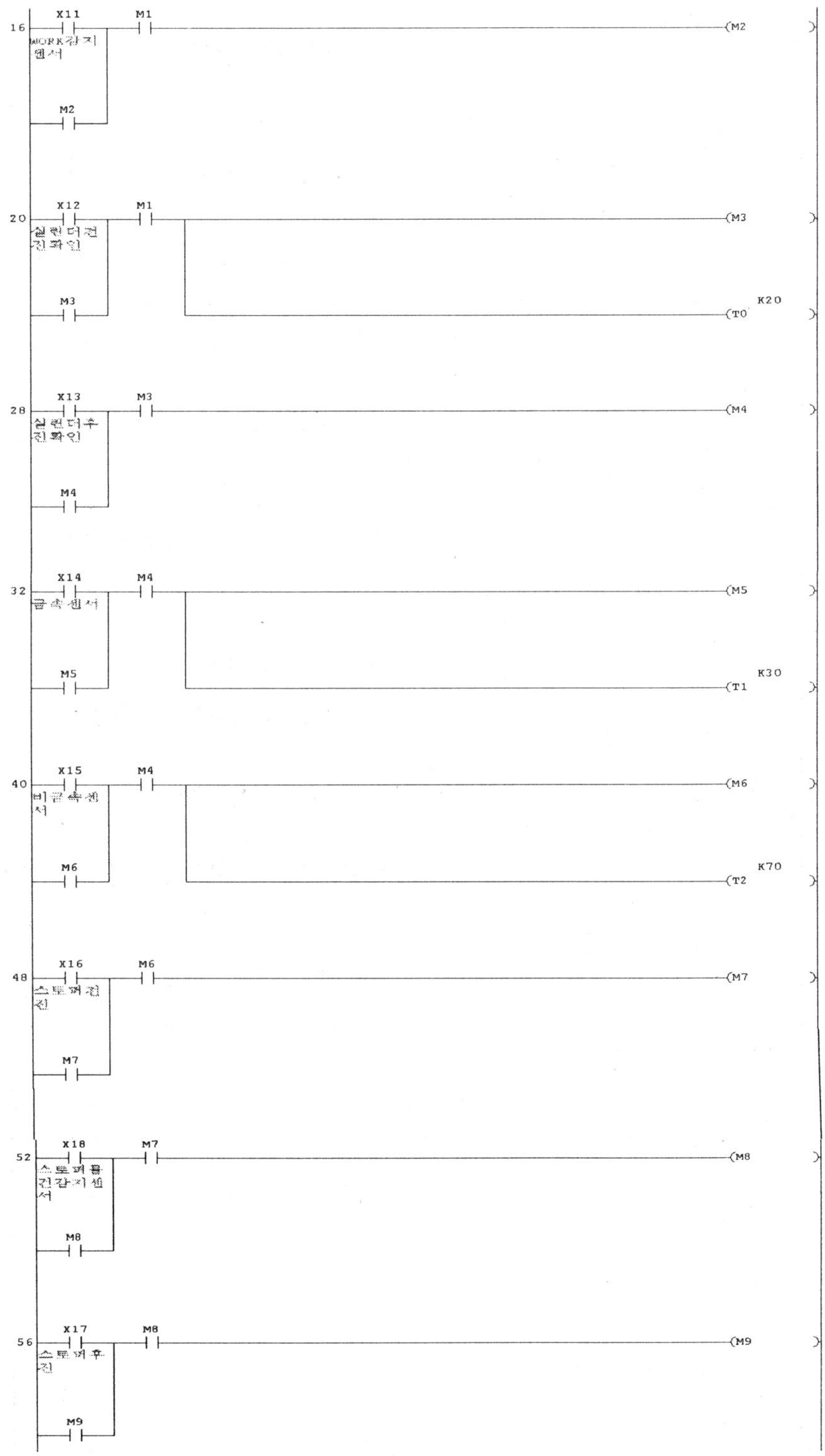
16
X11
M1
WORK감지센서
M2
20
X12
실린더전진확인
M3
T0
K20
28
X13
실린더수진확인
M4
32
X14
금속센서
M5
T1
K30
40
X15
비금속센서
M6
T2
K70
48
X16
스토퍼전진
M7
52
X18
스토퍼플전감지센서
M8
56
X17
스토퍼후진
M9

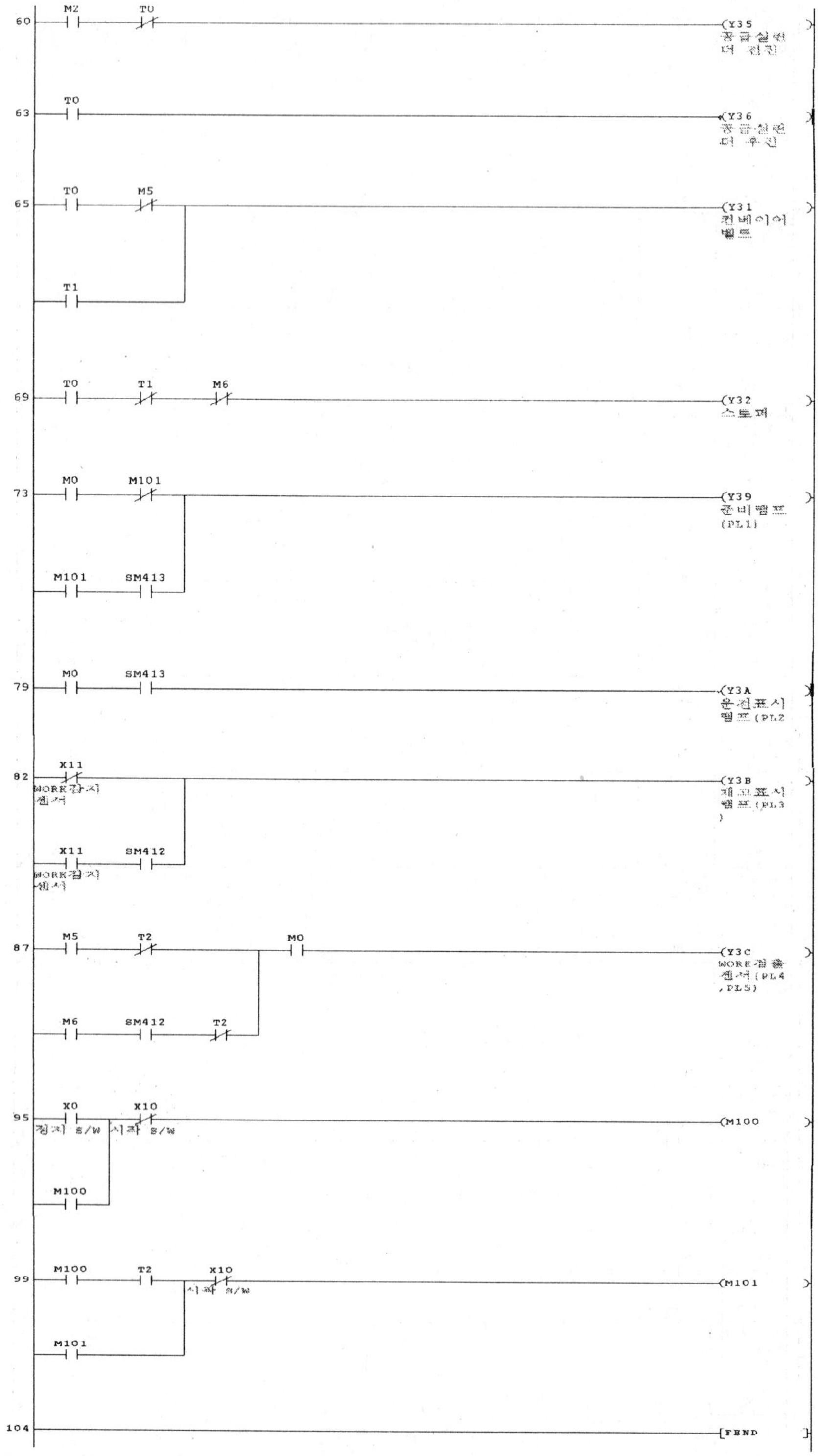
60
M2
T0
Y35
공급실린더 전진
63
Y36
공급실린더 후진
65
M5
T1
Y31
컨베이어 벨트
69
M6
Y32
스토퍼
73
M0
M101
SM413
Y39
준비램프 (PL1)
79
Y3A
운전표시 램프(PL2
82
X11
WORK감지 센서
SM412
Y3B
재고표시 램프(PL3)
87
T2
Y3C
WORK검출 센서(PL4, PL5)
95
X0
정지 S/W
X10
시작 S/W
M100
99
M101
104
FEND

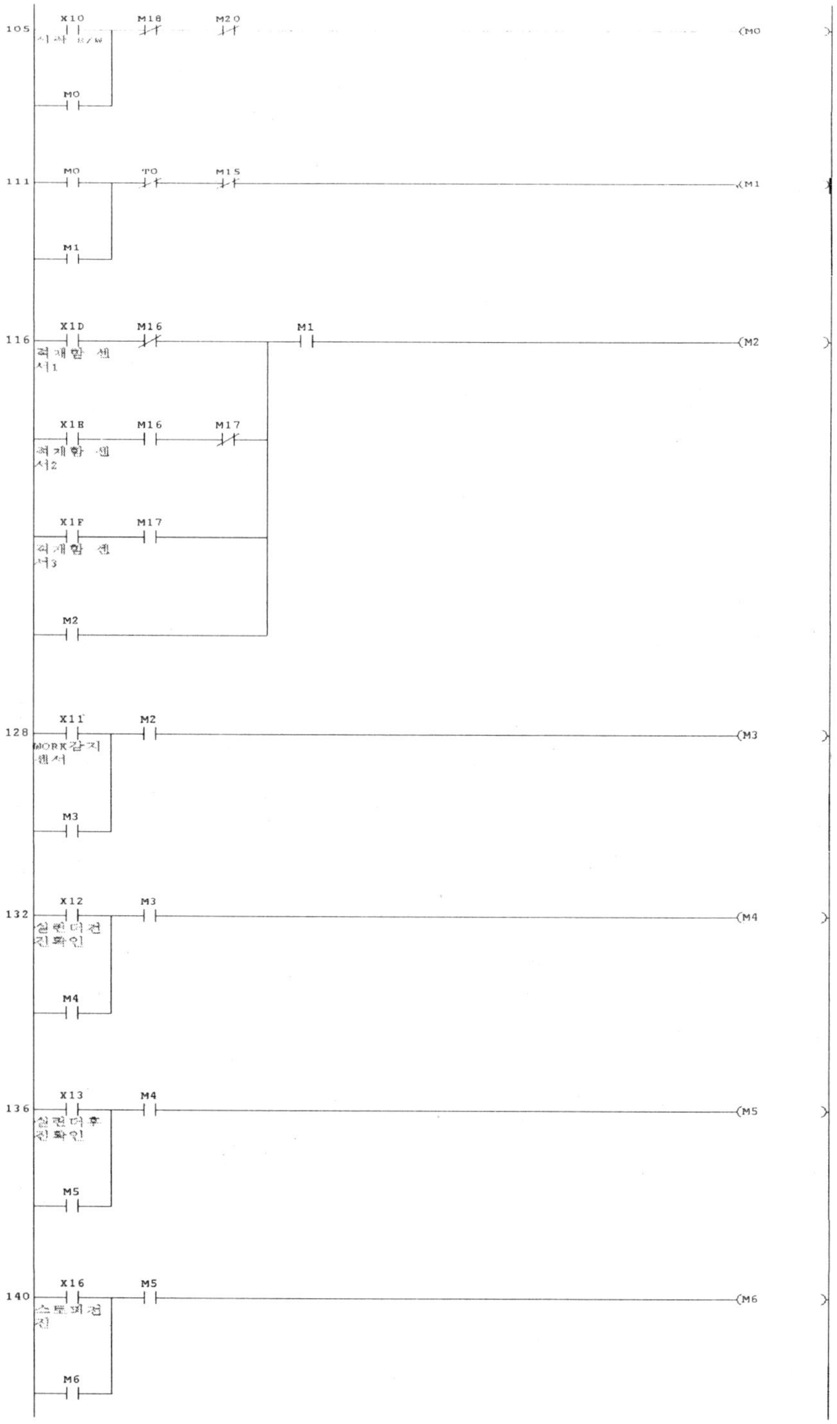
105
X10
M18
M20
M0
M0
111
M0
T0
M15
M1
M1
116
X1D
M16
M1
M2
X1E
M16
M17
X1F
M17
M2
128
X11
M2
M3
WORK감지
센서
M3
132
X12
M3
M4
M4
136
X13
M4
M5
M5
140
X16
M5
M6
M6

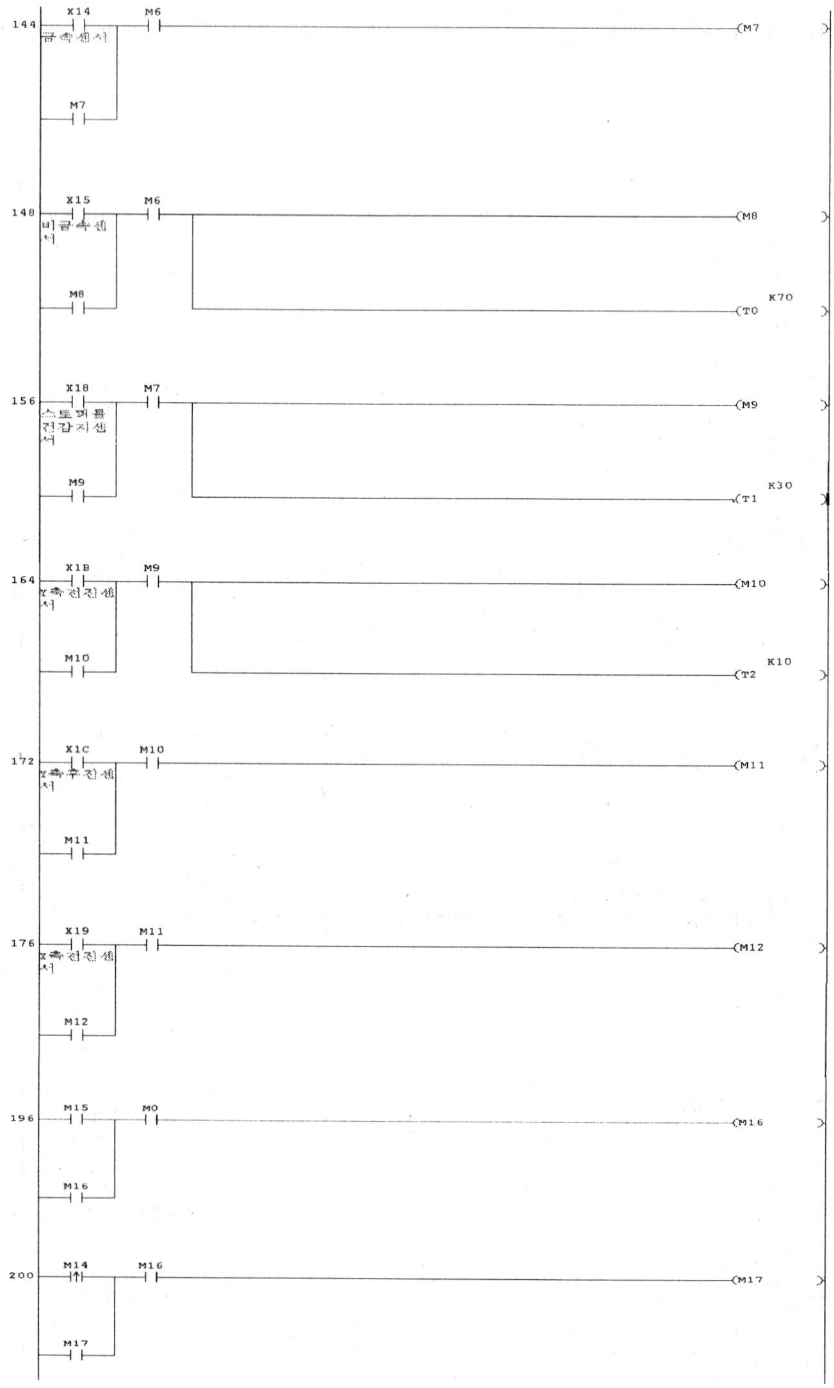
144
X14
M6
M7
M7
148
X15
M6
M8
M8
T0
K70
156
X18
M7
M9
M9
T1
K30
164
X1B
M9
M10
M10
T2
K10
172
X1C
M10
M11
M11
176
X19
M11
M12
M12
196
M15
M0
M16
M16
200
M14
M16
M17
M17

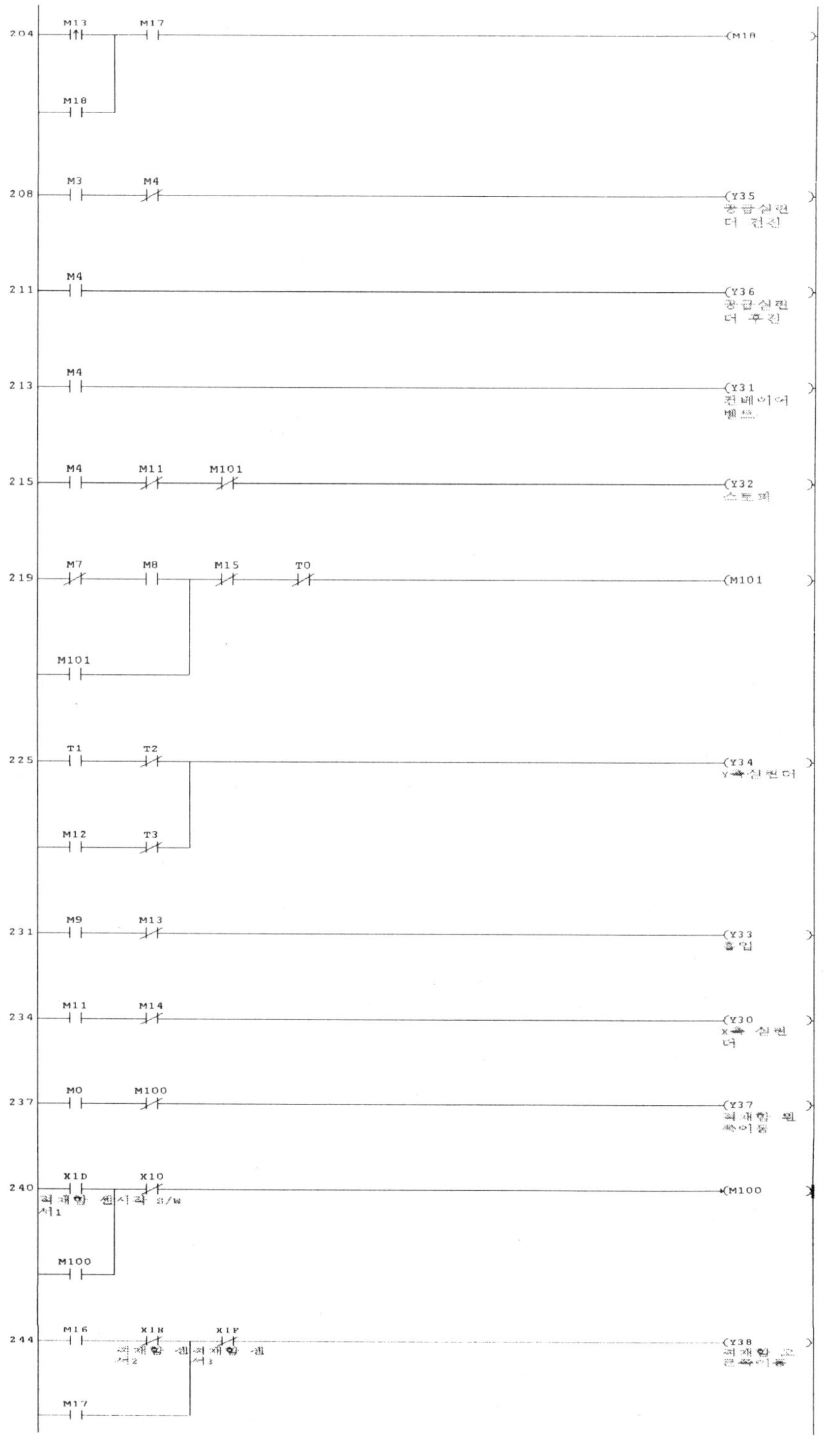

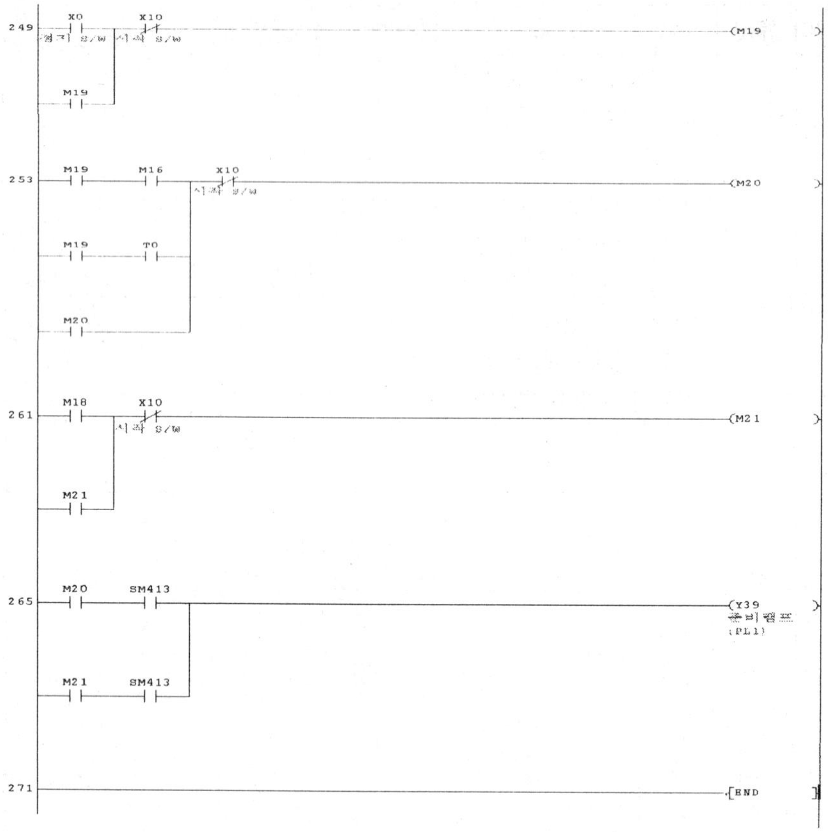

② 응용 동작 2

· 기본 동작 및 응용 동작 1의 작업 결과를 디스플레이 유닛(FND1, FND2, FND3)에 표시한다.

※ 각 디스플레이 유닛은 [0]~[9]까지 표시할 수 있다.

· 시작 스위치(PB1)를 눌렀다 떼면(ON/OFF) FND1, FND2, FND3은 [0][3][0]을 표시한다.

· 각 디스플레이 유닛은 다음과 같이 표시한다.

디스플레이 유닛	동작 및 표시 상태
FND1	1) 센서(S10, S11)에서 검출된 금속 공작물의 수량을 표시한다. 2) 센서(S10, S11)에서 검출된 비금속 공작물의 수량을 표시한다. 3) 센서(S10, S11)에서 검출된 전체 공작물의 수량을 표시한다. ※ 공급 실린더(S10, S11)가 공작물을 검출하면 금속, 비금속, 전체 수량을 1초 간격으로 순차적으로 표시한다.

디스플레이 유닛	동작 및 표시 상태
FND2	1) 적재부에 저장될 금속 공작물의 잔여 수량을 표시한다. ※ 적재부에 공작물을 저장하고 흡착컵1이 정지하면, ③에서 1씩 감소하여 표시한다.
FND3	1) 스토퍼 실린더의 센서(S12)가 금속 공작물을 검출하면 적재될 STAGE 번호를 저장을 완료할 때 까지 표시한다. 2) 저장이 완료되면 저장된 공작물의 수량을 표시한다. ※ 센서(S12)가 공작물을 검출하면 적재될 STAGE 번호를 표시하고, 적재부에 공작물을 저장하고 흡착컵1이 정지하면 저장된 공작물의 수량을 표시한다.

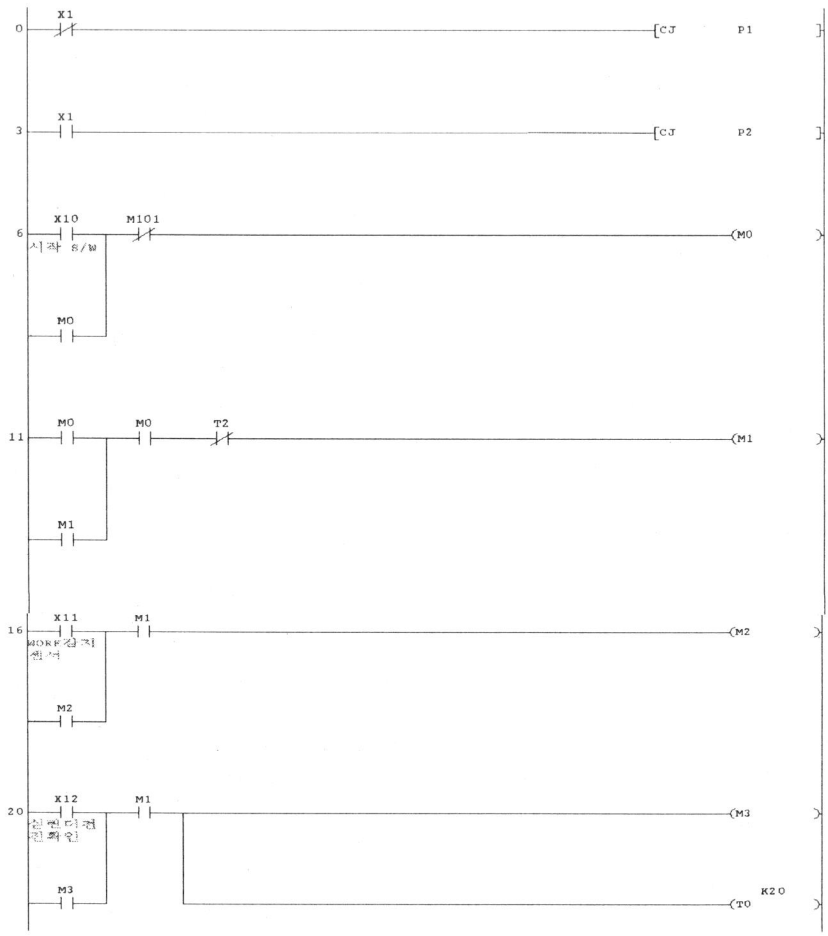

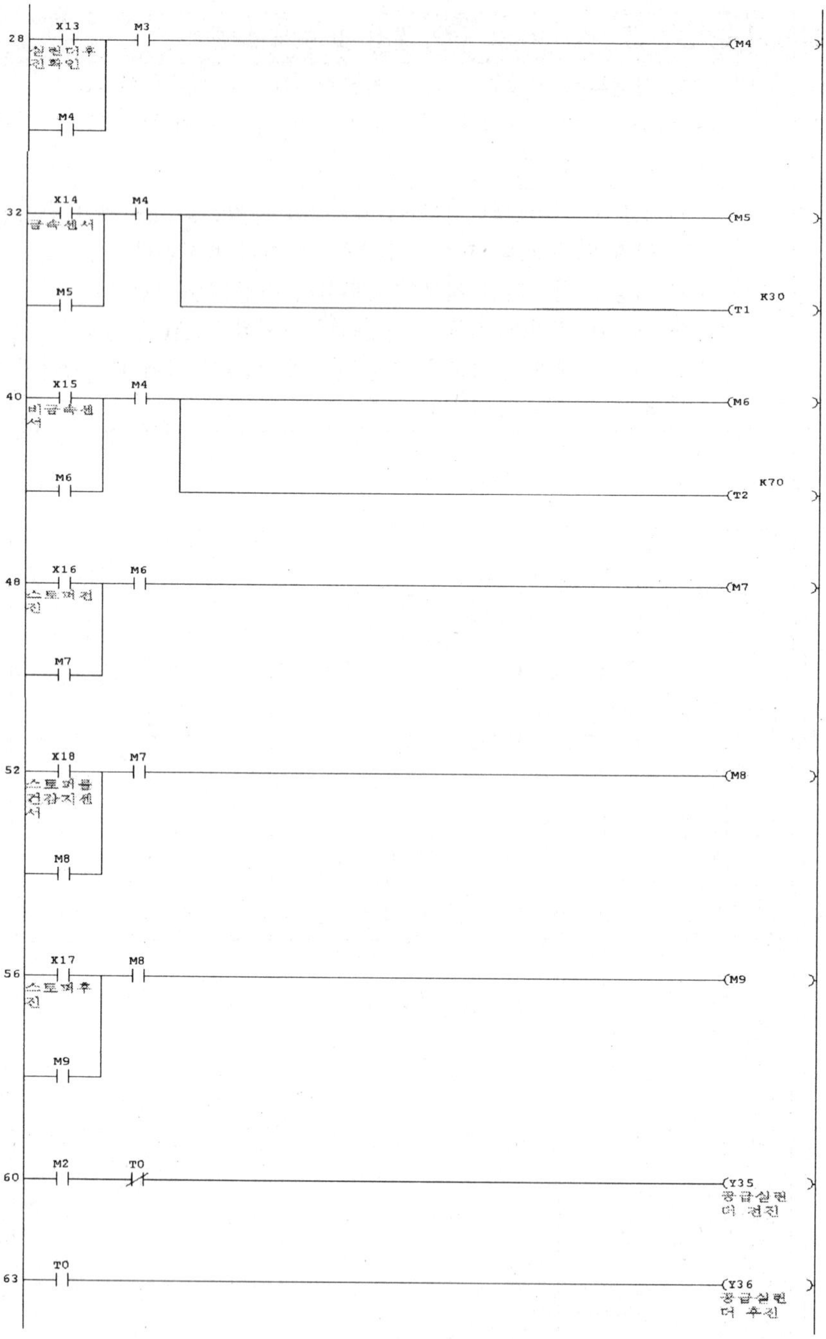
28
X13
실린더후
진확인
M3
M4
M4
32
X14
금속센서
M4
M5
M5
K30
T1
40
X15
비금속센
서
M4
M6
M6
K70
T2
48
X16
스토퍼전
진
M6
M7
M7
52
X18
스토퍼용
전감지센
서
M7
M8
M8
56
X17
스토퍼후
진
M8
M9
M9
60
M2
T0
Y35
공급실린
더 전진
63
T0
Y36
공급실린
더 후진

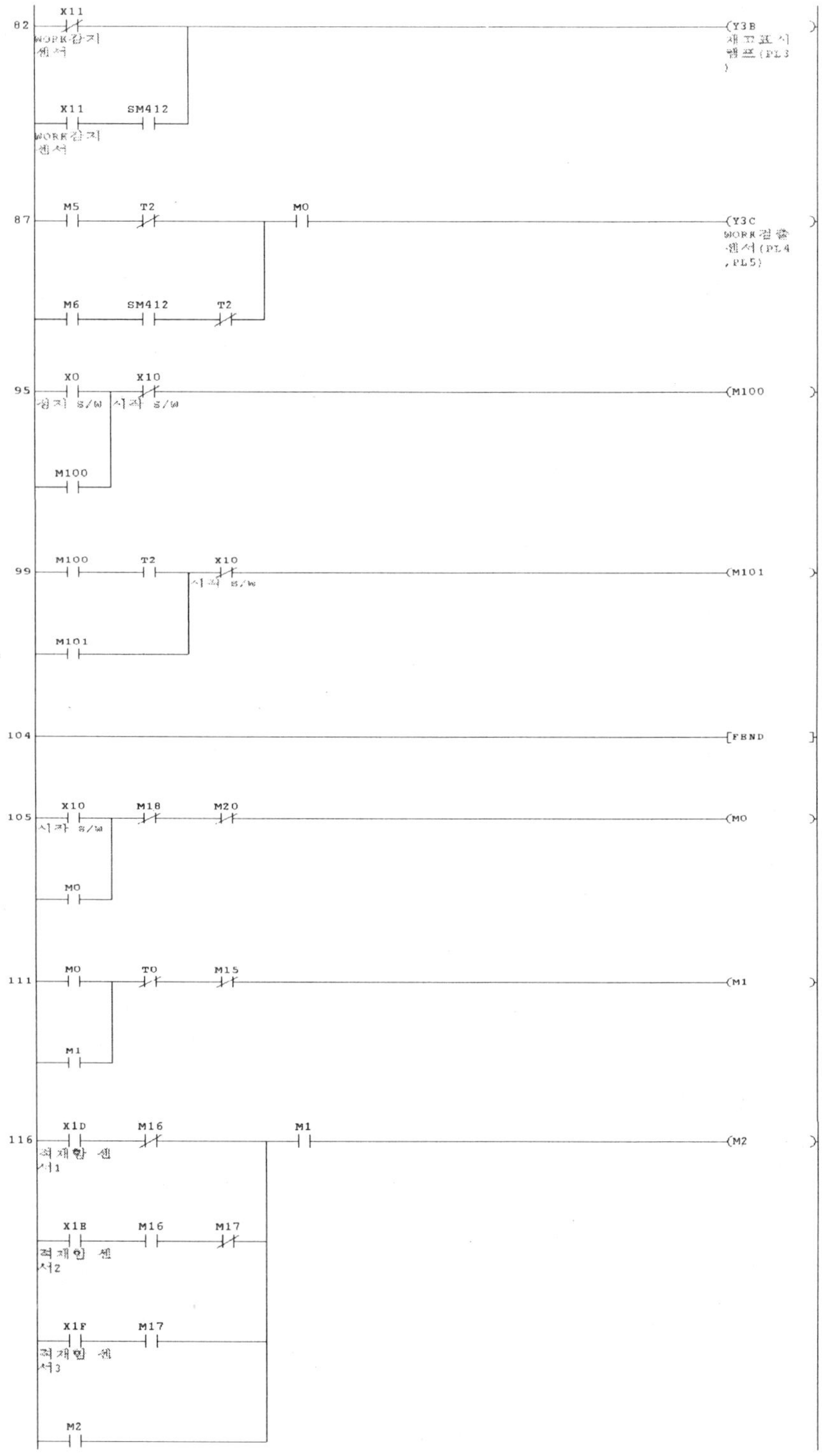
82
X11
WORK감지 센서
X11
SM412
WORK감지 센서
Y3B
재고표시 램프(PL3)
87
M5
T2
M0
Y3C
WORK검출 센서(PL4,PL5)
M6
SM412
T2
95
X0
정지 S/W
X10
시작 S/W
M100
M100
99
M100
T2
X10
시작 S/W
M101
M101
104
FEND
105
X10
시작 S/W
M18
M20
M0
M0
111
M0
T0
M15
M1
M1
116
X1D
적재함 센서1
M16
M1
M2
X1E
적재함 센서2
M16
M17
X1F
적재함 센서3
M17
M2

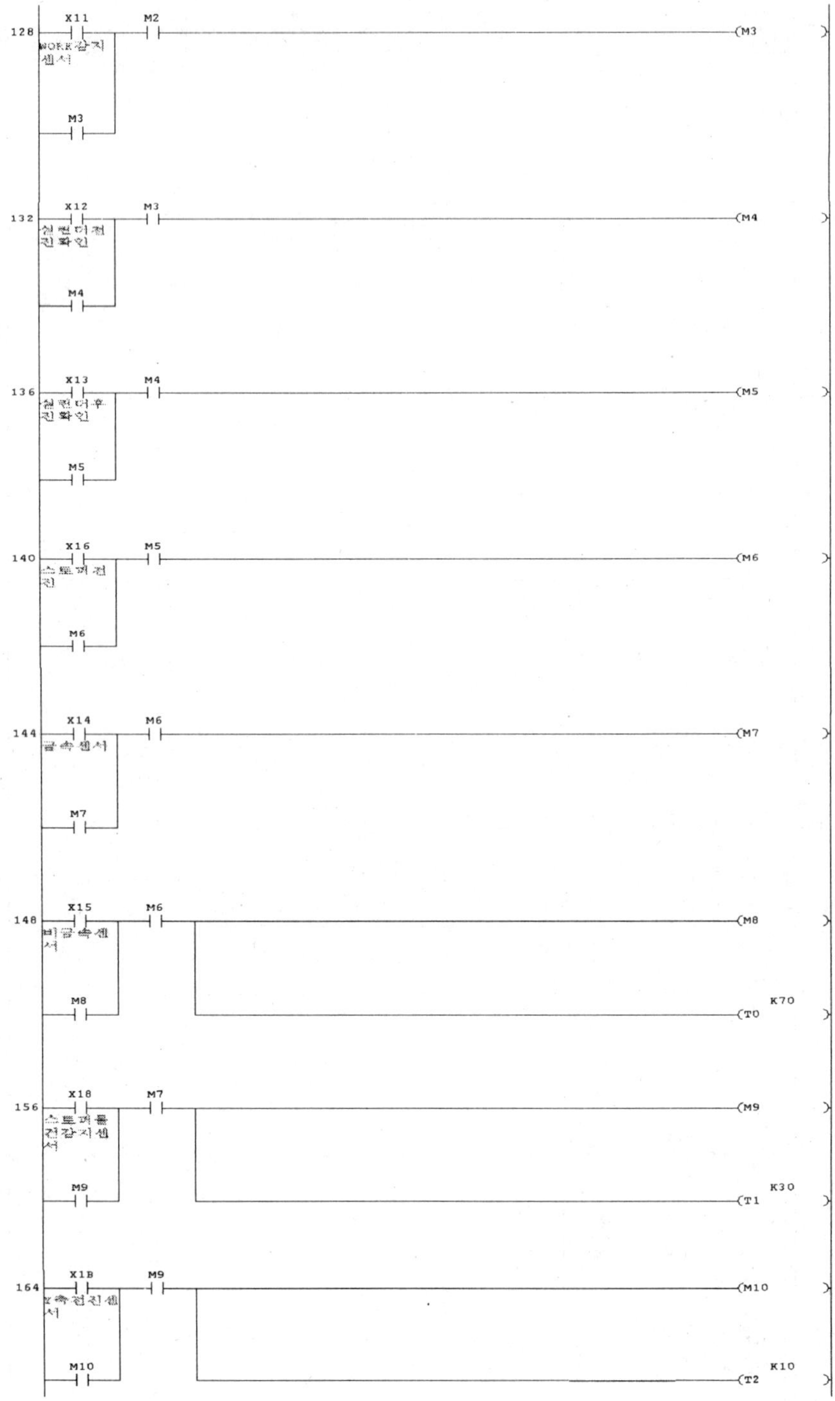
128
X11
M2
M3
M3
132
X12
M3
M4
M4
136
X13
M4
M5
M5
140
X16
M5
M6
M6
144
X14
M6
M7
M7
148
X15
M6
M8
M8
T0
K70
156
X18
M7
M9
M9
T1
K30
164
X1B
M9
M10
M10
T2
K10

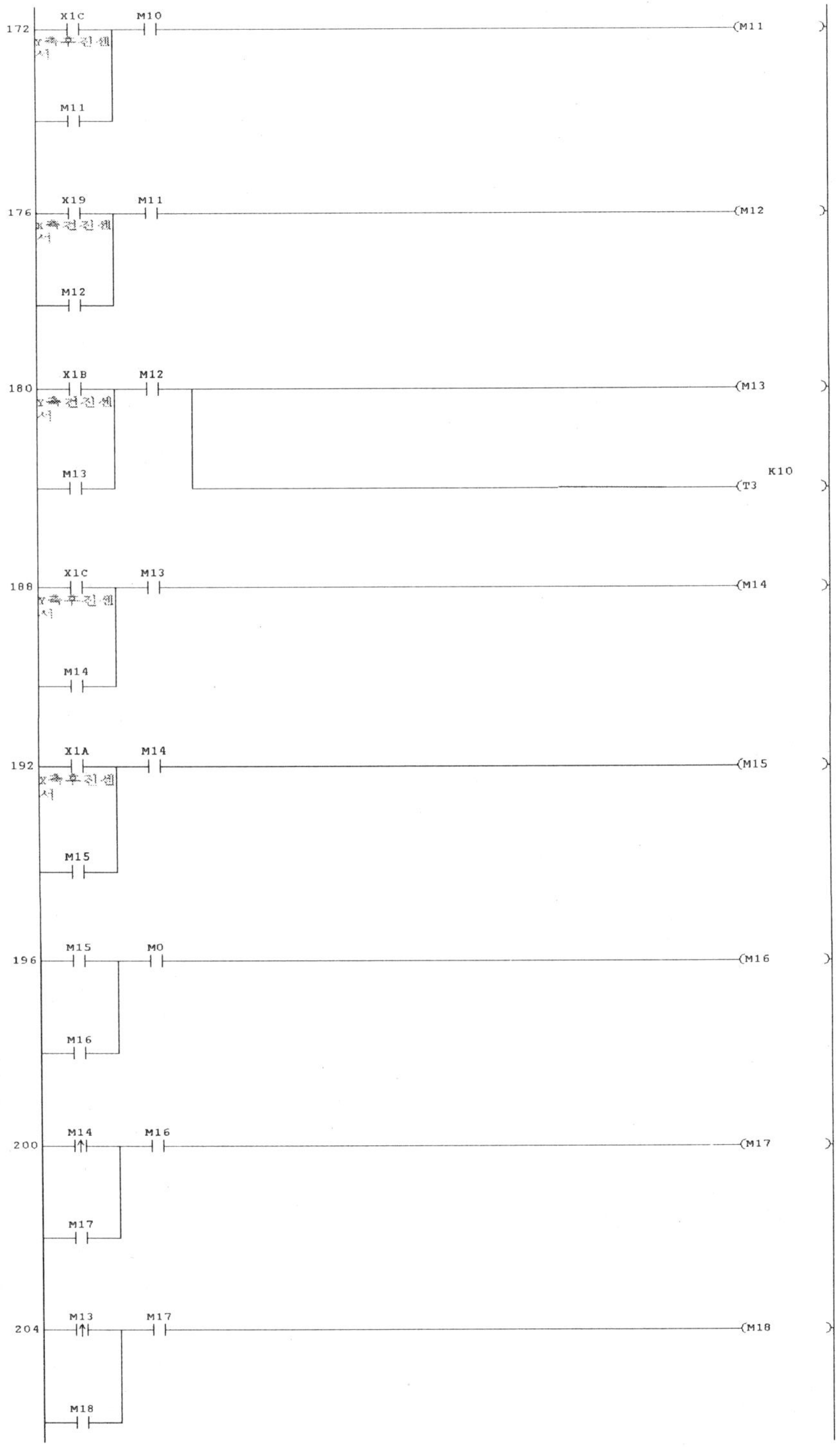
172
X1C
Y축후진센서
M10
M11
M11
176
X19
X축전진센서
M11
M12
M12
180
X1B
Y축전진센서
M12
M13
M13
K10
T3
188
X1C
Y축후진센서
M13
M14
M14
192
X1A
X축후진센서
M14
M15
M15
196
M15
M0
M16
M16
200
M14
M16
M17
M17
204
M13
M17
M18
M18

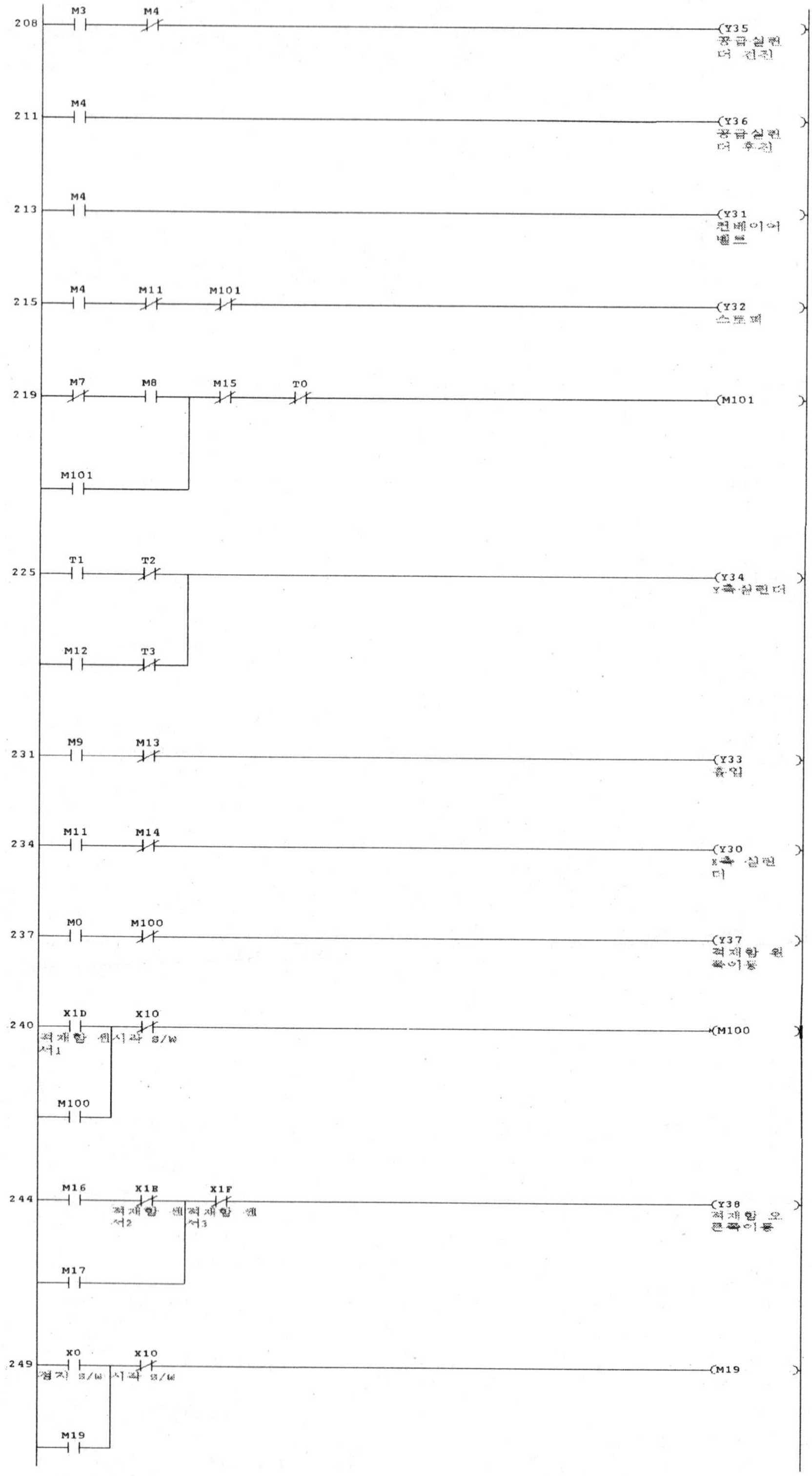
208
M3
M4
Y35
공급실린더 전진
211
M4
Y36
공급실린더 후진
213
M4
Y31
컨베이어벨트
215
M4
M11
M101
Y32
스토퍼
219
M7
M8
M15
T0
M101
M101
225
T1
T2
Y34
Y축실린더
M12
T3
231
M9
M13
Y33
흡입
234
M11
M14
Y30
X축 실린더
237
M0
M100
Y37
적재함 왼쪽이동
240
X1D
적재함 센서1
X10
시작 S/W
M100
M100
244
M16
X1E
적재함 센서2
X1F
적재함 센서3
Y38
적재함 오른쪽이동
M17
249
X0
정지 S/W
X10
시작 S/W
M19
M19

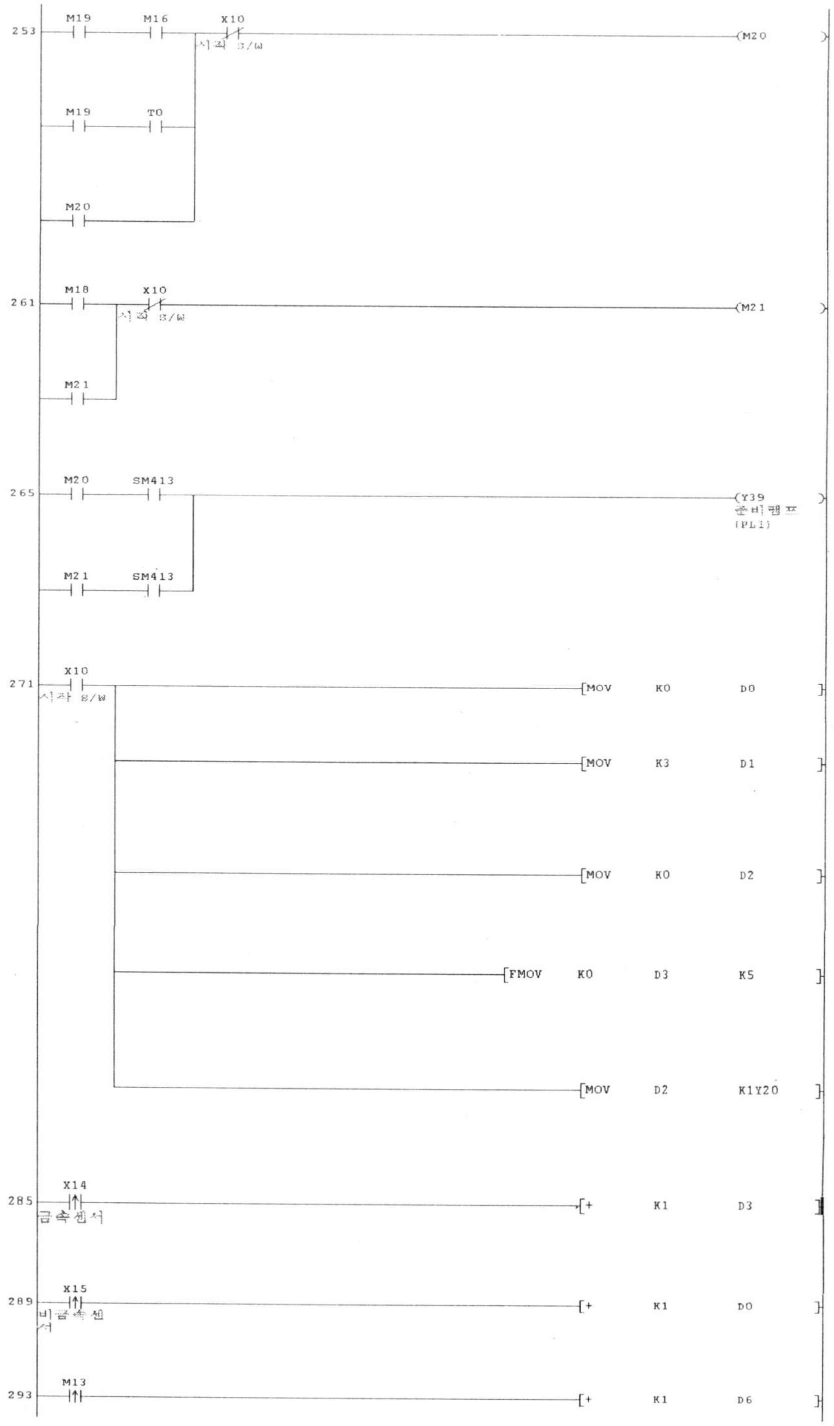
253
M19
M16
X10
시작 S/W
M20
M19
T0
M20
261
M18
X10
시작 S/W
M21
M21
265
M20
SM413
Y39
준비램프
(PL1)
M21
SM413
271
X10
시작 S/W
MOV K0 D0
MOV K3 D1
MOV K0 D2
FMOV K0 D3 K5
MOV D2 K1Y20
285
X14
금속센서
+ K1 D3
289
X15
비금속센서
+ K1 D0
293
M13
+ K1 D6

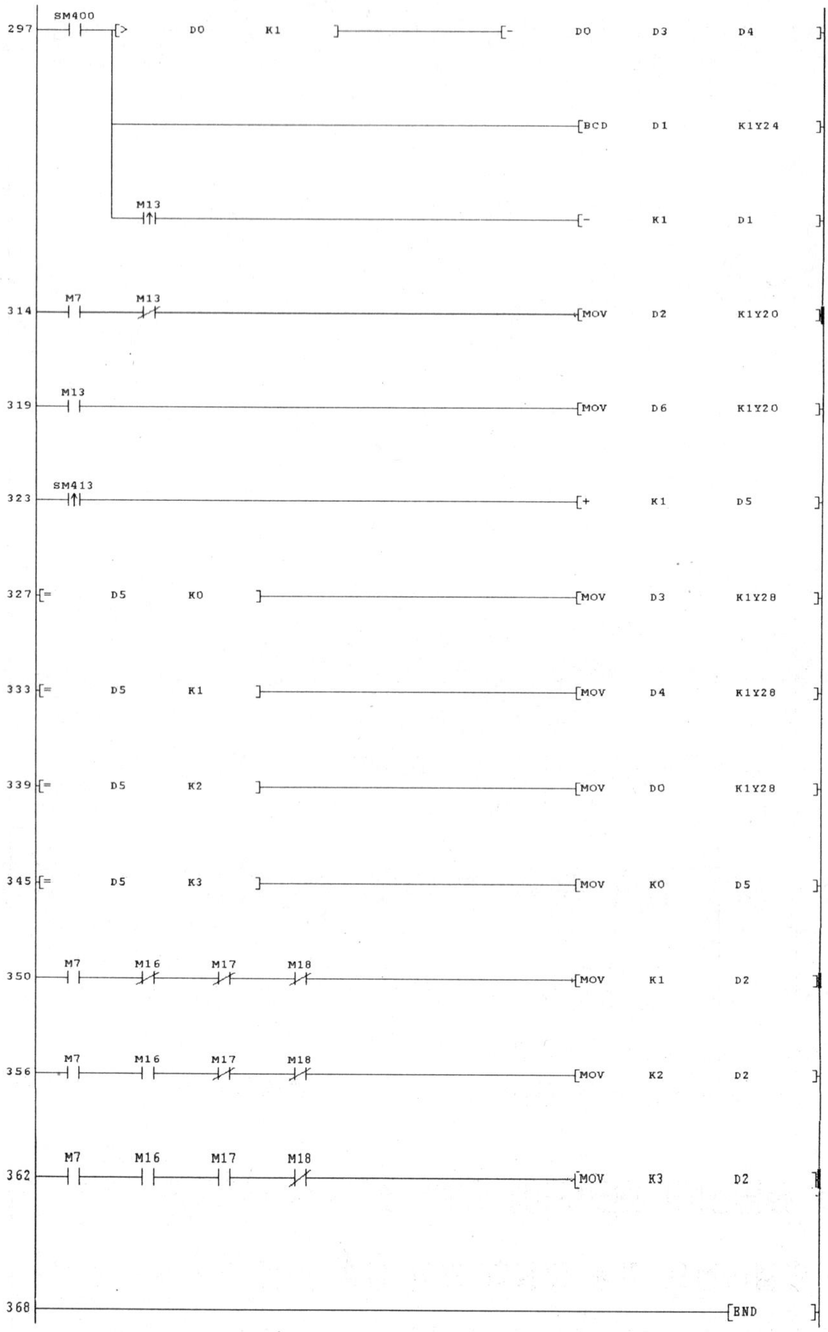
297 SM400 [> D0 K1] [- D0 D3 D4]
[BCD D1 K1Y24]
M13 [- K1 D1]
314 M7 M13 [MOV D2 K1Y20]
319 M13 [MOV D6 K1Y20]
323 SM413 [+ K1 D5]
327 [= D5 K0] [MOV D3 K1Y28]
333 [= D5 K1] [MOV D4 K1Y28]
339 [= D5 K2] [MOV D0 K1Y28]
345 [= D5 K3] [MOV K0 D5]
350 M7 M16 M17 M18 [MOV K1 D2]
356 M7 M16 M17 M18 [MOV K2 D2]
362 M7 M16 M17 M18 [MOV K3 D2]
368 [END]

제 7 장 A/D, D/A 특수 기능 모듈

Q CPU에서는 Q CPU 대응 인텔리전트 기능 모듈과 AnS 대응 특수 기능 모듈을 사용할 수 있으며 인텔리전트 기능 모듈/특수 기능 모듈에는 외부에서 불러온 데이터 및 외부로 출력하기 위한 데이터를 저장하는 메모리(버퍼 메모리)가 있다.

Q CPU는 버퍼 메모리를 경유하여 데이터를 읽거나 쓴다.

7.1 A/D, D/A 특수 기능 모듈 개요

Q CPU는 유틸리티 패키지에 의한 초기 설정, 자동 리프레시 설정, 디바이스 초기값, FROM/TO 명령, 인텔리전트 기능 모듈디바이스, 인텔리전트 기능 모듈 전용 명령과 같은 방법으로 인텔리전트 기능 모듈과 교신할 수 있다.

(1) 유틸리티 패키지에 의한 초기 설정, 자동 리프레시 설정

(가) 인텔리전트 기능 모듈의 초기 설정, 자동 리프레시 설정

인텔리전트 기능 모듈 대응 유틸리티 패키지로 GX Developer에서 초기 설정, 자동 리프레시 설정이 가능하게 되었으며 인텔리전트 기능 모듈의 초기 설정, 자동 리프레시 설정을 하면 인텔리전트 기능 모듈과의 교신 프로그램을 작성하지 않아도 데이터를 쓰기 및 읽기 할 수 있으며 인텔리전트 기능 모듈의 버퍼 메모리 어드레스를 의식하지 않고도 초기 설정, 자동 리프레시 설정이 가능하다.

(나) 유틸리티 패키지에 의한 설정

A/D 변환 모듈 Q64AD의 초기 설정, 자동 리프레시 설정의 경우는 다음과 같다.

① **초기 설정** : Q64AD의 초기 설정에는 다음과 같은 것이 있다.

A/D 변환 허가/금지 설정, 샘플링/평균 처리지정, 시간 평균/횟수 평균 지정 평균 시간/평균 횟수 지정

Q64AD의 초기 설정은 다음과 같은 초기 설정 화면에서 진행되며 설정한 초기설정 데이터는 인텔리전트 기능 모듈에 저장된다.

본 실험장치에서 A/D 변환 모듈(Q64AD) Start I/O No는 0040이며 D/A 변환 모듈(Q62DA)의 설정 Start I/O No는 0050이다.

유틸리티 S/W인 GX configulator를 설치하고 툴 메뉴의 인텔리전트 기능 유틸리티 메뉴에서 start를 클릭하면 다음과 같은 화면에서 start I/O No에 40, package name module name을 입력한다.

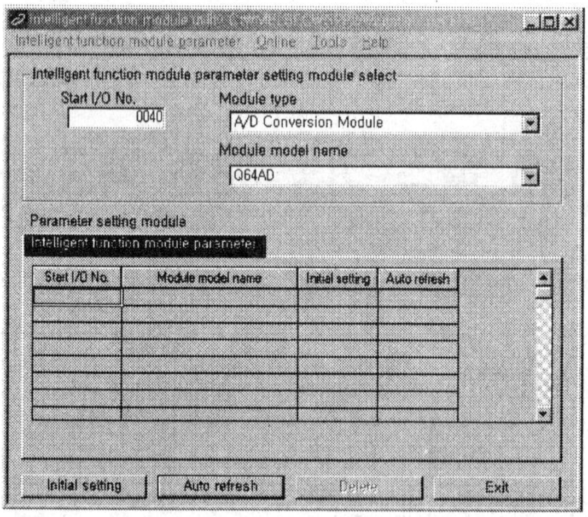

initial setting을 클릭하면 다음과 같은 화면이 나타난다.

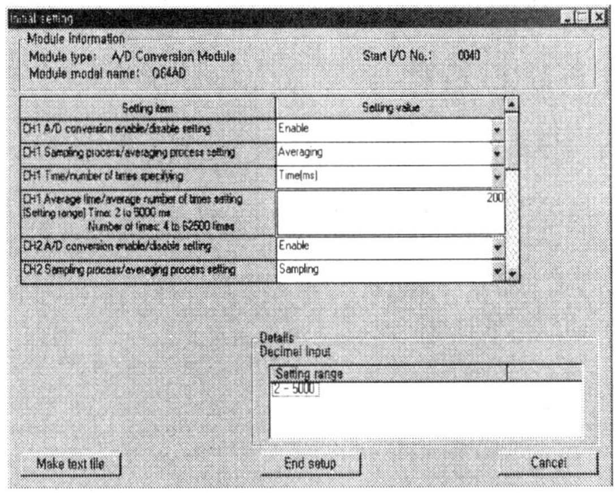

② 자동 리프레시 설정 : 자동 리프레시 설정에서 Q64AD의 디지털 출력값, Q64AD의 최대값/최소값, 에러 코드 데이터를 저장할 Q CPU측의 디바이스를 설정한다.

Q64AD의 자동 리프레시는 다음 자동 리프레시 화면에서 실행되며 자동 리프레시 설정 데이터는 Q CPU의 인텔리전트 파라미터에 저장된다.

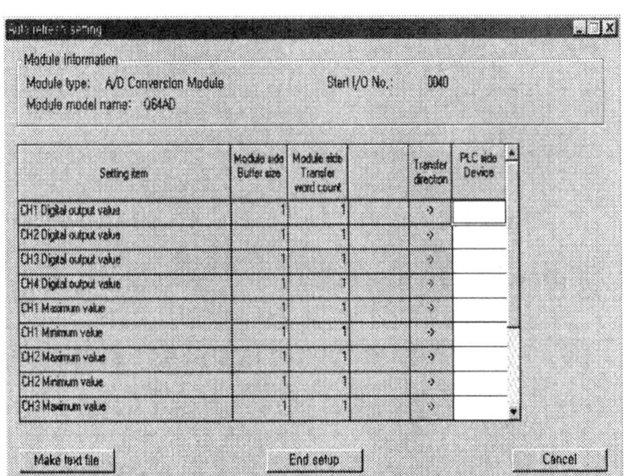

(2) 디버그 초기값에 의한 교신

(가) 디바이스 초기값

디바이스 초기값은 인텔리전트 기능 모듈의 초기 설정을 프로그램 없이 할 경우에 사용되며 설정된 디바이스 초기값은 Q CPU의 전원 ON, 리셋 및 STOP에서

RUN으로 바뀔 때에 Q CPU에서 인텔리전트 기능 모듈에 저장된다.

(나) 디바이스 초기값의 설정

GX Developer의 디바이스 초기값 설정에서 디바이스 초기값의 디바이스에 인텔리전트 기능 모듈 디바이스(U□₩G□)에서 사용할 범위를 지정한다.

(3) FROM/TO 명령에 의한 교신

(가) FROM/TO 명령

FROM/TO 명령은 인텔리전트 기능 모듈의 버퍼 메모리에서 읽은 데이터를 지정된 디바이스에 저장하며 TO 명령은 지정된 디바이스의 데이터를 인텔리전트 기능 모듈의 버퍼 메모리에 쓴다.

(4) 인텔리전트 기능 모듈 디바이스에 의한 교신

(가) 인텔리전트 기능 모듈(U□₩G□)

인텔리전트 기능 모듈 디바이스는 인텔리전트 기능 모듈의 버퍼 메모리를 Q CPU의 디바이스로 표현한 것이며 인텔리전트 기능 모듈의 버퍼 메모리에 저장된 데이터의 읽기 또는 인텔리전트 기능 모듈의 버퍼 메모리로의 쓰기가 직접적인 표현으로 가능하다.

(나) FROM/TO 명령과의 차이점

인텔리전트 기능 모듈 디바이스는 Q CPU의 디바이스로 취급할 수 있기 때문에 인텔리전트 기능 모듈에서 읽은 데이터의 가공을 1개의 명령으로 실행할 수 있다.

처리 속도는 명령의 실행 시간과 인텔리전트 기능 모듈과의 액세스 시간의 합계가 된다.

포인트 프로그램 중에서 인텔리전트 기능 모듈의 같은 데이터를 여러번 읽기 하여 처리할 경우는 매번 인텔리전트 기능 모듈 디바이스를 사용하기 보다는 FROM 명령으로 프로그램의 한 곳에 읽기하여 데이터 레지스터 등에 저장하여 사용하도록 하며 인텔리전트 기능 모듈 디바이스는 명령을 실행할 때마다 인텔리전트 기능 모듈에 액세스하기 때문에 프로그램의 스캔 시간이 늘어난다.

전용 명령은 인텔리전트 기능 모듈의 기능을 사용하기 위한 프로그래밍을 쉽게 하는 명령이며 시리얼 커뮤니케이션 모듈용 전용 명령인 OUTPUT 명령을 사용하면 무수순 프로토콜로 사용자가 임의로 작성한 전문을 송신할 수 있다.

✤ A/D 변환 ✤

입력 아날로그 전압을 Q64AD의 CH1에서 샘플링 처리하여 디지털값으로 변환하며 A/D 에러가 발생한 경우에 출력한다.

① 초기 설정 : A/D 변환 허가 채널 CH1
② 사용자가 사용하는 디바이스, A/D 에러 코드의 리셋 신호 X0
A/D 입력 CH1 디지털 변환값 D10, Y20~Y2F, A/D 에러코드 표시 D20, Y30 ~Y3F

✤ D/A 변환 ✤

Q64AD의 디지털 변환값을 반으로 하여 Q62DA의 CH1으로 출력하며 A/D에러가 발생한 경우는 출력된다.

① 초기 설정 : D/A 아날로그 출력 허가 채널 CH1
② 사용자가 사용하는 디바이스
D/A 에러 코드의 리셋 신호 X1, 디지털 출력 허가신호 X50
D/A 출력 CH1의 디지털값 D30, D/A 에러 코드 표시 D40, Y20~Y2F

✤ A/D 변환용 ✤

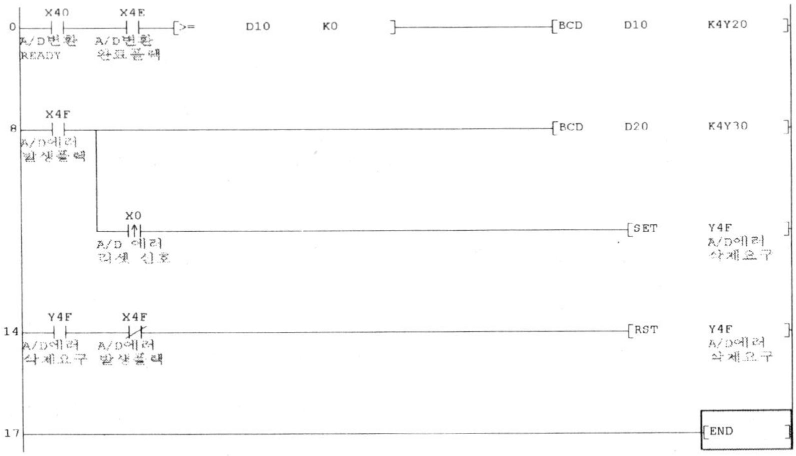

✤ D/A 변환용 ✤

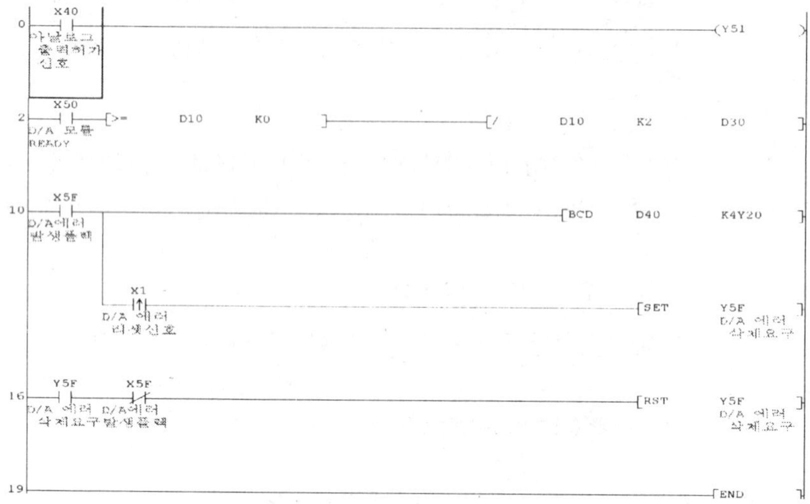

(다) 프로그램의 설정

프로젝트 데이터 일람의 PLC 파라미터에 있는 [프로그램] 탭에서 다음과 같이 설정한다.

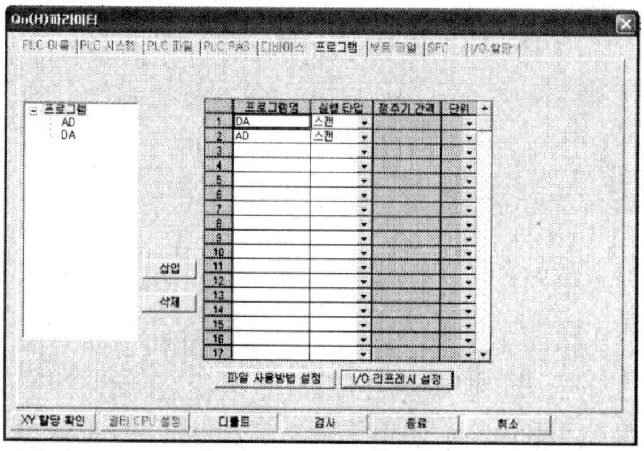

I/O할당이 다음과 같이 정해져 있으며 XY No는 다음과 같이 지정되어 있다.

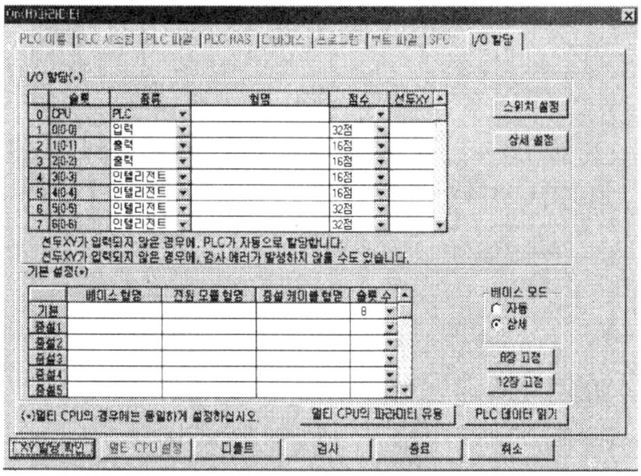

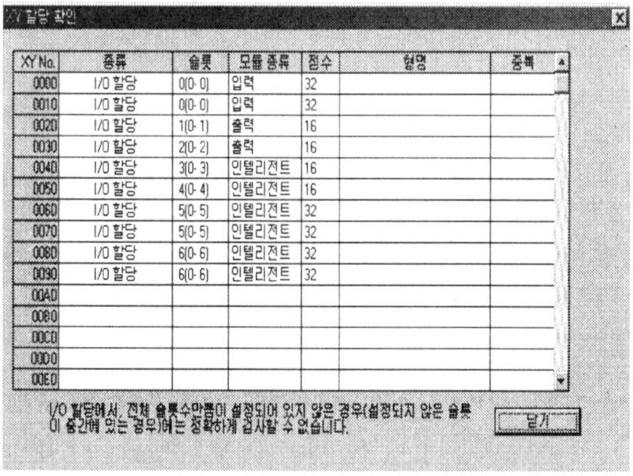

(라) 인텔리전트 기능 모듈 스위치의 설정

Q 시리즈에서는 인텔리전트 기능 모듈의 스위치 설정을 GX Developer의 I/O 할당 설정을 사용하며 인텔리전트 기능 모듈의 스위치 설정에서 스위치는 1~5가 있고 16비트의 데이터로 설정하며 인텔리전트 기능 모듈의 스위치를 설정하지 않으면 스위치 1~5는 기본값인 0이 된다.

표 7-1 Q64AD의 모듈 스위치 설정 항목

<table>
<tr><th></th><th colspan="3">설 정 항 목</th></tr>
<tr><td>스위치1</td><td>입력범위 설정
□□□□ H
CH4 CH3 CH2 CH1</td><td>아날로그
입력범위</td><td>입력범위
설정값</td></tr>
<tr><td rowspan="7">스위치2</td><td rowspan="7">입력범위 설정
(Q64AD에서 무효)
□□□□ H
CH8 CH7 CH6 CH5</td><td>4~20[mA]</td><td>0_H</td></tr>
<tr><td>0~20[mA]</td><td>1_H</td></tr>
<tr><td>1~5[V]</td><td>2_H</td></tr>
<tr><td>0~5[V]</td><td>3_H</td></tr>
<tr><td>−10~10[V]</td><td>4_H</td></tr>
<tr><td>0~10[V]</td><td>5_H</td></tr>
<tr><td>사용자 범위 설정</td><td>F_H</td></tr>
<tr><td>스위치3</td><td colspan="3">없 음</td></tr>
<tr><td>스위치4</td><td colspan="3">□□□□ H
(하위 2자리) 00$_H$: 온도 드리프트 보정 있음
01~FF_H: 온도 드리프트 보정 없음
(2번째 자리) 0_H : 일반 분해능 모드
1~F_H: 고분해능 모드
(최상위 자리) 0_H : 일반 모드(A/D 변환 처리)
1~F_H: 옵셋 및 게인 설정 모드</td></tr>
<tr><td>스위치5</td><td colspan="3">0 : 고정</td></tr>
</table>

표 7-2 Q62DA의 모듈 스위치 설정 항목

<table>
<tr><th></th><th colspan="3">설 정 항 목</th></tr>
<tr><td rowspan="7">스위치1</td><td rowspan="7">출력범위 설정
□□□□ H
CH4 CH3 CH2 CH1
Q62DA에서 무효</td><td>아날로그
출력범위</td><td>출력범위
설정값</td></tr>
<tr><td>4~20[mA]</td><td>0_H</td></tr>
<tr><td>0~20[mA]</td><td>1_H</td></tr>
<tr><td>1~5[V]</td><td>2_H</td></tr>
<tr><td>0~5[V]</td><td>3_H</td></tr>
<tr><td>−10~10[V]</td><td>4_H</td></tr>
<tr><td>사용자 범위 설정</td><td>F_H</td></tr>
<tr><td>스위치2</td><td colspan="3">채널 5~8</td></tr>
</table>

<table>
<tr><th></th><th colspan="2">설 정 항 목</th></tr>
<tr><td>스위치3</td><td>□□□□H
CH4 CH3 CH2 CH1
Q62DA에서 무효</td><td>HOLD/CLEAR 기능의 설정
0H : CLEAR
0H이외 : HOLD</td></tr>
<tr><td>스위치4</td><td colspan="2">□□□□H
00H : 통상 모드(비동기)
00H이외 : 동기 출력 모드
00H : 통상 모드(D/A 변환 처리)
00H이외 : 옵셋 게인 설정 모드</td></tr>
<tr><td>스위치5</td><td colspan="2">0 : 고정</td></tr>
</table>

① PLC 파라미터의 [I/O 할당] 탭을 클릭한다.

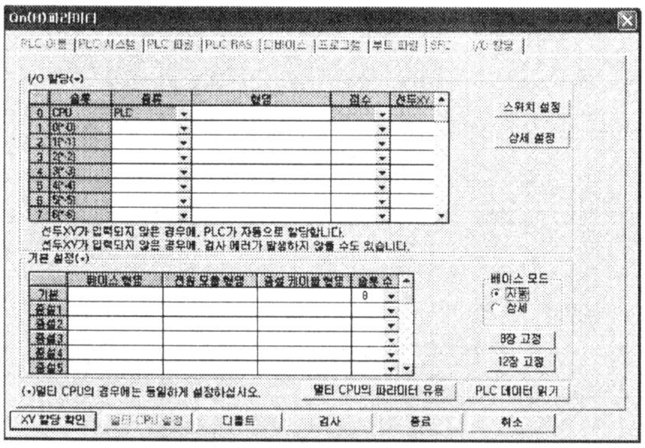

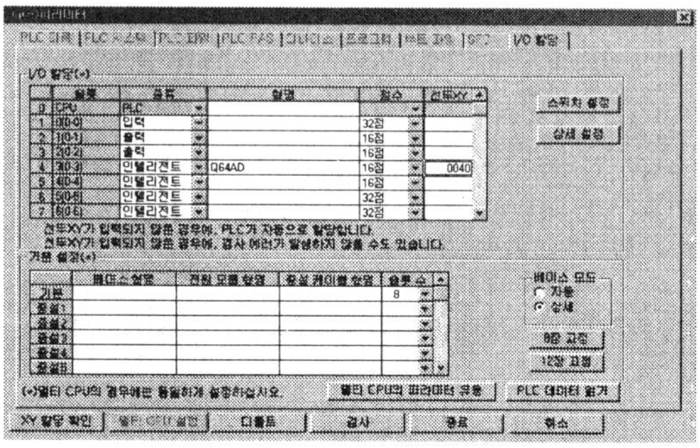

② Q64AD를 장착한 슬롯 "4(*)"에 I/O 할당을 설정하고 스위치 설정을 한다.
종류 : [인텔리전트](필수), 형식 : "Q64AD", 점수 : "16점", 선두 XY : "40"(16진)

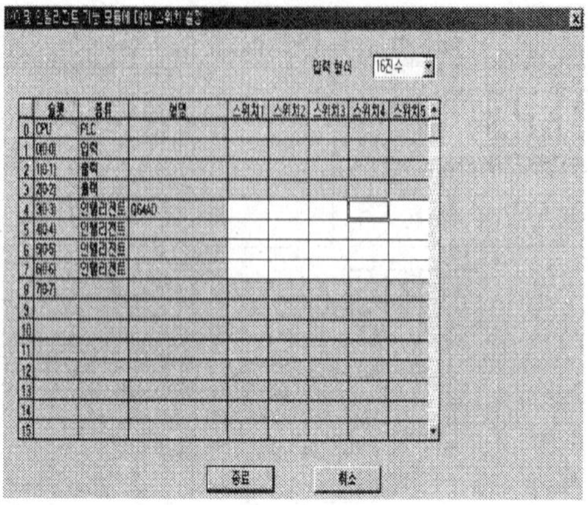

③ 스위치 설정 버튼을 클릭하면 [I/O 모듈]/[I/O 및 인텔리전트 기능 모듈에 대한 스위치 설정] 대화상자가 나타난다.

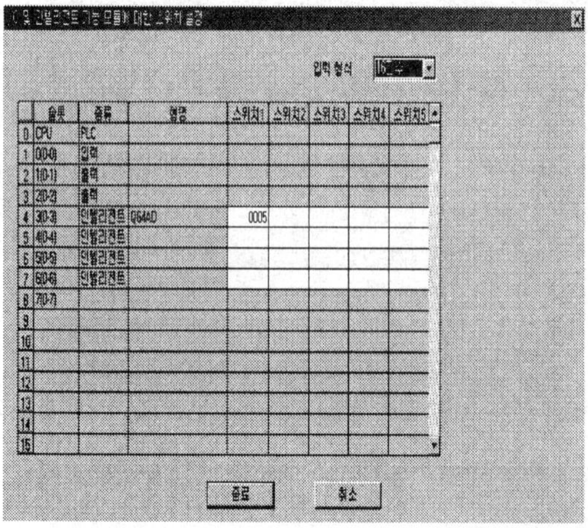

④ 여기에서 Q64AD의 인텔리전트 기능 모듈 스위치 설정을 다음과 같이 설정하며 스위치의 기본값은 “0”이다. 설정이 끝나면 종료 버튼을 클릭한다.

스위치	설정값	항목	설정 내용
1	5	입력 범위	CH1 : 1~10V
2	(입력하지 않음)	입력 범위	기본값
3	(입력하지 않음)	없음	기본값
4	(입력하지 않음)	드리프트 보정 모드 변환	기본값
5	(입력하지 않음)	0 : 고정	기본값

⑤ Q62DA를 장착한 슬롯 "4(*)"에 I/O 할당을 설정한다.
종류 : [인텔리전트](필수), 형식 : "Q62DA", 점수 : "16점", 선두XY : "50"(16진)

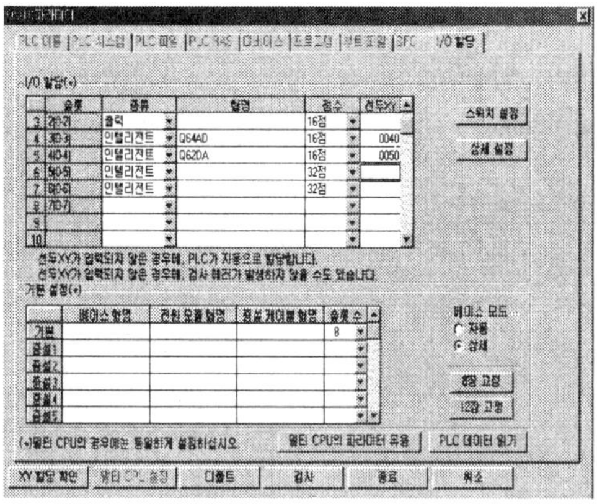

⑥ 스위치 설정 버튼을 클릭하면 [I/O 모듈]/[I/O 및 인텔리전트 기능 모듈에 대한 스위치 설정] 대화상자가 나타난다.

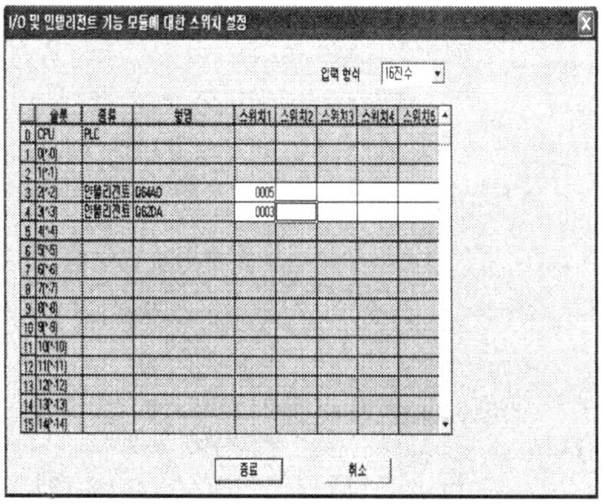

스위치	설정값	항목	설정 내용
1	3	출력 범위	CH1 : 1~5V
2	(입력하지 않음)	없음	기본값
3	(입력하지 않음)	HOLD/CLEAR	기본값
4	(입력하지 않음)	동기/비동기모드 변환	기본값
5	(입력하지 않음)	0 : 고정	기본값

⑦ 여기에서 Q62DA의 인텔리전트 기능 모듈 스위치는 다음과 같이 설정하며 스위치의 기본값은 "0"이다. 설정이 끝나면 종료 버튼을 클릭한다.

⑧ Qn(H) 파라미터 설정 대화상자의 종료 버튼을 클릭하면 인텔리전트 기능 스위치의 설정이 끝난다.

상세 설정 버튼을 클릭하면 다음과 같은 화면이 나타난다.

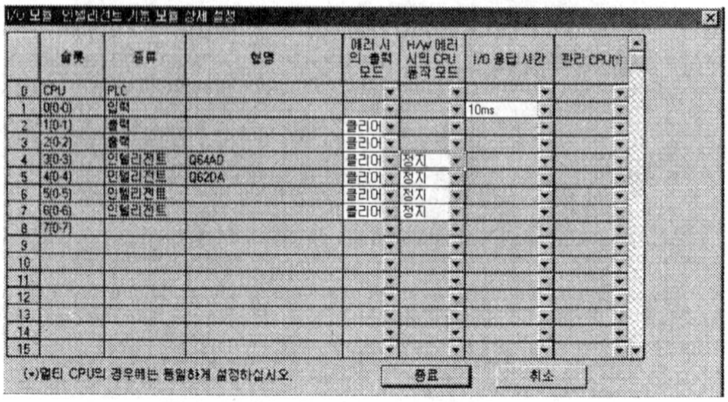

(마) 유틸리티에서의 설정

✤ A/D 변환 모듈(Q64AD)의 설정 ✤

하단에 설명되는 A/D 컨버터 Q64AD는 본 실습 장치에서는 I/O 40번에 연결되어 있다.

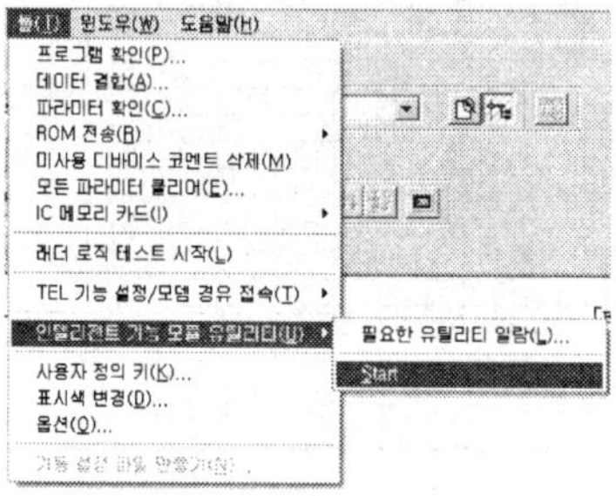

① GX Developer에서 [툴]-[인텔리전트 기능 모듈 유틸리티] - [Start] 메뉴를 클릭한다.

② 인텔리전트 기능 모듈 유틸리티가 시동하고 A/D 변환 모듈을 다음과 같이 설정한다.

본 시스템에서는 Start I/O No : “40”, 패키지명 : “A/D 변환 모듈”, 모듈의 형명 : “Q64AD” 설정이 끝나면 Initial setting 버튼을 클릭한다.

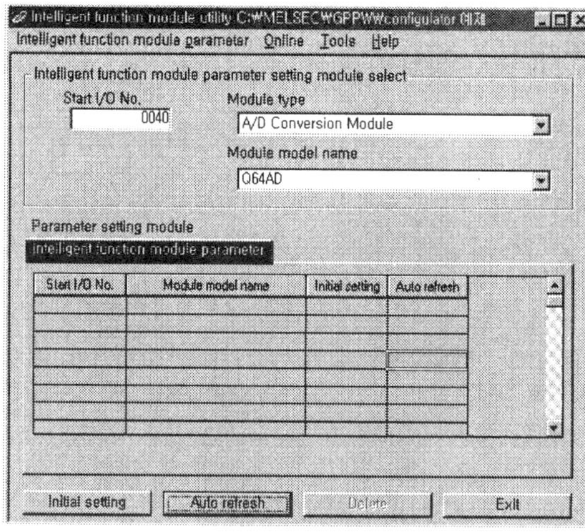

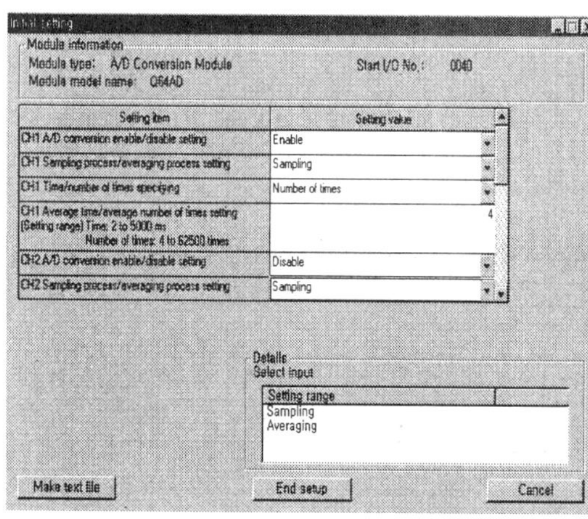

③ 초기 설정 화면이 나타나며 [CH2-CH4의 A/D 변환 허가/금지] 설정을 [Disable]로 설정한다. (CH1만 Enable) 설정이 끝나면 End setup 버튼을 클릭한다.

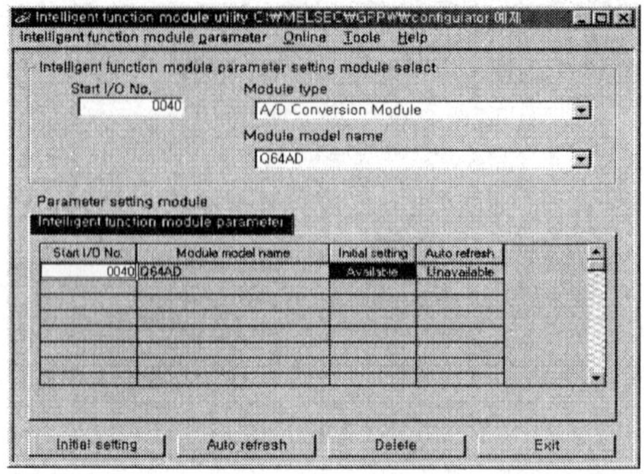

④ 인텔리전트 기능 모듈 유틸리티의 Auto refresh 버튼을 클릭한다.

⑤ 설정 항목에서 [CH.1 Digital output value]의 CPU측 디바이스를 “D10”으로 설정한다.

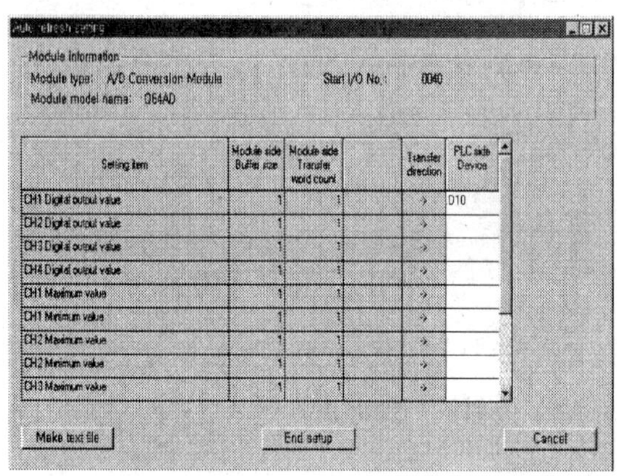

⑥ 설정 항목에서 [error code]의 PLC측 디바이스를 “D20”으로 설정하고 설정이 끝나면 End setup 버튼을 클릭한다.

✤ D/A 변환 모듈(Q64AD)의 설정 ✤

본 실험 장치에서는 D/A 변환 모듈(Q62DA)은 I/O 50번에 연결되어 있다.

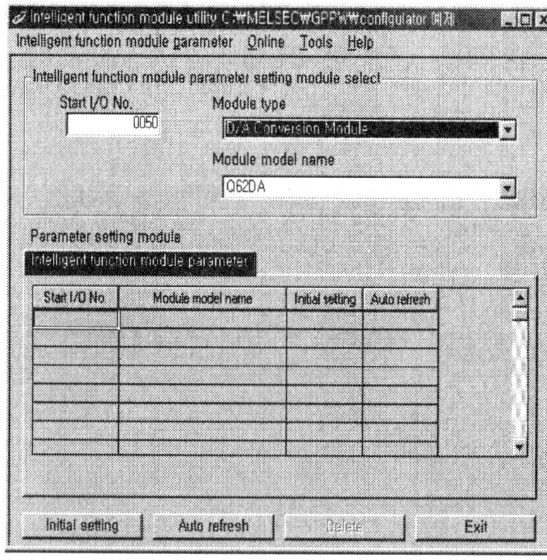

① D/A 변환 모듈을 위와 같이 설정한다.
본 시스템에서는 Start I/O No : "50", 패키지명 : "D/A Conversion Module"
모듈의 형명 : "Q62DA" 설정이 끝나면 Initial setting 버튼을 클릭한다.

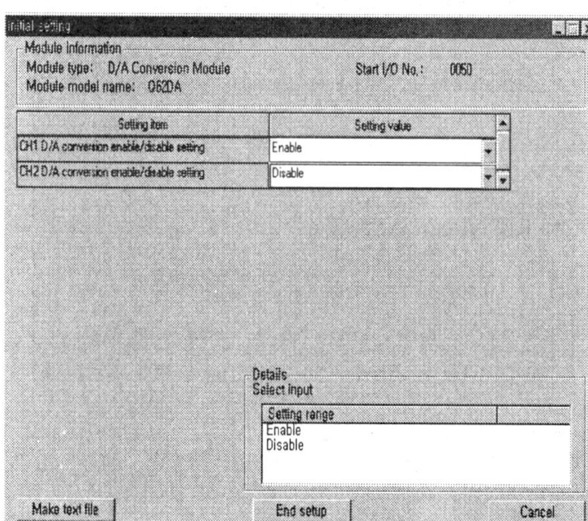

② 여기에서는 "CH.1 D/A conversion enable/disable setting"을 "Enable"로 설정하고(CH1만 사용) 설정이 끝나면 End setup 버튼을 클릭한다.
③ 인텔리전트 기능 모듈 유틸리티의 Auto refresh 버튼을 클릭한다.

④ 설정 항목에서 [CH.1 Digital value]의 CPU측 디바이스를 "D30"으로 설정한다. [Erroe code]의 CPU측 디바이스를 "D40"으로 설정하고 설정이 끝나면 End setup 버튼을 클릭한다.

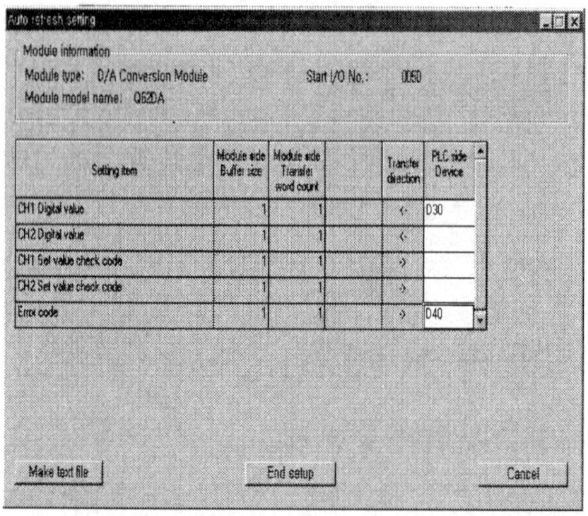

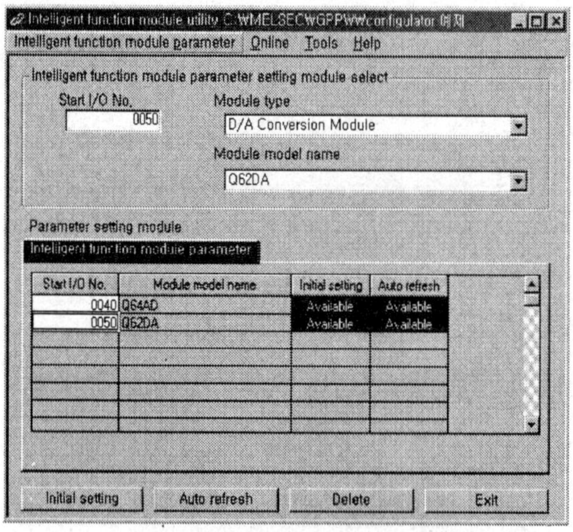

⑤ 각 모듈의 초기 설정과 자동 리프레시가 "Available"로 되어 있는지를 확인한다.

⑥ 설정이 끝나면 [intelligent function module parameter]-[Save file] 메뉴를 클릭한다. Exit 버튼을 클릭한다.

✤ PLC에 쓰기 ✤

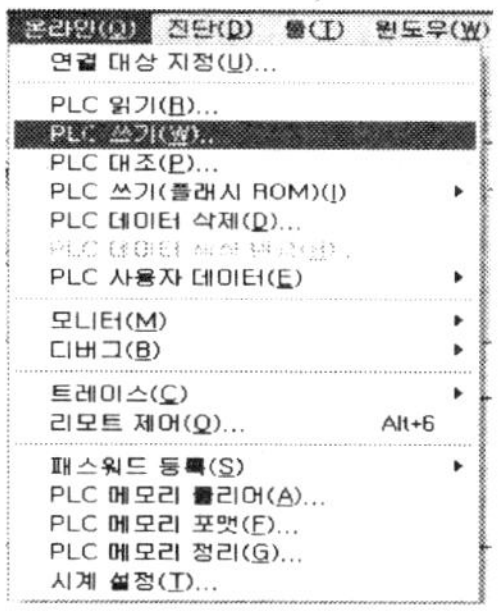

① GX Developer에서 [온라인]-[PLC 쓰기] 메뉴를 클릭한다.

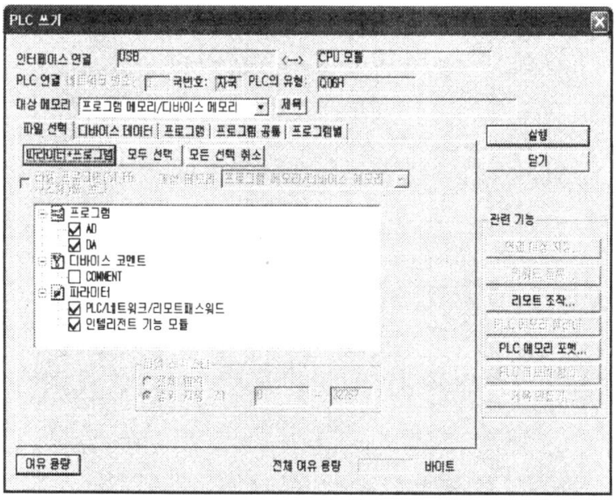

② 파라미터+프로그램 버튼을 클릭하며 [인텔리전트 기능 모듈]이 선택되어 있는지를 확인한다.(PLC의 유형은 Q02H이다.) 실행 버튼을 클릭하여 Q CPU에 쓴다.

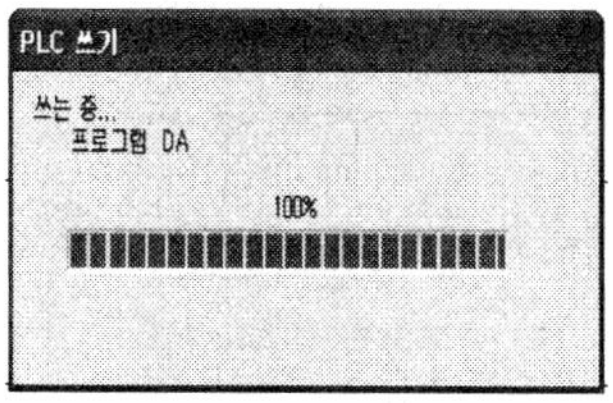

③ Q CPU에 파라미터와 프로그램을 쓴다.

④ 쓰기가 종료된다.

✤ 동작 확인과 모니터 테스트 ✤

(가) 동작 확인

CPU에 저장한 파라미터를 유효하게 하기 위해 CPU를 리셋한 다음 RUN으로 하여 동작을 확인하며 A/D 변환 모듈의 입력 전압을 볼륨으로 변화시킨다.

디지털 변환값이 (Y20~Y2F)로 나타타나며 D/A 변환 모듈의 출력 전압이 D/A OUTPUT 전압계에 나타나고 표시값은 A/D INPUT 전압계의 1/4이다.

A/D 입력 범위 : 0~10[V], D/A 출력 범위 : 0~5[V]인 것과 CPU로 디지털 변환값을 1/2로 연산하고 있기 때문이다.

에러가 발생한 경우는 (나)의 모니터/테스트로 원인을 규명하여 문제를 해결한다.

(나) 모니터/테스트

CPU는 [PLC 진단]으로 조사하고 여기에서는 A/D 변환 모듈의 상태를 확인하는 방법이다.

(a) GX Developer의 시스템 모니터에 의한 방법

① GX Developer에서 [진단]-[시스템 모니터] 메뉴를 클릭한다.

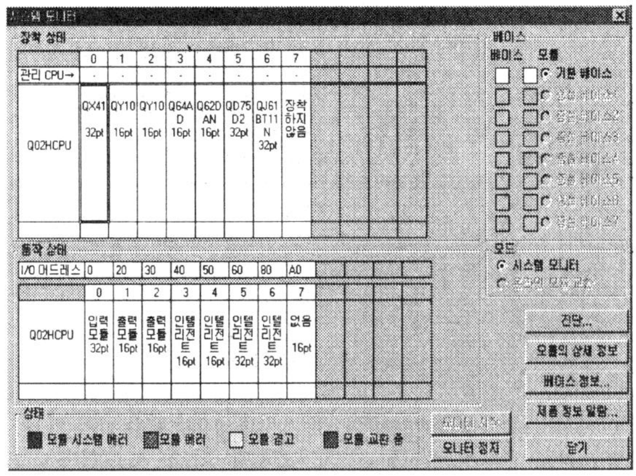

② 슬롯2의 "Q64AD"를 선택하고 모듈의 상세 정보 버튼을 클릭하거나 "Q64AD"를 더블클릭해도 선택된다.

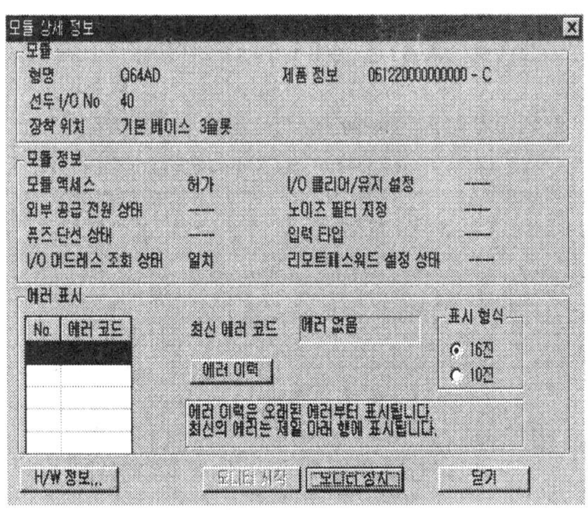

③ 선택한 모듈(Q64AD)의 정보가 나타나며 H/W 정보 버튼을 클릭한다.

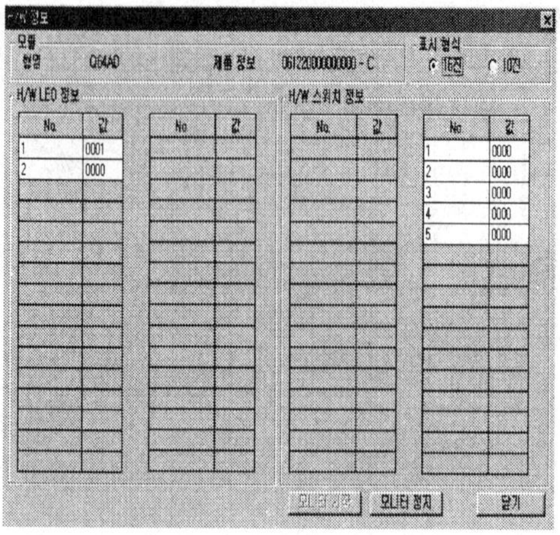

④ LED 점등 상태가 나타나며 RUN LED0000 : 소등, ERROR LED0001 : 점등

D/A 변환기인 Q62DA은 다음과 같이 나타난다.

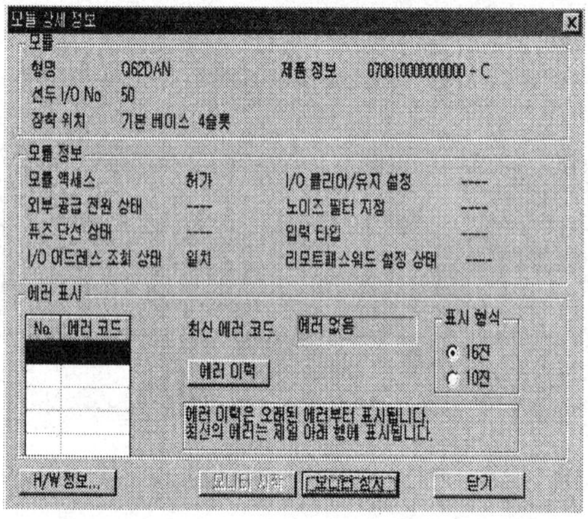

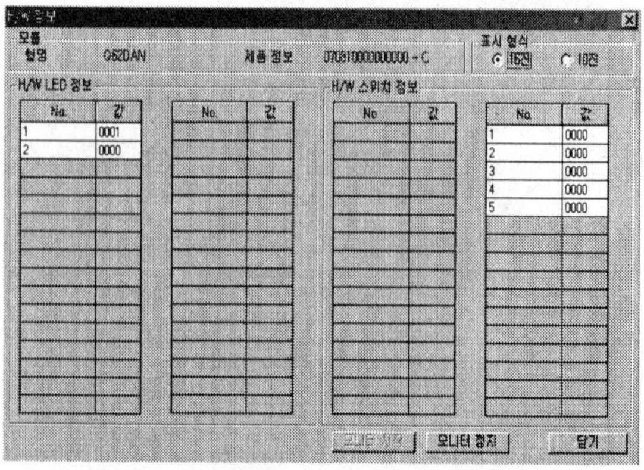

(b) 인텔리전트 기능 모듈의 유틸리티에 의한 방법

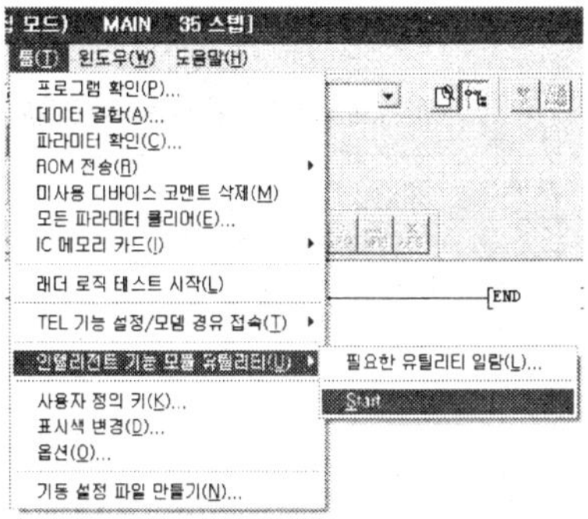

① GX Developer에서 [툴]-[인텔리전트 기능 모듈 유틸리티]-[Start] 메뉴를 클릭한다.

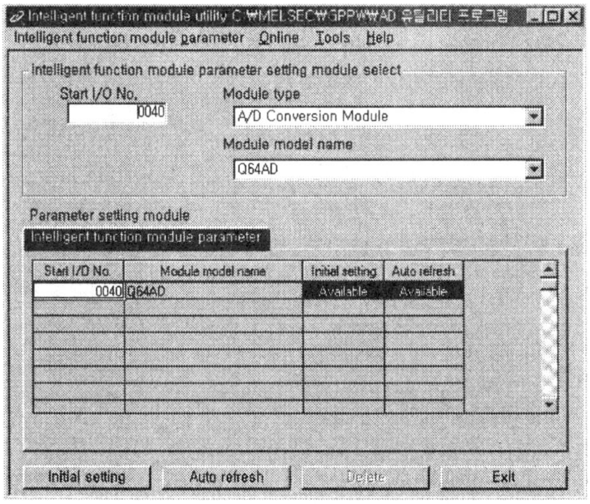

② 인텔리전트 기능 유틸리티에서 [Online]-[Monitor/test] 메뉴를 클릭한다.

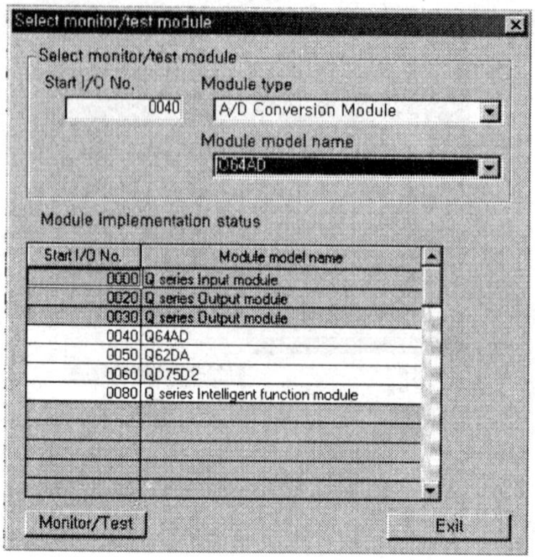

③ 모듈이 장착된 상태에서 위와 같이 설정하고 실습 장치모듈이 장착된 상태에서 "0040" 또는 "Q64AD"를 선택하고 Monitor/test 버튼을 클릭한다. ("0040" 또는 "Q64AD"를 더블클릭)

④ 모니터 대화상자가 나타나면 Monitor/test 버튼을 클릭한다.

⑤ X 및 Y 디바이스 상태가 나타난다. Close 버튼을 클릭한다.

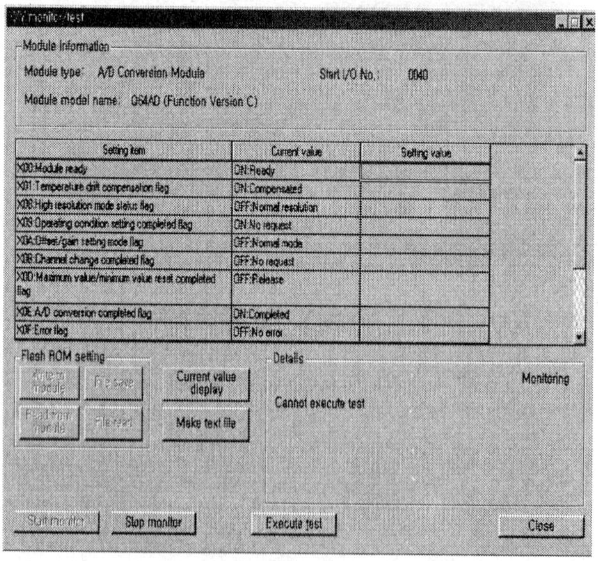

⑥ 모니터 대화상자에서 하단의 Maximum value/minimum value reset request 버튼을 클릭하고 최대값 · 최소값의 리셋 요구 설정값을 [Release]로 설정한다. Execute test 버튼을 클릭하면 온라인 테스트가 가능하다.

상기 ④의 모니터 대화상자에서 동작 조건이나 옵셋 게인의 설정 화면을 시동시킬 수 있다.

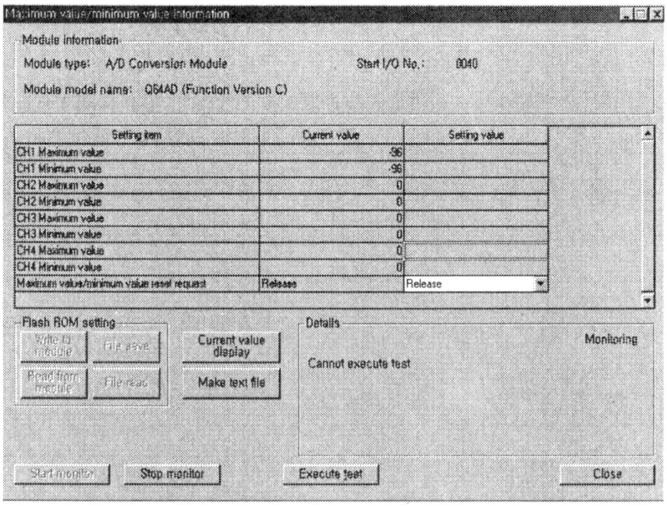

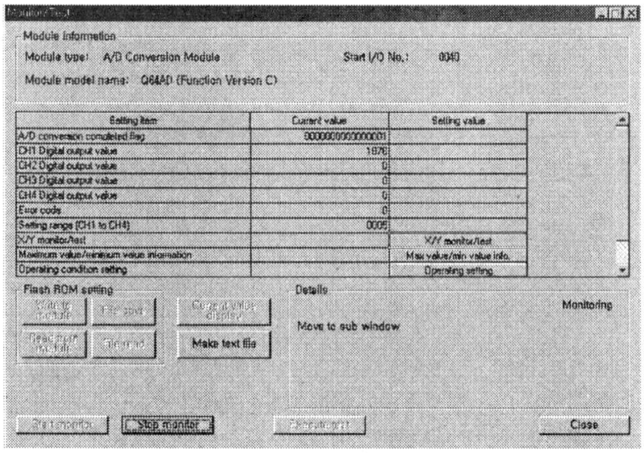

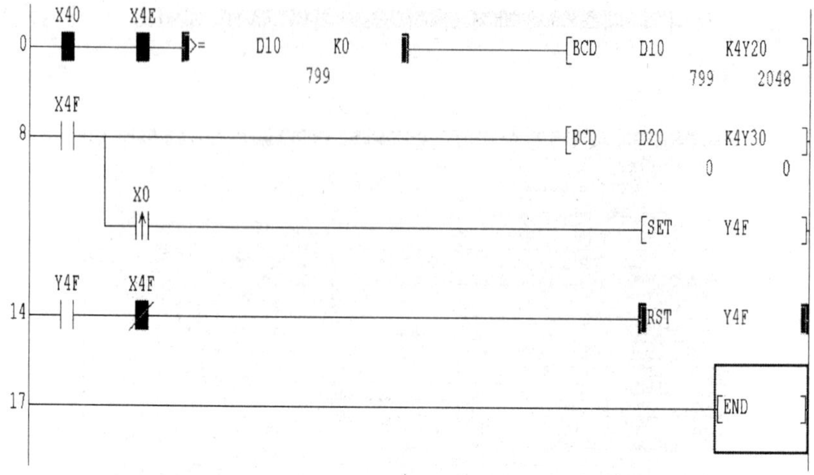

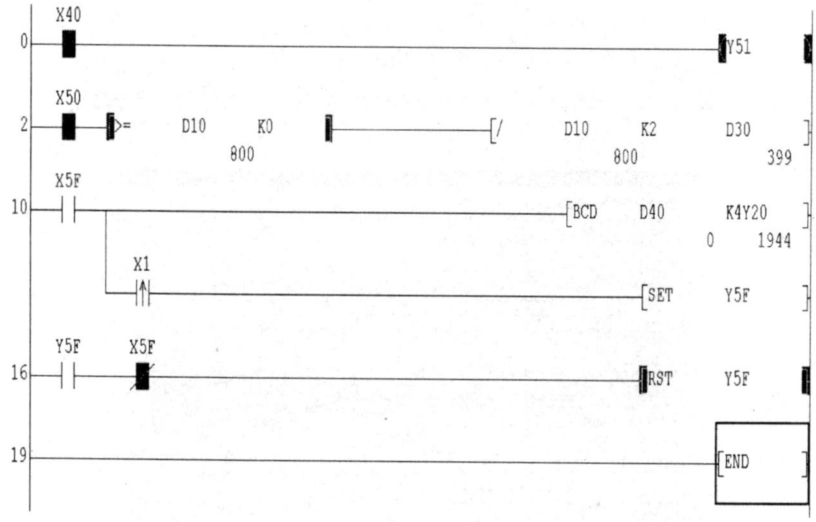

다음은 유틸리지 소프트웨어로 옵셋과 게인을 설정하는 방법이다.

(a) 옵셋 게인 설정 모드로 변경

① [PLC 파라미터]의 [I/O 할당] 설정 탭을 클릭.

② "Q64AD"를 선택하고 [스위치 설정]버튼을 클릭.

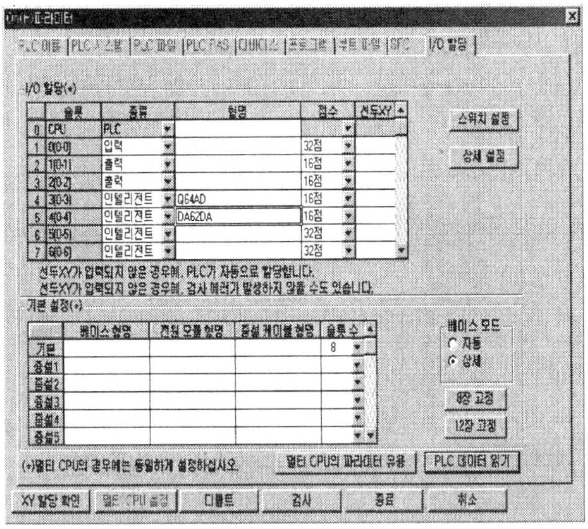

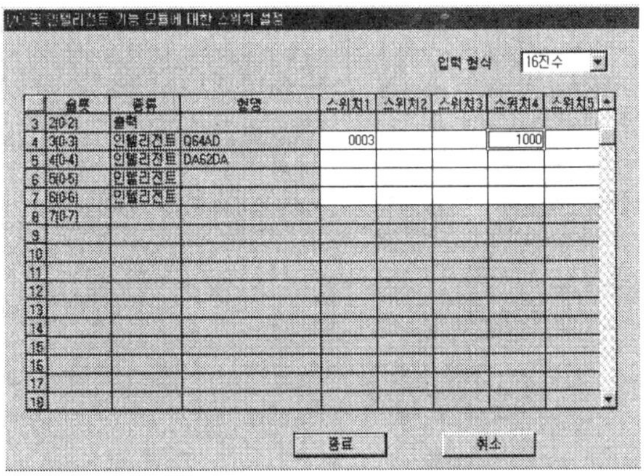

③ 스위치4에서 상위 4비트에 “0” 이외를 설정, 스위치4에 “1000”을 설정
위에서 설정한 PLC 파라미터를 CPU에 저장하고 리셋하면 옵셋게인 설정 모드로 바뀌고 Q64AD의 RUN LED가 점멸

(b) 옵셋 게인 설정 화면으로 변경

① GX Developer [툴]-[인텔리전트 기능 모듈 유틸리티]-[Start] 메뉴 클릭

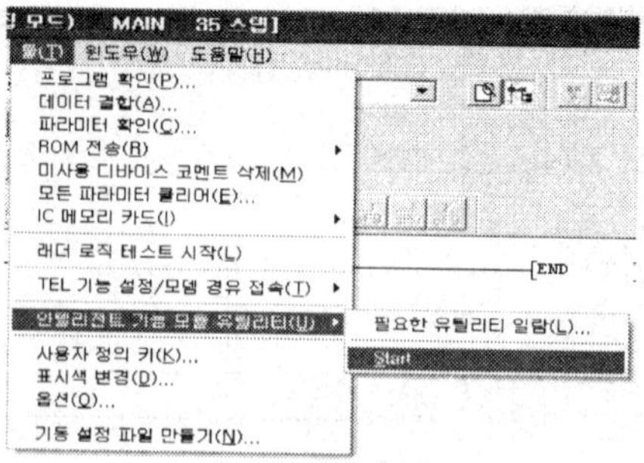

② 인텔리전트 기능 모듈 유틸리티의[Online]-[Monitor/test]를 클릭

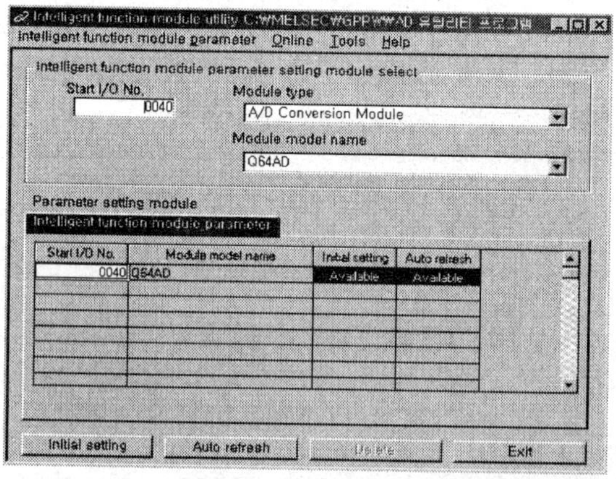

③ "0040" 또는 "Q64AD"를 선택하고 Monitor/test 버튼을 클릭

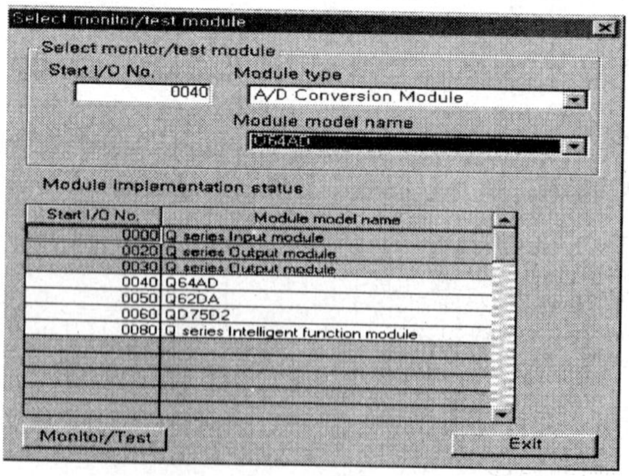

④ 설정값 난의 가장 아래에 있는 Offset/gain setting 버튼을 클릭

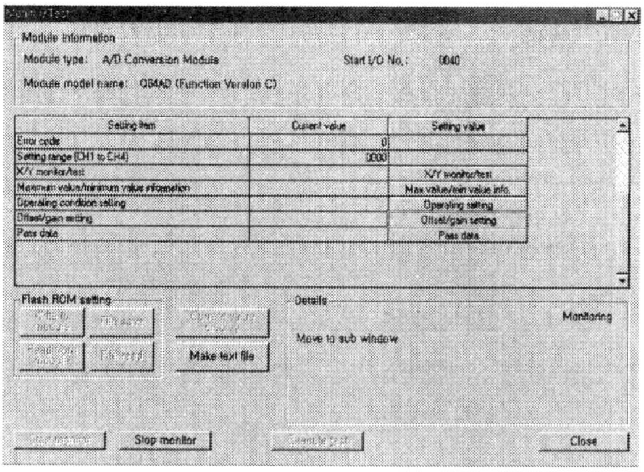

⑤ 옵셋 게인 설정 화면이 표시

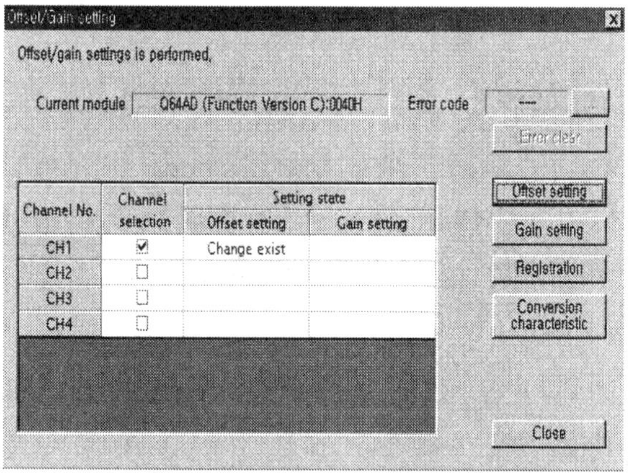

(c) 옵셋값과 게인값의 조정

① 옵셋값의 아날로그 입력값 인가, 옵셋값에 해당하는 전압, 전류 설정 채널에 인가(외부 칼리브레이더 필요)

② 옵셋값을 조정할 채널 선택

옵셋 게인 설정 CH.에서 선택하고 Execute Test 버튼을 클릭한다.

③ 게인값의 아날로그 입력값 인가

게인값에 해당하는 전압, 전류를 설정 채널에 인가(캘리브레이더 필요)

④ 게인값 조정할 채널 선택

옵셋 게인 설정 CH.에서 선택하고 Execute Test 버튼을 클릭한다.

⑤ 복수의 채널을 옵셋 게인 설정할 경우 ①~④의 조작 반복.

(d) 옵셋 게인 설정값을 모듈에 저장

① A/D변환 모듈에 저장할 옵셋 게인 설정 저장 요구(Offset/gain write to moule request)의 설정값[저장 요구]를 선택, Execute Test버튼 클릭.

② 저장 확인 : 옵셋 게인 모듈 저장 요구의 현재값의 표시가 [저장 요구]→[저장 요구 없음]으로 바뀌는 것을 확인.

③ 에러 발생시의 대처 : ERROR LED가 점등하면 Close를 클릭하고 모니터 화면에서 에러 코드를 확인하고 원인을 해결한 다음 옵셋 게인 재설정

7.2 A/D 모듈 종류

Analog는 온도, 속도, 음성 등 물리적인 연속된 값을 나타내며 Digital은 연속적인 값을 갖지 않는 이산적인 값 즉, 계단적인 값을 나타낸다.

A/D Module은 Analog값을 수치화된 Digital Data로 바꾸어 Q CPU에 전달하는 역할을 하며 CPU는 0과 1의 Digital Data로만 값을 읽을 수 있다.

Q64AD는 4채널 전압, 전류 입력이며 Q68ADI는 8채널 전류 입력, Q68ADV는 8채널 전압 입력 모듈이다.

아날로그 입력은 온도, 유압, 전압, 전류 등의 아날로그 값 입력 유닛이며 디지털 출력은 외부로의 디지털 값을 출력한다.

점유점수 16점은 0 슬롯인 경우(X0~XF, Y0~YF), 채널소비시간은 80[μs]이다.

신호체계는 X/Y 동시 점유(내부 신호), X : 특수모듈 → CPU(보고), Y : CPU → 특수 모듈(명령)이다. 옵셋값은 디지털 출력값이 0이 되는 아날로그 입력값(전압 또는 전류)이며 게인값은 디지털 출력값이 4,000(일반 분해능 모드시), 12,000(고 분해능 모드에서 0~5[V], 1~5[V], 4~20[mA], 0~20[mA], 사용자 범위 설정 선택), 16,000(고분해능 모드에서 −10~10[V], 0~10[V] 선택)가 되는 아날로그 출력값(전압 또는 전류)이다.

표 7-3 A/D 컨버터 사양

<table>
<tr><th colspan="2">형 명 / 항 목</th><th>Q64AD</th><th>Q68ADV</th><th>Q68ADI</th></tr>
<tr><td colspan="2">아날로그 입력점수</td><td>4점(4채널)</td><td>8점(8채널)</td><td>8점(8채널)</td></tr>
<tr><td rowspan="2">아날로그 입력</td><td>전압</td><td colspan="2">DC −10~10V(입력 저항값 1MΩ)</td><td>-</td></tr>
<tr><td>전류</td><td>DC 0~20mA
(입력 저항값 250Ω)</td><td>-</td><td>DC 0~20mA
(입력 저항값 250Ω)</td></tr>
<tr><td colspan="2">디지털 출력</td><td colspan="3">16비트 부호 바이너리 일반 분해능 모드 : −4096~4095,
고분해능 모드 : −12288~12287, −16384~16383)</td></tr>
<tr><td colspan="2">입출력 특성,
최대 분해능</td><td colspan="3">
<table>
<tr><th colspan="2" rowspan="2">아날로그 입력 범위</th><th colspan="2">일반 분해능 모드</th><th colspan="2">고분해능 모드</th></tr>
<tr><th>디지털 출력값</th><th>최대 분해능</th><th>디지털 출력값</th><th>최대 분해능</th></tr>
<tr><td rowspan="5">전압</td><td>0~10V</td><td rowspan="3">0
~4000</td><td>2.5mV</td><td>0
~16000</td><td>0.625mV</td></tr>
<tr><td>0~5V</td><td>1.25mV</td><td rowspan="2">0
~12000</td><td>0.416mV</td></tr>
<tr><td>1~5V</td><td>1.0mV</td><td>0.333mV</td></tr>
<tr><td>−10~10V</td><td rowspan="2">−4000
~4000</td><td>2.5mV</td><td>−16000
~16000</td><td>0.625mV</td></tr>
<tr><td>사용자 범위설정</td><td>0.375mV</td><td>−12000
~12000</td><td>0.333mV</td></tr>
<tr><td rowspan="3">전류</td><td>0~20mA</td><td rowspan="2">0
~4000</td><td>5μA</td><td rowspan="2">0
~12000</td><td>1.66μA</td></tr>
<tr><td>4~20mA</td><td>4μA</td><td>1.33μA</td></tr>
<tr><td>사용자 범위설정</td><td>−4000
~4000</td><td>1.37μA</td><td>−12000
~12000</td><td>1.33μA</td></tr>
</table>
</td></tr>
<tr><td colspan="2">정밀도
(디지털값의 최대값에 대한 정밀도)
*D는 디지털값</td><td colspan="3">
<table>
<tr><th colspan="2" rowspan="3">아날로그 입력 범위</th><th colspan="3">일반 분해능 모드</th><th colspan="3">고분해능 모드</th></tr>
<tr><th colspan="2">주위 온도 0~55℃</th><th rowspan="2">주위 온도 25±5℃</th><th colspan="2">주위온도 0~55℃</th><th rowspan="2">온도 25±5℃</th></tr>
<tr><th>온도 드리프트 보정있음</th><th>온도 드리프트 보정없음</th><th>온도 드리프트 보정있음</th><th>온도 드리프트 보정없음</th></tr>
<tr><td rowspan="5">전압</td><td>0~10V</td><td rowspan="8">±0.3%
±12 D</td><td rowspan="8">±0.4%
±16D</td><td rowspan="8">±0.1%
±4D</td><td rowspan="2">±0.3%
±48D</td><td rowspan="2">±0.4%
±64D</td><td rowspan="2">±0.1%
±16D</td></tr>
<tr><td>−10~10V</td></tr>
<tr><td>0~5V</td><td rowspan="6">±0.3%
±36D</td><td rowspan="6">±0.4%
±48D</td><td rowspan="6">±0.1%
±12D</td></tr>
<tr><td>1~5V</td></tr>
<tr><td>사용자 범위설정</td></tr>
<tr><td rowspan="3">전류</td><td>0~20mA</td></tr>
<tr><td>4~20mA</td></tr>
<tr><td>사용자 범위설정</td></tr>
</table>
</td></tr>
</table>

변환 속도	80μs/채널 : 온도 드리프트 보정 : 사용 채널수에 관계없이 160μs를 가산		
절대 최대 입력	전압 : ±15V 전류 : ±30mA		
절연 방식	입출력 단자와 PLC 전원간 : 포트커플러 절연, 채널 간 : 비절연		
점유 점수	16점		
접속 단자	18점 단자대		
적합 전선 크기	0.3~0.75m²		
적합 압착 단자	R1.25−3 (슬리브 압착단자는 사용할 수 없다)		
내부소비전류	0.63A	0.64A	0.64A

(1) 전압 입력 특성

일반 분해능 모드의 전압 입력 특성은 다음과 같다.

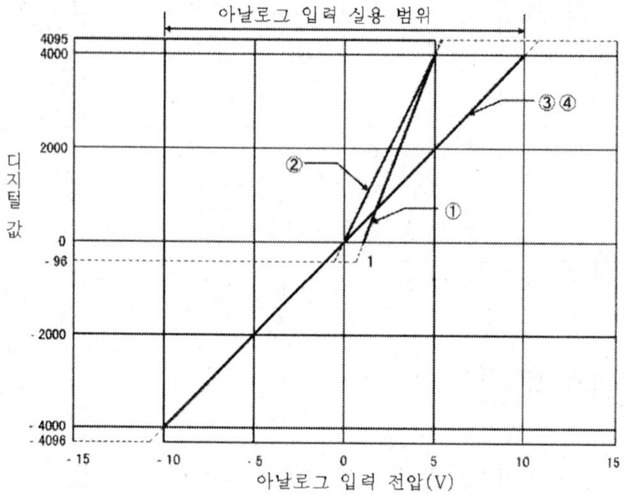

번호	아날로그 입력범위설정	옵셋값	게인값	디지털 출력값*2	최대 분해능
①	1~5V	1V	5V	0~4000	1.0mV
②	0~5V	0V	5V		1.25mV
③	−10~10V	0V	10V	−4000~4000	2.5mV
④	0~10V	0V	10V	0~4000	2.5mV
−	사용자 범위 설정	*1	*1	−4000~4000	0.375mV

고분해능 모드의 전압 입력 특성은 다음과 같다.

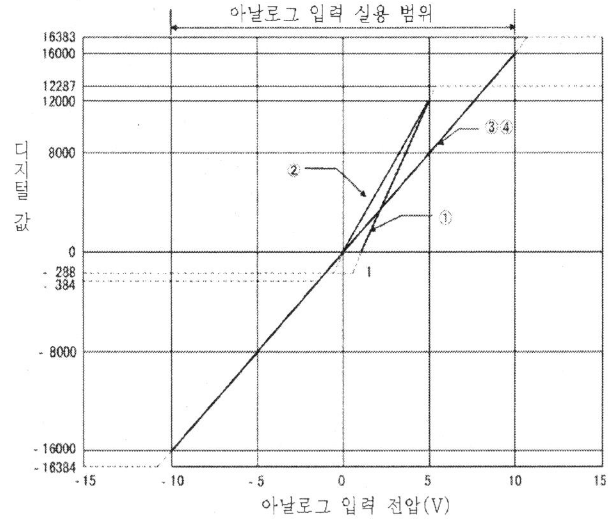

번호	아날로그 입력범위설정	옵셋값	게인값	디지털 출력값*2	최대 분해능
①	1~5V	1V	5V	0~12000	0.333mV
②	0~5V	0V	5V		0.416mV
③	−10~10V	0V	10V	−16000 ~16000	0.625mV
④	0~10V	0V	10V	0~16000	0.625mV
-	사용자 범위 설정	*1	*1	−12000~12000	0.333mV

(2) 전류 입력 특성

일반 분해능 모드의 전류 입력 특성은 다음과 같다.

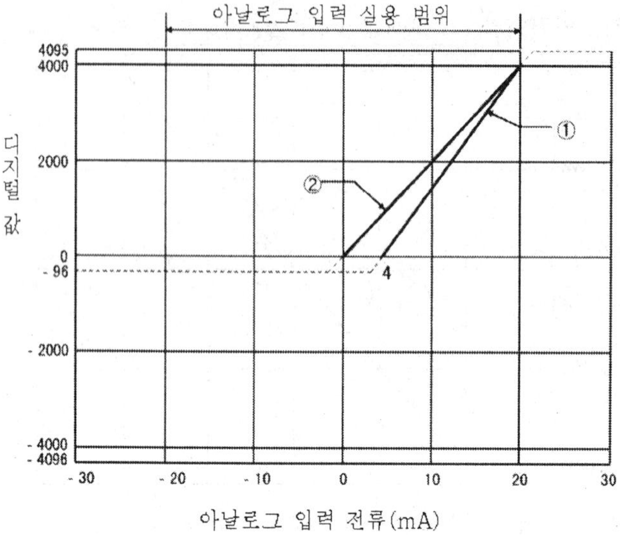

번호	아날로그 입력범위설정	옵셋값	게인값	디지털 출력값*2	최대 분해능
①	4~20mA	4mA	20mA	0~4000	4μA
②	0~20mA	0mA	20mA		5μA
-	사용자 범위 설정	*1	*1	−4000~4000	1.37μA

고분해능 모드의 전류 입력 특성은 다음과 같다.

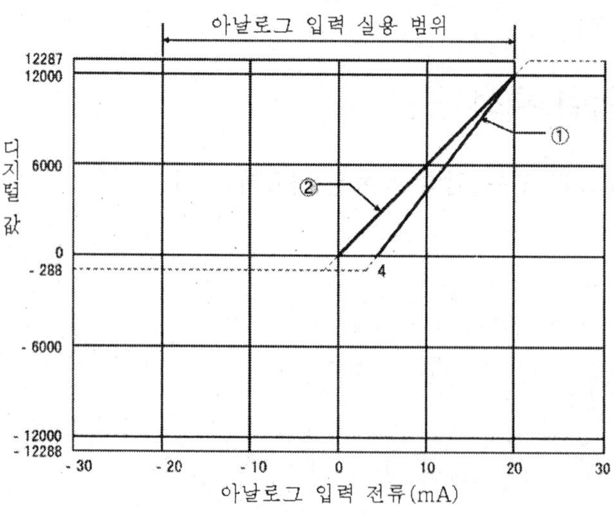

번호	아날로그 입력범위	옵셋값	게인값	디지털 출력값*2	최대 분해능
①	4~20mA	4mA	20mA	0~12000	1.66μA
②	0~20mA	0mA	20mA		1.33μA
-	사용자 범위 설정	*1	*1	−12000~12000	1.33μA

각 입력 범위의 아날로그 입력 범위 및 디지털 출력 범위 내에서 사용하며 범위를 초과하면 최대 분해능, 정밀도가 성능 사양의 범위 내에 들어가지 않을 수 있으며 ±30[mA] 이상 입력하면 소자가 파괴될 수 있다.

*1의 사용자 설정 범위의 옵셋값, 게인값은 다음 조건을 만족하는 범위에서 설정한다.

일반 분해능 모드	고분해능 모드
5.5mA	16.0mA

{(게인값)−(옵셋값)} > A

*2의 디지털 출력값의 범위를 초과하는 아날로그값이 입력된 경우 디지털 출력값은 최대 또는 최소로 고정된다.

아날로그입력 범위 설정	일반 분해능 모드		고 분해능 모드	
	최소	최대	최소	최대
4~20mA	−96	4095	−288	12287
0~20mAV				
사용자범위 설정	−4096		−12288	12287

(3) 정밀도

디지털 출력값의 최대값에 대한 정밀도이며 옵셋 및 게인 설정, 입력 범위, 분해능 모드를 변경하여 입력 특성을 바꾸어도 정밀도는 변하지 않고, 성능 사양의 범위 내에서 유지한다.

일반 분해능 모드 −10~10[V] 범위 선택시의 정밀도의 변동 범위에서 주위 온도 25±5[℃]일 때 ±0.1[%](±4digit), 주위 온도 0~55[℃]에서 온도 드리프트 보정 기능이 있을 경우 ±0.3[%](±12digit), 주위 온도 0~55[℃]에서 온도 드리프트 보정 기능이 없을 경우 ±0.4[%](±16digit)의 정도가 된다.

표 7-4 A/D 변환 항목 및 내용

항 목	내 용
A/D변환 허가/금지 설정	채널별로 A/D 변환의 허가/금지 지정이 가능 사용하지 않는 채널을 변환 금지로 설정하면, 변환 속도 단축
A/D 변환 방 식	(변환 속도 처리) 채널별로 아날로그 입력값을 A/D변환 디지털 출력값을 출력 (평균 처리) 채널별로 A/D변환 횟수, 시간 평균처리 평균값을 디지털 출력
최대값 · 최소값 유지 기능	디지털 출력값의 최대값과 최소값을 모듈에서 유지.
온도 드리프트 보정 기능	모듈의 주위 온도 변화의 오차 자동보정 변환 정밀도 향상 온도 드리프트 보정기능(전채널 A/D 변환시간)+60μs실현.
분해능 모드	분해능 모드전환, 디지털값 분해능 1/4000, 1/12000, 1/16000 분해능 모드 설정은 모든 채널 일괄적 처리

(4) A/D 변환 방식

A/D 변환 방식에는 샘플링 처리와 평균 처리가 있다.

(가) 샘플링 처리

아날로그 입력값을 A/D 변환하여 디지털 출력값을 버퍼 메모리에 저장하며 샘플링 처리 시간은 사용 채널수(A/D 변환 허가로 설정된 채널수)와 온도 드리프트 보정 기능 있음/없음에 따라 변한다.

(a) 온도 드리프트 보정 기능 없는 경우

(처리 시간)=(사용 채널수)×80(μs/1채널)

(b) 온도 드리프트 보정 기능 있음

(처리 시간)=(사용 채널수)×80(μs/1채널)+160μs

예 온도 드리프트 보정 기능 있음으로 채널 1, 2, 4의 3채널을 A/D 변환 허가로 하였을 경우 샘플링 처리시간은 400[μs]가 된다.

3×80+160=400[μs]

(나) 평균 처리

평균 처리가 지정된 채널의 A/D 변환을 설정 회수 또는 설정 시간 동안 실행하여 그 최대값과 최소값을 제외한 합계값을 버퍼 메모리에 저장한다.

(a) 시간에 의한 평균 처리 지정을 한 경우

설정 시간내의 처리 회수는 사용 채널수(A/D 변환 허가로 설정된 채널수)와 온도 드리프트 보정 기능 있음/없음에 따라 변한다.

① 온도 드리프트 보정 기능 없음의 경우

$$\text{처리회수} = \frac{(\text{설정 시간})\times 1000}{(\text{사용 채널수})\times 80(\mu s/1\text{채널})}$$

② 온도 드리프트 보정 기능 있음의 경우

$$\text{처리 회수} = \frac{(\text{설정 시간})\times 1000}{(\text{사용 채널수})\times 80(\mu s/1\text{채널}) + 160}$$

예 사용 채널 1, 2, 3, 4의 4채널, 설정시간 50[ms], "온도 드리프트 있음"의 경우 104회 측정하여 평균값을 출력한다.

$$\frac{50\times 1000}{(4\times 80)+160} = 104.17(\text{회})$$: 소수점 이하 생략

사용 채널수가 7~8로 온도 드리프트 보정 기능 있음의 경우 평균시간을 3[ms] 이상으로 설정한다.

2[ms] 이하로 설정하면 평균 회수가 3회 미만으로 되어, 최대값과 최소값을 제외한 합계값의 평균인 디지털 출력값이 0이 된다.

(b) 회수에 의한 평균 처리 지정을 한 경우

회수 평균에 의한 평균값이 버퍼 메모리에 저장되는 시간은 사용 채널수(A/D 변환 허가로 설정된 채널수)와 온도 드리프트 보정 기능의 있음/없음에 따라 변한다.

① 온도 드리프트 보정 없음의 경우

(처리시간)=(설정 회수)×{(사용 채널수)×80}/1000(단위[ms])

② 온도 드리프트 보정 있음의 경우

(처리시간)=(설정 회수)×[{(사용 채널수)×80}+160]/1000(단위[ms])

예 채널 1, 2, 3, 4의 4채널, 설정 회수 100회, 온도 드리프트 보정 기능 있는

경우 48[ms]마다 평균값을 출력한다.

100×{(4×80)+160}/1000=48[ms]

채널마다 디지털 출력값의 최대값과 최소값이 버퍼 메모리 어드레스 30~45(Un₩G30~Un₩G45)에 저장된다.

동작 조건 설정 완료 플래그(X 09)가 OFF되면 클리어되고 변환이 시작되면 새로이 최대값, 최소값이 저장된다.

최대값, 최소값의 저장 영역은 시퀀스 프로그램에서 바꿔 쓰는 것이 가능하므로, 일정시간 동안의 최대값, 최소값을 확인하는 것도 가능하다.

AD 모듈의 사용 순서는

① 채널별 사용 여부를 결정

② 신호 종류의 설정(전압, 전류등의 신호 타입 결정)

③ Sampling/평균 처리(시간, 횟수 평균) : 최대값, 최소값(게인, 옵셋) 제외
Sampling처리는 실시간으로 헌팅된 값을 그대로 출력하며 평균 처리(시간, 횟수 평균)는 일정 시간, 회수로 보정한 값이다.

④ 분해능 설정(일반 : 4,000, 고분해능 : 12,000 16,000)
온도 drift 보정 기능 : 모듈의 온도 변화에 대한 오차를 자동 보정한다.

①, ③은 프로그램(전용 소프트 웨어, FORM TO 명령, 인텔리전트 명령 U, \G)으로 설정하며 ②, ④는 GX Developer의 스위치 설정으로 실행한다.

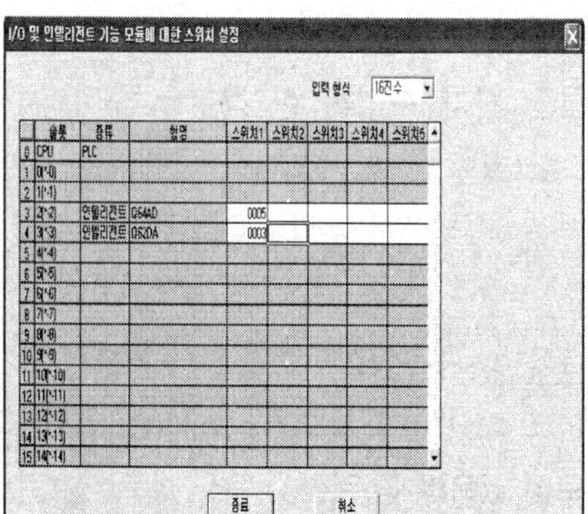

7.3 A/D 입출력 신호

(1) 입출력 신호 일람

A/D 변환 모듈의 입출력 신호 일람을 다음 표에 나타내며 출력번호(X/Y)는 A/D 변환 모듈의 선두 입출력 번호를 0으로 설정한 경우를 표시한다.

*1의 사용 금지는 시스템에서 사용하고 있기 때문에 사용자는 사용할 수 없으며 만일, 시퀀스 프로그램에서 ON/OFF한 경우에는 A/D 변환 모듈로서의 기능을 보장할 수 없다.

옵셋과 게인은 최대값과 최소값의 개념이며 옵셋값과 게인값을 직선으로 연결한 직선이 변환 특성이 된다. 디지털 변환 과정에서 0이 옵셋이며 최대값이 게인이다. (3[V]를 최소값 7[V]를 최대값으로 하고 일반 분해능으로 4,000 디지털 값으로 변환되면 디지털 0값이 3[V]가 최소값으로 옵셋이며 7[V], 디지털 4,000이 최대값 게인이 된다. 즉 7-3[V]/4,000 분해능으로 나타낼 수 있다.

표 7-5 입출력 신호 일람

신호방향 CPU모듈 ← A/D 변환모듈		신호방향 CPU모듈 → A/D 변환모듈	
디바이스 No.(입력)	신호 명칭	디바이스 No.(출력)	신호 명칭
X0	모듈 READY	Y0	사용 금지
X1	온도 드리프트 보정상태 플랙	Y1	
X2	사용 금지	Y2	
X3		Y3	
X4		Y4	
X5		Y5	
X6		Y6	
X7		Y7	
X8	고분해능 상태 플랙	Y8	
X9	동작 조건 설정 완료 플랙	**Y9**	동작 조건 설정 요구
XA	옵셋 및 게인설정모드상태 플랙	YA	사용자 범위 쓰기 요구
XB	채널 변경 완료 플랙	YB	채널 변경 요구
XC	사용금지	YC	사용금지
XD	최대값, 최소값 리셋 완료 플랙	YD	최대값, 최소값 리셋 요구
XE	A/D 변환 완료 플랙	YE	사용금지
XF	에러발생 플랙	**YF**	에러 클리어 요구

주사용 디바이스 : 볼드체

표 7-6 디바이스 입출력 신호 명칭 및 내용

디바이스 NO.	신호 명칭	내 용
X0	모듈 READY	PLC CPU의 전원 투입시 또는 리세트 조작시에 A/D 변환의 준비 완료된 시점에서 ON되고, A/D 변환 처리 모듈 READY가 OFF일 때는 A/D 변환 처리를 하지 않음 다음의 상태인 모듈 READY가 OFF 옵셋, 게인 설정모드중인 경우, A/D 변환 모듈이 WDT에러
X1	온도 드리프트 보정상태 플랙	온도 드리프트 보정 기능 있음의 설정으로 A/D 변환 처리를 실행하고 있을 경우 온도 드리프트 보정상태 플래그가 ON
X8	고분해능 모드 상태 플랙	고분해능 모드로 설정되어 있을 경우 ON
X9	동작조건 설정 완료 플랙	A/D 변환 허가/금지(버퍼메모리 어드레스0 : Un₩G0)를 변경할 경우 동작조건 설정 요구(Y9)를 ON/OFF 인터록 조건으로 사용 동작조건 설정 완료 플랙(X9)가 OFF인 경우 A/D 변환 처리하지 않음 다음 상태의 경우 동작 조건 설정 완료 플래그(X9)가 OFF. 모듈 READY(X0)가 OFF인 경우, 동작 조건 설정 요구(Y9)가 ON인 경우 시퀀스 프로그램으로 실시
XA	옵셋, 게인설정모드 상태 플랙	옵셋 및 게인 설정이 완료된 값을 등록할 때, 옵셋 및 게인요구(YA)를 ON/OFF하는 인터록 조건으로 사용. A/D 변환 모듈 실시
XB	채널 변경 완료 플랙	옵셋 및 게인 설정을 하는 채널을 변경할 때, 채널 변경요구(YB)를 ON/OFF하는 인터록 조건으로 사용. 채널 변경요구(YB)
XD	최대값, 최소값 리셋완료 플랙	최대값 및 최소값 리세트 요구(YD)의 ON으로 버퍼 메모리 어드레스 30~45(Un₩G30~Un₩G45)에 저장된 최대값 및 최소값이 리셋되면 ON. A/D 변환 모듈로 실시
XE	A/D 변환 완료 플랙	변환 허가 채널 전체가 변환 완료된 시점에서 ON
XF	에러 발생 플 랙	쓰기 에러가 발생한 경우 에러발생 플래그가 ON 에러코드 클리어는 에러클리어 요구(YF)를 ON하여 실행. D/A 변환 모듈로 실시

디바이스 NO.	신호 명칭	내 용
Y9	동작 조건 설정 요구	A/D 변환 허가. 금지, 평균 처리지정, 평균처리 지정을 한 경우의 평균 시간, 회수의 설정내용을 유효로 할 경우에 ON. ON/OFF 타이밍은 X9 참조
YA	사용자 범위 쓰기 요구	옵셋 및 게인 설정을 조정한 값을 A/D변환모듈에 등록할 경우 ON. ON/OFF 타이밍은 XA 참조
YB	채널 변경 요 구	옵셋 및 게인 설정을 조정하는 채널을 변경할 경우에 ON. ON/OFF 타이밍은 XB 참조
YD	최대값, 최소값 리셋 요구	최대값 및 최소값 리세트 요구(YD)를 ON하면 버퍼메모리 어드레스 30~45(Un₩G30~Un₩G45)에 저장된 최대값 및 최소값이 클리어. ON/OFF 타이밍은 XD 참조
YF	에러 클리어 요 구	쓰기 에러를 클리어할 경우에 ON. ON/OFF 타이밍은 XF 참조

7.4 A/D 버퍼 메모리

(1) 버퍼 메모리의 할당

다음 표는 8채널 아날로그 입력(채널.1~채널.8)의 Q68ADV/Q68ADI를 기준으로 설명하고 있다.

표 7-7 버퍼 메모리 할당

어드레스		내 용	R/W *2	어드레스		내 용	R/W
16진	10진			16진	10진		
0H	0	A/D 변환 허가/금지 설정	R/W	18H	24	시스템 영역	-
1H	1	채널.1 평균시간/평균회수 설정	R/W	19H	25		
2H	2	채널.2 평균시간/평균회수 설정	R/W	1AH	26		
3H	3	채널.3 평균시간/평균회수 설정	R/W	1BH	27		
4H	4	채널.4 평균시간/평균회수 설정	R/W	1CH	28		
5H	5	채널.5 평균시간/평균회수설정*1	R/W	1DH	29		
6H	6	채널.6 평균시간/평균회수설정*1	R/W	1EH	30	채널.1 최대값	R/W
7H	7	채널.7 평균시간/평균회수설정*1	R/W	1FH	31	채널.1 최소값	R/W
8H	8	채널.8 평균시간/평균회수설정*1	R/W	20H	32	채널.2 최소값	R/W
9H	9	평균 처리지정	R/W	21H	33	채널.2 최소값	R/W
AH	10	A/D 변환 완료 플래그	R	22H	34	채널.3 최대값	R/W
BH	11	채널.1 디지털 출력값	R	23H	35	채널.3 최소값	R/W
CH	12	채널.2 디지털 출력값	R	24H	36	채널.4 최대값	R/W
DH	13	채널.3 디지털 출력값	R	25H	37	채널.4 최소값	R/W
EH	14	채널.4 디지털 출력값	R	26H	38	채널.5 최대값 *1	R/W
FH	15	채널.5 디지털 출력값 *1	R	27H	39	채널.5 최소값 *1	R/W
10H	16	채널.6 디지털 출력값 *1	R	28H	40	채널.6 최대값 *1	R/W
11H	17	채널.7 디지털 출력값 *1	R	29H	41	채널.6 최소값 *1	R/W
12H	18	채널.8 디지털 출력값 *1	R	2AH	42	채널.7 최대값 *1	R/W
13H	19	에러 코드	RW	2BH	43	채널.7 최소값 *1	R/W
14H	20	설정 영역(채널.1~채널.4)	R	2CH	44	채널.8 최대값 *1	R/W
15H	21	설정 영역(채널.5~채널.8)	R	2DH	45	채널.8 최소값 *1	R/W
16H	22	옵셋 및 게인, 모드 옵셋 지정	R/W				
17H	23	옵셋 및 게인, 모드 옵셋 지정	R/W				

*1 : Q64AD의 경우 채널.5~채널.8의 버퍼 메모리 어드레스는 시스템 영역이 된다.

*2 : 시퀀스 프로그램으로 부터의 읽기/쓰기의 가능 여부를 표시.

R : 읽기 가능, W : 쓰기 가능

(2) A/D 변환 허가/금지 설정(버퍼 메모리 어드레스 0 : Un₩G0)

채널마다 A/D 변환값의 출력을 허가할 것인지/금지할 것인지를 설정하며 A/D 변환 허가/금지 설정을 유효로 하기 위하여는 동작 조건 설정 요구(Y9)를 ON/

OFF할 필요가 있다.

디폴트는 전채널 A/D 변환 허가로 되어 있으며 Q64AD의 경우 b4~b7(채널.5~채널.8)은 무효가 된다.

	b15	b14	b13	b12	b11	b10	b9	b8	b7	b6	b5	b4	b3	b2	b1	b0
Un₩G0	0	0	0	0	0	0	0	0	0	0	0	0	CH 4	CH 3	CH 2	CH 1

0 : A/D 변환 허가 1 : A/D 변환 금지

8채널용 A/D 변환용 채널을 1, 3, 5, 8로 할 경우 006AH(106)을 버퍼 메모리 어드레스0(Un₩G0)에 저장한다.

b15	b14	b13	b12	b11	b10	b9	b8	b7	b6	b5	b4	b3	b2	b1	b0	
0	0	0	0	0	0	0	0	0	1	1	0	1	0	1	0	006AH(106)
								CH. 8	CH. 7	CH. 6	CH. 5	CH. 4	CH. 3	CH. 2	CH. 1	
0				0				6				A				

(3) CH□ 평균시간/평균회수설정(버퍼 메모리 어드레스 1~8 : Un₩G1~Un₩G8)

평균 처리 지정한 채널별로 평균 시간, 평균 회수를 설정하며 설정 가능 범위는 아래와 같으며 디폴트는 0으로 설정되어 있다.

- 회수에 의한 평균처리의 경우 : 4~62500[회]
- 시간에 의한 평균처리의 경우 : 2~5000[ms]

표 7-8 출력 범위 설정

출력 범위 설정	일반적인 분해능 모드		고 분해능 범위	
	설정가능 범위 (실용 범위)	설정가능 범위 이외의 값	설정가능 범위 (실용 범위)	설정가능 범위 이외의 값
0 : 0~20[mA]	0~4095 (0~4000)	4096이상 : 4095 −1이하 : 0	0~12287 (0~12200)	12288이하 : 12287 −1이하 : 0
1 : 4~20[mA]				
2 : 1~5[V]				
3 : 0~5[V]				
4 : −10~10[V]	−4096~4095 (−4000~4000)	4096이상 : 4095 −4097이하 : −4096	−16384~16383 (−16000~16000)	16384이상 : 16383 −16385이하 : 16384
F : 사용자 범위 설정			−12288~12287 (−12000~12000)	12288이상 : 12287 −12289이하 : −12288

(4) 평균 처리 지정(버퍼 메모리 어드레스 9 : Un₩G9)

샘플링 처리 또는 평균 처리를 선택할 경우 버퍼 메모리 어드레스 9(Un₩G9)에 설정 내용을 쓰며 평균 처리를 선택한 경우 시간 평균 또는 회수 평균을 선택한다.

디폴트는 "전 채널 샘플링 처리"로 되어 있으며 Q64AD의 경우 b4~b7 및 b12~b15(채널.5~채널.8)은 무효가 된다.

b15	b14	b13	b12	b11	b10	b9	b8	b7	b6	b5	b4	b3	b2	b1	b0
CH. 8	CH. 7	CH. 6	CH. 5	CH. 4	CH. 3	CH. 2	CH. 1	CH. 8	CH. 7	CH. 6	CH. 5	CH. 4	CH. 3	CH. 2	CH. 1

평균처리 채널의 지정 1 : 평균 처리 0 : 샘플링 처리
시간/회수의 지정 1 : 시간 평균 0 : 회수 평균

채널 1, 5를 회수 평균, 채널 2, 7을 시간 평균, 그 외는 샘플링 처리로 할 경우 5342H(21314)를 버퍼 메모리 어드레스9(Un₩G9)에 저장된다.

b15	b14	b13	b12	b11	b10	b9	b8	b7	b6	b5	b4	b3	b2	b1	b0	
0	1	0	1	0	0	1	1	0	1	0	0	0	0	1	0	5342H(21314)
CH. 8	CH. 7	CH. 6	CH. 5	CH. 4	CH. 3	CH. 2	CH. 1	CH. 8	CH. 7	CH. 6	CH. 5	CH. 4	CH. 3	CH. 2	CH. 1	
5				3				4				2				

(5) A/D 변환 완료 플랙(버퍼 메모리 어드레스 10 : Un₩G10)

A/D 변환 완료 플래그는 변환이 허가되어 있는 채널의 A/D 변환이 완료되면 1이 되며 A/D 변환 완료 플래그(XE)는 A/D 변환 허가로 설정되어 있는 모든 채널의 변환이 완료되는 시점에 ON된다.

동작 조건 설정 요구(Y9)를 ON하면 디폴트인 0이 되고, A/D 변환이 완료되면 1이 된다. Q64AD의 경우, b4～b7(채널.5～채널.8)은 무효가 된다.

b15	b14	b13	b12	b11	b10	b9	b8	b7	b6	b5	b4	b3	b2	b1	b0
0	0	0	0	0	0	0	0	CH. 8	CH. 7	CH. 6	CH. 5	CH. 4	CH. 3	CH. 2	CH. 1

Q64AD는 b4～b15, Q64AD는 B8～B15의 정보는 0 고정
1 : A/D 변환종료　2 : A/D 변환중 또는 미사용

채널 1, 2, 6을 A/D 변환 허가로 하고, 채널 1, 2, 6 전체의 변환이 완료되면, 아래와 같이 버퍼 메모리 어드레스10(Un₩G10)에 0023H가 저장된다.

b15	b14	b13	b12	b11	b10	b9	b8	b7	b6	b5	b4	b3	b2	b1	b0	
0	0	0	0	0	0	0	0	0	0	1	0	0	0	1	1	0023H(35)
								CH. 8	CH. 7	CH. 6	CH. 5	CH. 4	CH. 3	CH. 2	CH. 1	
0				0				2				3				

(6) 디지털 출력값(버퍼 메모리 어드레스 11～18 : Un₩G11～Un₩G18)

A/D 변환된 디지털 출력값은 버퍼 메모리 어드레스 11～18(Un₩G11～Un₩G18)에 채널별로 저장되며 디지털 출력값을 16비트의 부호 바이너리로 표시한다.

b15	b14	b13	b12	b11	b10	b9	b8	b7	b6	b5	b4	b3	b2	b1	b0

데이터 부는 분해능 1/4000인 경우는 12비트, 분해능 1/2000, 1/16000 14비트를 사용하고 데이터부와 최상위 비트는 부호 비트로 1인 경우는 부, 0인 경우는 정이 된다.

(7) 쓰기 데이터 에러코드(버퍼 메모리 어드레스 19 : Un₩G19)

A/D 변환 모듈에서 검출한 에러 코드를 저장한다.

(8) 설정 범위(버퍼 메모리 어드레스 20, 21 : Un₩G20, Un₩G21)

A/D 변환 모듈의 설정 범위를 확인하기 위한 영역이며 버퍼 메모리 어드레스 20(Un₩G20)에는 채널.1~채널.4, 버퍼 메모리 어드레스 21(Un₩G21)에는 채널.5~채널.8의 설정값이 저장된다.

Q64AD에의 경우, 버퍼 메모리 어드레스 21(Un₩G21)은 무효가 된다.

b15~b12	b11~b8	b7~b4	b3~b0	
채널.4	채널.3	채널.2	채널.1	Un₩G20
채널.8	채널.7	채널.6	채널.5	Un₩G21

디폴트는 0이며 Q68AD가 0일 때, 아날로그 입력 범위가 0~10[V]이며 입력 범위를 5H로 설정한 경우에도 동일하다.

입력 범위	설정값
4~20[mA]	0H
0~20[mA]	1H
1~5[V]	2H
0~5[V]	3H
−10~10[V]	4H
0~10[V]	5H
사용자 범위 설정	FH

(9) 옵셋 및 게인설정 모드(버퍼 메모리 어드레스 22, 23 : Un₩G22, Un₩G23)

옵셋, 게인의 설정을 조정할 채널을 지정하며 버퍼 메모리 어드레스 22(Un₩G22)에는 옵셋을 조정하는 채널, 버퍼 메모리 어드레스23(Un₩G23)에는 게인을 조정하는 채널을 지정한다.

복수의 채널에 동시에 설정하는 것이 가능하나 옵셋과 게인은 각각(버퍼 메모리 어드레스 22, 23 : Un₩G 22, 23중에서 한쪽을 0)으로 설정한다.

양쪽을 동시에 세트하면 옵셋 및 게인 설정모드 에러(에러코드 500)가 된다.

Q64AD의 경우 b4~b7(CH.5~CH.8의 정보)은 무효가 된다.

Un₩G22(셋 설정) Un₩G23(게인 설정) 1 : 설정 채널 0 : 무효

b15	b14	b13	b12	b11	b10	b9	b8	b7	b6	b5	b4	b3	b2	b1	b0
0	0	0	0	0	0	0	0	0	0	0	0	CH4	CH3	CH2	CH1
0	0	0	0	0	0	0	0	0	0	0	0	CH4	CH3	CH2	CH1

(10) 최대값 및 최소값 저장 범위

(버퍼 메모리 어드레스 30~45 : Un₩G30~Un₩G45)

채널별로 변환한 디지털값의 최대값과 최소값을 저장하며 동작 조건 설정 요구(Y9)가 ON하여 설정이 변경되지만, 최대값 및 최소값 리세트 요구(YD)가 ON되면 모든 채널의 저장값은 클리어 된다.

평균처리 지정이 되어 있는 채널도 샘플링 처리시간(측정)마다 최대값 및 최소값이 저장된다.

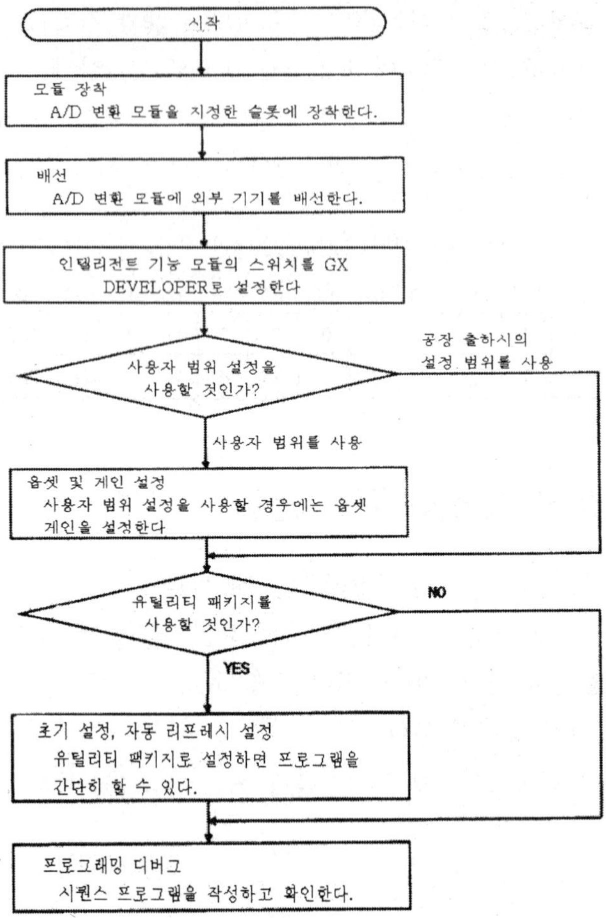

그림 7-1 동작 처리 흐름도

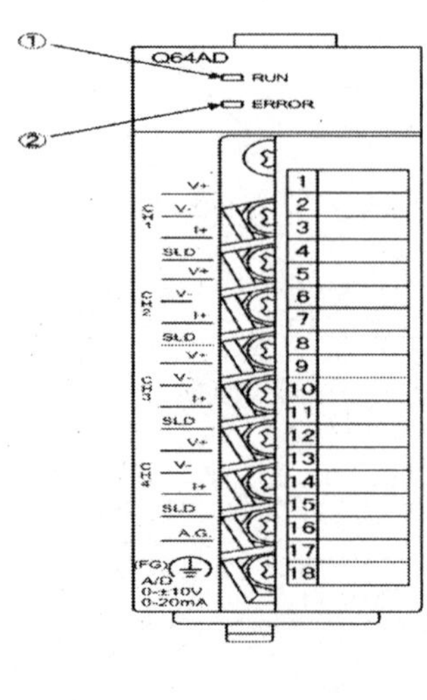

번호	명칭과 외관	내 용
①	RUN LED	A/D 변환 모듈의 운전 상태를 표시 점등 : 정상 동작 중 점멸 : 옵셋게인 설정 모드 중 소등 : 5V전원 단선 WDT 에러 발생시
②	ERROR LED	A/D 변환 모듈의 에러 상태를 표시 점등 : 에러 발생 중 소등 : 정상 동작 중 점멸 : 스위치 설정 에러 인텔리전트 기능 모듈 스위치 5에 0 이외의 값이 설정

그림 7-2 외관 및 명칭도

표 7-9 단자 번호 및 신호 명칭

단자번호	신호 명칭					
	Q64AD		Q68ADV		Q68AD1	
1	CH1	V+	CH1	V+	CH1	V+
2		V−		V−		V−
3		I+	CH2	V+	CH2	V+
4		SLD		V−		V−
5	CH2	V+	CH3	V+	CH3	V+
6		V−		V−		V−
7		I+	CH4	V+	CH4	V+
8		SLD		V−		V−
9	CH3	V+	CH5	V+	CH5	V+
10		V−		V−		V−
11		I+	CH6	V+	CH6	V+
12		SLD		V−		V−
13	CH4	V+	CH7	V+	CH7	V+
14		V−		V−		V−
15		I+	CH8	V+	CH8	V+
16		SLD		V−		V−
17	A.G.(ANALOG GND)					
18	FG					

✤ A/D 변환 모듈 배선 ✤

① 배선상 주의사항 : A/D 변환 모듈의 기능을 충분히 발휘하는 신뢰성 높은 시스템이 되기 위해서는 노이즈의 영향을 줄이는 외부 배선이 필요하다.

교류와 A/D 변환 모듈의 외부 출력 신호는 별도의 케이블을 사용하여 교류측의 서지나 유도 전류의 영향을 받지 않도록 한다.

주회로 선이나 고압선, PLC 이외로 부터의 부하 선과는 접근시키거나 함께 배선하지 않는다.

실드선 또는 실드 케이블의 실드는 1점 접지를 하며 단자대에는 절연 슬리브 압착 단자를 사용할 수 없다.

② Q64AD의 경우 외부 배선 : 전압 입력의 경우

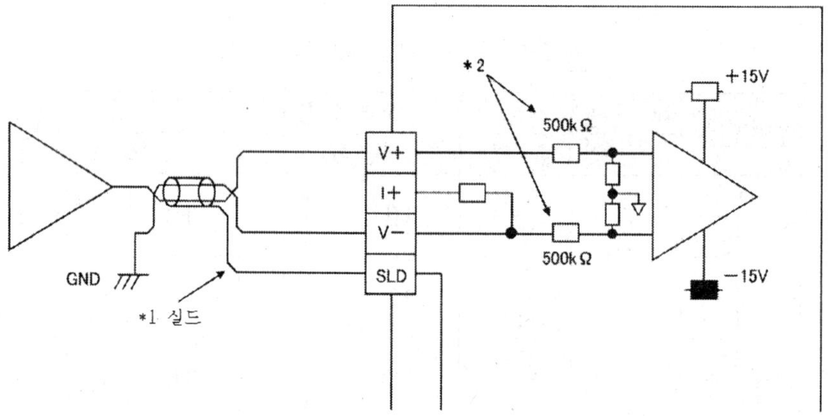

③ 전류 입력의 경우 : 신호원 0~±20[mA]

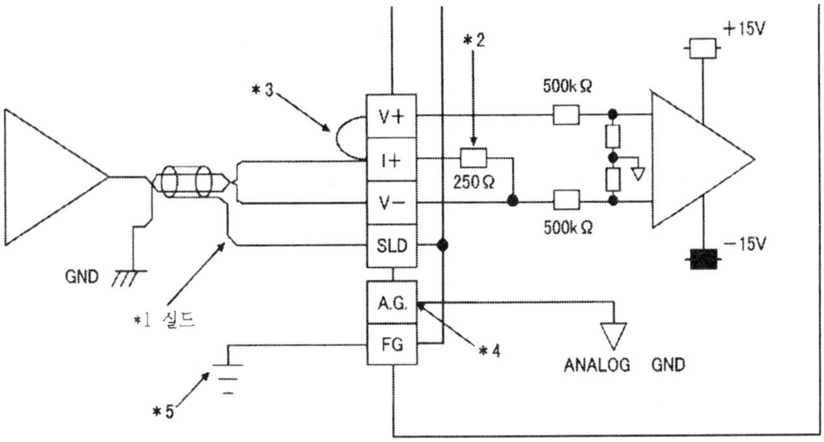

그림 7-3 A/D 변환 배선도

*1 : 전선은 2심 트위스트 전선을 사용

*2 : Q64AD의 입력 저항 표시.

*3 : 전류 입력의 경우 반드시 (V+)와 (I+)단자 접속

*4 : [A.G] 단자는 일반적으로 배선할 필요는 없지만 [A.G]와 [상대 기기의 GND]와의 사이에 전위차가 있을 경우나 0[V] 입력 대신에 ± 배선의 +측만 오픈할 경우에 상대 기기의 GND와 접속한다.

* 5 : 반드시 접지하며 전원 모듈의 FG도 접지한다.

✤ A/D 변환 모듈 스위치 설정 ✤

인텔리전트 기능 모듈 스위치의 설정은 GX Developer의 I/O 할당 설정한다.

인텔리전트 기능 모듈 스위치는 스위치 1~5까지 있고, 16비트 데이터로 설정한다. 모듈 스위치를 설정하지 않으면, 스위치 1~5의 디폴트 값은 0이다.

표 7-10 스위치 설정 항목

<table>
<tr><th></th><th colspan="3">설 정 항 목</th></tr>
<tr><td rowspan="8">스위치1</td><td rowspan="8">입력범위 설정
□□□□H
CH4 CH3 CH2 CH1</td><td>아날로그 입력범위</td><td>입력범위 설정값</td></tr>
<tr><td>4~20mA</td><td>0H</td></tr>
<tr><td>0~20mA</td><td>1H</td></tr>
<tr><td>1~5V</td><td>2H</td></tr>
<tr><td>0~5V</td><td>3H</td></tr>
<tr><td>−10~10V</td><td>4H</td></tr>
<tr><td>0~10V</td><td>5H</td></tr>
<tr><td>사용자 범위설정</td><td>FH</td></tr>
<tr><td>스위치2</td><td>입력범위 설정
□□□□H
CH8 CH7 CH6 CH5</td><td colspan="2">(스위치1과 동일)</td></tr>
<tr><td>스위치3</td><td colspan="3">없 음</td></tr>
<tr><td>스위치4</td><td colspan="3">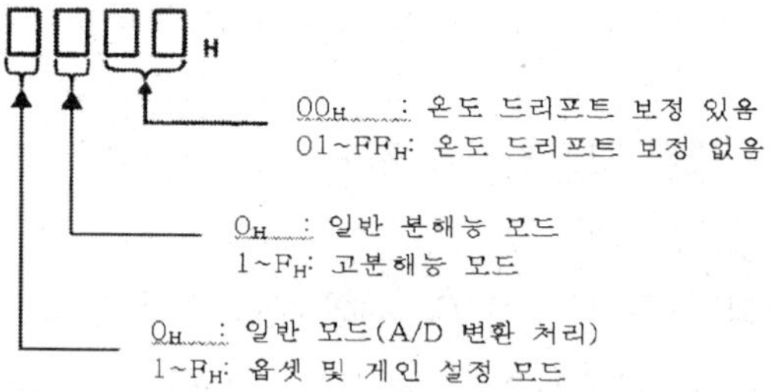</td></tr>
<tr><td>스위치5</td><td colspan="3">0 : 고정</td></tr>
</table>

인텔리전트 기능 모듈 스위치4 설정에서 옵셋 및 게인 설정 모드로 설정하면 스위치4의 다른 설정(분해능 모드, 동기 출력 모드 설정)은 무시된다.

기능 버전 A와 기능 버전 B에서는 옵셋 및 게인 설정 모드의 설정이 다르며 옵셋 및 게인 설정 모드일 때는 RUN LED가 점멸하고 있는 것을 확인한 다음 옵셋 및 게인을 설정한다. RUN LED가 점멸하지 않을 경우에는 스위치4의 설정을 확인한다.

분해능 모드의 설정에 따라 아날로그 출력값이 많이 다르기 때문에 인텔리전트 기능 모듈 스위치 설정을 확인한 다음 아날로그 출력 처리를 한다.

예 −10~10[V] 범위에 10[V]의 아날로그값이 더해진 경우의 디지털 출력값

	일반 모드	고분해능 모드
디지털 출력값	약 4000	약 16000

GX Developer의 I/O할당 설정 화면에서 설정한다.

A/D 변환 모듈을 장착한 슬롯을 다음과 같이 설정하며 종류는 필수이지만 다른 항목은 필요에 따라 설정한다.

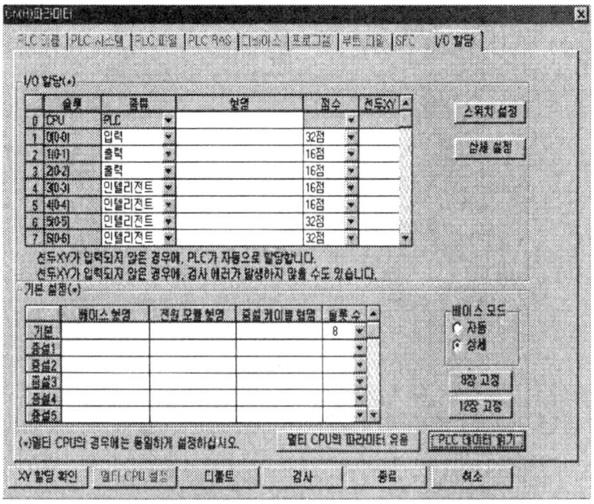

- 종류 : "인텔리전트"를 선택
- 형명 : 모듈 형명을 입력.
- 점수 : 16점을 선택 선두 XY : A/D 변환 모듈의 선두 입출력 번호를 입력.(40)
- 상세 설정 : A/D 변환 모듈의 관리 CPU를 지정

  "에러 발생시의 출력 모드" 및 "H/W 에러 발생시의 CPU 동작 모드"는 A/D 변환 모듈에 대해서는 무효이므로 설정할 필요가 없다.

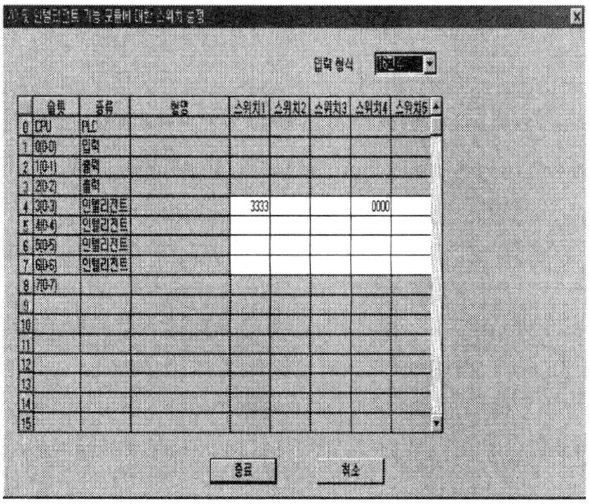

일반 디지털 모듈과 인텔리전트 모듈의 차이는 버퍼 메모리와 특수 OS가 존재하는 점이며 Q64AD에서 PLC CPU, 표준 RAM ROM으로 FROM 명령이 사용되며 PLC CPU에서 Q64AD로는 TO 명령이 사용된다.

[FROM H0 K19 D0 K1]에서 H0는 선두 I/O 주소이며 K19는 버퍼 메모리 번지이며 D0는 CPU 디바이스 K1은 1개를 나타낸다.

FORM 명령은 K19 버퍼 메모리의 번지의 내용을 CPU 디바이스 D0에 넣고

[TO H0 K0 D5 K1]는 HO는 선두 I/O 주소이며 K0는 버퍼 메모리의 번지이며 D5는 CPU 디바이스, K1은 1개를 나타낸다.

TO 명령은 CPU 디바이스 D5의 내용을 버퍼 메모리 K19 번지로 1개 보내는 명령이다.

인텔리전트 전용 명령인 Un\Gn은 Un은 선두 I/O 번호이며 Gn은 버퍼 주소를 나타낸다.

따라서 [TO H8 K0 H8 K1]=[MOV H8 U8\G0]이며 [FROM H8 K11 D10 K1]=[MOV U8\G11 D10]과 동일하다.

다음 프로그램 예는 채널 1만 사용하여 200[mS] 평균처리, 0~5[V] 입력인 경우 A/D 컨버터의 프로그램을 FORM/TO 명령으로 작성한 예제이다.

[T0 H4 K0 H0E K1]은 I/O 선두 번지 40번대로 버퍼 어드레스 0에 16진수 0E 즉 00001110을 입력하여 채널 1번만 변환 가능 상태로 설정한다.

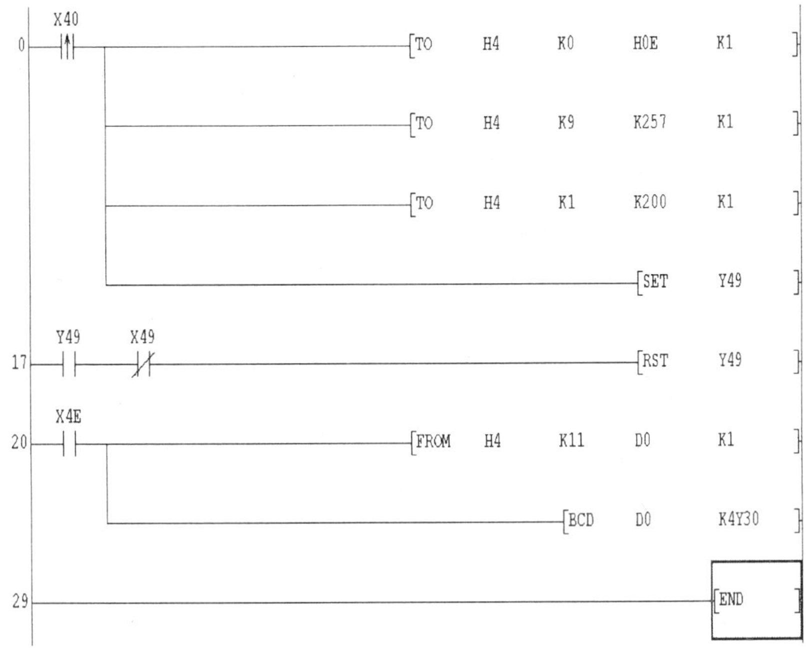

[TO H4 K9 K257 K1]은 I/O 선두 번지 40번대로 버퍼 어드레스 9(평균처리 지정 버퍼)에 10진수 257 즉 100000001을 입력하여 채널 1번만 시간 평균 처리로 설정한다.

[T0 H4 K1 K200 K1]은 I/O 선두 번지 40번대로 버퍼 어드레스 1(평균처리 시간/회수 지정 버퍼)에 10진수 200 즉 200[mS] 시간 평균 처리를 설정한다.

SET Y49로 CPU에서 AD변환 모듈로 동작 조건 설정 셋하고 X4E(변환 완료 플랙)가 온되면 [FROM H4 K11 D0 K1]명령으로 채널 1의 디지털 변환 출력값이 저장되어 있는 버퍼 메모리 11번의 내용을 D0로 보내며 BCD 명령으로 값을 디스플레이한다.

다음 프로그램은 동일 내용을 인텔리전트 전용 명령인 Un\Gn을 사용하여 나타낸 것이다.

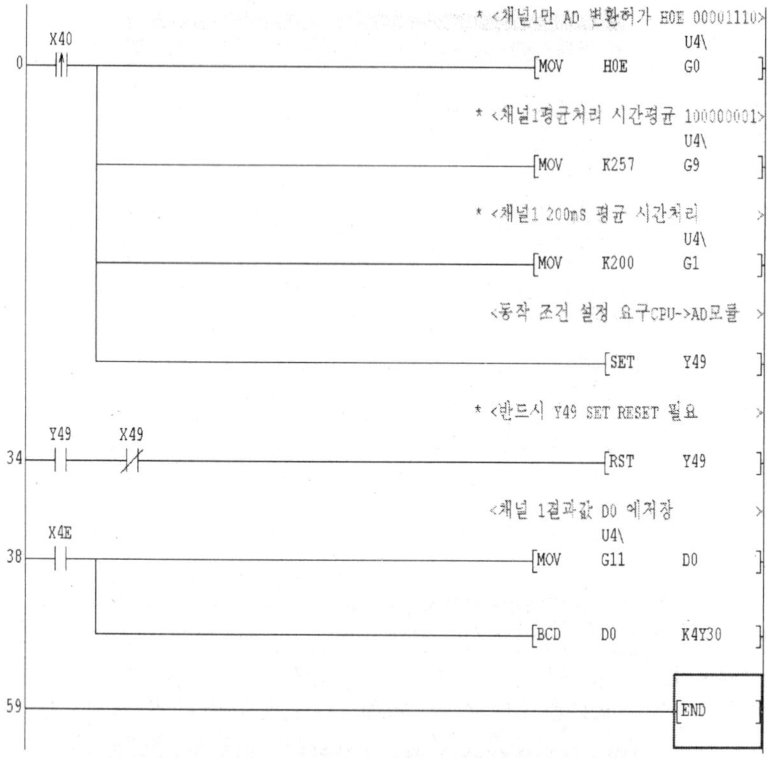

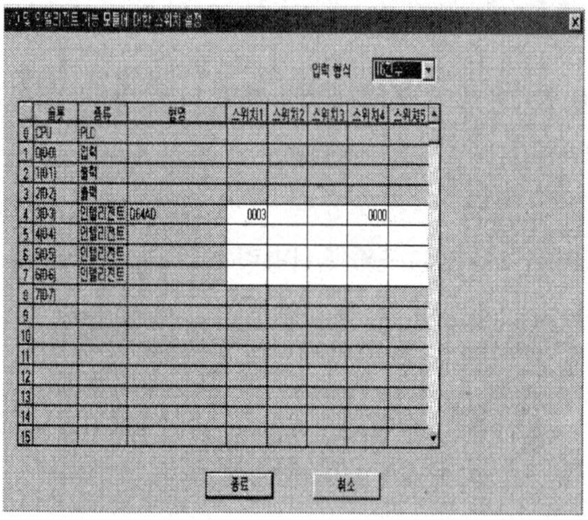

스위치 설정은 다음과 같이 AD 변환 모듈 스위치 1번을 0003, 스위치 4를 0000으로 하여 입력 0~5[V], 온도 드리프트 보정 있음으로 설정한다.

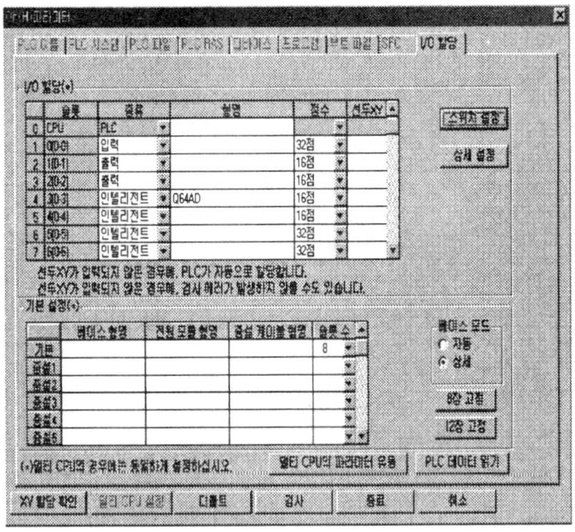

다음 프로그램은 전용 소프트웨어 GX Confugulator를 사용하여 나타낸 것이다.

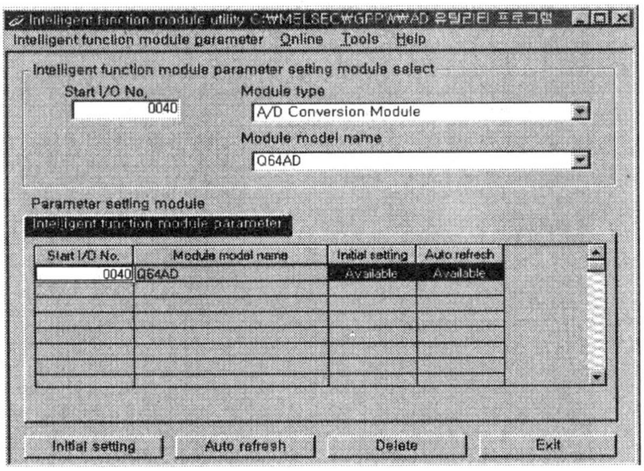

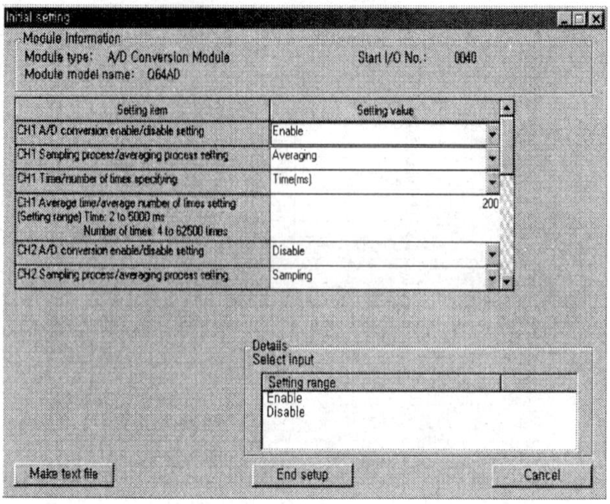

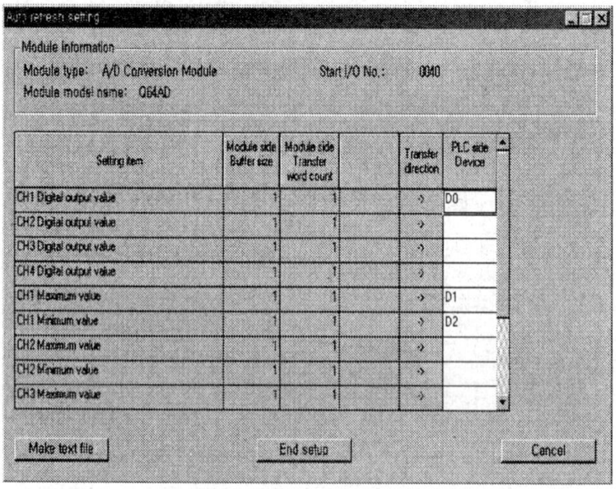

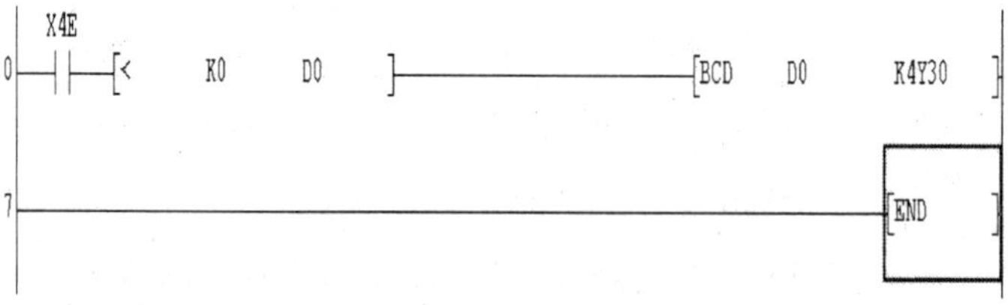

채널 1만 enable 상태를 선택하고 200[mS]의 평균 시간을 입력하고 채널 1의 변환 출력값은 D0으로 저장하고 BCD 장치로 표시한다.

다음 프로그램 예는 스위치 설정탭을 클릭하여 4번 슬롯의 인텔리전트(A/D 컨버터 항목)의 스위치 1에 3333(16진수)를 입력하여 CH1~CH4을 0~5[V]의 아날로그 입력 범위로 결정한다.

Q64AD의 경우 CH5~CH8은 해당되지 않기 때문에 0000으로 설정(디폴트), 스위치 4는 0000로 설정하여 온도 드리프트 보정이 없고 일반 분해능, 옵셋과 게인 설정을 하지 않는 일반 모드의 A/D 변환으로 설정되는 예를 나타내었다.

X40은 A/D변환의 모듈 READY 신호로 A/D 변환 준비가 완료된 상태에서 ON 되며 A/D 변환을 처리하게 되는 입력 신호이다.

TO 명령은 쓰기 명령으로 H4는 워드 4번 즉 A/D 컨버터 모듈이며 K0는 버퍼 메모리 어드레스 0번 즉 A/D 변환 허가/금지 설정에 사용되며 디폴트 0은 변환 허가 상태를 나타내고 1인 경우는 변환 금지를 나타내고 Q64AD는 4채널 변환기인 관계로 b0~b3까지 4비트만 유효하며 H8은 16진수로 최하위 니블이 1000인 관계로 채널 4를 변환 불가 다른 채널은 변환가능 상태로 설정한다.

Kn은 A/D 설정 변환 버퍼 메모리 어드레스이며 K1은 스킵, K2는 채널 2의 평균시간/평균 횟수 설정 버퍼 메모리 어드레스이며 K50으로 50번 평균값으로 설정하고 K3은 채널 3을 1000[mS] 시간 평균으로 설정한다.

K9는 평균처리 지정 버퍼 어드레스 메모리로 H0604는 0000 0110 0000 0100이며 채널 2, 채널 3이 평균처리로 설정되고 채널 2는 횟수 평균으로 지정되고 채널 3은 시간 평균으로 설정된다.

Y49는 동작 조건 설정 요구 출력으로 채널별 설정 완료 신호로 사용되며 X49는 동작조건 설정완료 플랙으로 Y49 출력 신호를 리셋시키는 신호로 사용한다.

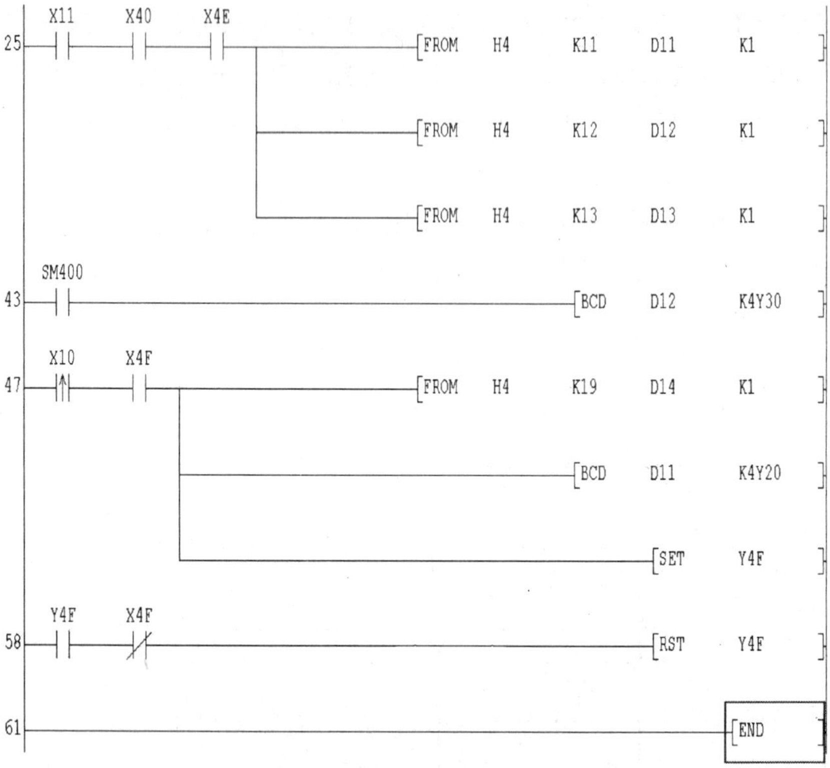

외부 신호 X11의 입력에 따라 X40(모듈 레디)신호와 X4E(A/D 변환 완료 플랙)이 입력되면 지정 장소에 저장된 A/D 변환된 데이터를 읽는다.

FROM H4 K11 D11 K1은 4워드단 주소(A/D 컨버터)의 11번 버퍼 메모리 (CH1 디지털 출력값)을 D11으로 12번 버퍼 메모리(CH2 디지털 출력값)을 D12로 13번 버퍼 메모리(CH3 디지털 출력값)을 D13에 저장된다.

SM400(상시 온)내부 접점으로 Y30대로 디지털 4자리 숫자 표시(CH2의 디지털 출력값)를 하며 외부 입력 X10의 입력과 X4F(에러 발생 플랙)이 온되면 에러 코드(K19)를 D14에 저장하며 디지털 장치 Y20대로 D11을 출력한 다음 에러 클리어 요구(Y4F)한다.

에러 클리어 요구가 되고 에러 발생 플랙이 오프되면 에러 발생 요구(Y4F)를 리셋시킨다.

옵셋 및 게인은 다음 순서로 설정한다.

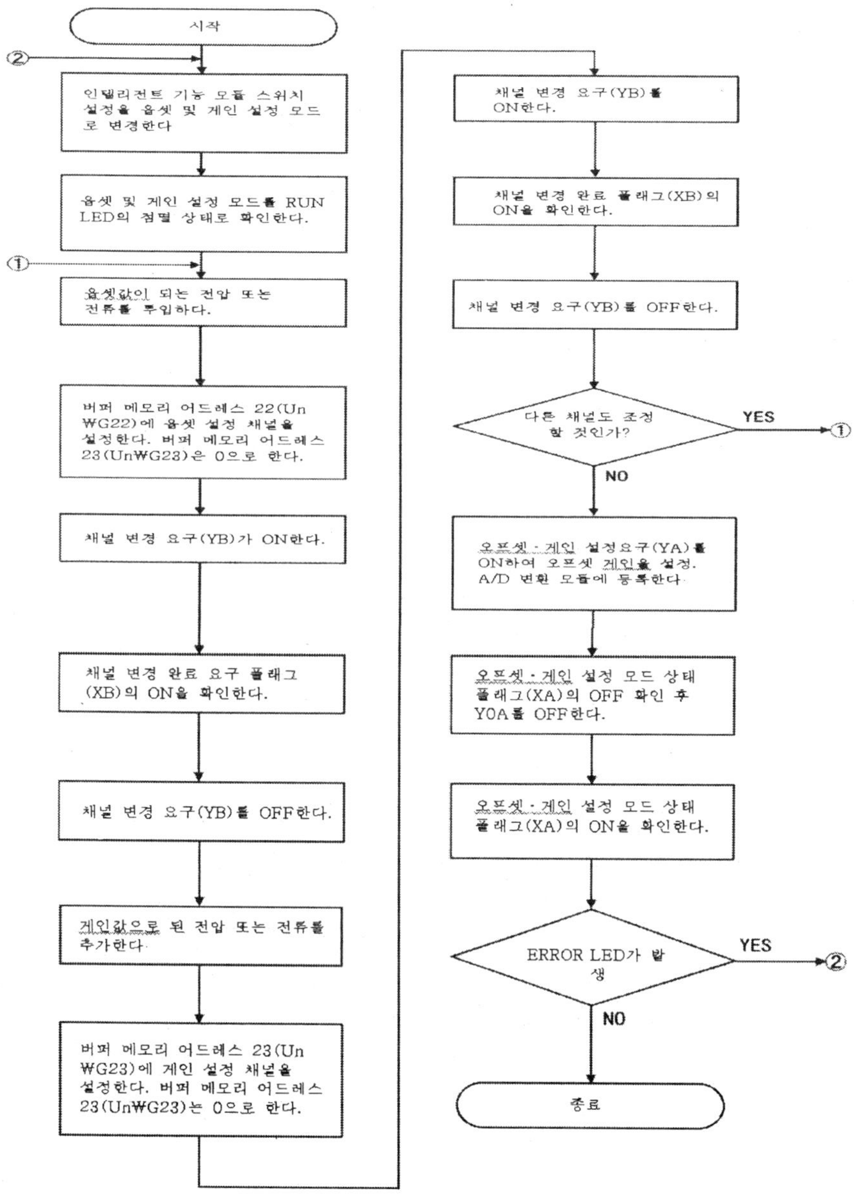

그림 7-4 옵셋 게인 설정 흐름도

I/O 할당 설정 화면의 [스위치 설정]을 클릭하여 스위치 1~5를 설정하며 16진수로 입력하면 간단하게 설정할 수 있다. 입력 형식을 16진수로 바꾸어 입력한다.

옵셋 및 게인값 설정은 옵셋 전압, 전류 인가후 옵셋 설정, 게인 전압 전류 인가후 설정 과정을 거친다. 옵셋 및 게인 설정은 조건을 만족하는 범위에서 설정하며 범위를 넘어 설정한 경우에는 최대 분해능 및 종합 정밀도가 성능 사양 범위 안으로 들어가지 않을 수 있다.

동시에 버퍼 메모리 어드레스 22(UnWG22)와 23(UnWG23)에 채널 설정을 하면 에러가 발생하여 ERROR LED가 점등한다.

옵셋 및 게인 설정을 완료한 다음, 옵셋값 및 게인값을 실제 사용 상태에서 확인한다. 옵셋값 및 게인값은 모듈에 저장되어 전원을 오프하더라도 클리어되지 않는다.

다음은 유틸리지 소프트웨어로 옵셋과 게인을 설정한다.

(가) 옵셋 게인 설정 모드로 변경

① [PLC 파라미터]의 [I/O 할당] 설정 탭을 클릭.

② "Q64AD"를 선택하고 [스위치 설정] 버튼을 클릭.

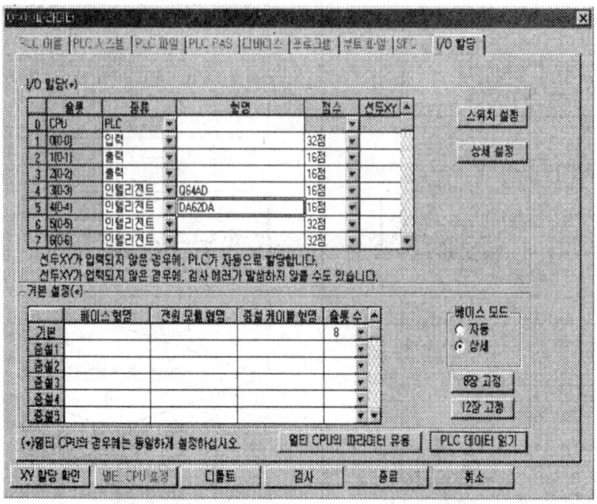

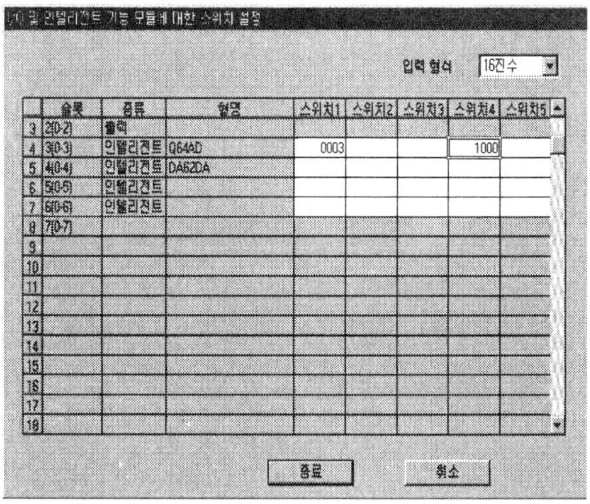

③ 스위치4에서 상위 4비트에 "0" 이외를 설정, 스위치4에 "1000"을 설정
위에서 설정한 PLC 파라미터를 CPU에 저장하고 리셋하면 옵셋 게인 설정 모드로 바뀌고 Q64AD의 RUN LED가 점멸

(나) 옵셋 게인 설정 화면으로 변경

① GX Developer [툴]-[인텔리전트 기능 모듈 유틸리티]-[Start] 메뉴 클릭

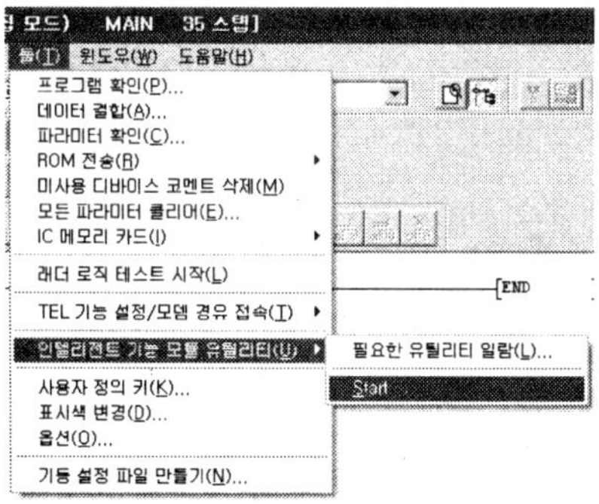

② 인텔리전트 기능 모듈 유틸리티의 [Online]-[Monitor/test]를 클릭

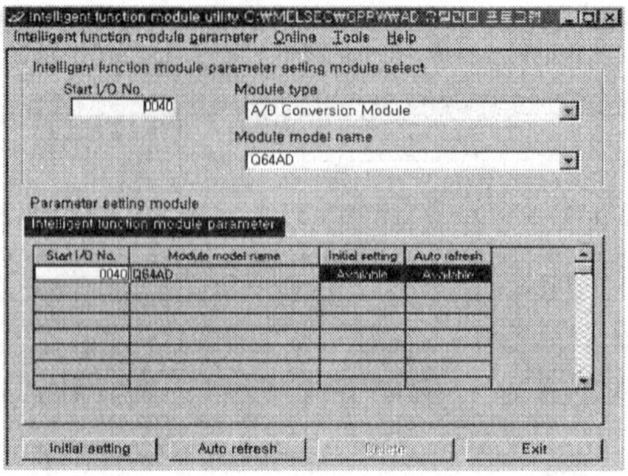

③ “0040” 또는 “Q64AD”를 선택하고 Monitor/test 버튼을 클릭

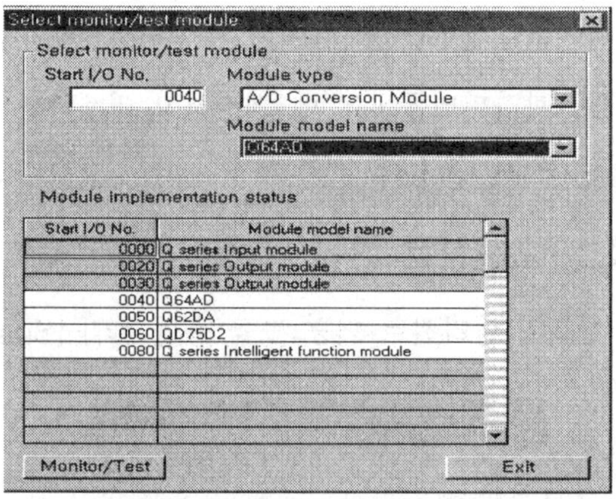

④ 설정값 난의 아래에 있는 Offset/gain setting 버튼을 클릭

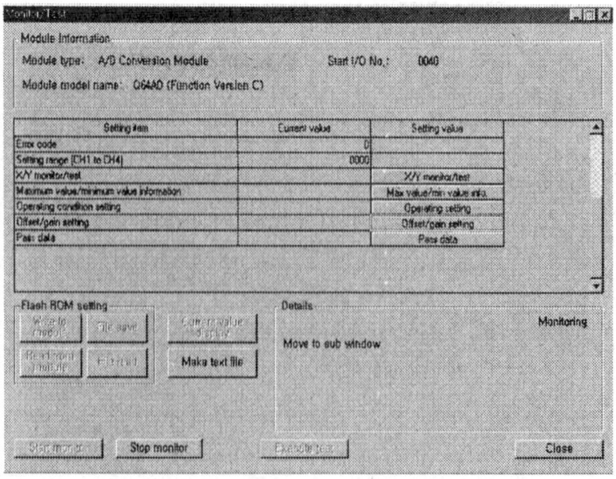

⑤ 옵셋 게인 설정 화면이 표시

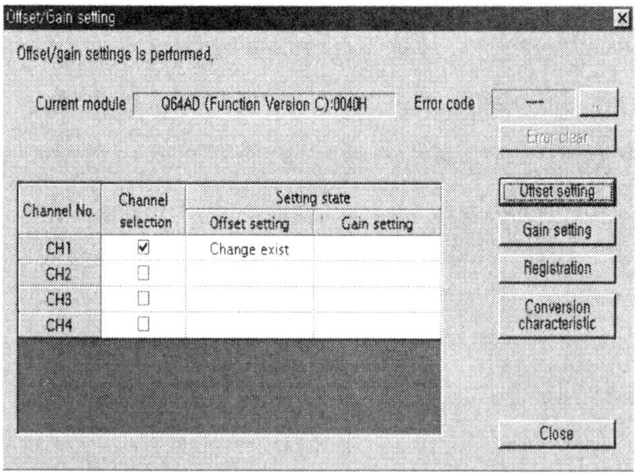

옵셋 게인 설정 화면에서 옵셋값과 게인값을 조정

(다) 옵셋값과 게인값의 조정

① 옵셋값의 아날로그 입력값 인가, 옵셋값에 해당하는 전압, 전류 설정 채널에 인가(외부 캘리브레이더 필요)

② 옵셋값을 조정할 채널 선택
옵셋 게인 설정 CH.에서 선택하고 Execute Test 버튼을 클릭.

③ 게인값의 아날로그 입력값 인가
게인값 전압, 전류를 설정 채널에 인가(외부 캘리브레이더 필요)

④ 게인값 조정할 채널 선택
옵셋 게인 설정 CH.에서 선택하고 Execute Test 버튼을 클릭한다.

⑤ 복수의 채널을 옵셋 게인 설정할 경우 ①~⑤의 조작 반복.

(라) 옵셋 게인 설정값을 모듈에 저장

① A/D변환 모듈에 저장할 옵셋 게인 설정 저장 요구(Offset/gain write to moule request)의 설정값[저장 요구]를 선택, Execute Test버튼 클릭.

② 저장 확인 : 옵셋 게인 모듈 저장 요구의 현재값의 표시가 [저장 요구]→[저장 요구 없음]으로 바뀌는 것을 확인.

③ 에러 발생시의 대처 : ERROR LED가 점등하면 Close를 클릭하고 모니터 화면에서 에러 코드를 확인하고 원인을 해결한 다음 옵셋 게인 재설정

다음 프로그램은 옵셋 및 게인을 설정할 채널 변환, 옵셋 및 게인값의 조정, 옵셋 및 게인값을 A/D 변환 모듈에 쓰는 프로그램이다.

실험장치의 A/D 컨버터의 입출력 번호가 X/Y40~X/Y4F일 때의 예이다.

- 채널 선택 : M0, 옵셋 설정 : M1, 게인 설정 : M2, 채널 변경 지령 : M3
- 옵셋 및 게인 설정값의 모듈쓰기 지령 : M4,
- 옵셋 및 게인 설정모드 상태 플랙 : X4A
- 채널 변경완료 플랙 : X4B, 사용자 범위 쓰기 요구 : Y4A, 채널 변경 요구 : Y4B

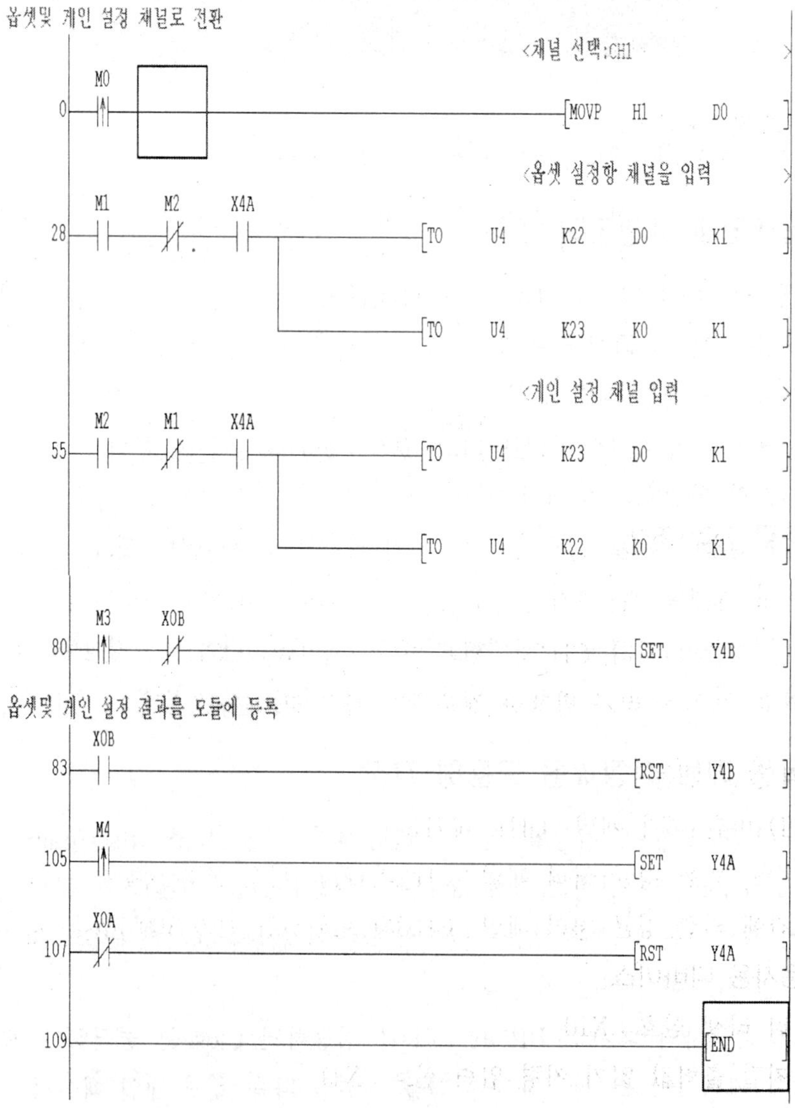

옵셋과 게인은 서로 인터록 상태를 유지하며 옵셋 설정 모드 어드레스 22, 게인 설정 모드 어드레스 23에서 지정하며 22번 지정에는 23번 0처리, 23번 처리에는 22번 0처리로 과정을 2번 반복하여 설정하며 동시에 옵셋, 게인 설정은 되지 않는다.

본 실험장치에서는 A/D 컨버터를 4번 워드 주소에 연결된 관계로 X4A(옵셋 게인 설정 플랙), X4B(채널 변경 완료 플랙), A/D 옵셋, 게인 설정 조정값을 A/D 변환 모듈에 등록하는 Y4A(사용자 영역 쓰기요구), Y4B(채널 변경 요구 출력)이 된다.

다음 예는 A/D 변환 모듈의 프로그램을 유틸리티 패키지를 사용하는 경우의 프로그램, 유틸리티 패키지를 사용하지 않는 경우의 프로그램으로 나누어 다음 시스템 구성을 예로 설명한다.

(가) 시스템 구성

전원모듈	QnCPU	QX10	QY10	QY10	Q64A/D	Q62D/A
		X00 X1F	Y20 Y2F	Y30 Y3F	X40 Y40	X50 Y50

(나) 프로그램 조건

Q64AD의 CH.1~CH.3에서 A/D 변환한 디지털 출력값을 불러오는 프로그램이다. CH.1은 샘플링 처리, CH.2는 50회 마다 평균 처리, CH.3는 1000[ms]마다 평균 처리를 하고, 쓰기 에러가 발생한 경우에는 에러 코드를 BCD로 표시한다.

① 초기 설정 내용

- A/D 변환 허가 채널 : CH1.~CH.3
- 횟수에 의한 평균 처리 채널 : CH.2의 평균 횟수 설정 50회
- 시간에 의한 평균 처리 채널 : CH.3의 평균시간 설정 1000[ms]

② 사용자용 디바이스

- 에러 리셋 신호 : X10
- 디지털 출력값 읽기 지령 입력 신호 : X11

· 에러코드 표시 (BCD 3자리) : Y30~Y3F
· CH1.의 디지털 값 : D11
· CH2.의 디지털 값 : D12
· CH3.의 디지털 값 : D13
· 에러 코드 : D14
· X40 : 모듈 레디
· X4E : A/D 변환 완료 플랙
· X49 : 동작조건 설정완료
· Y49 : 동작조건 설정 요구
· X4F : 에러 발생 플랙
· Y4F : 에러 클리어 요구

✤ 유틸리티 패키지 사용 프로그램 ✤

툴-인텔리전트 기능 모듈 유틸리티-start 메뉴로 I/O, Module type, model name을 기입하고 initial setting 메뉴를 사용하여 CH1은 샘플링 처리, CH2는 50회 평균 처리, 채널 3은 1000[ms]의 평균 처리로 설정한다.

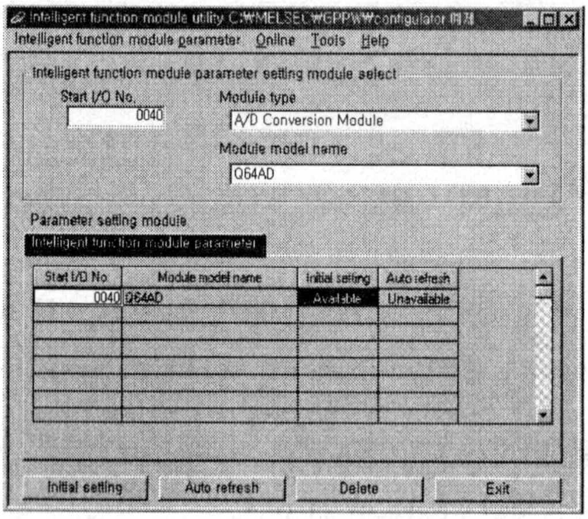

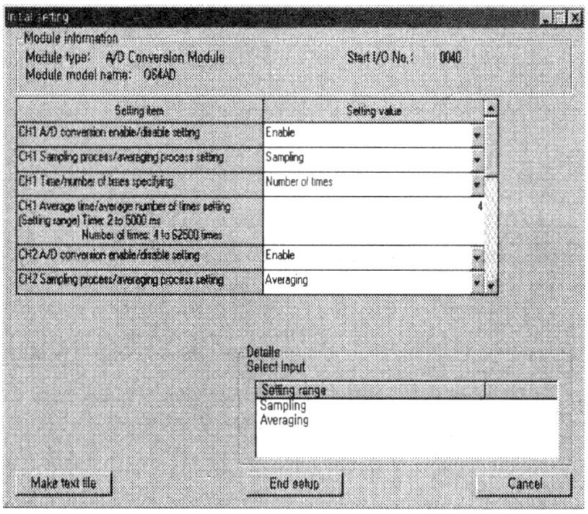

CH1~3 디지털 출력값(D11, D12, D13), 에러 코드(D14)를 설정.(End setup, Auto refresh 메뉴)

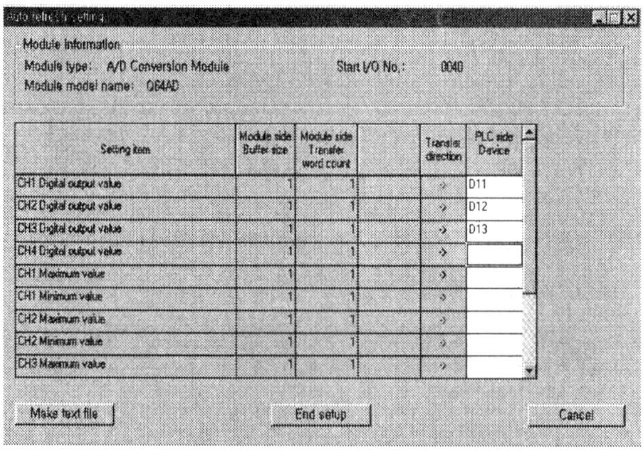

end setup 메뉴로 다음과 같은 Available 상태를 확인한다.

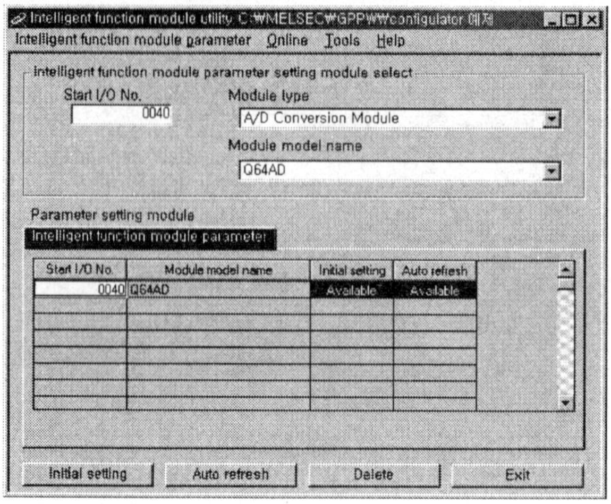

Ctrl-S로 Save parameter하고 On line-write to PLC 메뉴로 쓰기를 한다.

✤ 인텔리전트 기능 모듈 파라미터 쓰기 ✤

인텔리전트 기능 모듈의 파라미터를 CPU 모듈에 쓴다. 이 조작은 파라미터 설정 모듈 선택 화면에서 설정한다.

입력을 Potentiometer로 배선하여 아날로그 입력을 인가한 후 디지털 출력이 D101, D102, D103에 있어 BCD 명령으로 출력을 확인할 수 있으며 sampling 처리한 CH1은 출력값 변동이 발생되며 PLC에 쓰기를 하여 리셋후 결과를 확인한다.

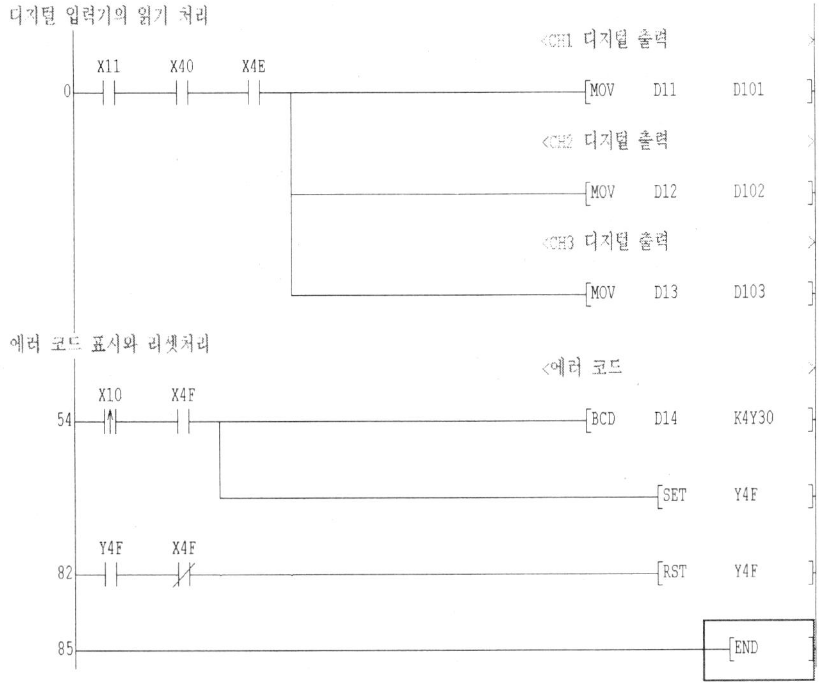

✤ 유틸리티 패키지를 사용하지 않는 프로그램 예 ✤

(가) FROM/TO 명령을 사용한 프로그램 예

Q64AD의 경우 CH5~CH8은 해당되지 않기 때문에 0000으로 설정(디폴트), 스위치4는 0000으로 설정하여 온도 드리프트 보정이 없고 일반 분해능, 옵셋과 게인 설정을 하지 않는 일반 모드의 A/D 변환으로 설정되는 예를 나타내었다.

X40은 A/D변환의 모듈 READY 신호로 A/D 변환 준비가 완료된 상태에서 ON되며 A/D 변환을 처리하게 되는 입력 신호이다.

TO 명령은 쓰기 명령으로 H4는 워드 4번 즉 A/D 컨버터 모듈이며 K0는 버퍼 메모리 어드레스 0번 즉 A/D 변환 허가/금지 설정에 사용되며 디폴트 0은 변환 허가 상태를 나타내고 1인 경우는 변환 금지를 나타내고 Q64AD는 4채널 변환기인 관계로 b0~b3까지 4비트만 유효하며 H8은 16진수로 최하위 니블이 1000인 관계로 채널 4를 변환 불가 다른 채널은 변환가능 상태로 설정한다.

Kn은 A/D 설정 변환 버퍼 메모리 어드레스이며 K1은 스킵, K2는 채널 2의 평균시간/평균 횟수 설정 버퍼 메모리 어드레스이며 K50으로 50번 평균값으로 설정하고 K3은 채널 3을 1000[mS] 시간 평균으로 설정한다.

K9는 평균처리 지정 버퍼 어드레스 메모리로 H0604는 0000 0110 0000 0100이며 채널 2, 채널 3이 평균처리로 설정되고 채널 2는 횟수 평균으로 지정되고 채널 3은 시간 평균으로 설정된다.

Y49는 동작 조건 설정 요구 출력으로 채널별 설정 완료 신호로 사용되며 X49는 동작조건 설정완료 플랙으로 Y49 출력 신호를 리셋시키는 신호로 사용한다.

외부 신호 X11의 입력에 따라 X40(모듈 레디)신호와 X4E(A/D 변환 완료 플랙)이 입력되면 지정 장소에 저장된 A/D 변환된 데이터를 읽는다.

FROM H4 K11 D11 K1은 4워드단 주소(A/D 컨버터)의 11번 버퍼 메모리(CH1 디지털 출력값)을 D11으로 12번 버퍼 메모리(CH2 디지털 출력값)을 D12로 13번 버퍼 메모리(CH3 디지털 출력값)을 D13에 저장된다.

외부 입력 X10의 입력과 X4F(에러 발생 플랙)이 온되면 에러 코드(K19)를 D14에 저장하며 이 에러 코드를 외부 디지털 장치 Y30대로 출력한 다음 에러 클리어 요구(Y4F)한다.

에러 클리어 요구되고 에러 발생 플랙이 오프되면 에러클리어 요구(Y4F)를 리셋시킨다.

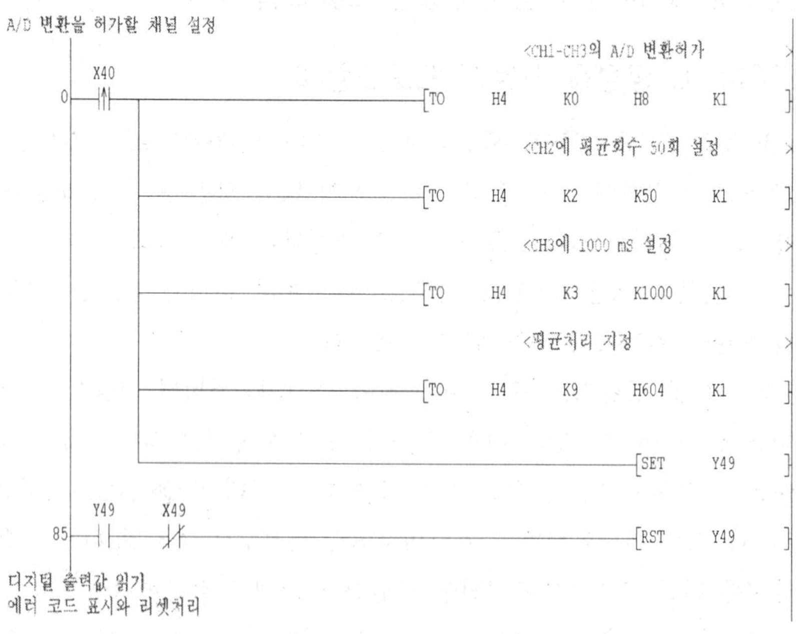

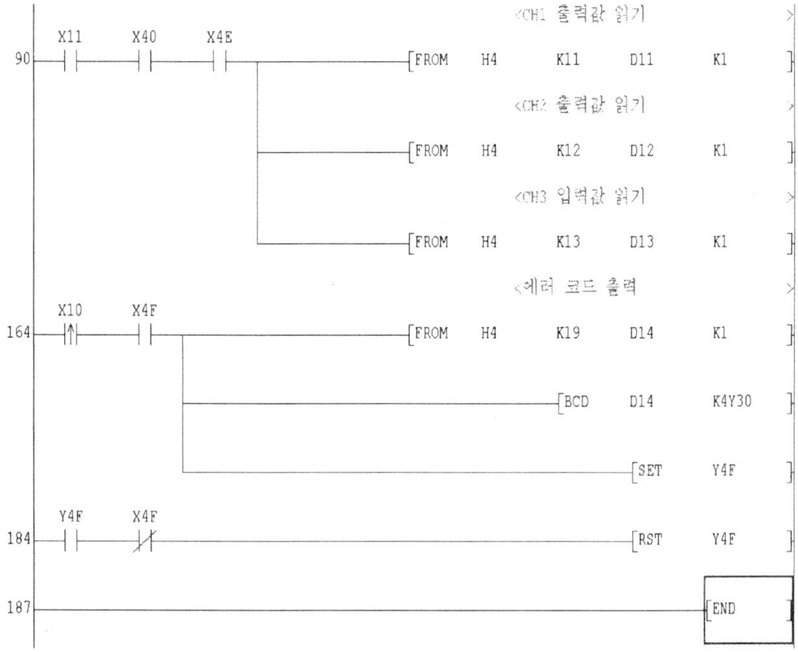

(나) 인텔리전트 기능 모듈 디바이스(U□₩G□)를 사용한 프로그램 예

인텔리전트 기능 모듈 디바이스(U□₩G□)에서 U는 워드 어드레스(A/D)컨버터 장착 주소가 되며 G는 버퍼 메모리 어드레스이다.

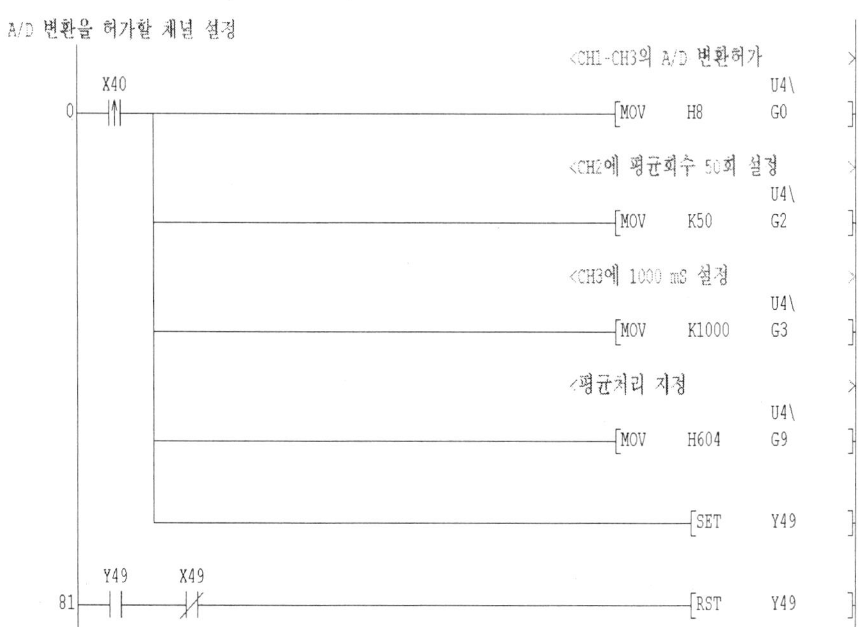

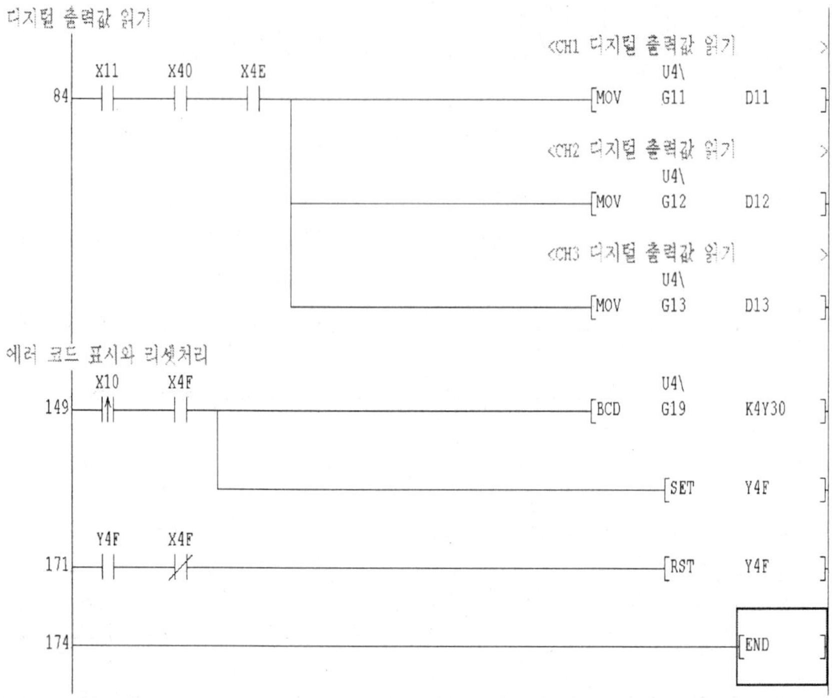

다음 프로그램은 옵셋과 게인 설정의 예제로 입력 조건은 X11 : CH1 디스플레이, X10 : 에러 발생 체크, X7 : 옵셋 게인 설정 요구, X0 : 옵셋 게인 설정개시, X1 : 옵셋 설정, X2 : 게인 설정, X4, X5 : 채널 변경 요구(옵셋, 게인 설정용), X6 : A/D변환 모듈에 등록, X7 : 옵셋 게인 설정종료 신호이다.

옵셋과 게인값은 EEPROM에 저장되어 전원 차단시에도 지워지지 않으며 최대 10만회 쓸 수 있다.

상기 프로그램에서 CH1만 옵셋과 게인 설정으로 셋팅(70번 스텝)되며 옵셋과 게인은 동시에 설정하지 못하며 입력조건이 인터록 되어 있다.(73, 84번 스텝)

옵셋과 게인 설정은 채널별로 설정하여야 하며 옵셋 게인 설정 모드로 되어 있는지 RUN LED가 점멸 확인후 옵셋 전압을 해당 채널에 인가한 후 G22에 옵셋 설정, G23=0을 하고 X5 ON/OFF 한후 게인 전압을 해당 채널에 인가한후 G22=0, G23 게인 설정을 하고 X5 ON/OFF하며 옵셋과 게인 설정이 1채널 완성되며 필요에 따라 다른 채널도 같은 방법으로 실행한다.

105번 스텝은 모니터링중 A/D변환 모듈에 등록 회수 108번 스텝은 채널 변경 요구 회수를 디스플레이 시킨다. 111번 스텝에서 옵셋 게인 설정이 종료되고 G.OFFGAN 명령어는 옵셋과 게인을 설정하는 전용 명령어이며 버퍼 메모리 어드레스는 158, 159번이다. G.OFFGAN이 1로 되면 옵셋 게인 설정으로 지정된다.

G.OGLOAD명령은 A/D 변환 모듈의 사용자 영역에서 옵셋 게인 설정값을 CPU에서 읽는 명령어이다.

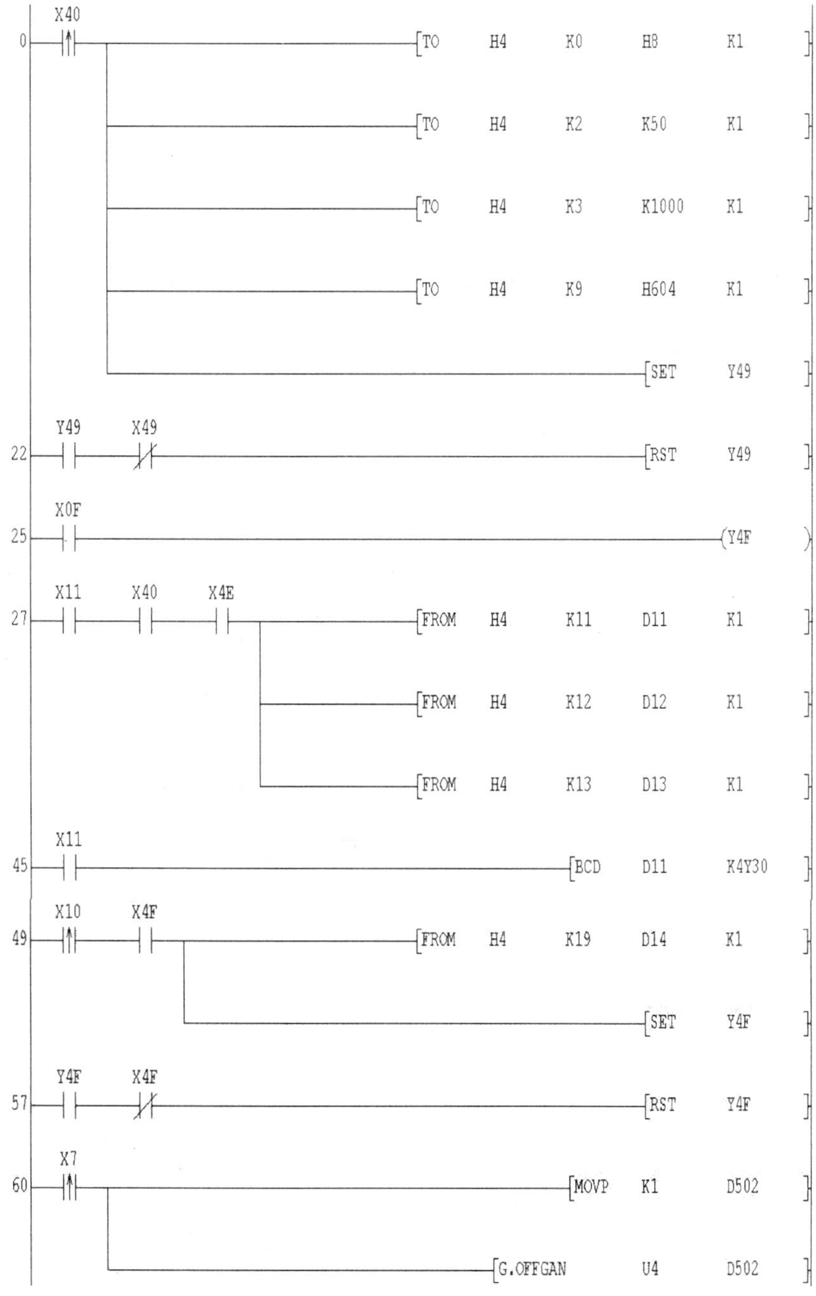

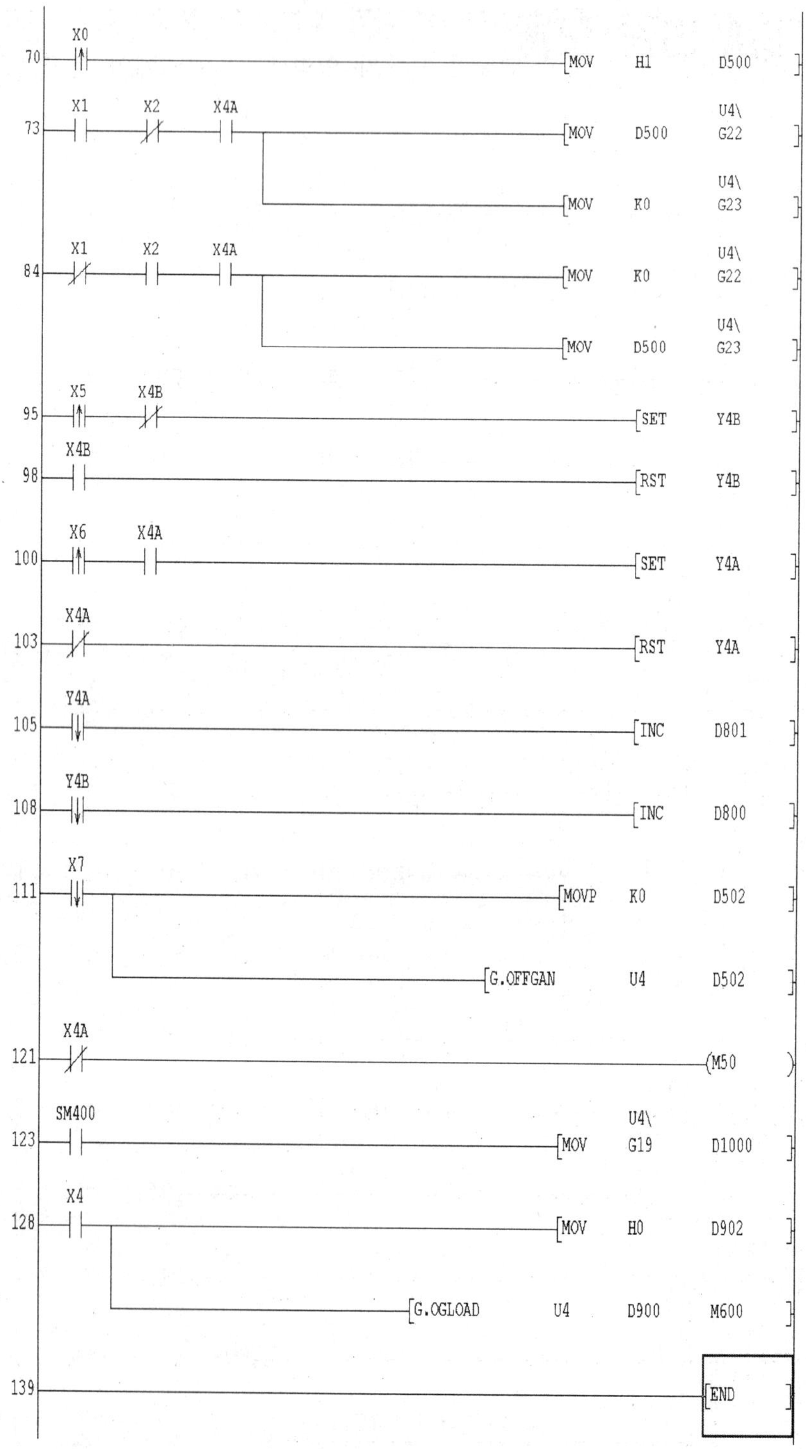
70 X0 [MOV H1 D500]
73 X1 X2 X4A [MOV D500 U4\ G22]
[MOV K0 U4\ G23]
84 X1 X2 X4A [MOV K0 U4\ G22]
[MOV D500 U4\ G23]
95 X5 X4B [SET Y4B]
98 X4B [RST Y4B]
100 X6 X4A [SET Y4A]
103 X4A [RST Y4A]
105 Y4A [INC D801]
108 Y4B [INC D800]
111 X7 [MOVP K0 D502]
[G.OFFGAN U4 D502]
121 X4A (M50)
123 SM400 [MOV U4\ G19 D1000]
128 X4 [MOV H0 D902]
[G.OGLOAD U4 D900 M600]
139 [END]

7.5 D/A 변환 모듈

D/A 컨버터는 디지털 값을 아날로그 값으로 출력하여 외부로 나타내며 설정이나 사용 방법은 A/D 컨버터와 유사하며 다음 표에 D/A 컨버터 사양을 나타내었다.

표 7-11 D/A 사양 일람

<table>
<tr><th colspan="2">항목 \ 형명</th><th>Q62DA</th><th>A64DA</th></tr>
<tr><td colspan="2">아날로그 출력 점수</td><td>2점(2채널)</td><td>4점(4채널)</td></tr>
<tr><td colspan="2">디지털 입력</td><td colspan="2">16비트 부호 바이너리
(일반 분해능 모드 : −4096~4095, 고분해능
모드 : −12288~12287, −16384~16383)</td></tr>
<tr><td rowspan="2">아날로그 출력</td><td>전 압</td><td colspan="2">DC −10~10V(외부 부하 저항값 1kΩ~1MΩ)</td></tr>
<tr><td>전 류</td><td colspan="2">DC 0~20mA(외부 부하 저항값 1Ω~600Ω)</td></tr>
<tr><td colspan="2">입출력 특성,
최대 분해능</td><td colspan="2">
<table>
<tr><th colspan="2" rowspan="2">아날로그 출력 범위</th><th colspan="2">일반 분해능 모드</th><th colspan="2">고분해능 모드</th></tr>
<tr><th>디지털 입력값</th><th>최대 분해능</th><th>디지털 입력값</th><th>최대 분해능</th></tr>
<tr><td rowspan="4">전압</td><td>0~5V</td><td rowspan="2">0~4000</td><td>1.25mV</td><td rowspan="2">0~12000</td><td>0.416mV</td></tr>
<tr><td>1~5V</td><td>1.0mV</td><td>0.333mV</td></tr>
<tr><td>−10~10V</td><td rowspan="2">−4000~4000</td><td>2.5mV</td><td>−16000~16000</td><td>0.625mV</td></tr>
<tr><td>사용자 범위 설정</td><td>0.75mV</td><td>−12000~12000</td><td>0.333mV</td></tr>
<tr><td rowspan="3">전류</td><td>0~20mA</td><td rowspan="2">0~4000</td><td>5μA</td><td rowspan="2">0~12000</td><td>1.66μA</td></tr>
<tr><td>4~20mA</td><td>4μA</td><td>1.33μA</td></tr>
<tr><td>사용자 범위 설정</td><td>−4000~4000</td><td>1.5μA</td><td>−12000~12000</td><td>0.83μA</td></tr>
</table>
</td></tr>
<tr><td rowspan="2">정밀도(아날로그 출력값의 최대값에 대한 정밀도)</td><td>주위온도 25±5℃</td><td colspan="2">±0.1% 이내(전압 : ±10mV, 전류 : ±20μA)</td></tr>
<tr><td>주위온도 0±55℃</td><td colspan="2">±0.3% 이내(전압 : ±30mV, 전류 : ±60μA)</td></tr>
<tr><td colspan="2">변환 속도</td><td colspan="2">80μs/채널</td></tr>
<tr><td rowspan="2">절대 최대 출력</td><td>전압</td><td colspan="2">±12V</td></tr>
<tr><td>전류</td><td colspan="2">21mA</td></tr>
<tr><td colspan="2">출력 단락 보호</td><td colspan="2">있음</td></tr>
<tr><td colspan="2">절연 방식</td><td colspan="2">입출력 단자와 PLC 전원간 : 포토 커플러 절연 출력
채널간 : 비절연
외부 공급 전원과 아날로그 출력간 : 비절연</td></tr>
</table>

항목 \ 형명	Q62DA	A64DA
점유 점수	16점	
접속 단자	18점 단자대	
전선의 크기	$0.3 \sim 0.75mm^2$	
압착 단자	R 1.25−3(슬리브 압착 단자는 사용할 수 없다)	
외부 공급 전원	DC 24V +20%, −15%	
	리플, 스파이크 500mVp-p 이하	
	돌입 전류 : 1.9A, 300㎲ 이하	돌입 전류 : 3.1A, 300㎲ 이하
	0.12A	0.18A
내부 소비 전류(DC 5V)	0.33A	0.34A
질 량	0.19kg	

(1) 입출력 변환 특성

입출력 변환 특성이란 PLC CPU에서 쓴 디지털값을 아날로그 출력값(전압 또는 전류 출력)으로 변환하기 위한 것으로 옵셋값과 게인값을 직선으로 연결한 기울기를 나타낸다.

옵셋값이란 PLC CPU에서 설정한 디지털 입력값이 0일 때의 아날로그 출력값(전압 또는 전류)이다.

게인값이란 PLC CPU에서 설정한 디지털 입력값이 4000(일반 분해능 모드), 12000(고분해능 모드에서 1~5[V], 0~5[V], 4~20[mA], 0~0[mA], 사용자 범위 설정을 선택하였을 때), 16000(고분해능 모드에서 −10~10[V]를 선택)일 때의 아날로그 출력값(전압 또는 전류)이다.

(가) 일반 분해능 모드의 전압 출력 특성

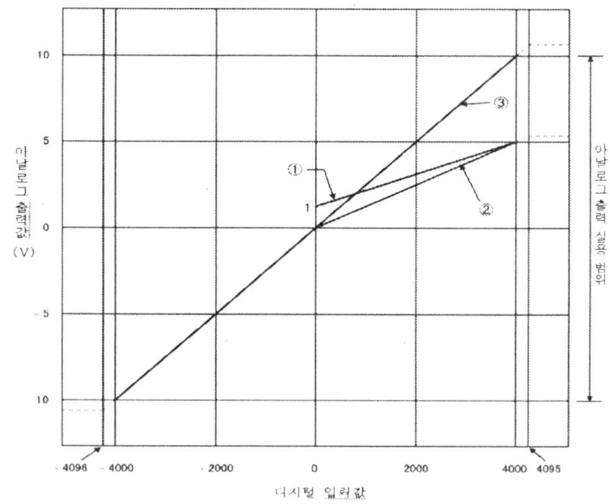

번호	출력범위설정	옵셋값	게인값	디지털 입력값	최대 분해능
①	1~5V	1V	5V	0~4000	1.0mA
②	0~5V	0V	5V		1.25mA
③	−10~10V	0V	10V	−4000~4000	2.5mA
-	사용자 범위 설정	*1	*1	−4000~4000	0.75mA

(나) 고분해능 모드의 전압 출력 특성

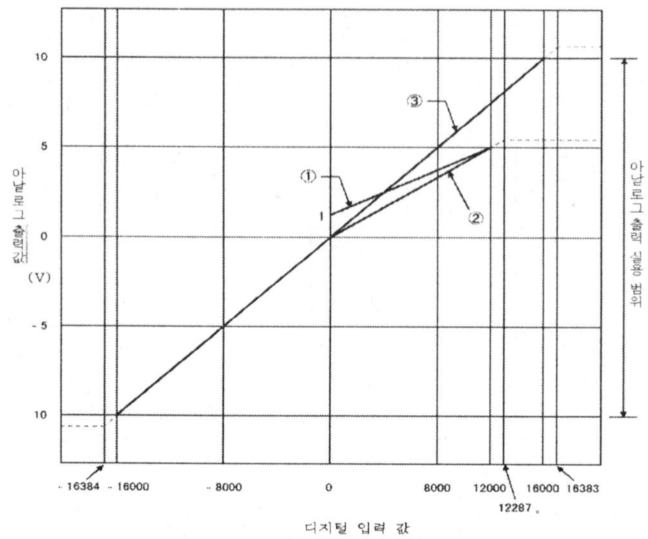

번호	출력범위 설정	옵셋값	게인값	디지털 입력값	최대 분해능
①	1~5V	1V	5V	0~12000	0.333mV
②	0~5V	0V	5V		0.416mV
③	−10~10V	0V	10V	−16000~16000	0.625mV
-	사용자 범위 설정	*1	*1	−12000~12000	0.333mV

각 출력 범위의 디지털 입력 범위 및 아날로그 출력 범위의 범위 안에서 사용하며 범위를 넘으면 최대 분해능, 정밀도가 성능 사양의 범위를 벗어날 수 있다.

*1의 사용자 범위 설정의 옵셋값, 게인값은 다음 조건을 만족하는 범위에서 설정한다.

설정 범위는 -10~10[V] {(게인 값)−(옵셋 값)}> A

일반분해능 모드	고분해능 모드
3.0V	4.0V

(2) 전류 출력 특성

일반 분해능 모드의 전류 출력 특성은 다음과 같다.

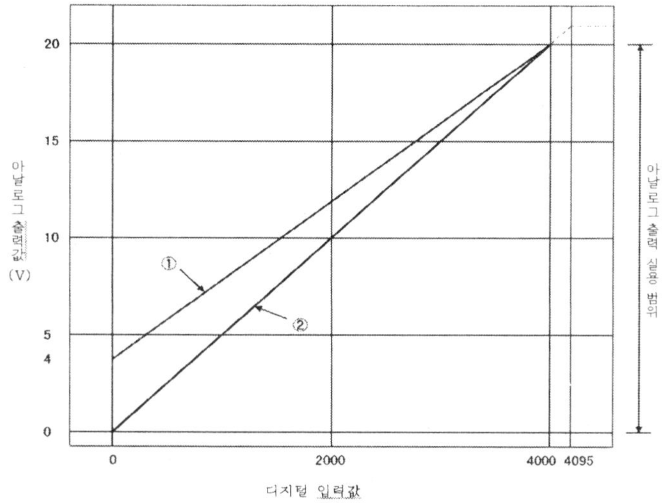

번호	출력범위설정	옵셋값	게인값	디지털 입력값	최대 분해능
①	4~20mA	4mA	20mA	0~4000	4μA
②	0~20mA	0mA	20mA		5μA
-	사용자 범위 설정	*1	*1	-4000~4000	1.5μA

고분해능 모드의 전류 출력 특성은 다음과 같다.

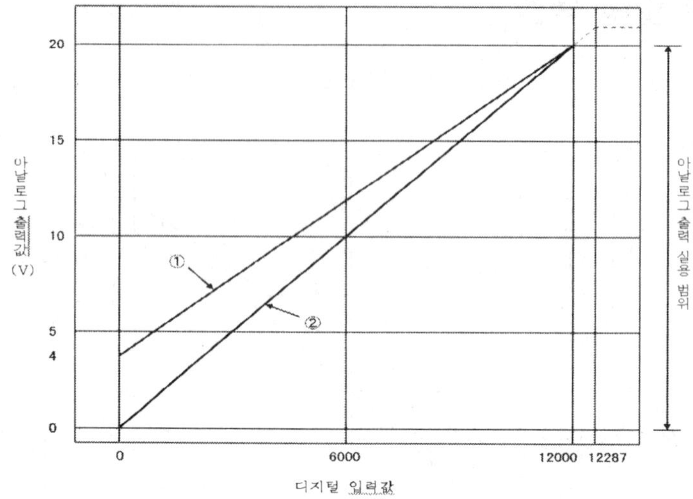

번호	출력범위설정	옵셋값	게인값	디지털 입력값	최대 분해능
①	4~20mA	4mA	20mA	0~12000	1.66μA
②	0~20mA	0mA	20mA		1,33μA
-	사용자 범위 설정	*1	*1	-12000~12000	0.83μA

각 출력 범위의 디지털 입력 범위 및 아날로그 출력 범위의 범위 내에서 사용하며 범위를 넘으면 최대 분해능, 정밀도가 성능 사양의 범위를 벗어날 수 있다.

*1의 사용자 범위 설정의 옵셋값, 게인값은 다음 조건을 만족하는 범위에서 설정한다.

설정 범위는 0~20[mA], {(게인 값)-(옵셋 값)}>A

일반 분해능 모드	고분해능 모드
6.0mA	10.0mA

(3) 정밀도

아날로그 출력값의 최대값에 대한 정밀도이며 옵셋 및 게인 설정, 출력 범위, 분해능 모드를 변경하여 출력 특성을 바꾸어도 정밀도는 변하지 않고 성능 사양의 범위 내를 유지한다.

주위 온도가 25±5[℃]일 때 ±0.1[%](±10[mV]) 이내, 주위 온도가 0~55[℃]일 때 ±0.3[%] (±30[mV]) 이내의 정밀도로 아날로그 출력한다.

(4) 변환 속도

Q62DA, Q64DA의 1채널당 변환 속도는 80[μs]×변환 허가 채널수가 되며 사용하지 않는 채널을 버퍼 메모리 어드레스 0(Un₩G0)에 D/A 변환 금지로 설정하여 변환 속도를 빠르게 할 수 있다.

7.6 D/A 입출력 신호

(1) 입출력 신호 일람

아래 표는 D/A 변환 모듈의 입출력 신호 일람이며 입출력 번호(X/Y)는 D/A 변환 모듈의 선두 입출력 번호를 0으로 설정한 경우이다.

표 7-12 D/A 입출력 신호 일람

신호방향	D/A 변환 모듈 → CPU 모듈	신호방향	CPU 모듈 → D/A 변환 모듈
디바이스No.	신호 명칭	디바이스No.	신호 명칭
X0	모듈 READY	Y0	사용 금지[*1]
X1	사용 금지[*1]	Y1	CH1 출력 허가/금지 플랙
X2		Y2	CH2 출력 허가/금지 플랙
X3		Y3[*2]	CH3 출력 허가/금지 플랙
X4		Y4[*2]	CH4 출력 허가/금지 플랙
X5		Y5	사용 금지[*1]
X6		Y6	
X7		Y7	
X8	고분해능 모드 상태 플랙	Y8	
X9	동작 조건 설정 완료 플랙	Y9	동작 조건 설정 요구
XA	옵셋 및 게인 설정 모드상태 플랙	YA	사용자 범위 쓰기 요구

신호방향	D/A 변환 모듈 → CPU 모듈	신호방향	CPU 모듈 → D/A 변환 모듈
디바이스No.	신호 명칭	디바이스No.	신호 명칭
XB	채널 변경 완료 플랙	YB	채널 변경 요구
XC	설정값 변경 완료 플랙	YC	설정값 변경 요구
XD	동기 출력 모드 상태 플랙	YD	동기 출력 요구
XE	사용 금지*1	YE	사용 금지*1
XF	에러 발생 플랙	YF	에러 클리어 요구

디바이스No.	신호 명칭	내 용
Y1～Y4	CH.□ 출력허가/금지 플 랙	채널별로 D/A 변환값을 출력, 옵셋값 출력 설정. ON : D/A 변환값 OFF : 옵셋값 D/A 변환속도는 출력 허가/금지 플랙 ON/OFF 관계없음
Y9	동작 조건 설정 요구	D/A 변환 허가/금지의 설정 내용을 유효하게 할 때 ON. ON/OFF 타이밍은 X9 참조.
YA	사용자 범위 쓰기 요구	옵셋 및 게인 설정을 조정값 D/A 변환모듈에 등록할 경우 ON, ON/OFF 타이밍은 XA 참조.
YB	채널 변경 요 구	옵셋 및 게인을 설정할 채널을 변경할 때 ON, ON/OFF 타이밍은 XB 참조
YC	설정값 변경 요구	셋 및 게인설정 조정, 아날로그 출력값을 증감시킬 경우 ON/OFF 버퍼 메모리 어드레스 24(Un₩G24)에 설정된 값으로 아날로그 출력을 증감
YD	동기 출력 요구	동기 출력 모드일 때 동기 출력 요구(YD)를 ON한 타이밍에 D/A 변환하여 아날로그 출력
YF	에러 클리어요구	쓰기 에러를 클리어할 때에 ON, ON/OFF 타이밍은 XF 참조

7.7 D/A 버퍼 메모리

(1) 버퍼 메모리 할당

아래 설명은 4채널 아날로그 출력(CH.1～CH.4)의 Q64DA를 기준이다.

표 7-13 버퍼 메모리의 할당

어드레스		설정 내용	디폴트값[*2]	읽기/쓰기[*3]
16진	10진			
0_H	0	D/A 변환 허가/금지	Q62DA : 3H Q64DA : FH	R/W
1_H	1	CH.1 디지털 값	0	R/W
2_H	2	CH.2 디지털 값	0	R/W
3_H	3	CH.3 디지털 값[*1]	0	R/W
4_H	4	CH.4 디지털 값[*1]	0	R/W
5_H	5	시스템 영역	-	-
6_H	6		-	-
7_H	7		-	-
8_H	8		-	-
9_H	9		-	-
A_H	10		-	-
B_H	11	CH.1 설정값 검사 코드	0	R
C_H	12	CH.2 설정값 검사 코드	0	R
D_H	13	CH.3 설정값 검사 코드[*1]	0	R
E_H	14	CH.4 설정값 검사 코드[*1]	0	R
F_H	15	시스템 영역	-	-
10_H	16		-	-
11_H	17		-	-
12_H	18		-	-
13_H	19	에러 코드	0	R/W
14_H	20	설정 범위	0	R
15_H	21	시스템 영역	-	-
16_H	22	옵셋 및 게인 설정 모드 옵셋 지정	0	R/W
17_H	23	옵셋 및 게인 설정 모드 게인 지정	0	R/W
18_H	24	옵셋 및 게인 조정값 지정	0	R/W

*1 : Q62DA의 경우 CH.3, CH.4의 버퍼 메모리 어드레스는 시스템 영역

*2 : 전원 투입 후 또는 PLC CPU를 리셋한 다음에 설정되는 초기값.

*3 : 시퀀스 프로그램에서의 읽기/쓰기 가능 여부 R : 읽기 가능, W : 쓰기 가능

(2) D/A 변환 허가/금지 설정(버퍼 메모리 어드레스 0 : Un₩G0)

채널별 D/A 변환의 허가/금지를 설정하며 D/A 변환 허가/금지를 유효하게 하려면 동작 조건 설정 요구(Y9)를 ON/OFF 하여야 한다.

디폴트는 모든 채널을 D/A 변환 금지로 설정되어 있으며 Q62DA의 경우 b2~b3(CH3~CH4)은 무효다.

1 : D/A 변환 금지, 0 : D/A 변환 허가

b15	b14	b13	b12	b11	b10	b9	b8	b7	b6	b5	b4	b3	b2	b1	b0
0	0	0	0	0	0	0	0	0	0	0	0	CH 4	CH 3	CH 2	CH 1

Q62DA의 경우 b2~b15는 고정된다.

(3) CH□의 디지털 값(버퍼 메모리 어드레스 1~4 : Un₩~Un₩G4)

PLC CPU에서 D/A 변환을 하기 위한 디지털 값을 16비트 부호 바이너리로 쓰는 영역이다.

아래 표는 디지털값 설정 가능 범위외의 값을 쓰기 하였을 때 D/A 변환할 디지털값의 취급 내용을 나타낸 것이다. Q62DA의 경우 Un₩G3, Un₩G4(CH3, CH4)는 무효이다.

표 7-14 출력 범위 설정과 설정 가능 범위

출력 범위 설정	일반적인 분해능 모드		고분해능 모드	
	설정가능범위 (실용 범위)	설정 가능 범위 이외의 값을 쓴 경우	설정 가능범위 (실용 범위)	설정가능 범위 이외의 값을 쓴 경우
0 : 0~20[mA]	0~4095 (0~4000)	4096 이상 : 4095 −1 이하 : 0	0~12287 (0~12000)	12288 이상 : 12287 −1 이하 : 0
1 : 4~20[mA]				
2 : 1~5[V]				
3 : 0~5[V]				
4 : −10~10[V]	−4096~4095 (−4000~4000)	4096 이상 : 4095 −4097 이하 : −4096	−16384~16383 (−16000~16000)	16384 이상 : 16383 −16385 이하 : 16384
F : 사용자 범위 설정			−12288~12287 (12000~12000)	12288 이상 : 12287 −12289 이하 : −12288

(4) CH□설정값 검사 코드

(버퍼 메모리 어드레스 11~14 : Un₩G11~Un₩G14)

설정한 디지털값이 설정 가능한 범위인지를 검사한 결과를 저장하는 영역이며 설정 가능한 범위 이외 디지털값을 쓰면 다음표의 검사 코드가 저장된다.

한번 저장한 검사 코드는 디지털값이 설정 가능한 범위가 되어도 리셋되지 않으며 CH□ 설정값 검사 코드의 리셋은 디지털값을 설정 가능한 범위의 값으로 바꾸고 에러 클리어 요구(YF)를 ON한다.

Q62DA의 경우 Un₩G13, Un₩G14(CH3~CH4)는 무효이다.

표 7-15 검사 코드 일람

검사 코드	내 용
$000F_H$	설정 가능한 범위를 넘는 디지털값 입력.
$00F0_H$	설정 가능한 범위에 미치지 못하는 디지털 입력.
$00FF_H$	설정 가능한 범위에 미치지 못하는 디지털값 및 설정 가능한 범위를 넘는 디지털값 입력.

(5) 에러 코드(버퍼 메모리 어드레스 19 : Un₩G19)

D/A 변환 모듈로 검출한 에러 코드를 저장한다.

(6) 설정 범위(버퍼 메모리 어드레스 20 : Un₩G20)

D/A 변환 모듈의 설정 범위를 확인하기 위한 영역이며 Un₩G20에는 채널1~4까지의 설정을 저장하며 Q62DA의 경우 b8~b15(CH3, 4의 정보)는 무효이다.

b15 ~ b12	b11 ~ b8	b7 ~ b4	b3 ~ b0
CH4	CH3	CH2	CH1

출력 범위	설정 값
4~20[mA]	0_H
0~20[mA]	1_H
1~5[V]	2_H
0~5[V]	3_H
−10~10[V]	4_H
사용자 범위 설정	F_H

(7) 옵셋 및 게인 설정 모드, 옵셋 및 게인 지정

(버퍼 메모리 어드레스 22, 23 : Un₩G22, Un₩G23)

옵셋 및 게인 설정을 조정할 채널을 지정하며 1개의 채널만 지정할 수 있다.

복수의 채널을 동시에 설정하면 옵셋 및 게인설정 모드에러(에러 코드 500)가 된다. Q62DA의 경우 b2, b3(CH3, CH4)은 무효이다.

1 : 설정 채널, 0 : 무효

	b15	b14	b13	b12	b11	b10	b9	b8	b7	b6	b5	b4	b3	b2	b1	b0
Un¥G22	0	0	0	0	0	0	0	0	0	0	0	0	CH4	CH3	CH2	CH1
Un¥G23	0	0	0	0	0	0	0	0	0	0	0	0	CH4	CH3	CH2	CH1

(8) 설정값 지정(버퍼 메모리 어드레스 24 : Un₩G24)

옵셋 및 게인 설정 모드중에 아날로그 출력값의 조정량을 설정하기 위한 영역이며 입력 가능한 범위는 −3000~3000이다.

입력값이 1000일 때 전압 출력시 : 약 0.33[V], 전류 출력시 : 약 0.65[mA]의 아날로그 출력값을 조정할 수 있다.

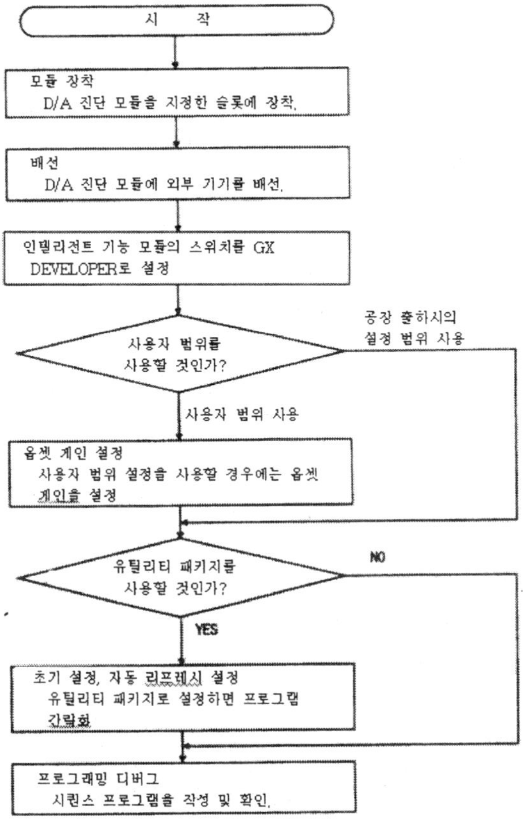

그림 7-5 운전 설정과 순서

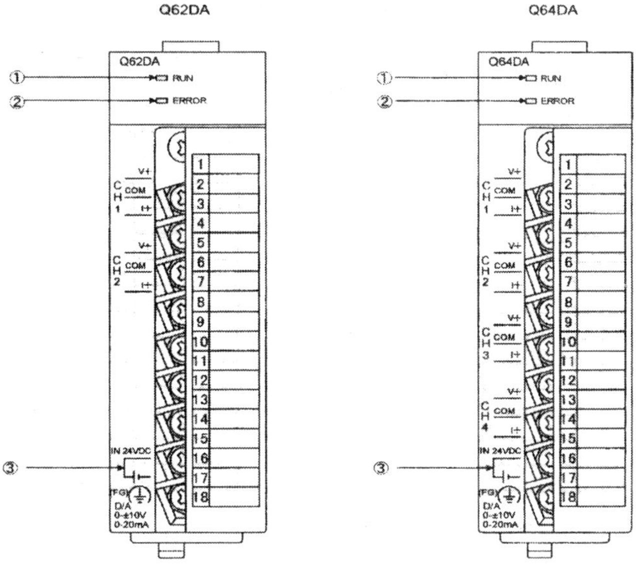

번 호	명칭과 외관	내 용
①	RUN LED	D/A 변환 모듈의 운전 상태를 표시 점등 : 정상 동작 중, 점멸 : 옵셋 게인 설정 모드중 소등 : 5V 전원 단선, WDT 에러 발생시
②	ERROR LED	D/A 변환 모듈의 에러 상태를 표시 점등 : 에러 발생 중* 점멸 : 정상 동작 중 소등 : 스위치 설정 에러시 인텔리전트 기능 모듈 스위치의 스위치 5에 0 이외의 값이 설정
③	외부공급 전원단자	외부 공급 전원 DC 24V 접속할 단자

그림 7-6 외관과 명칭

표 7-16 D/A 컨버터 단자 번호 및 명칭

단자 번호	신호 명칭			
	Q62DA		Q64DA	
1	CH1	V+	CH 1	V+
2		COM		COM
3		I+		I+
4	없 음		없 음	
5	CH2	V+	CH 2	V+
6		COM		COM
7		I+		I+
8	없 음		없 음	
9	없 음		CH 3	V+
10	없 음			COM
11	없 음			I+
12	없 음		없 음	
13	없 음		CH 4	V+
14	없 음			COM
15	없 음			I+
16	24 V			
17	24 G			
18	FG			

✤ 배선상 주의사항 ✤

D/A 변환 모듈 기능을 충분히 발휘하여 신뢰성이 높은 시스템을 구축하기 위해서는 노이즈의 영향을 줄이는 외부 배선이 필요하며 배선시의 주의사항은 다음과

같다.

교류와 D/A 변환 모듈의 외부 출력 신호는 별도의 케이블을 사용하여 교류측의 서지나 유도의 영향을 받지 않도록 하며 주 회로선이나 고전압선, PLC 이외의 부하선에 접근시키거나 함께 배선하지 않는다.

실드선 또는 실드 케이블의 실드는 1점 접지를 하며 단자대에는 절연 슬리브 압착 단자를 사용할 수 없다.

(1) 전압 출력의 경우

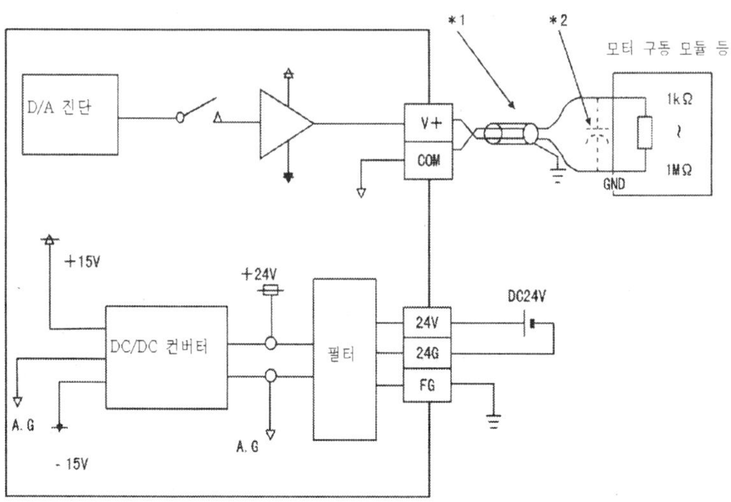

*1 : 전선에는 2심 트위스트 실드선을 사용. *2 : 노이즈나 리플이 발생할 경우에 외부 배선의 단자 V+와 COM 사이에 0.1~0.47[μF]/25[V] 정도의 BYPASS 콘덴서를 접속한다.

(2) 전류 출력의 경우

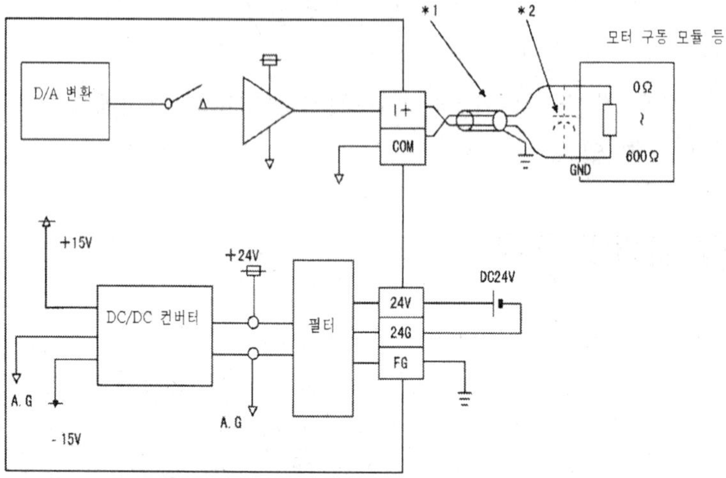

그림 7-7 D/A 변환 배선

*1 : 전선에는 2심 트위스트 실드선을 사용. *2 : 노이즈나 리플이 발생할 경우에는 외부 배선의 단자 V+와 COM 사이에 0.1~0.47[μF]/25[V] 정도의 콘덴서를 접속한다.

✤ 모듈 스위치 설정 ✤

인텔리전트 기능 모듈 스위치는 GX Developer의 "I/O 할당 설정"에서 설정한다.

(1) 설정 항목

인텔리전트 기능 모듈 스위치는 "스위치 1~5"까지 있고 16비트 데이터로 설정한다.

인텔리전트 기능 모듈 스위치를 설정하지 않으면 스위치 1~5의 디폴트값은 0이다.

표 7-17 모듈 스위치 설정 항목

<table>
<tr><th></th><th colspan="2">설 정 항 목</th></tr>
<tr><td>스위치1</td><td>출력범위 설정
□□□□H
CH4 CH3 CH2 CH1</td><td>
<table>
<tr><th>아날로그 출력 범위</th><th>출력 범위 설정값</th></tr>
<tr><td>4~20mA</td><td>0_H</td></tr>
<tr><td>0~20mA</td><td>1_H</td></tr>
<tr><td>1~5V</td><td>2_H</td></tr>
<tr><td>0~5V</td><td>3_H</td></tr>
<tr><td>-10~10V</td><td>4_H</td></tr>
<tr><td>사용자 범위 설정</td><td>F_H</td></tr>
</table>
</td></tr>
<tr><td>스위치2</td><td colspan="2">채널 CH5~CH8</td></tr>
<tr><td>스위치3</td><td>□□□□H
CH4 CH3 CH2 CH1</td><td>HOLD/CLEAR 기능의 설정
0_H : CLEAR
1~F_H이외 : HOLD</td></tr>
<tr><td>스위치4</td><td colspan="2">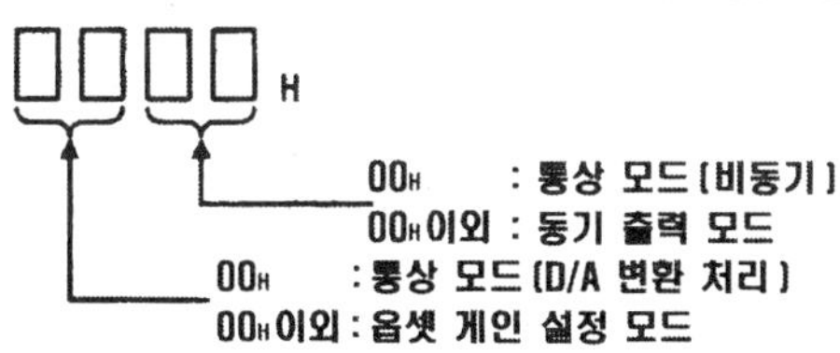
</td></tr>
<tr><td>스위치5</td><td colspan="2">0 : 고정</td></tr>
</table>

인텔리전트 기능 모듈 스위치의 "스위치4 설정"에서 옵셋 및 게인 설정 모드로 설정하면 스위치 4의 다른 설정(분해능 모드, 동기 출력 모드 설정)은 무시된다.

기능 버전 A와 기능 버전 B에서는 옵셋 및 게인 설정 모드의 설정이 다르며 옵셋 및 게인 설정 모드일 때는 RUN LED가 점멸하고 있는 것을 확인한 다음 옵셋 및 게인을 설정한다. RUN LED가 점멸하지 않을 경우에는 스위치 4의 설정을 확인한다.

분해능 모드의 설정으로 아날로그 출력값이 많이 달라지기 때문에 인텔리전트 기능 모듈 스위치 설정을 확인한 다음 아날로그 출력 처리를 실행한다.

	고 분해능 모드	일반 분해능 모드
아날로그 출력값	약 2.5V	약 10.0V

예 설정 범위를 -10~10[V], 디지털 입력값을 4000으로 설정한 경우의 아날로그 출력값

(2) 조작 순서

GX Developer의 I/O 할당 설정 화면에서 설정한다.

① D/A 변환 모듈을 장착한 슬롯에 다음과 같이 설정하며 종류는 필수이지만 다른 항목은 필요에 따라 설정한다. 종류 : "인텔리전트"를 선택, 형명 : 모듈 형명을 입력, 점수 : 16점을 선택, 선두 XY : D/A 변환 모듈의 선두 입출력 번호를 입력, 상세 설정 : D/A 변환 모듈의 관리 CPU를 지정.
"에러 발생시의 출력 모드" 및 "H/W 에러 발생시의 CPU 동작 모드"는 D/A 변환 모듈에 대해서는 무효이므로 설정할 필요가 없다.

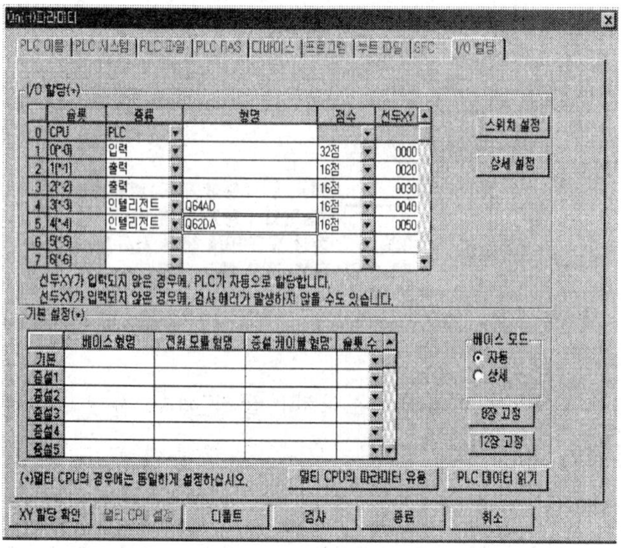

② Q62DA를 장착한 슬롯 "4(*)"에 I/O 할당을 설정한다.
종류 : [인텔리전트](필수), 형식 : "Q62DA", 점수 : "16점", 선두 XY : "50"(16진)

③ 스위치 설정 버튼을 클릭하면 [I/O 모듈]/[I/O 및 인텔리전트 기능 모듈에 대한 스위치 설정] 대화상자가 나타난다.

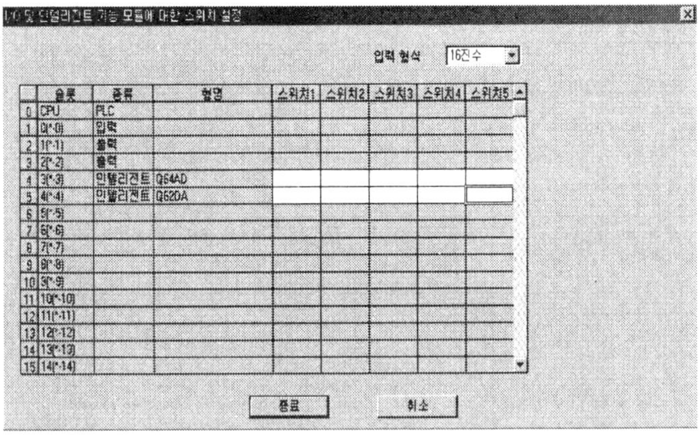

I/O 할당 설정 화면의 [스위치 설정]을 클릭하면 위과 같은 화면이 나타나며 스위치 1~5를 설정하고 16진수로 입력하면 간단하게 설정할 수 있다.

본 실험 장치에서는 A/D 컨버터 Q64AD의 Start I/O No는(선두 I/O No) 40이며 D/A 컨버터 Q62DA의 Start I/O No(선두 I/O No)는 50으로 설정되어 있다.

사용자 범위 설정을 사용할 경우의 옵셋 및 게인 설정은 아래 순서로 설정한다.

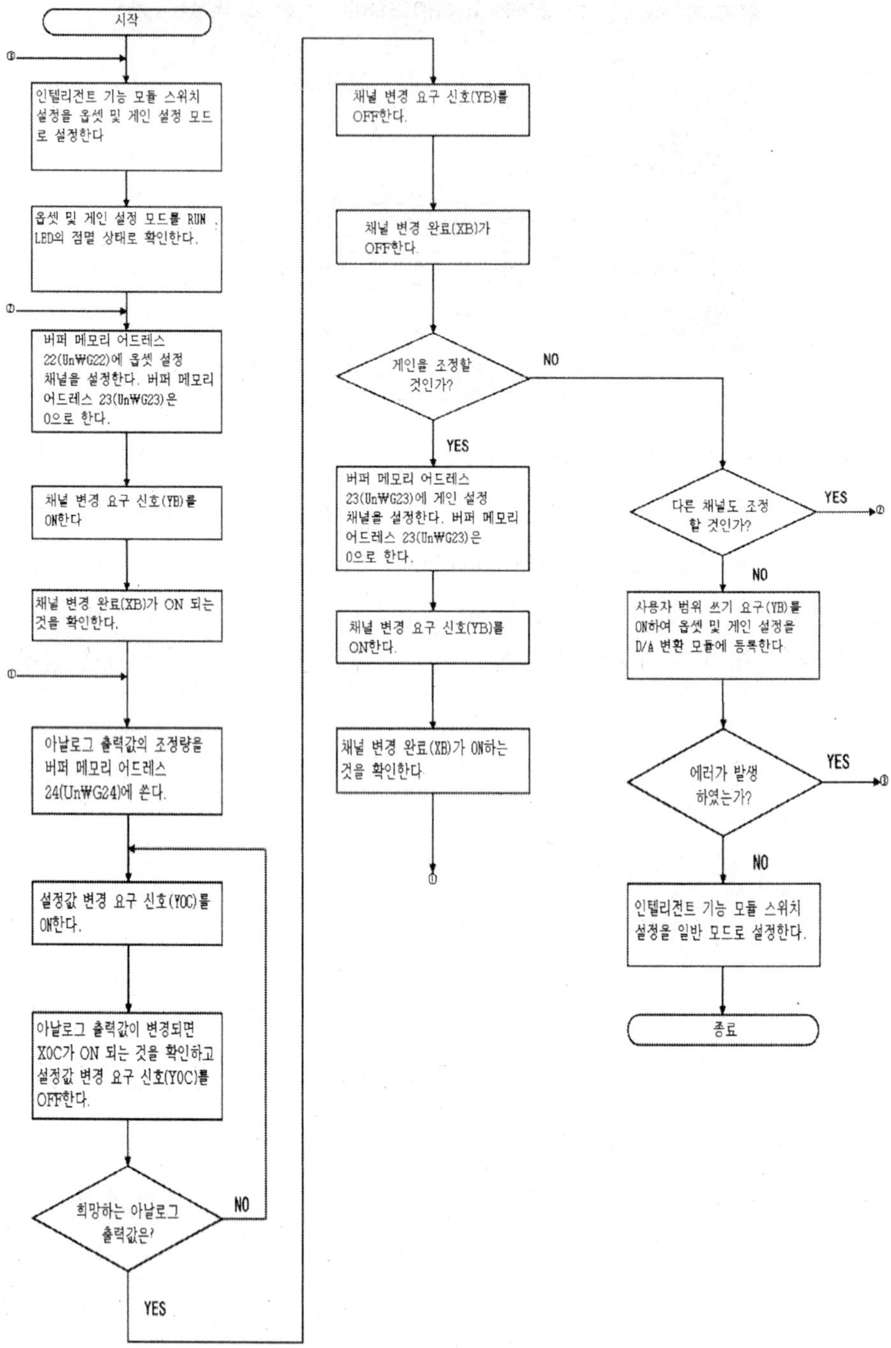

그림 7-8 옵셋 및 게인 설정 흐름도

다음 예는 옵셋 및 게인을 설정할 채널 전환, 옵셋 및 게인값의 조정, 옵셋 및 게인값을 D/A 변환 모듈에 쓰는 프로그램으로 D/A 변환 모듈의 입출력 번호가 X/Y50~X/Y5F인 경우의 예이다.

채널 선택 : M0, 옵셋 설정 : M1, 게인 설정 : M2, 채널 변경 지령 : M3,
조정량 쓰기 : M4, 아날로그 출력값 조정 지령 : M5,
옵셋 및 게인 설정값을 모듈에 쓰는 지령 : M6, D1 : 조정값,
X50 : 모듈레디, X5A : 옵셋 및 게인 설정 모드, X5B : 채널 변경 완료 플랙,
X5C : 설정값 변경 완료 플랙, Y5B : 채널 변경 요구, Y0A : 사용자 범위 쓰기 요구

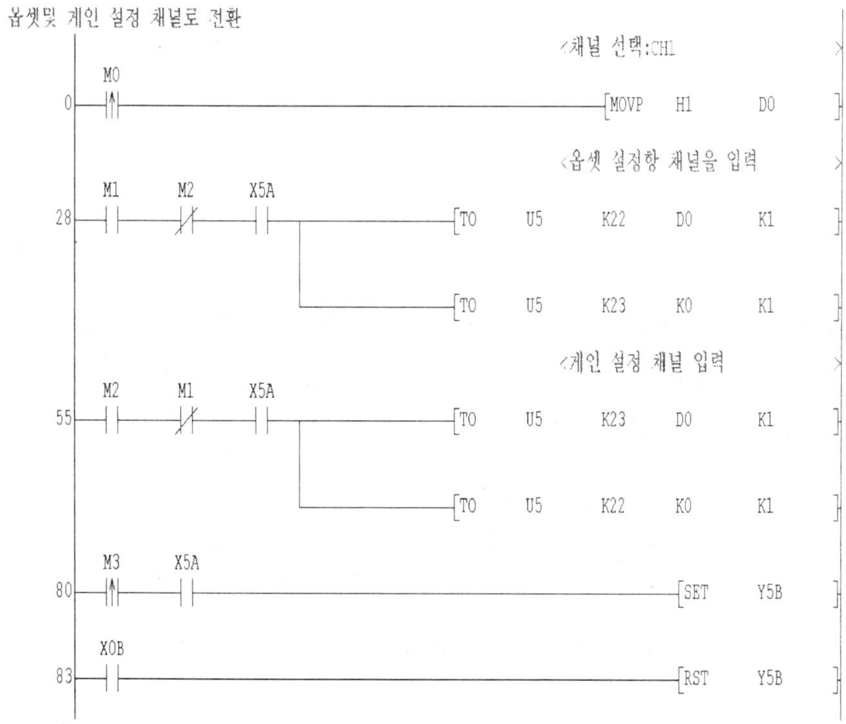

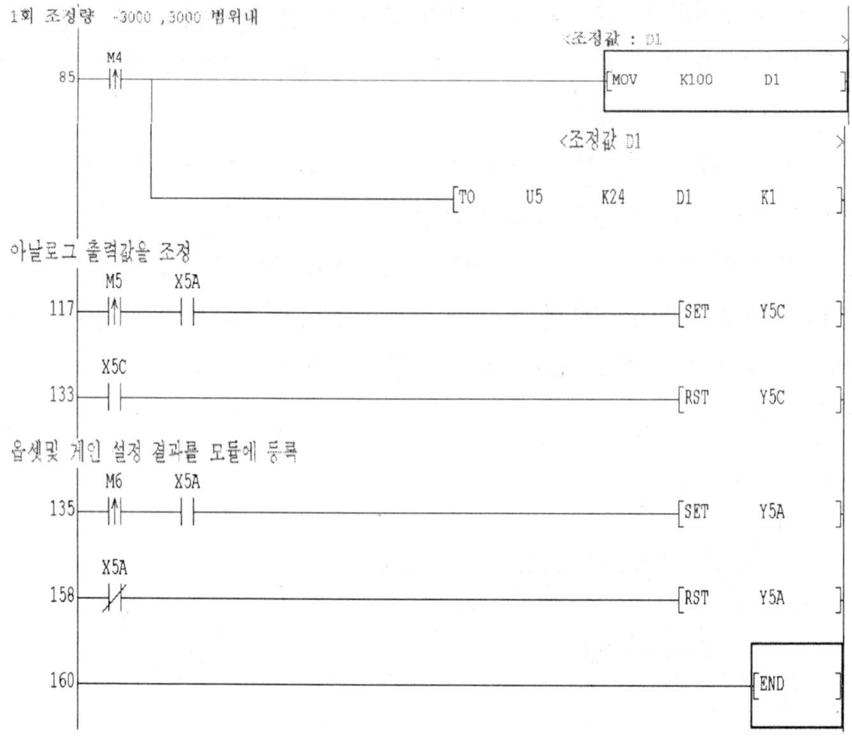

D/A 변환 모듈의 프로그램을 유틸리티 패키지를 사용한 경우의 프로그램과 유틸리티 패키지를 사용하지 않은 경우의 프로그램으로 나누어 아래의 시스템 구성을 예로 설명한다. 시스템 구성은 다음과 같다.

전원모듈	QnCPU	QX10	QY10	QY10	Q64A/D	Q62D/A
		X00 X1F	Y20 Y2F	Y30 Y3F	X40 Y40	X50 Y50

프로그램 조건은 임의의 값을 Q62DA의 CH.1~CH.2 디지털값 영역에 저장하고, 디지털값의 쓰기 에러가 발생하였을 경우에는 에러 코드를 읽어온다.

아날로그 출력 허가 채널 : CH.1~CH.2, 출력 허가 : X10,

디지털값 쓰기 신호 : X11, 에러코드 리셋신호 : X12,

에러 코드 표시(BCD 4자리) : Y30~Y3F CH1의 디지털값 : D11,

CH2의 디지털값 : D12, 에러 코드 : D13,
X50 : 모듈 레디, 옵셋 및 게인 설정 모드, X5B : 채널 변경 완료 플랙,
X5C : 설정값 변경 완료 플랙, Y5B : 채널 변경요구,
Y5A : 사용자 범위 쓰기 요구,
Y5F : 에러 클리어 요구, Y59 : 동작 조건 설정 요구,
X59 : 동작 조건 설정 완료 플랙, Y51 : CH1 출력허가/금지 플랙,
Y52 : CH2 출력허가/금지 플랙, X5F : 에러 발생 플랙

✤ 유틸리티 패키지를 사용한 경우의 프로그램 예 ✤

CH1, CH2의 D/A변환 허가/금지 설정을 “Enable”로 설정한다.

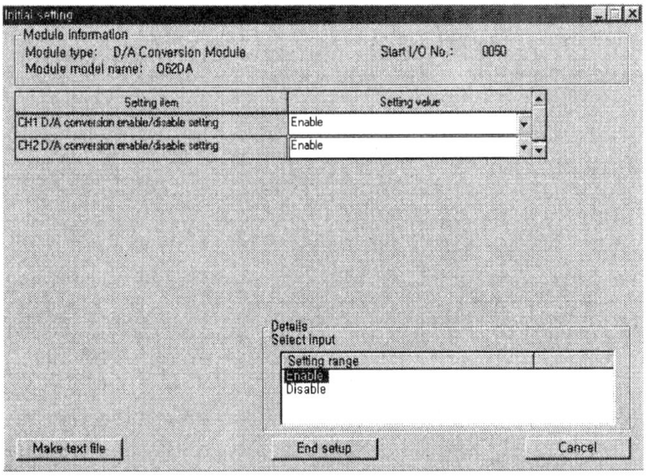

✤ 자동 리플레시 설정 ✤

CH 1~2의 디지털값, CH 1~2의 설정값 점검 코드, 에러 코드를 저장할 디바이스를 설정한다.

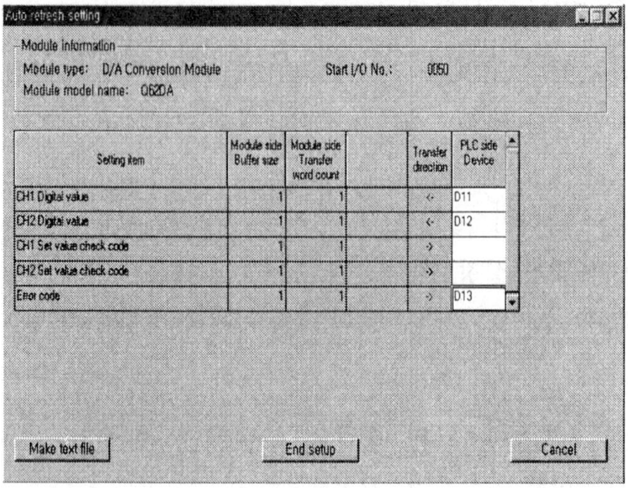

인텔리전트 기능 모듈 파라미터 쓰기 인텔리전트 기능 모듈의 파라미터를 CPU 모듈에 쓰고 이 조작은 파라미터 설정 모듈 선택 화면에서 실행한다.

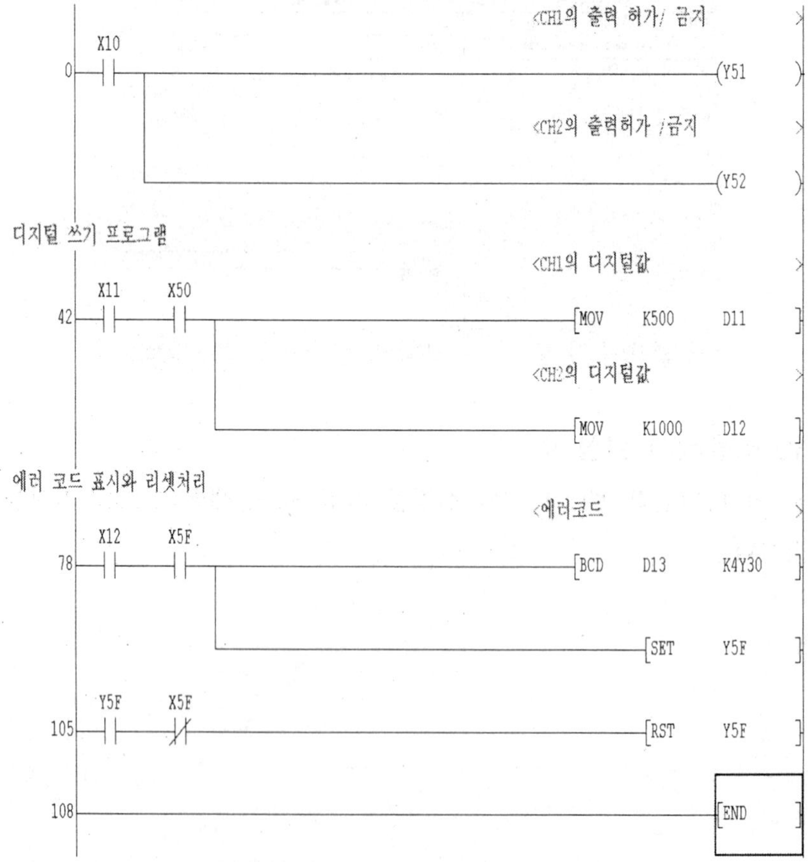

❖ 유틸리티 패키지를 사용하지 않는 프로그램 예 ❖

FROM/TO 명령 프로그램 예

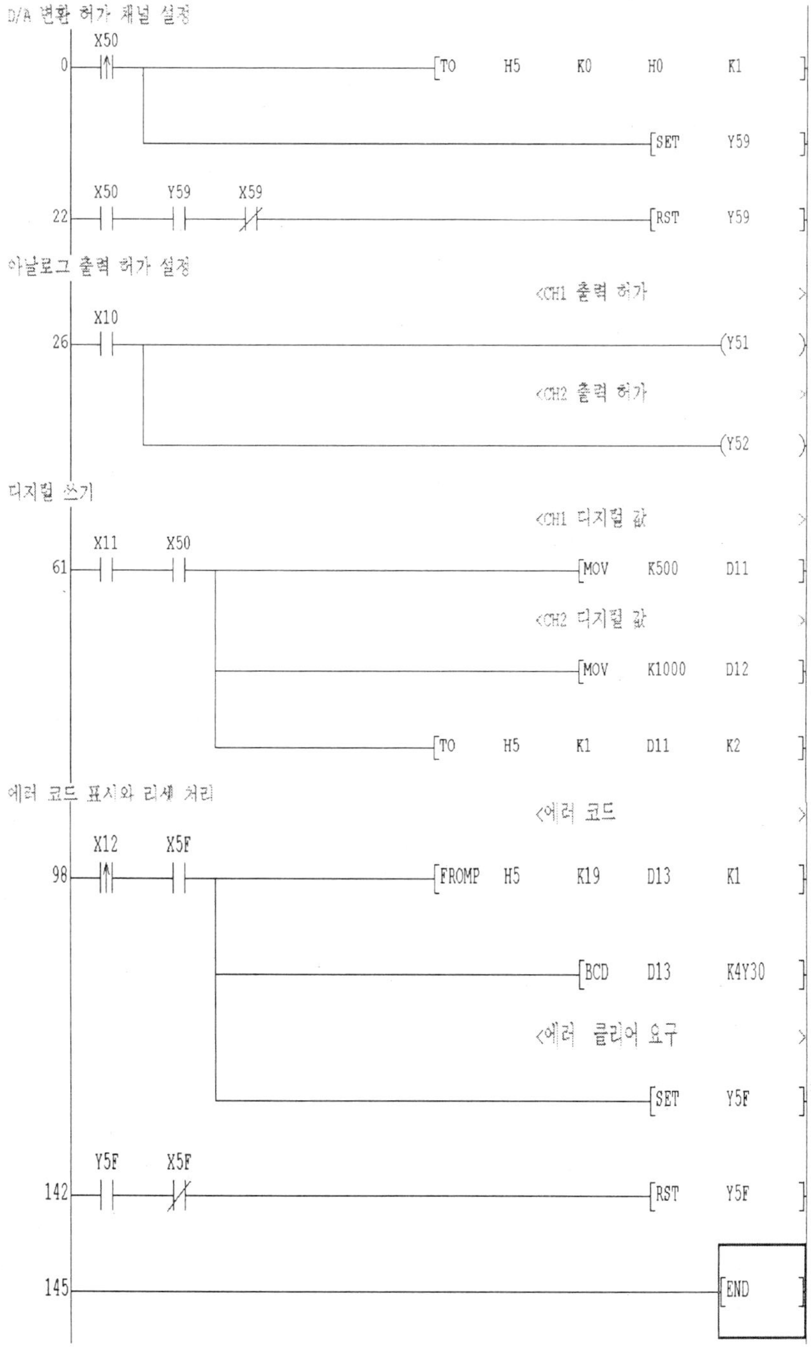

인텔리전트 기능 모듈 디바이스(U□₩G□) 프로그램 예

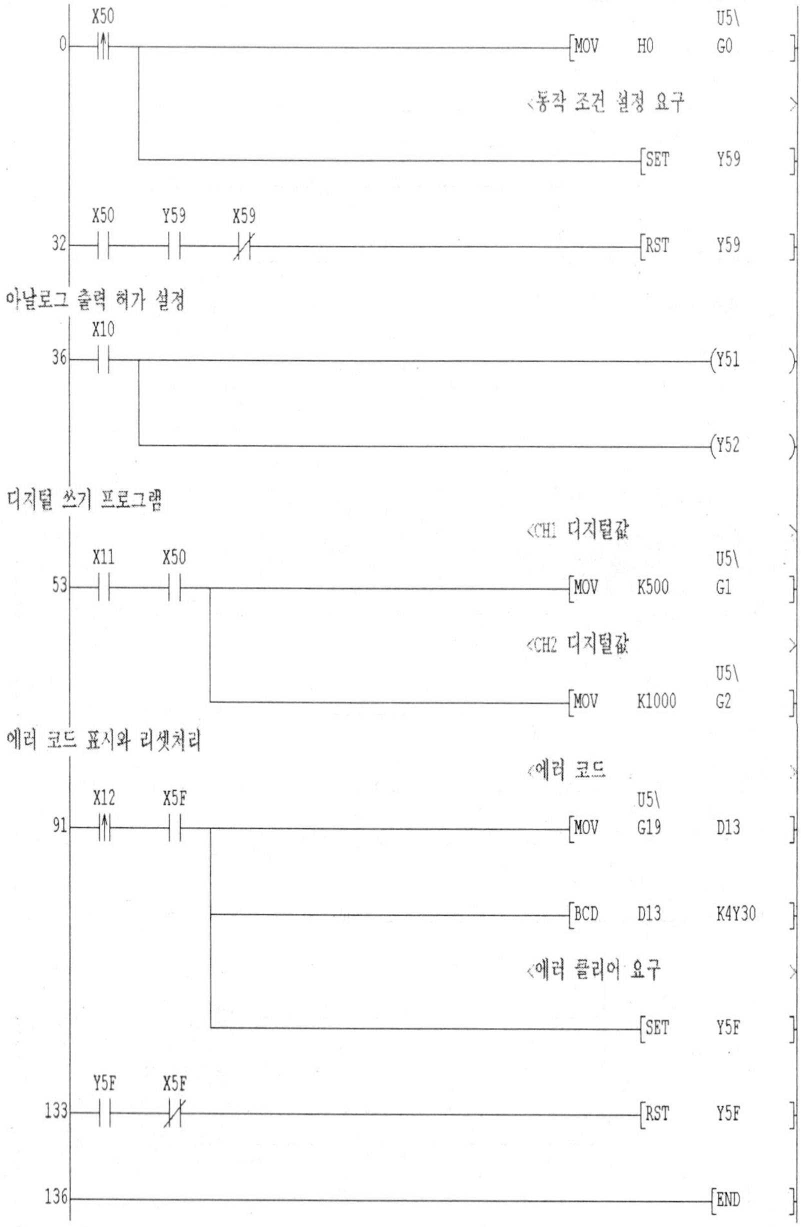

제 8 장 터치 스크린제어

8.1 GOT(그래픽 오퍼레이션 터미널)

GOT(그래픽 오퍼레이션 터미널)는 종래 조작반에서 실행하던 스위치 조작, 램프 표시, 데이터 표시, 메시지 표시 등을 모니터 화면에서 구현할 수 있도록 제작된 전자 조작반이다.

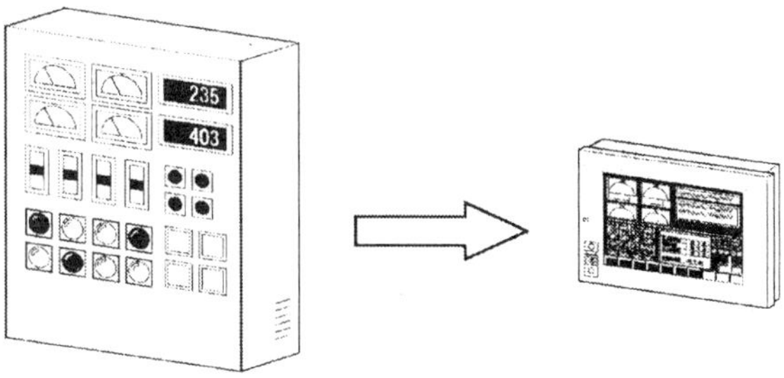

그림 8-1 터치 패널 기능과 역할

GOT에 표시되는 화면(프로젝트 데이터)은 전용 소프트웨어(GT Designer2)를 사용하여 PC에서 작성한다.

GT Designer2에서 스위치 도형, 램프 도형, 수치 표시 등 오브젝트라고 부르는 표시 도형을 붙여 넣어 화면을 작성한 오브젝트에 PLC CPU의 디바이스 메모리

(비트 워드)로 동작 기능을 설정하여 GOT의 각 기능을 실행한다.

작성된 프로젝트 데이터는 USB 케이블, RS-232 케이블, Ethernet 통신 모듈/ 케이블이나 메모리 카드로 GOT에 전송한다.

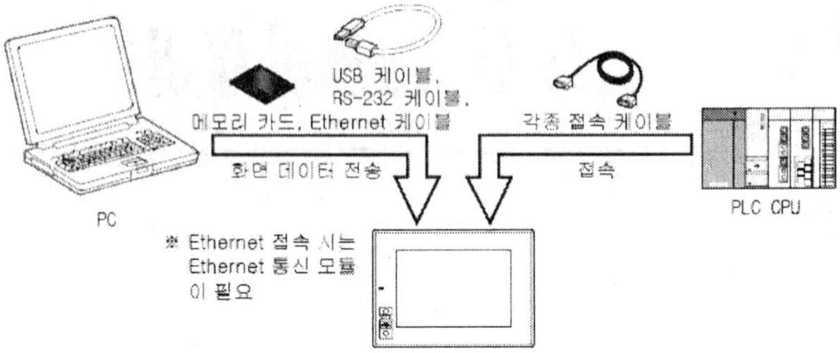

그림 8-2 GOT 결선 관련 접속

8.2 GOT 동작 설명

다음 그림은 GOT 관련 동작 요소와 PLC 프로그램의 접점 할당 상태를 나타낸 것이다.

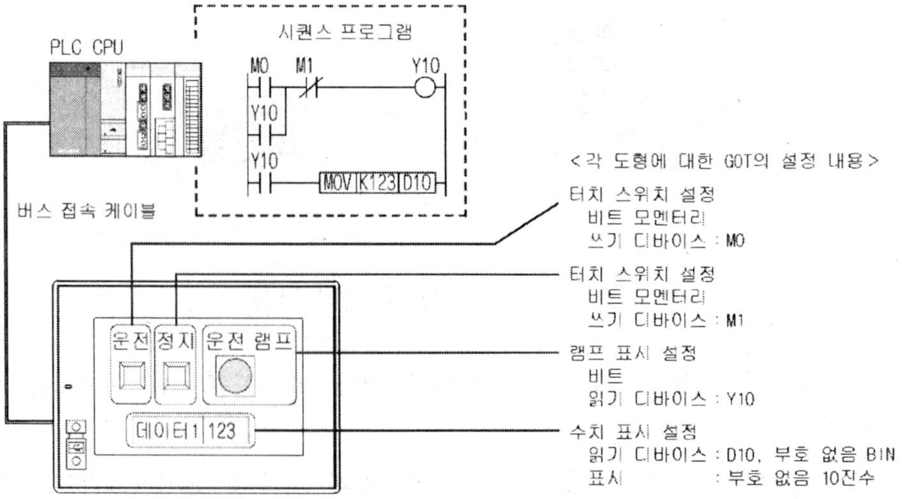

그림 8-3 GOT 관련 동작 요소

PLC와 연계된 GOT의 동작 설명은 다음과 같이 나타낼 수 있으며 작화 프로그램에서 입출력 접점을 설정하여 동작 상태를 터치 스크린에서 제어할 수 있다.

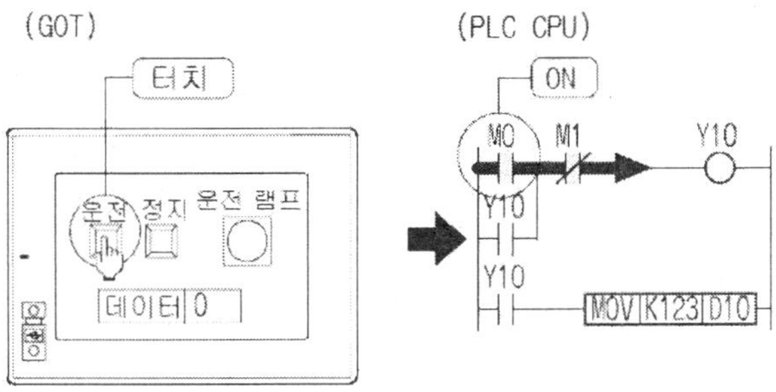

그림 8-4 GOT 운전 동작 설명

GOT의 터치 스위치 "운전"을 터치하고 있는 동안, 터치 스위치에 할당된 비트 디바이스 "M0"이 ON된다.

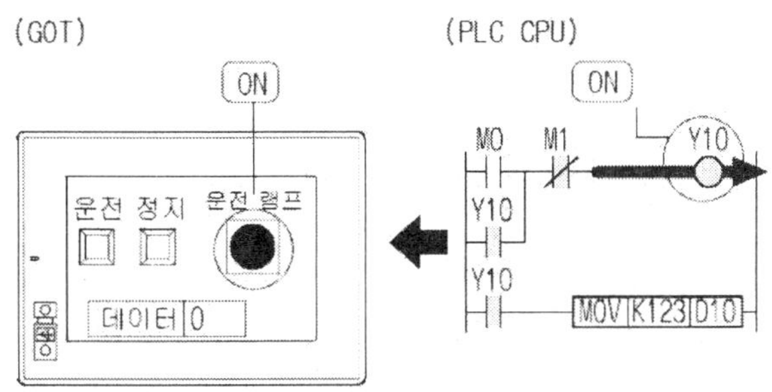

그림 8-5 GOT 출력 동작 설명

비트 디바이스 "M0"이 ON되면 비트 디바이스 "Y10"이 ON되고 이 때 비트 디바이스 "Y10"에 할당된 GOT의 램프 표시 "운전 램프"는 ON 도형이 표시된다.

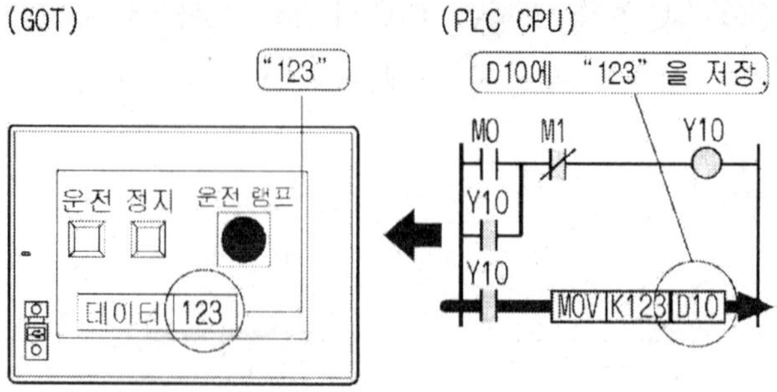

그림 8-6 GOT 데이터 표시 동작 설명

비트 디바이스 "Y10"이 ON되어 있으므로 워드 디바이스 "D10"에 "123"이 저장되며 워드 디바이스 "D10"에 할당된 GOT의 수치 표시는 "123"이 나타난다.

GOT의 터치 스위치 "정지"를 터치하고 있는 동안, 터치 스위치에 할당된 비트 디바이스 "M1"이 ON된다.

이 비트 디바이스 "M1"은 비트 디바이스 "Y10"이 OFF 조건이 되므로 GOT의 램프 표시 "운전 램프"가 OFF된다.

8.3 GOT에 OS 인스톨

기본 기능 OS, 통신 드라이버, 옵션기능 OS를 GOT에 인스톨하는 과정으로 다음과 같이 통신 드라이버를 체크 표시한다.

✤ GT15, GT11의 경우✤

- A/QnA/Q CPU, QJ71C24
- MELSEC-FX

✤ GT10의 경우 ✤

- QnA/Q CPU
- MELSEC-FX
- MELSEC-A

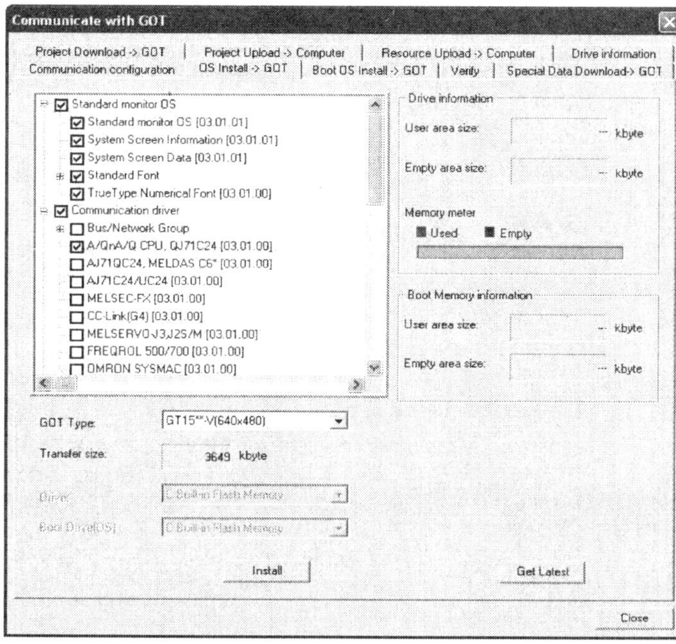

사용하는 기본 기능 OS, 통신 드라이버, 옵션 기능 OS, 확장 기능 OS를 체크하고 나서 Install 버튼을 클릭하며 인스톨한다.

OS가 GOT에 올바르게 인스톨 되어 있는지 GT Designer2의 Drive information 탭에서 확인한다.

다음의 ① 기본 기능 OS, ② 통신 드라이버 내용을 확인할 수 있으면 OS가 GOT에 올바르게 인스톨 되어 있는 것이다.

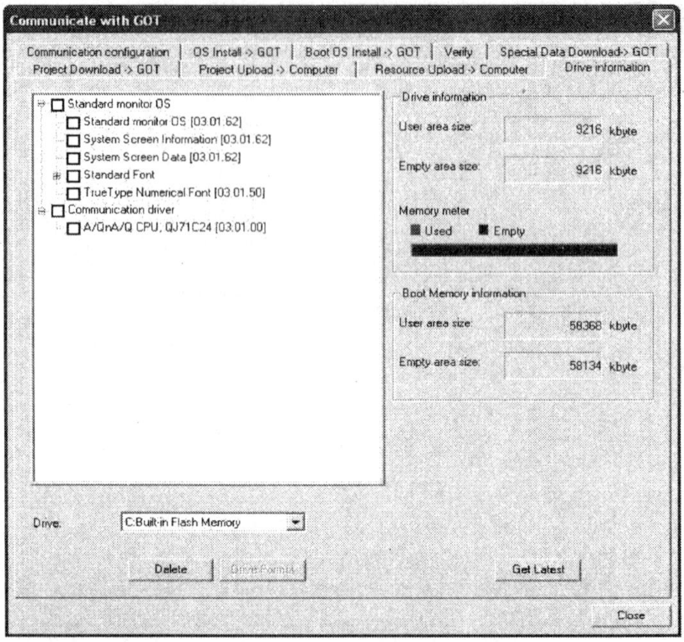

GOT의 통신 인터페이스는 GT Designer2의 접속기기 설정에서 설정하며 각 통신 인터페이스용 드라이버는 GOT에 인스톨 되어 있는 통신 드라이버를 선택하여 사용한다.

(1) 접속 기기 설정

사용하는 채널 No.를 1로 설정하고 다음과 같이 드라이버를 설정한다.

✤ GT15, GT11의 경우 ✤

- A/QnA/QCPU, 모션 컨트롤러 CPU와 접속시 : A/QnA/Q CPU, QJ71C24
- FX CPU와 접속시 : MELSEC-FX

✤ GT10의 경우 ✤

- QnA/Q CPU와 접속시 : QnA/Q CPU, ACPU와 접속시 : MELSEC-A
- FX CPU와 접속시 : MELSEC-FX, 드라이버의 상세내용 설정(접속기기 상세설정)

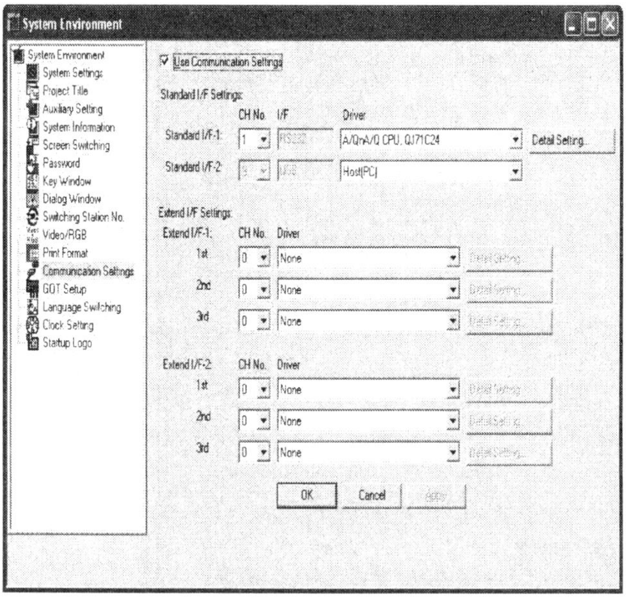

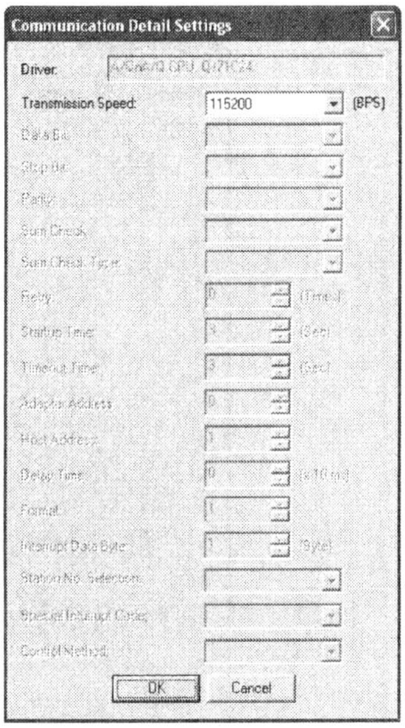

Transmission Speed는 접속기기와의 전송 속도를 변경하는 경우에 설정하며 디폴트는 115,200[bps]이다.

접속기기가 제공하는 전송 속도를 초과하여 설정하면 접속기기가 제공하는 최대 전송 속도로 통신한다.

(2) 프로젝트 데이터 다운로드

프로젝트 데이터를 GOT에 다운로드하며 다음과 같은 화면에서 설정한다.

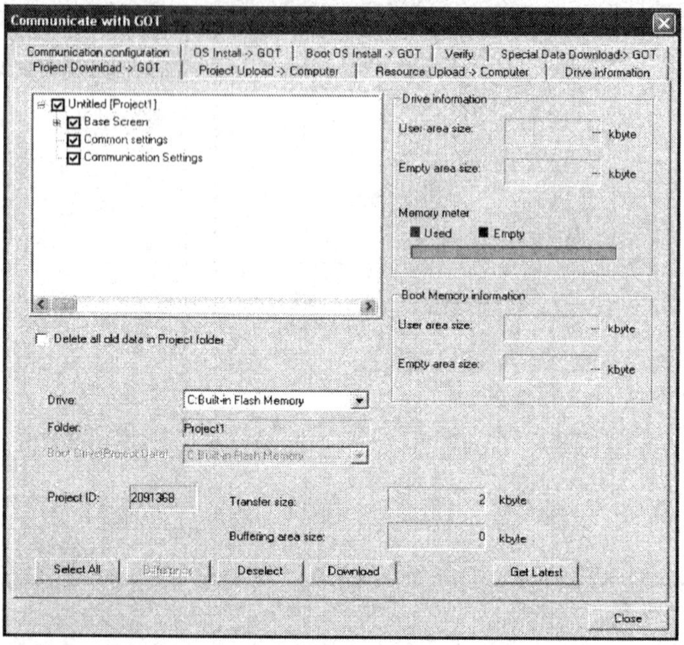

필요한 항목을 체크하고 Download 버튼을 클릭하며 통신 모듈을 장착하거나 케이블을 접속하는 경우는 GOT의 전원을 모두 차단하고 필요에 따라 GOT의 확장 모듈 장착 커넥터에 통신 모듈을 장착한다.

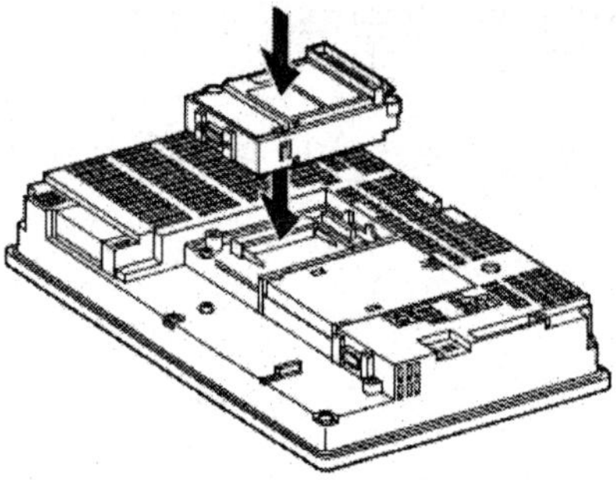

그림 8-7 통신 모듈을 장착

(3) GOT 접속기기 인식 확인

GOT가 접속기기를 올바르게 인식하고 있는지를 유틸리티의 Communication Setting에서 통신 인터페이스 채널 번호, 통신 드라이버 할당 상태, 통신 모듈의 장착 상태를 확인한다.

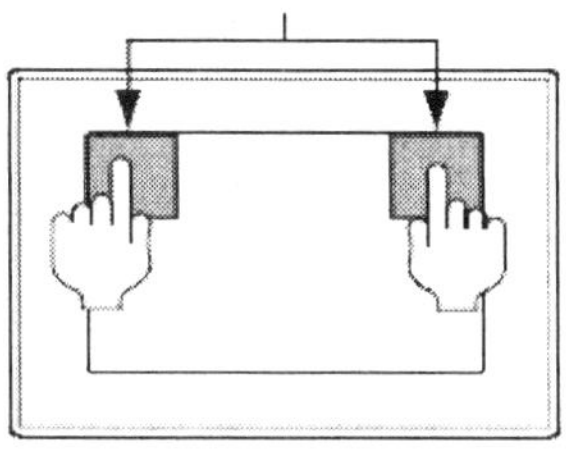

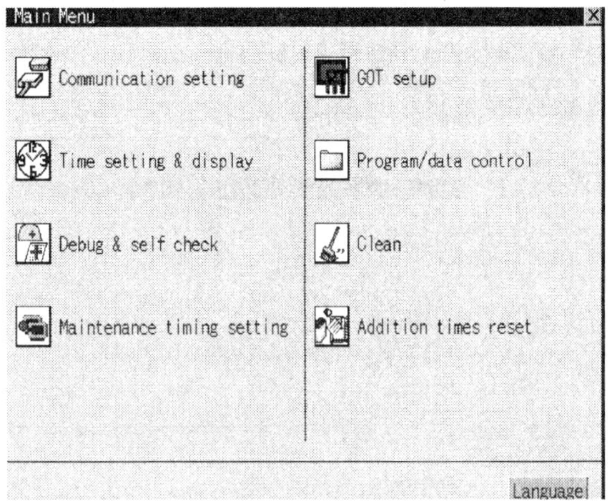

GOT에 전원 투입한 후 유틸리티의 Main Menu→Communication Setting을 터치하면 Communication Setting이 표시된다.

사용하는 통신 인터페이스의 드라이버 표시 상자에 아래의 통신 드라이버명이 표시되는지를 확인한다.

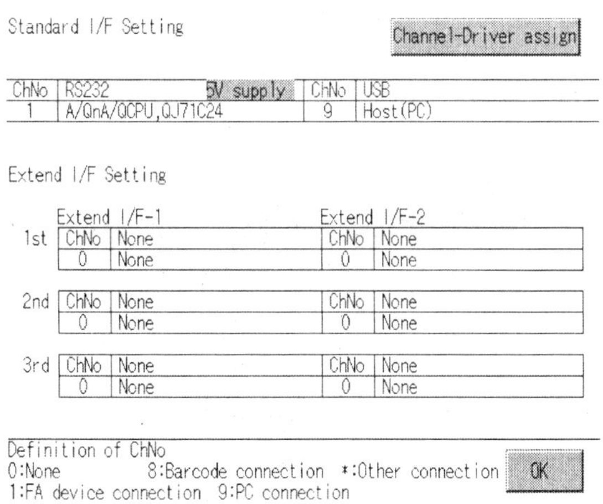

(4) 모니터 가능 확인

GOT에서 발생하고 있는 에러 확인은 GT15, GT11만 사용 가능하며 GOT, PLC CPU, 서보 앰프, 통신 관계 등의 에러를 GOT의 유틸리티 화면에서 확인 가능하다.

확장 알람 팝업 표시는 알람 표시 오브젝트의 배치 여부에 관계없이 표시 화면에 관계없이 알람을 팝업 표시한다.

오른쪽에서 왼쪽으로 흐름 표시가 가능하므로 긴 코멘트도 모두 표시할 수 있다.

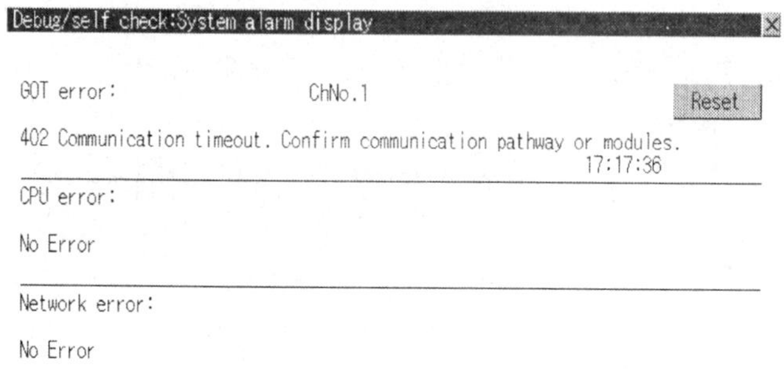

(5) I/O 체크

I/O 체크는 GOT와 PLC가 통신할 수 있는지를 체크하는 기능이며 체크 기능이 정상적으로 종료되면 통신 인터페이스 설정 및 접속 케이블 장착 상태가 올바른지를 확인할 수 있다.

I/O 체크 화면은 Main Menu → Debug & self check → Self check → I/O check를 선택하면 표시된다.

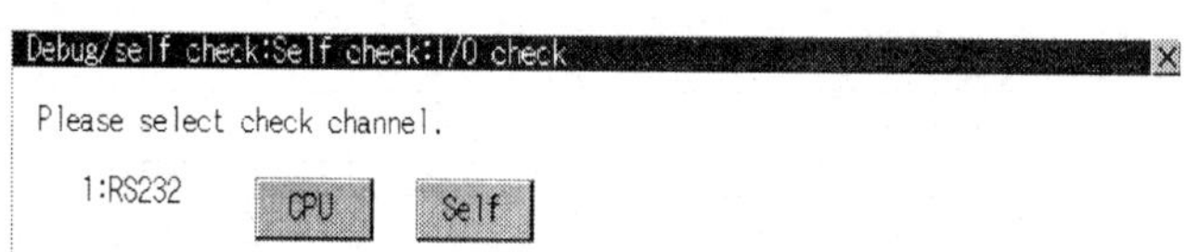

I/O 체크 화면의「CPU」를 터치하고「CPU」를 터치하면 접속 대상 PLC와의 통신 체크가 실행되고 통신 체크가 정상 종료되면 다음 화면이 표시된다.

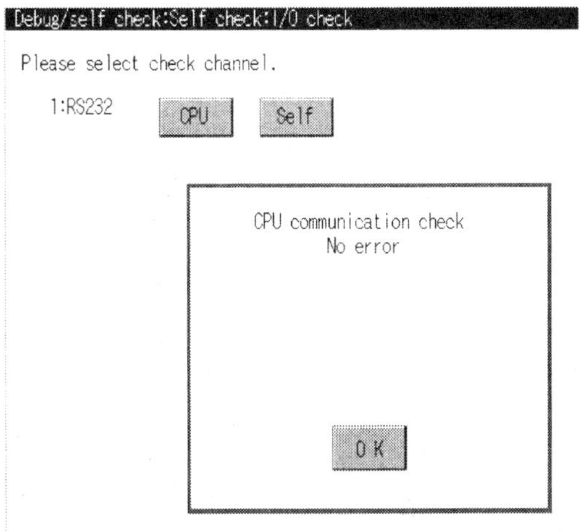

8.4 GT Designer2 화면 구성

GT Designer2의 기본 화면 구성은 다음과 같이 도구 모음, 툴바, 워크 스페이스 작성한 화면, 공통 설정 등 프로젝트 전체의 설정 내용을 트리로 표시한다.

더블 클릭 및 마우스 오른쪽 버튼 기능을 사용하여 각종 설정을 하거나 복사 등의 편집 기능을 실행할 수 있다.

속성 시트는 선택된 화면/오브젝트/도형의 속성이 표시되며 직접 설정하는 것도 가능하다.

데이터 일람에서는 도면에 설정되어 있는 모든 오브젝트나 도형을 일람으로 표시한다.

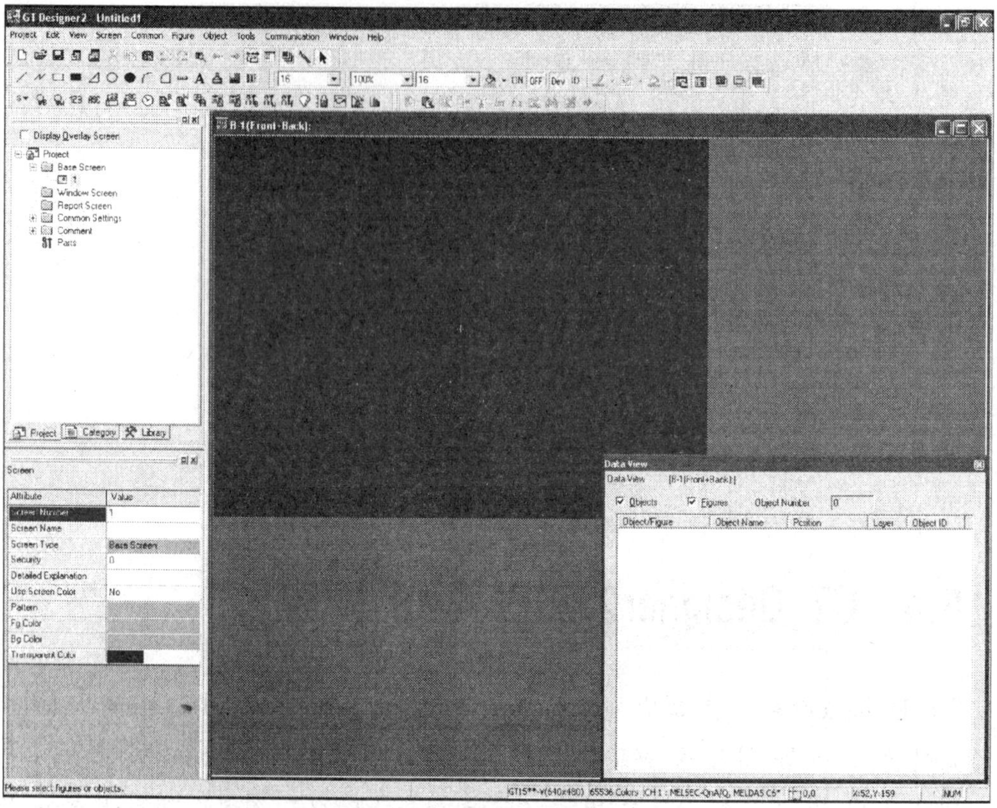

(1) 화면 작성전 설정

화면을 작성하기 전에 GOT나 PLC의 타입이나 화면의 타이틀을 설정하고 프로젝트 작성 프로젝트를 새로 만든다.

GT Designer2를 기동하면 화면이 표시되고 새로운 화면을 작성하기 위하여 New 버튼을 클릭한다.

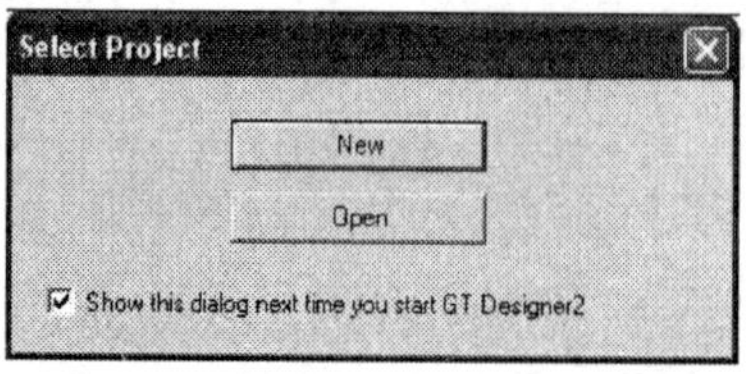

왼쪽 화면(새로 프로젝트 위저드의 시작)이 표시되면 Next> 버튼을 클릭한다.

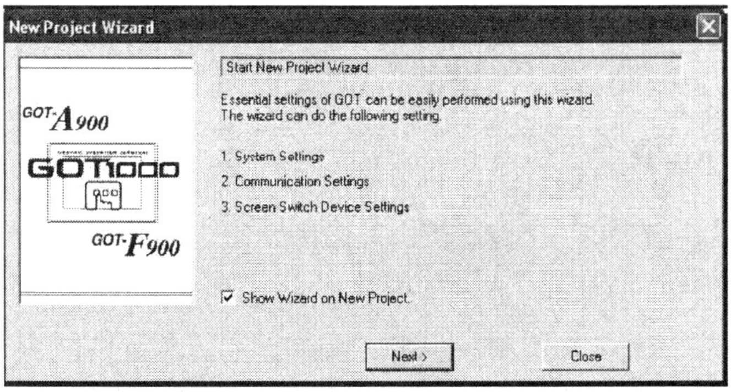

「Show Wizard on New Project」의 체크 표시를 해제하면 다음 새로 만들기 시에 위저드가 실행되지 않는다.

화면(GOT의 시스템 설정)이 표시되면 GOT 타입과 색상을 선택하고 선택 후 Next> 버튼을 클릭한다.

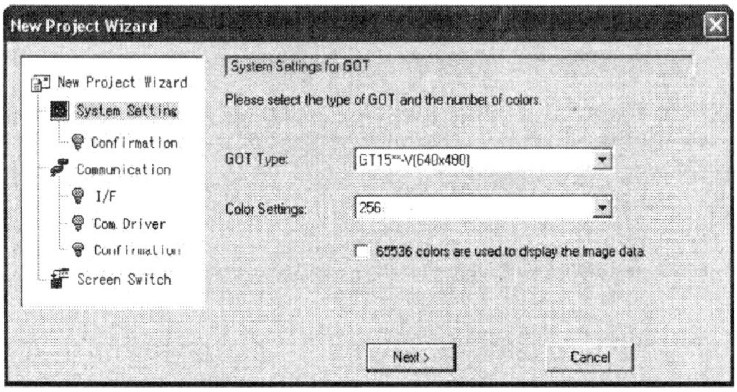

설정 내용은 GOT Type : GT15**-V(640x480), Color Settings : 256이다.

화면(GOT의 시스템 설정 확인)이 표시되면 확인 후 Next> 버튼을 클릭한다.

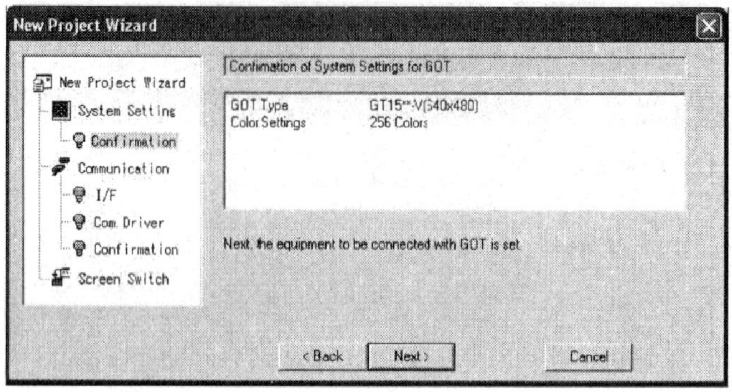

화면(접속기기 설정(1번째)이 표시되면 GOT에 접속할 기기를 선택하고 선택 후 Next> 버튼을 클릭한다.

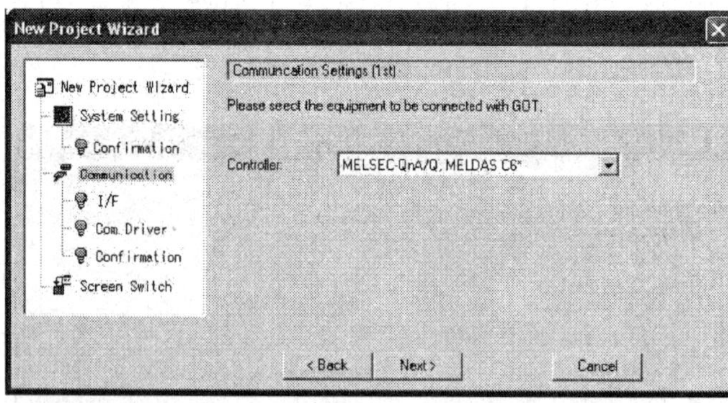

설정 내용은 Controller : MELSEC-QnA/Q, MELDAS C6*이다.

화면(접속기기 설정(1번째)이 표시되면 MELSEC-QnA/Q의 접속 I/F를 선택한다.

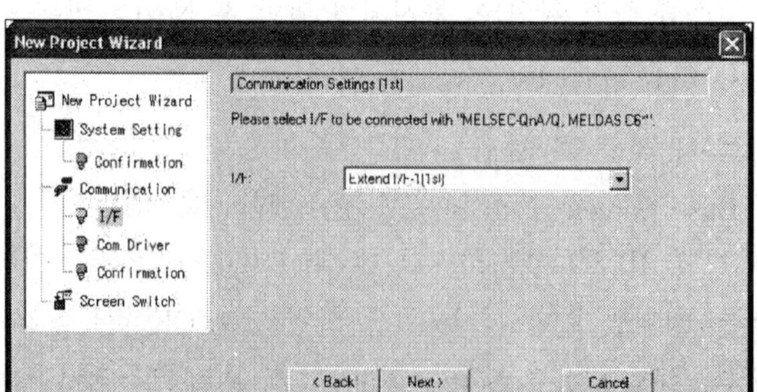

선택 후 Next> 버튼을 클릭하며 설정 내용은 I/F : Extended I/F이다.

화면(접속기기 설정(1번째))이 표시되면 MELSEC-QnA/Q의 통신 드라이버를 선택한다.

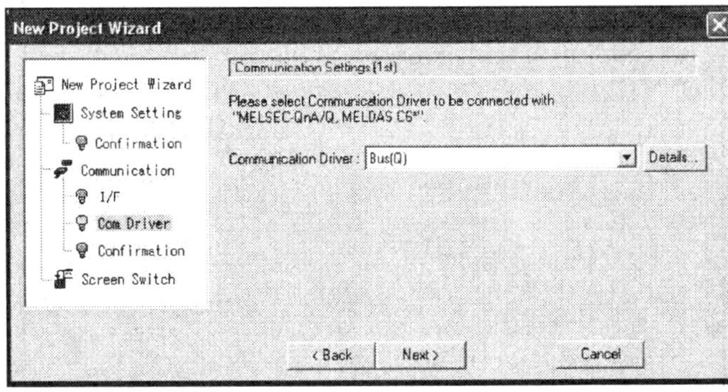

선택 후 Details... 버튼을 클릭하여 증설 단수, 슬롯 No.를 선택하고 선택 후 Next> 버튼을 클릭한다.

설정 내용은 Communication Driver : Bus, (Q)Details Stage No. : 1, Slot No. : 0 이다.

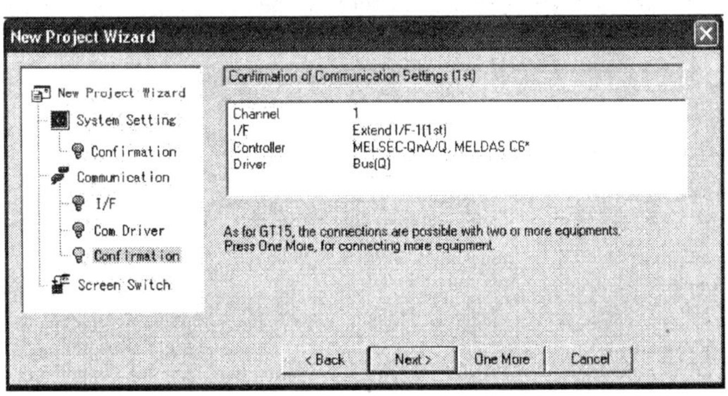

화면(접속기기 설정의 확인(1번째))이 표시되면 확인 후 Next> 버튼을 클릭한다.

왼쪽화면(화면 전환 디바이스의 설정)이 표시되면「Base Screen」-「Switch Device」를 설정하며 설정 후 Next> 버튼을 클릭한다.

설정 내용은 Base Screen Screen Switch Device : GD100

시스템 환경 설정 확인이 표시되면 확인 후 Finish 버튼을 클릭하고 화면의 속성 대화 상자가 표시되면 화면의 타이틀을 입력한 후 OK 버튼을 클릭하면 베이스 화면1이 작성된다. 설정 내용은 Screen Name : Data display screen이다.

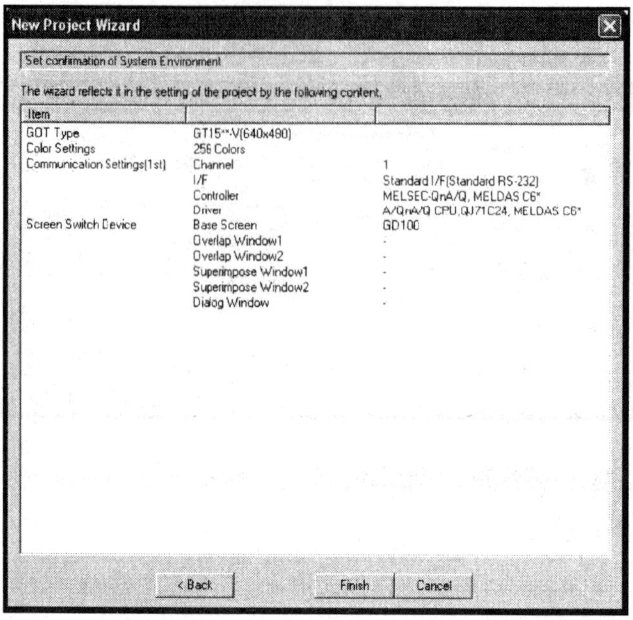

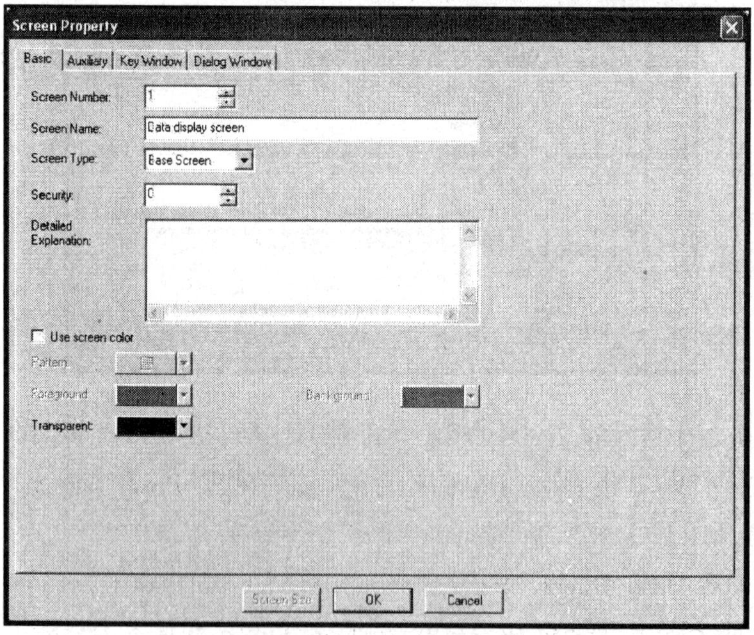

2번째 이후의 접속기기를 설정하는 경우에 멀티 채널 사용시는 2번째 이후의 접속기기는 위저드의「Confirmation of Communication Settings」화면에서 설정할 수 있다.

화면의 One More 버튼을 클릭하면 계속해서 2번째 접속기기, 인터페이스, 통신 드라이버의 설정 화면이 표시된다.

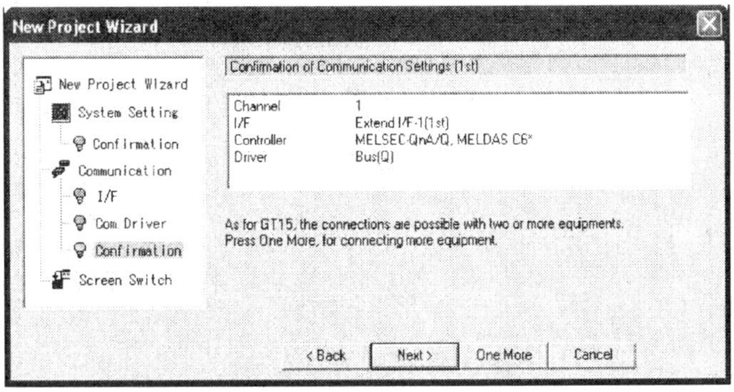

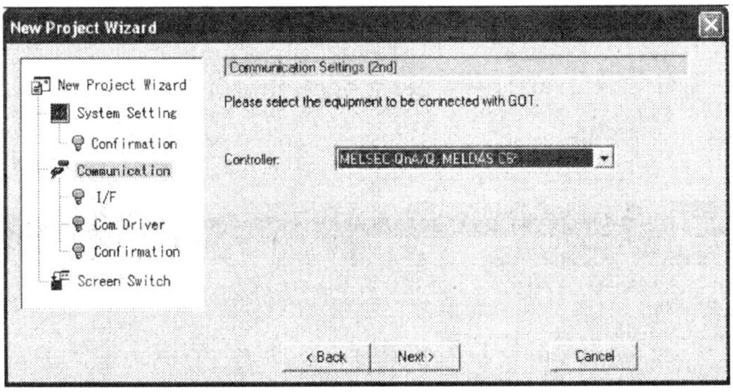

(2) 2번째 화면 작성

프로젝트 워크 스페이스의 트리상에 있는 베이스 화면의 마우스 오른쪽 버튼을 클릭하고 【New】를 선택한다.

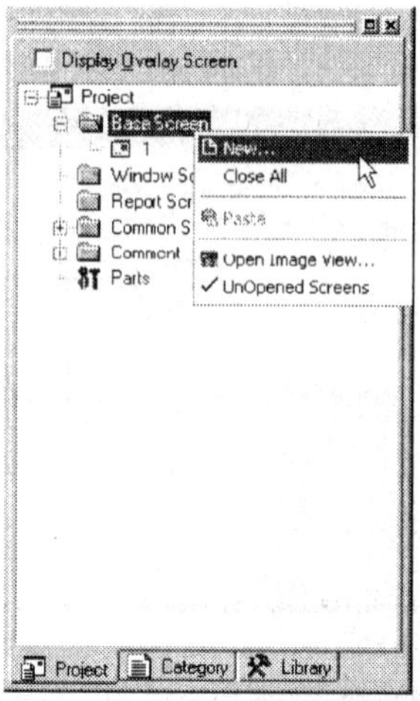

화면의 속성 대화상자가 표시되면 화면의 타이틀을 입력하고 OK 버튼을 클릭하면 2번째 화면이 작성된다.

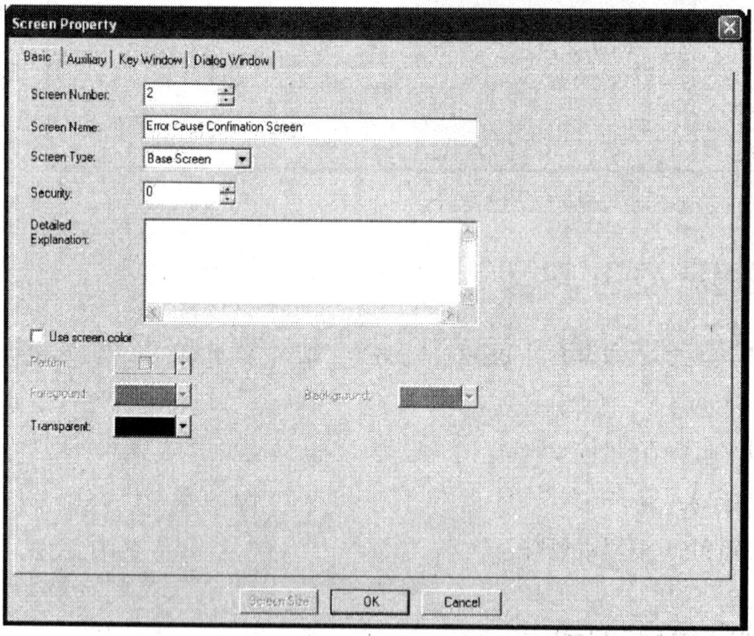

설정 내용은 Screen Name : Error Cause Confirmation Screen이다.

작성한 화면 변경 방법으로 작성한 화면은 프로젝트 워크 스페이스의 트리상에 있는 베이스 화면을 더블 클릭하여 전환한다.

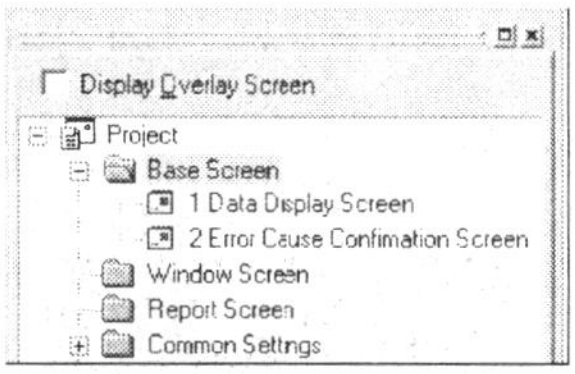

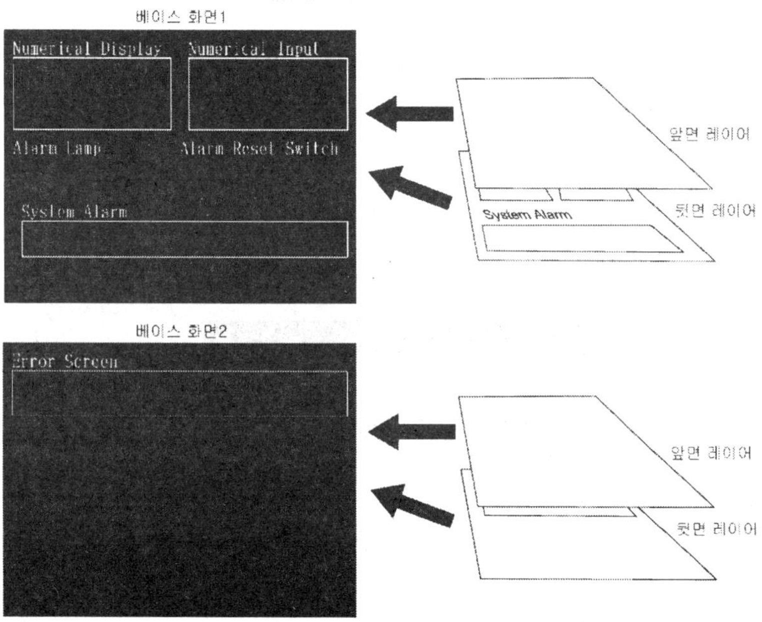

8.5 도형 작화·문자 입력

GOT1000 시리즈에서는 하나의 화면에 앞면 뒷면을 부여하여 오브젝트를 앞면 또는 뒷면에 배치할 수 있으며 앞면, 뒷면을 레이어라고 하고 화면의 테두리선, 문자를 뒷면 레이어에 작화한다.

(1) 테두리선 작화

도형 툴바를 클릭하여 마우스 커서가 +표시로 바뀌면, 직사각형을 그릴 시작점에서 마우스의 왼쪽 버튼을 누른 상태에서 드래그하여 커서를 끝점까지 이동한다.

마우스의 왼쪽 버튼을 놓으면 직사각형이 그려지며 배치 후 마우스 오른쪽 버튼을 클릭하면 배치 모드가 해제된다.

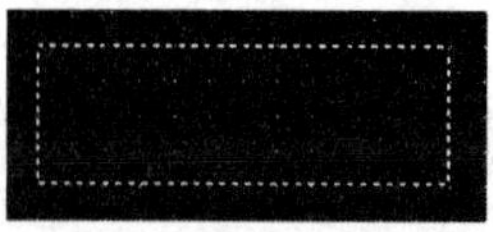

작성한 직사각형을 더블 클릭하여 설정 대화 상자가 표시되면 선의 색이나 굵기를 변경할 수 있으며 OK 버튼을 클릭하면 대화상자가 닫히며 위 과정을 반복하여 테두리선을 작화한다.

작화한 도형을 선택하고 Ctrl키를 누른 상태에서 드래그하면 간단하게 복사할 수 있다.

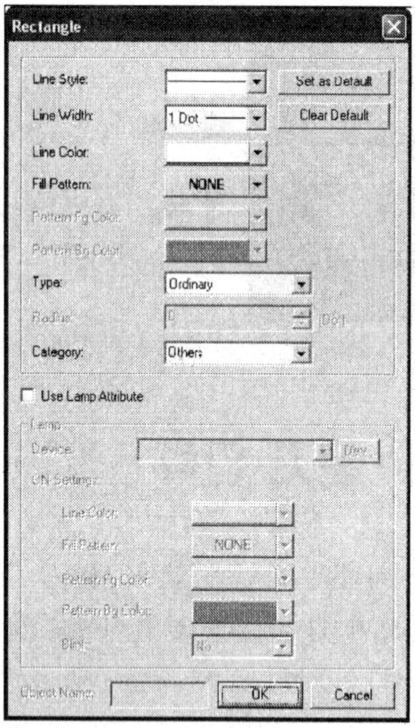

(2) 문자 작화

도형 툴바의 **A**를 클릭하고 마우스 커서가 +표시로 바뀌면 문자를 표시하고 삽입 위치에서 마우스를 클릭한다.

문자 도형 대화 상자가 표시되면 문자를 입력하고 글꼴을 설정할 수 있으며 입력 결과는 바로 화면에 반영되며 OK 버튼을 클릭하면 대화 상자가 닫힌다.

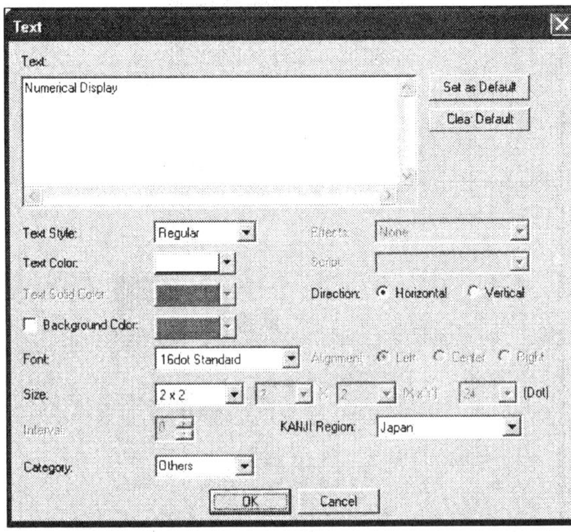

(3) 수치 표시/수치 입력 설정

오브젝트 툴바(123수치표시), (수치 입력)을 클릭하여 마우스 커서가 +표시로 바뀌면, 배치하고자 하는 위치에서 클릭하여 배치하며 배치 후 마우스 오른쪽 버튼을 클릭하면 배치 모드가 해제된다.

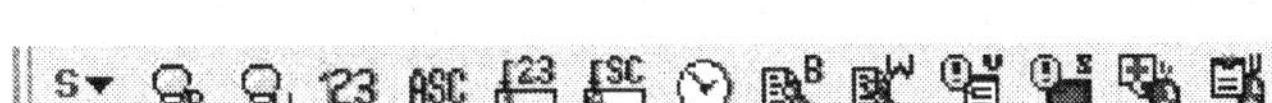

배치한 수치 표시/수치 입력을 더블 클릭하여 대화 상자가 표시되면 필요 항목을 설정한다.

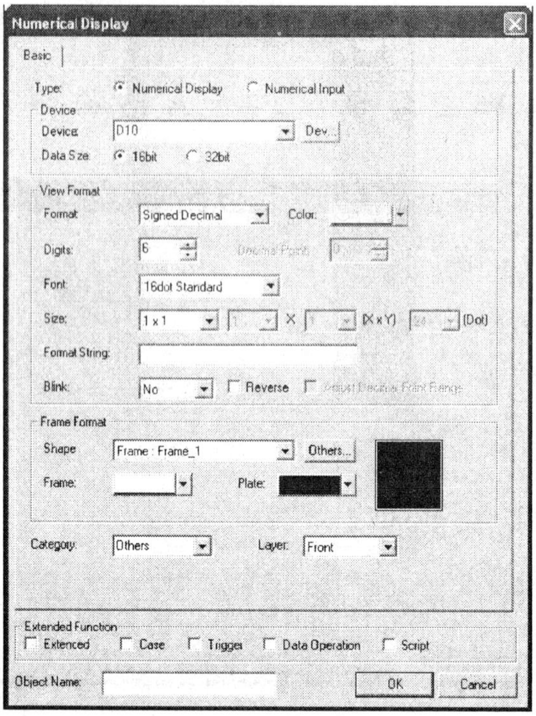

설정 내용(수치 표시의 경우)는 Type : Numerical Display, Device : D10, Shape : Frame : Frame_1, Font : 16 dot Standard, Layer : Front

설정 내용(수치 입력의 경우)는 Type : Numerical Input, Device : D11, Shape : Frame : Frame_1, Font : 16 dot Standard, Layer : Front이며 설정 완료 후 OK 버튼을 클릭한다.

오브젝트의 크기를 변경하였을 때 도형 테두리와 오브젝트가 어긋나는 경우에 오브젝트 선택 후 마우스 오른쪽 버튼을 클릭하고 【Centering】을 선택하여 자동으로 오차를 수정한다.

【Enable Two Tracker Mode】를 선택하면 사용자가 도형 테두리와 오브젝트를 따로 이동할 수 있다.

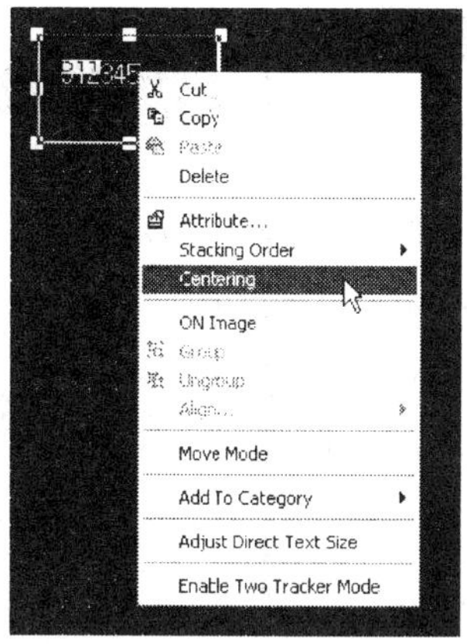

(4) 램프 표시 설정 방법

오브젝트 툴바의 를 클릭하여 마우스 커서가 +표시로 바뀌면 배치하고자 하는 위치에 클릭하여 배치한다.

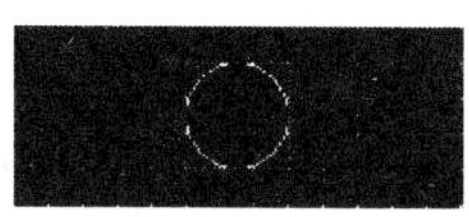

배치 후 마우스 오른쪽 버튼을 클릭하면 배치 모드가 해제되며 배치한 램프를 더블 클릭하여 대화 상자가 표시되면 필요 항목을 설정한다.

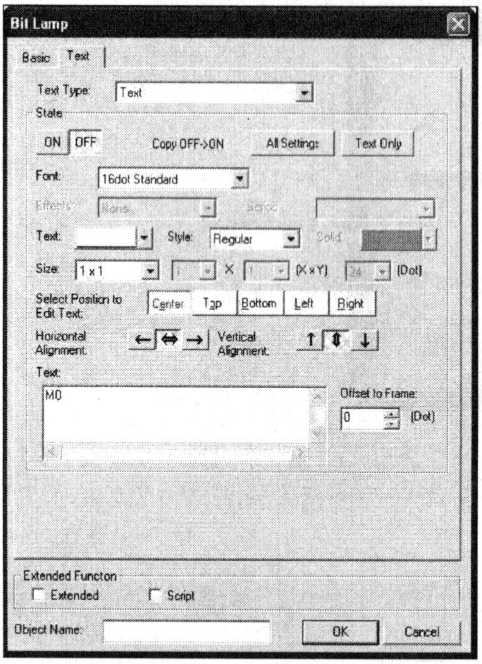

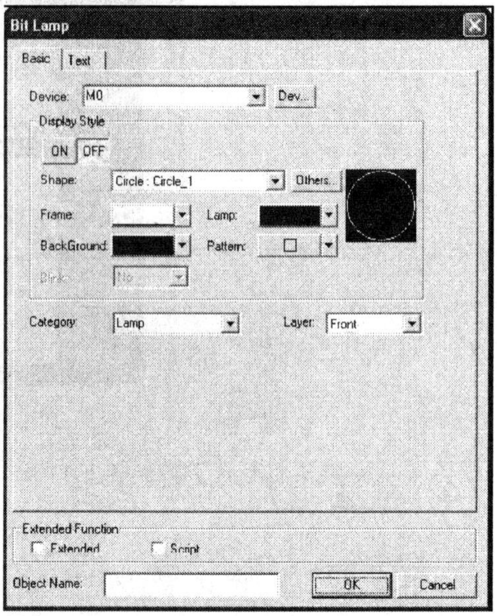

Basic 탭의 설정 내용은 Device : M0, Layer : Front이며 Text 탭의 설정 내용은 Text : M0, Font : 16 dot Standard, Text 탭 설정 후 [Copy OFF→ON]의 All Settings버튼을 클릭한다.

OFF시 설정된 Text 탭의 내용이 ON시 반영되며 ON 버튼을 클릭하면 ON시 속성을 확인할 수 있다.

문자는 각 표시 위치(Center, Top, Bottom, Left, Right)에 등록할 수 있으며 문자가 등록되어 있는 표시위치 버튼은 보라색으로 표시되며 설정이 완료되면, OK 버튼을 클릭한다.

2번째 이후 램프를 작성하는 경우는 설정된 램프 선택 【Edit】 → 【Consecutive Copy...】 메뉴로 연속 복사 대화 상자가 표시된다.

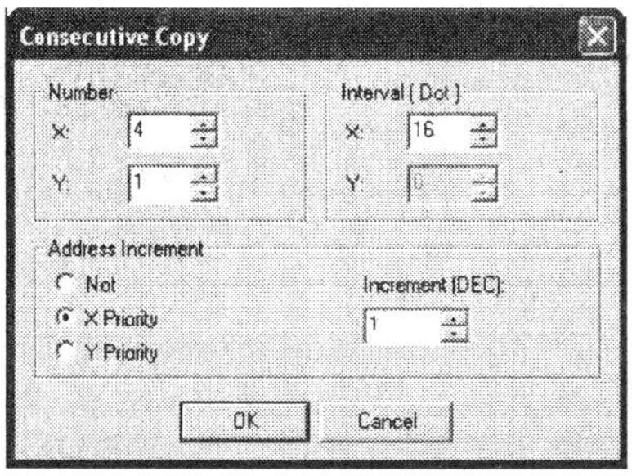

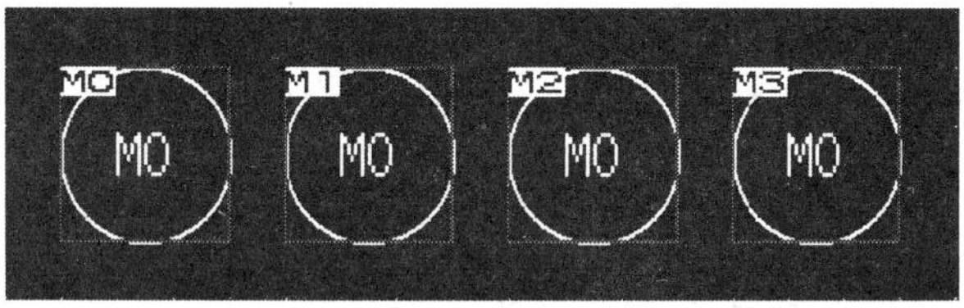

설정 내용으로는 Number X : 4, Interval X : 16이고 OK 버튼을 클릭하면 램프가 복사된다.

각 램프의 문자를 속성 시트에서 변경하며 ON시와 OFF시의 문자를 같은 문자로 변경한다.

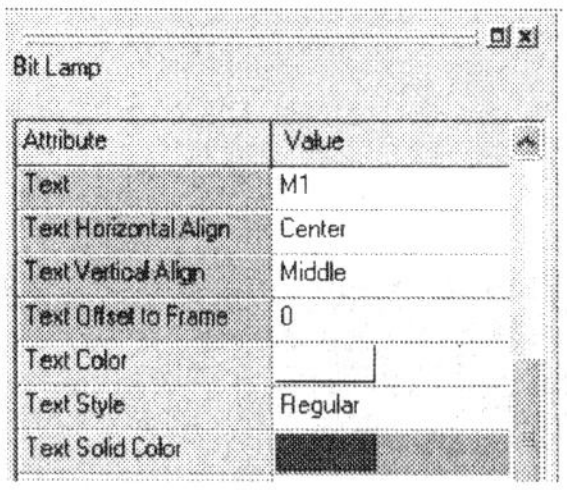

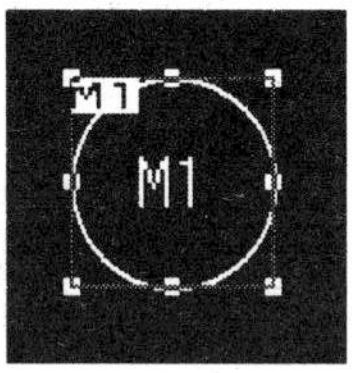

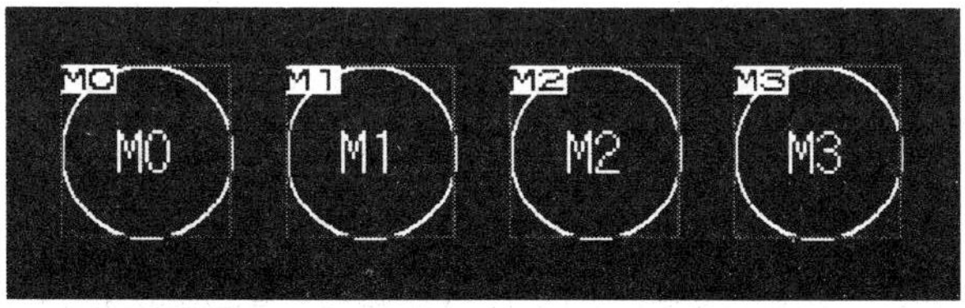

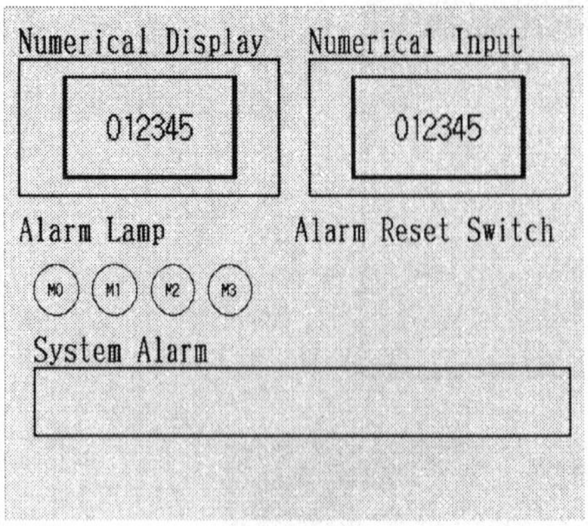

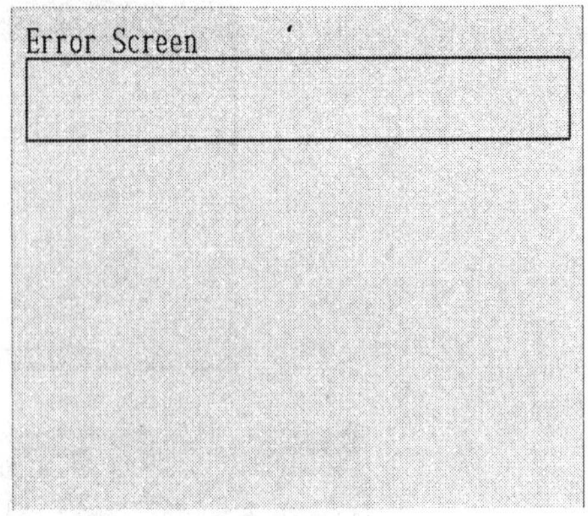

(5) 터치 스위치(비트 스위치) 설정

오브젝트 툴바의 S▾ 를 클릭하여 표시되는 서브 메뉴 중에서 (비트 스위치)를 선택한다.

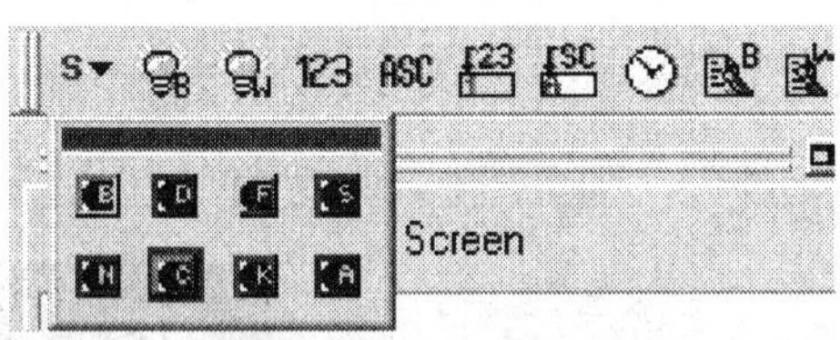

마우스 커서가 +표시로 바뀌면 배치하고자 하는 위치에서 클릭하여 배치하며 배치후 마우스 오른쪽 버튼을 클릭하면 배치 모드가 해제된다.

배치한 터치 스위치를 더블 클릭하여 대화 상자가 표시되면 필요 항목을 설정한다.

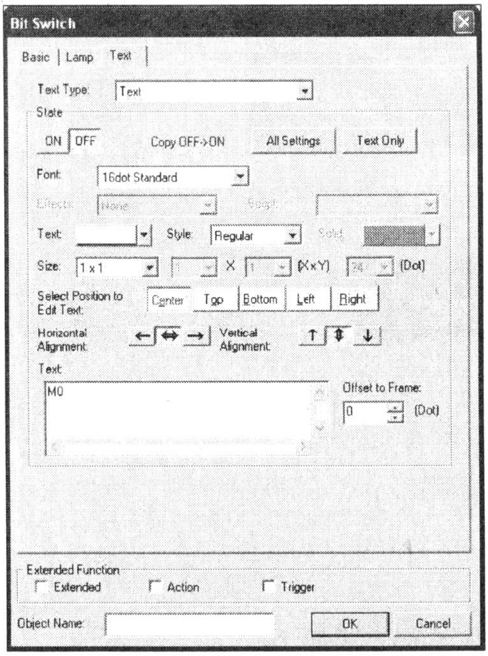

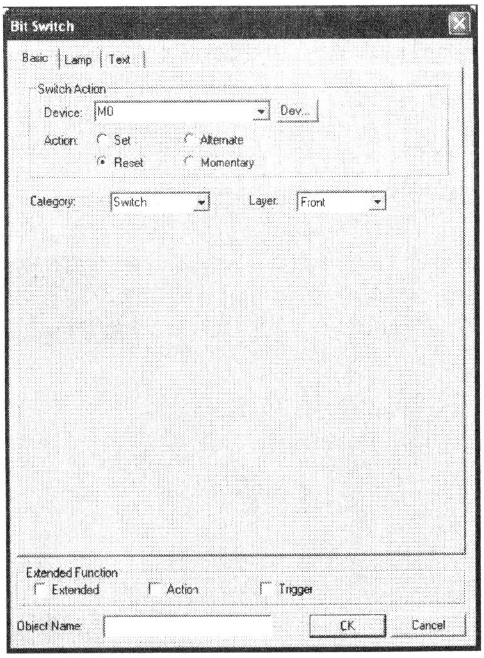

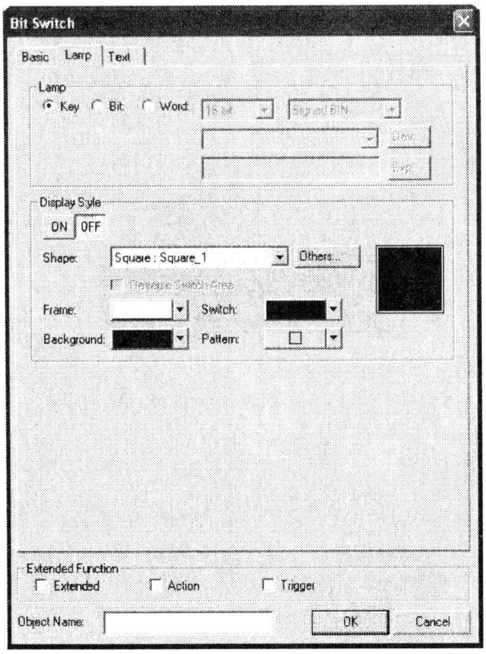

Basic 탭의 설정 내용은 Device : M0, Action : Reset, Layer : Front이고 Lamp 탭 설정 내용은 Shape : Square Square_1, Text 탭의 설정 내용은 Text : M0, Font : 16dot Standard이다.

Text 탭 설정 후 [Copy OFF→ON]의 All Settings 버튼을 클릭하고(OFF시) 설정된 Text 탭의 내용이 ON시 반영된다.

ON 버튼을 클릭하면 ON시의 속성을 확인할 수 있으며 문자는 각 표시 위치(Center, Top, Bottom, Left, Right)에 등록할 수 있고 문자가 등록되어 있는 표시위치 버튼은 보라색으로 표시되며 설정이 완료되면 OK 버튼을 클릭한다.

2번째 이후 터치 스위치는 스위치 선택 후 【Edit】 → 【Consecutive Copy...】 메뉴를 선택하면 연속 복사 대화상자가 표시된다.

설정 내용은 Number X : 4, Interval X : 16 OK 버튼을 클릭하면 터치 스위치가 복사된다.

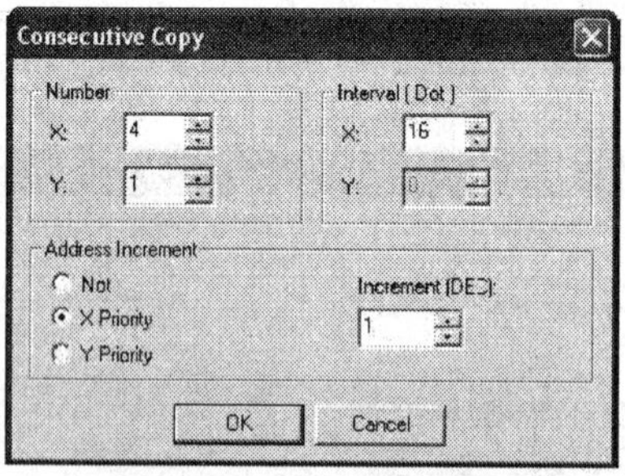

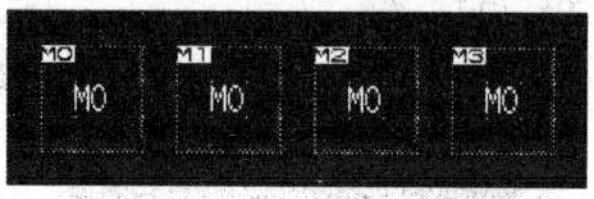

각 터치 스위치의 문자를 속성 시트에서 변경하며 ON시와 OFF시의 문자를 같은 문자로 변경하면 터치 스위치 설정이 종료된다.

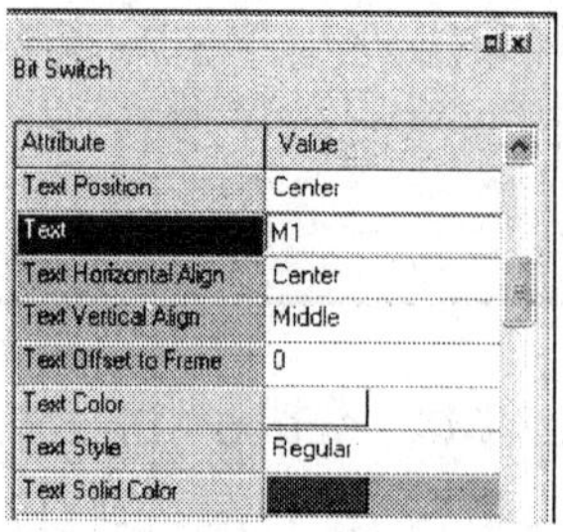

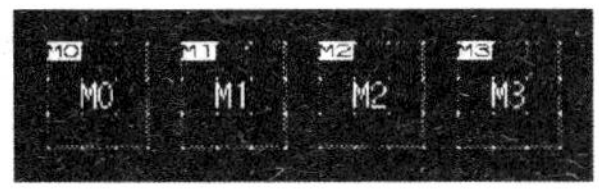

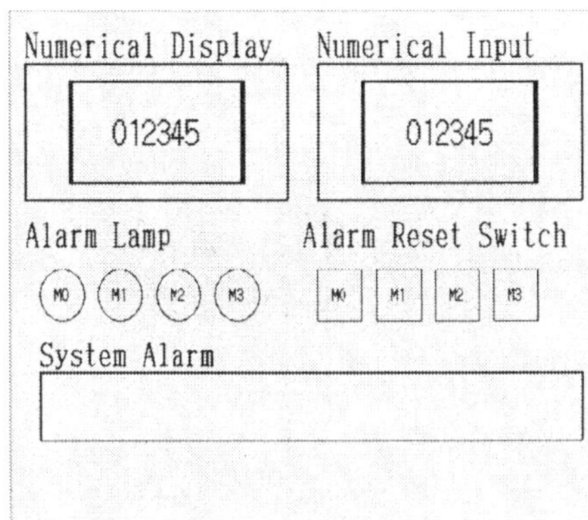

(6) 화면 전환 스위치 설정

오브젝트 툴바의 S▾을 클릭하여 표시되는 서브메뉴 중에서 (화면 전환 스위치)를 선택한다.

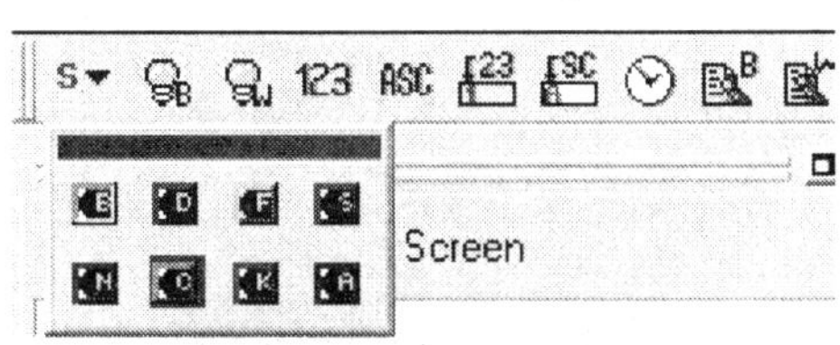

마우스 커서가 +표시로 바뀌면 배치하고자 하는 위치에서 클릭하여 배치하며 배치 후 마우스 오른쪽 버튼을 클릭하면 배치 모드가 해제된다.

배치한 터치 스위치를 더블 클릭하여 대화 상자가 표시되면 필요 항목을 설정한다.

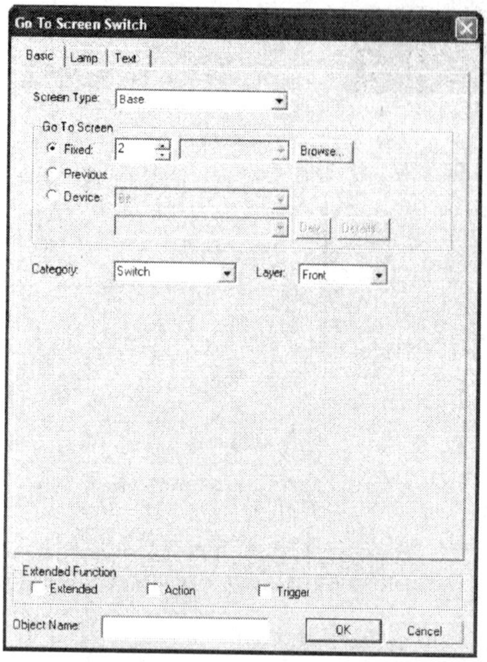

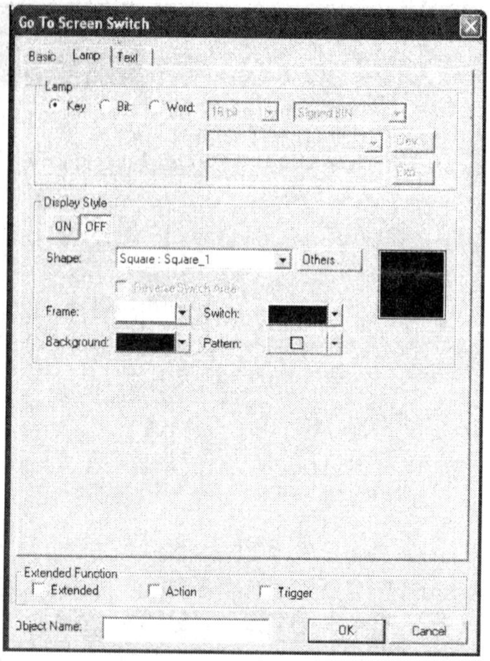

Basic 탭의 설정 내용은 Go To Screen : Fixed (2), Layer : Front, Lamp 탭 설정 내용은 Shape : Square : Square_1, Text 탭 설정 내용은 Text : Error, Screen Font : 16dot Standard이다.

Text 탭 설정 후 [Copy OFF→ON]의 All Settings 버튼을 클릭하면 OFF시 설정된 Text 탭의 내용이 ON시 반영되며 ON 버튼을 클릭하면 ON시의 속성을 확인할 수 있다.

문자는 각 표시 위치(Center, Top, Bottom, Left, Right)에 등록할 수 있으며 문자가 등록되어 있는 표시 위치 버튼은 보라색 문자로 표시되고 설정이 완료되면, OK 버튼을 클릭하고 크기를 조정한다.

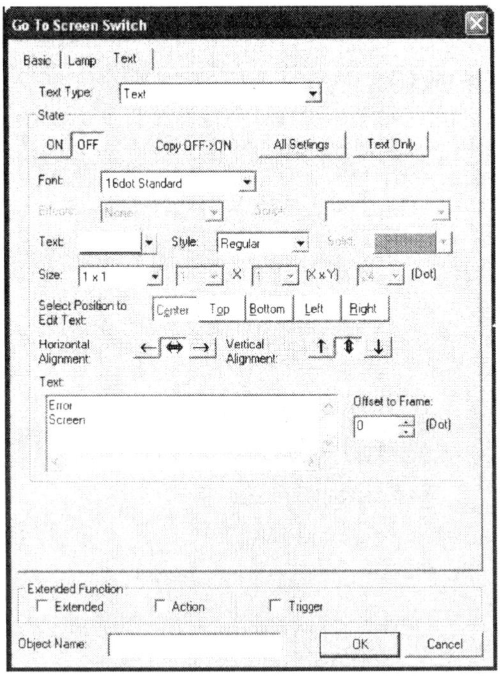

이것으로 베이스 화면1의 터치 스위치 설정이 종료되고 설정 후 터치 스위치가 선택된 상태에서 Ctrl+C키를 누르면 프로젝트 워크 스페이스의 트리상에 있는 베이스 화면2(이상 내용 확인 화면)를 더블 클릭하면 베이스 화면 2가 표시된다.

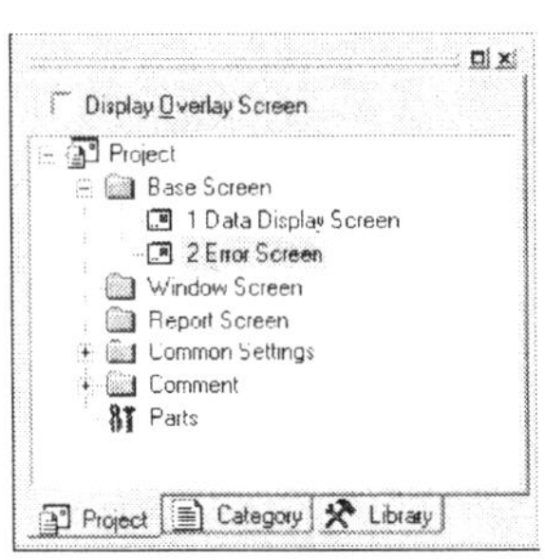

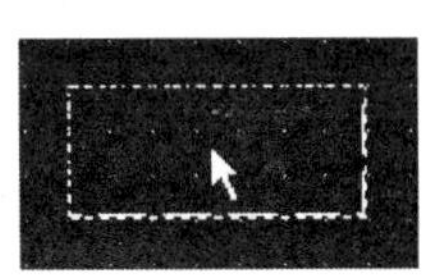

베이스 화면 2상에서 Ctrl+V키를 눌러 복사한 터치 스위치를 붙여 넣고 붙여 넣은 스위치를 선택하고 속성 시트에서 설정 내용을 변경한다.

속성 시트의 문자는 복수 행의 문자열을 입력해도 1번째 행의 문자만 표시된다.

Fixed value : 2 -> 1, Text : Error Screen -> Data Display screen

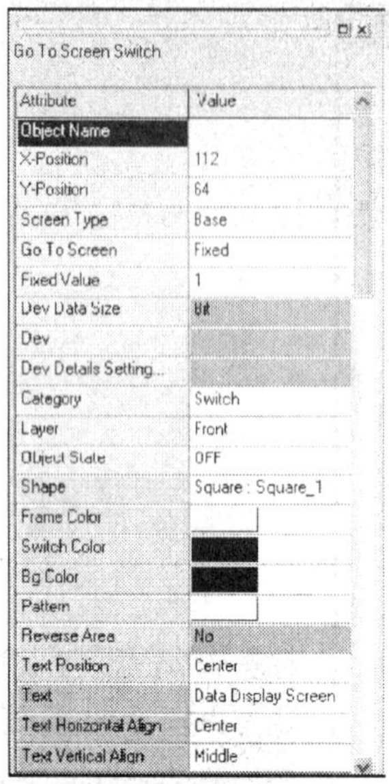

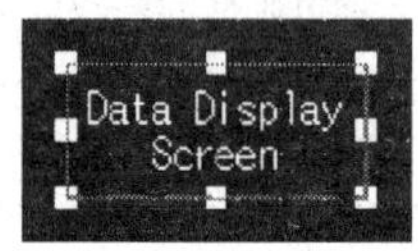

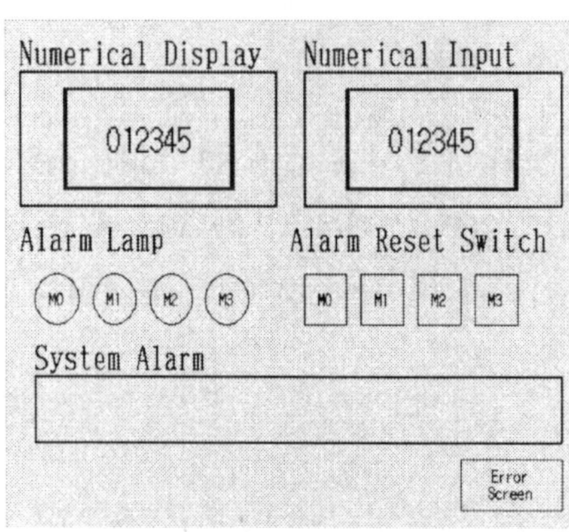

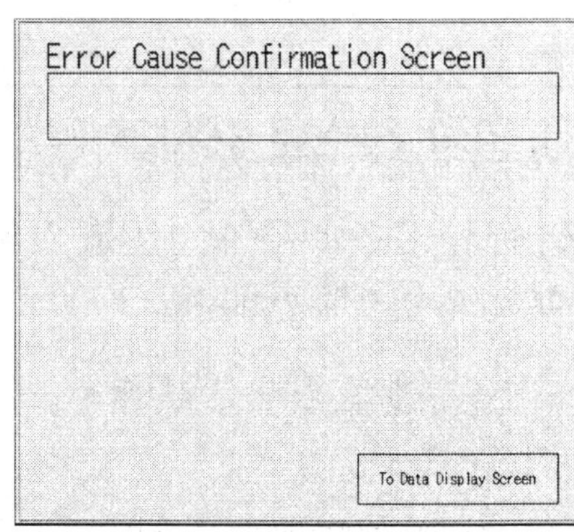

(7) 알람 리스트 표시(시스템 알람) 설정

- 오브젝트 툴바의 를 클릭하여 마우스 커서가 +표시로 바뀌면 배치하고자 하는 위치에서 클릭하여 배치하고 크기를 조정한다.

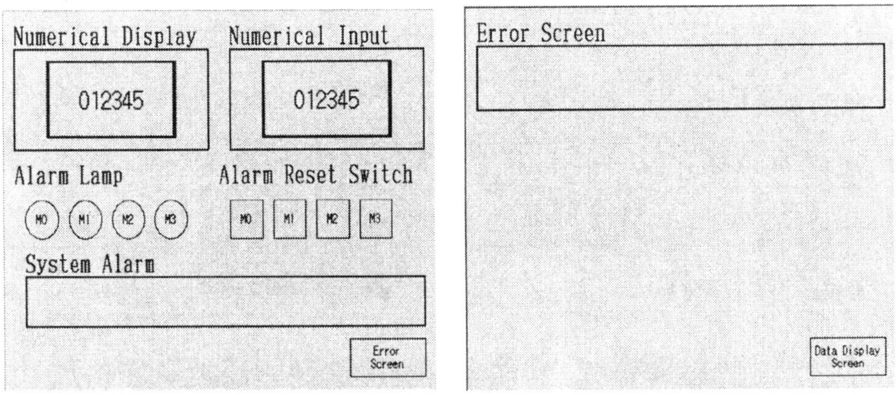

(8) 알람 리스트 표시(사용자 알람) 설정

알람 리스트 표시(사용자 알람)를 사용하는 경우, 알람으로 표시할 코멘트를 먼저 등록해 둘 필요가 있다.

✤ 기본 코멘트 등록 방법 ✤

본 예에서는 다음의 기본 코멘트를 등록하고 프로젝트 워크 스페이스의 트리상에 있는「Basic Comment」를 더블 클릭한다.

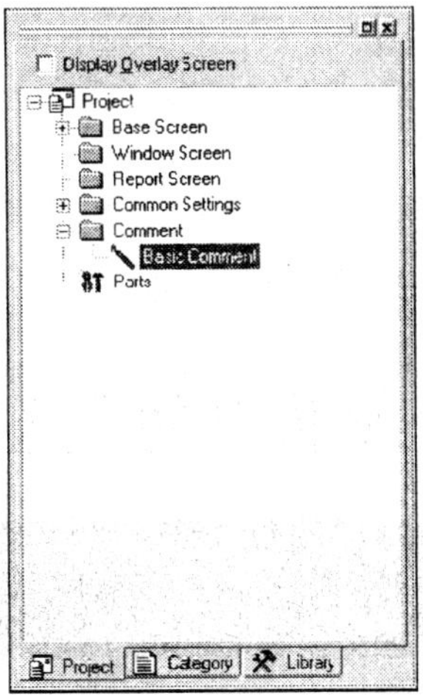

대화 상자가 표시되면 코멘트를 등록하고 코멘트 등록 후 코멘트 툴바의 (새 코멘트)를 클릭한다.

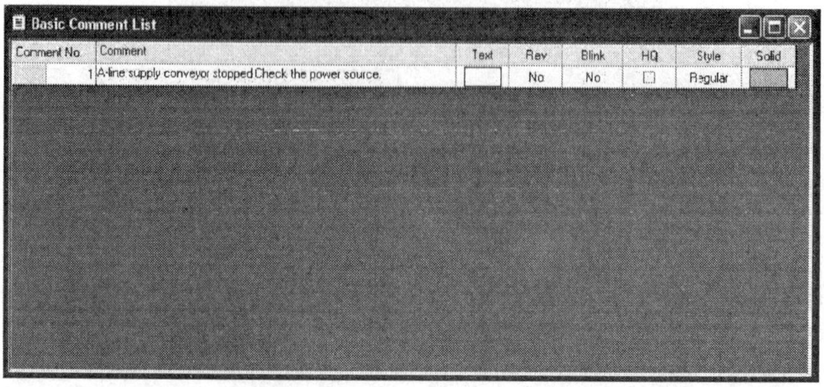

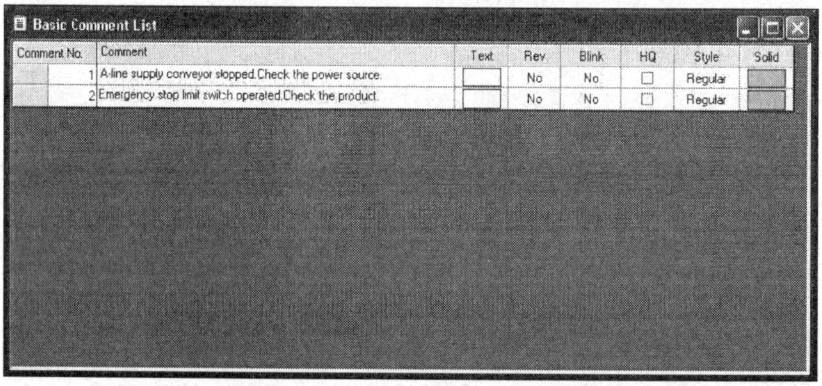

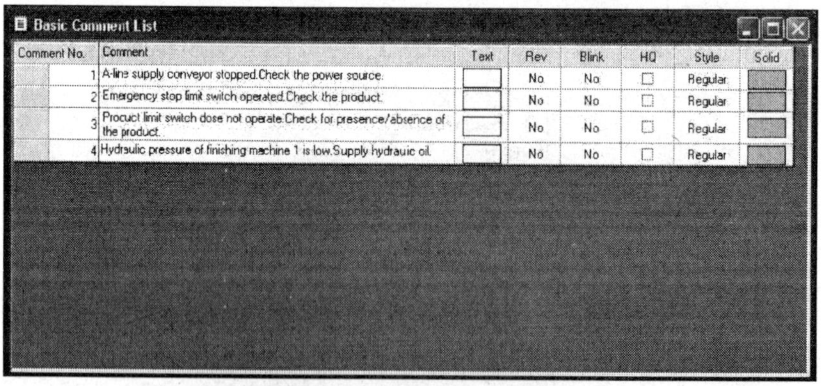

코멘트 툴바의 표시방법은【View】→【Toolbars】→【Comment】를 선택하면 툴바가 표시된다. 2번째 코멘트를 작성하고 이하 같은 순서로 3~4번째 코멘트를 등록하며 코멘트 작성이 끝나면 버튼을 [X] 클릭한다.

✤ 알람 리스트 표시(사용자 알람) 설정 ✤

오브젝트 툴바의 를 클릭하고 마우스 커서가 +표시로 되면 배치하고자 하는 위치에서 클릭하여 배치한다.

배치 후 마우스 오른쪽 버튼을 클릭하면 배치 모드가 해제되고 배치한 알람 리스트 표시를 더블 클릭하여 대화 상자가 표시되면 필요 항목을 설정한다.

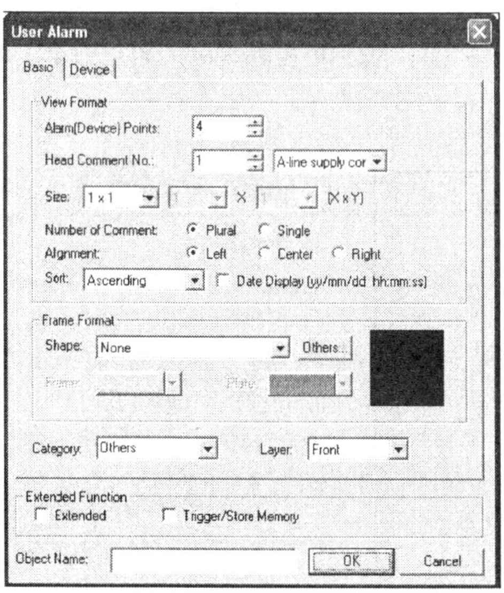

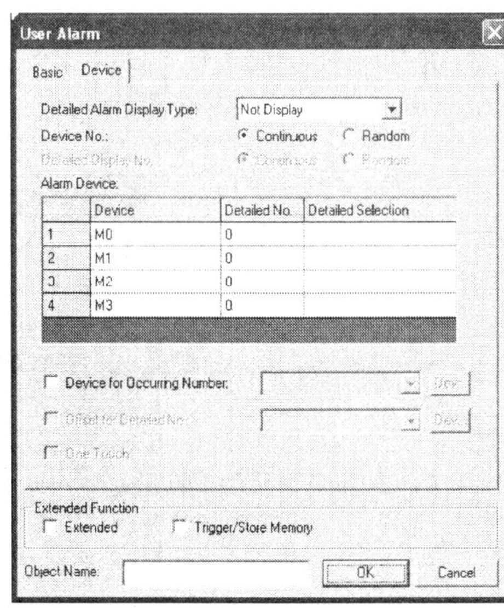

Basic 탭의 설정 내용 Alarm(Device) Points : 4, Layer : Front 디바이스이고 탭의 설정 내용 Device No. : Continuous, Alarm Device : M0이다.

설정 완료 후 OK 버튼을 클릭하고 크기를 조정한다.

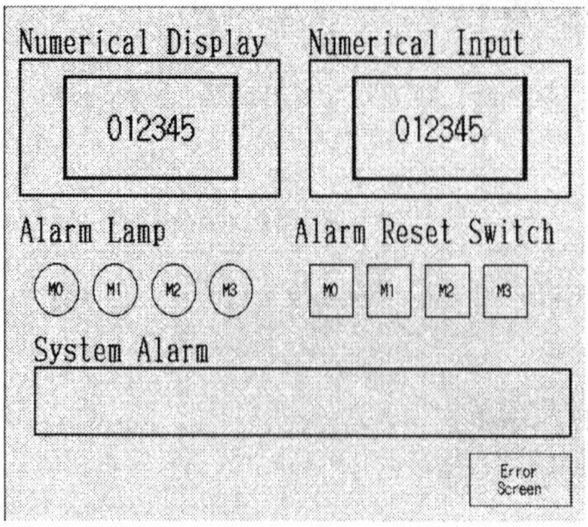

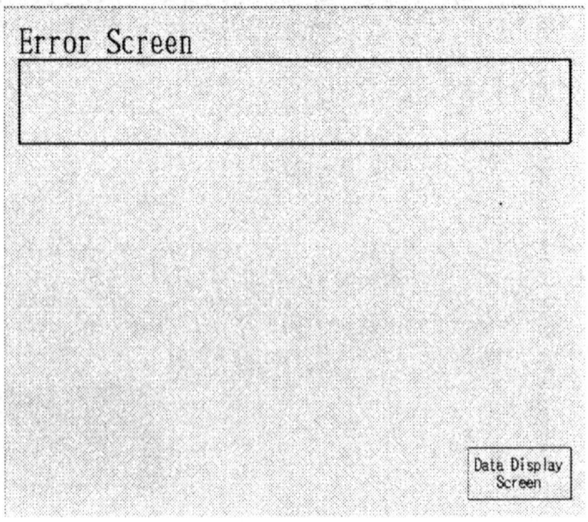

(9) 접속대상 설정

버스 접속을 하는 경우는 GOT의 표준 I/F(CH No./IF/드라이버), 확장 I/F(CH No./IF/드라이버/증설 단수/슬롯 No.)를 설정할 필요가 있다.

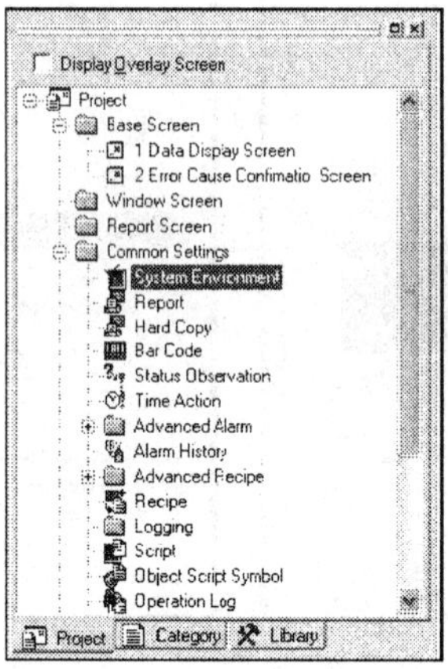

워크 스페이스의 【Common】 → 【System Environment】 메뉴를 더블 클릭하여 화면(시스템 환경 화면)이 표시되면 「Communication Settings」를 더블 클릭한다.

화면이 표시되면 「Use Communication Settings」를 체크 표시한다.

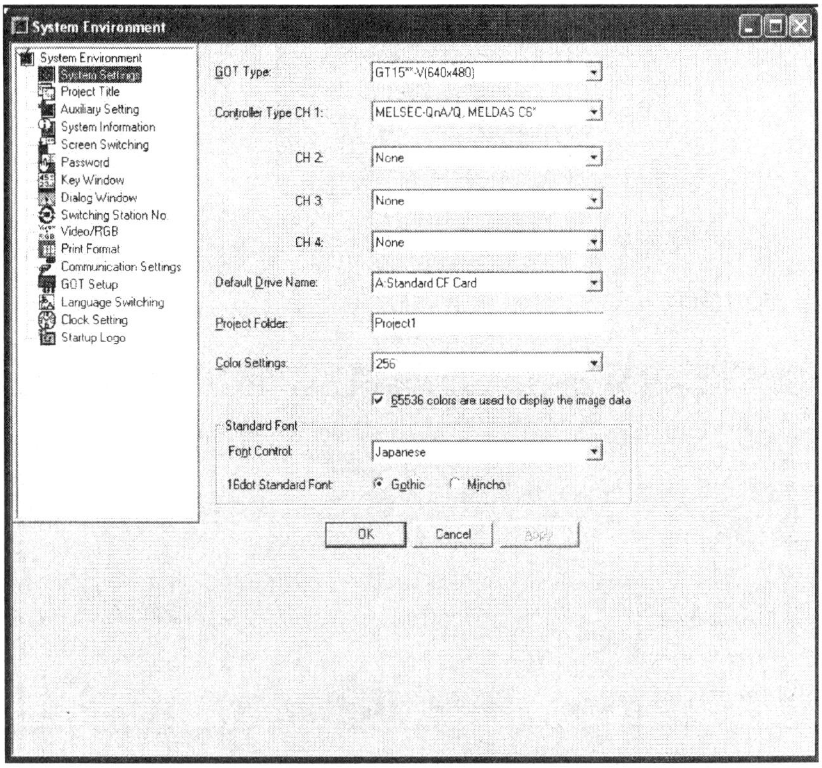

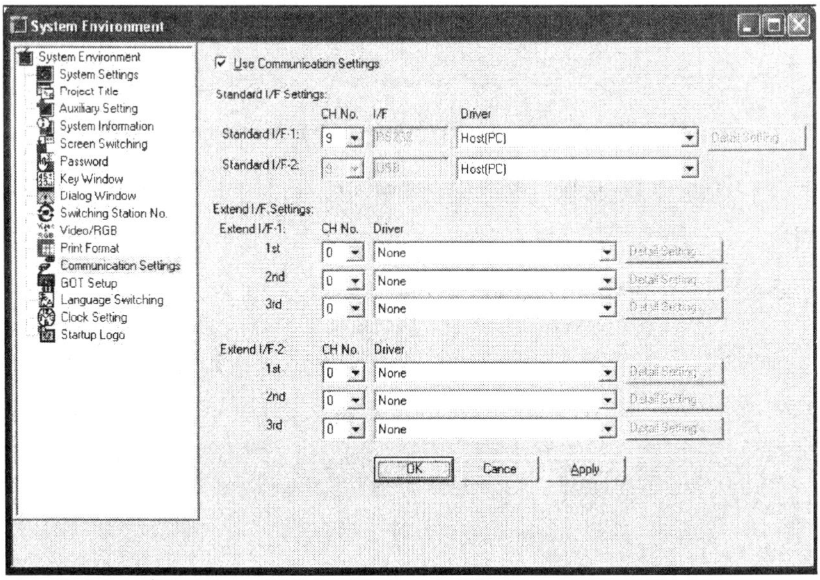

1번째 확장 I/F1-1을 CH No. : 1, Driver : Bus(Q)로 설정한다.

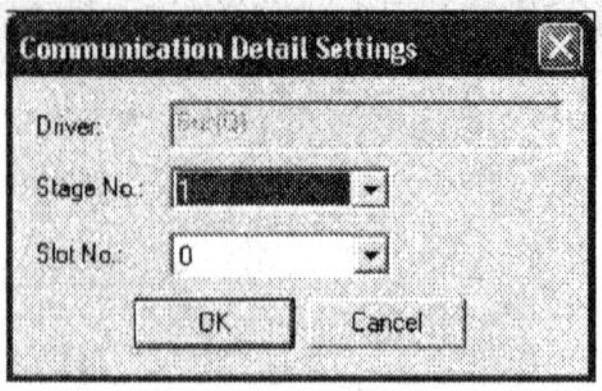

Details. 버튼을 클릭하여 화면이 표시되면 증설 단수와 슬롯 No.를 선택하고 OK 버튼을 클릭한다.

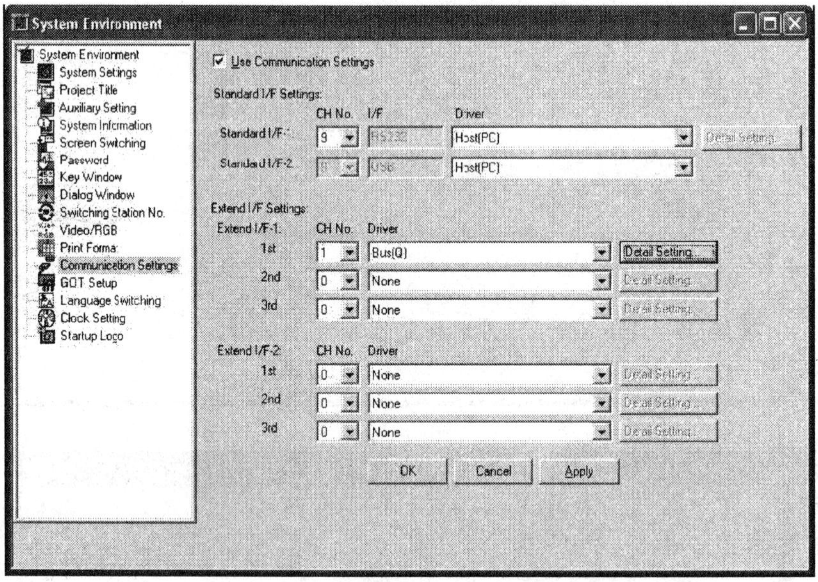

프로젝트 데이터를 다운로드하면 이전 페이지에서 설정한 내용을 본체에서 확인할 수 있다.

【Main menu】→「Communication Setting」 아이콘 및 문자를 터치한다.

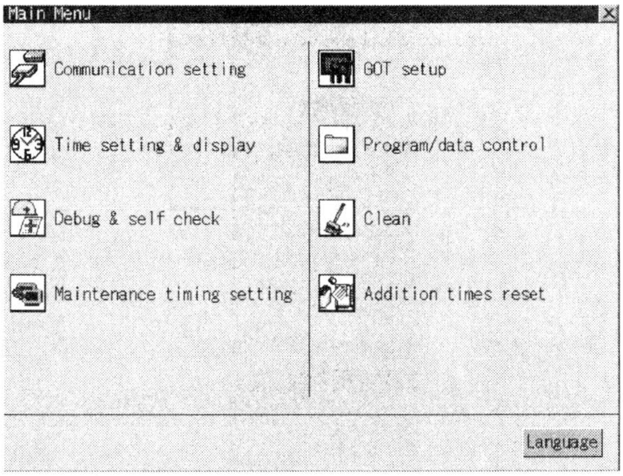

(10) 작성 프로젝트 미리보기

GOT에 표시되는 화면의 이미지를 확인하는 방법은 【View】 → 【Preview】 메뉴를 선택하면 GOT에 표시되는 화면의 이미지가 화면 미리 보기 윈도우에 표시된다.

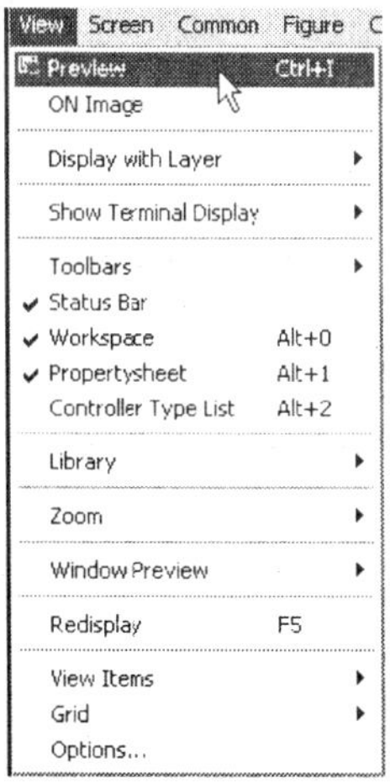

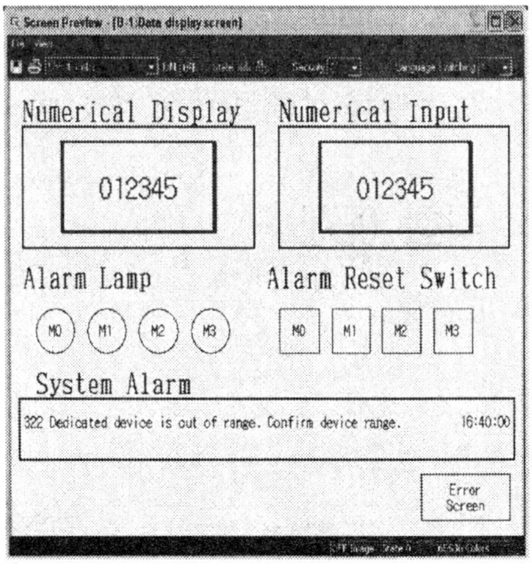

사용자가 이미지를 선택하여 삽입하는 경우에는 figure import image메뉴를 사용한다.

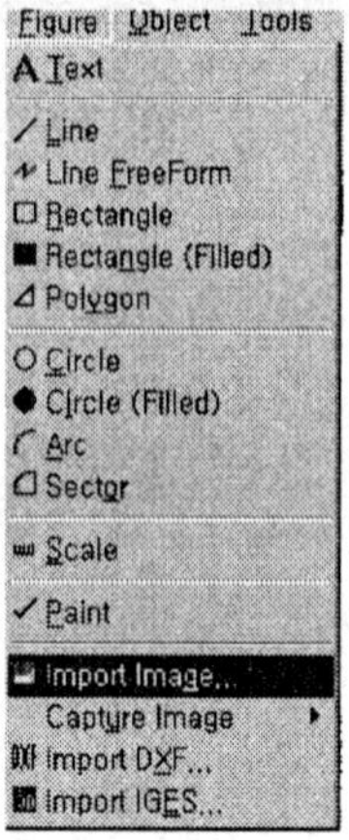

8.6 작화 예제 작성

X1이 ON되면 Y40이 ON되고 X2가 ON되면 Y41이 1초 간격으로 ON/OFF되고 X3를 ON할 때 마다 설정값이 증가, X4를 ON할 때 마다 설정값이 감소된다.

Y41의 출력 회수를 카운팅하여 설정값이 되면 Y42가 출력되며 X5를 ON하면 카운터가 리셋되고 X6이 ON되면 Y43이 ON되는 동작 상태를 터치 패널로 제어하기 위한 PLC 프로그램과 터치 스크린 작화 도면은 다음과 같다.

(1) 동작 작화 예제 1

다음 그림은 6개 화면으로 구성된 작화 예제이며 연계된 PLC 프로그램 예를 나타내었다.

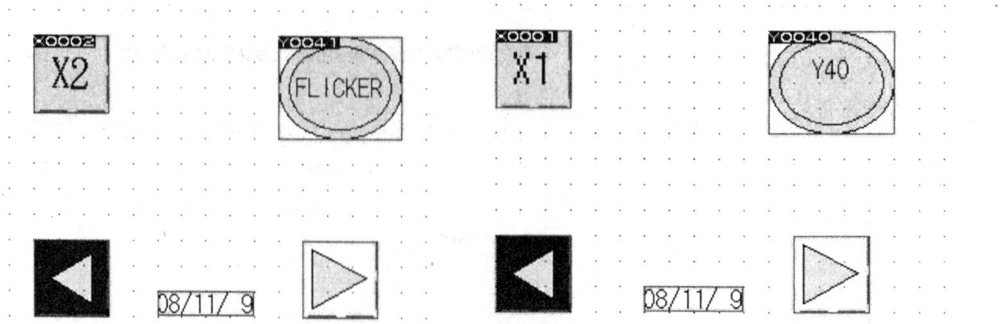

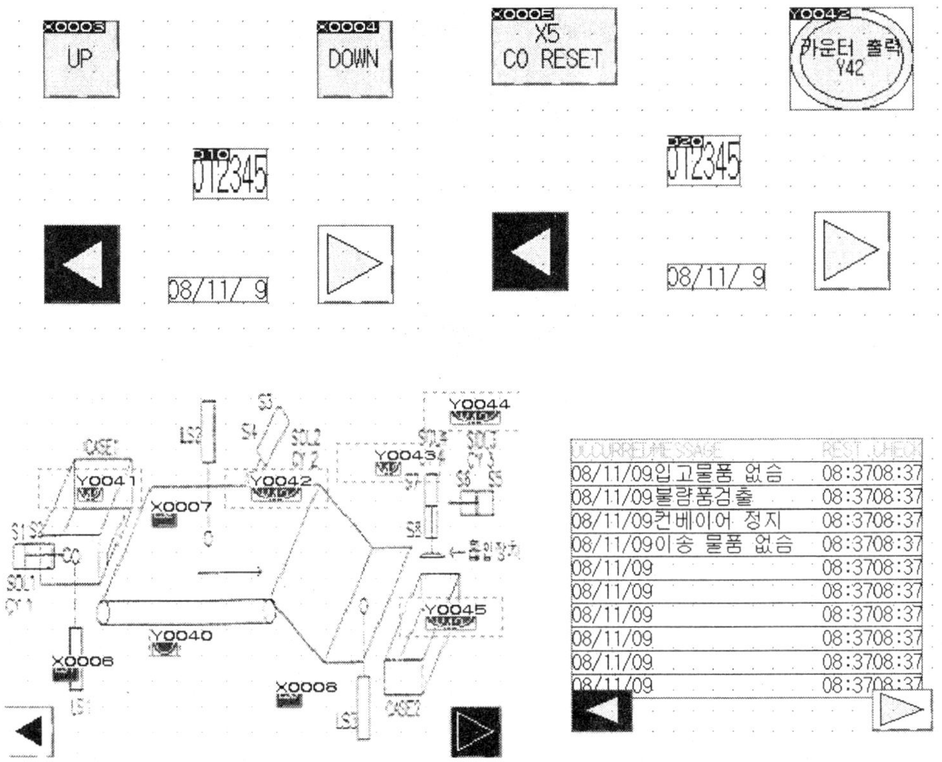

그림 8-8 작화 예제

입력은 X1, X2, UP(X03), DOWN(X04), X5(C0 RESET)키로 구성되며 출력은 FLICKER(Y41), Y40(Y40), 카운터 출력(Y42), D10, D20으로 나타내며 화면 전환키 및 연결된 컨베이어 입출력 디스플레이부, 에러 리스트를 예로 나타낸 것이다.

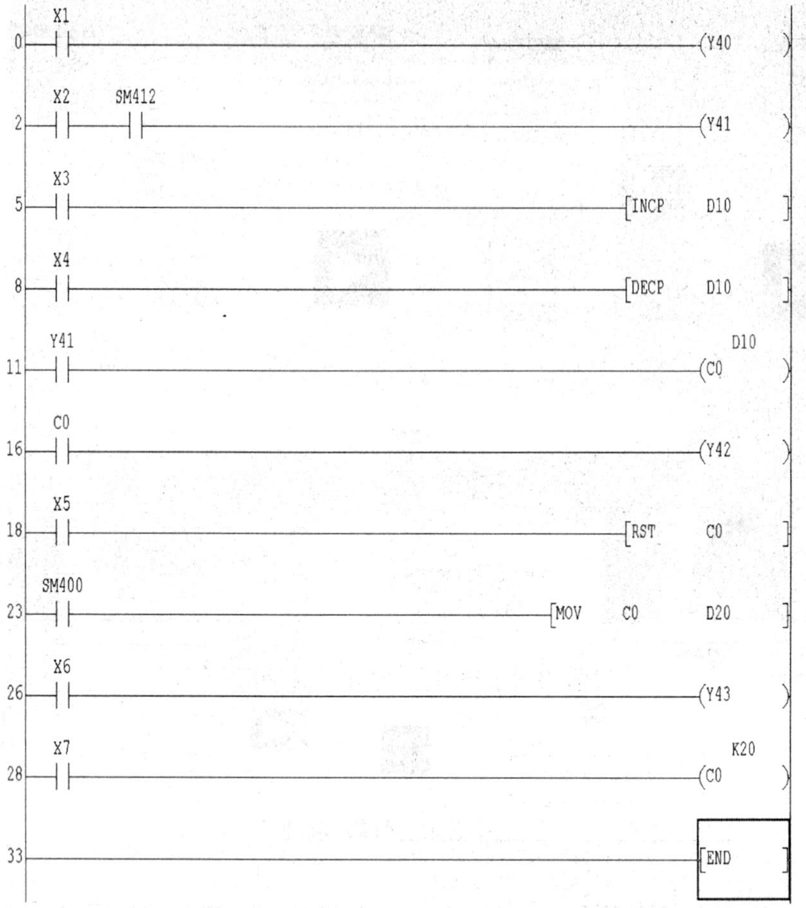

다른 예로 컨베이어 시스템에 적용된 터치 스크린제어에 관한 내용은 다음과 같다.

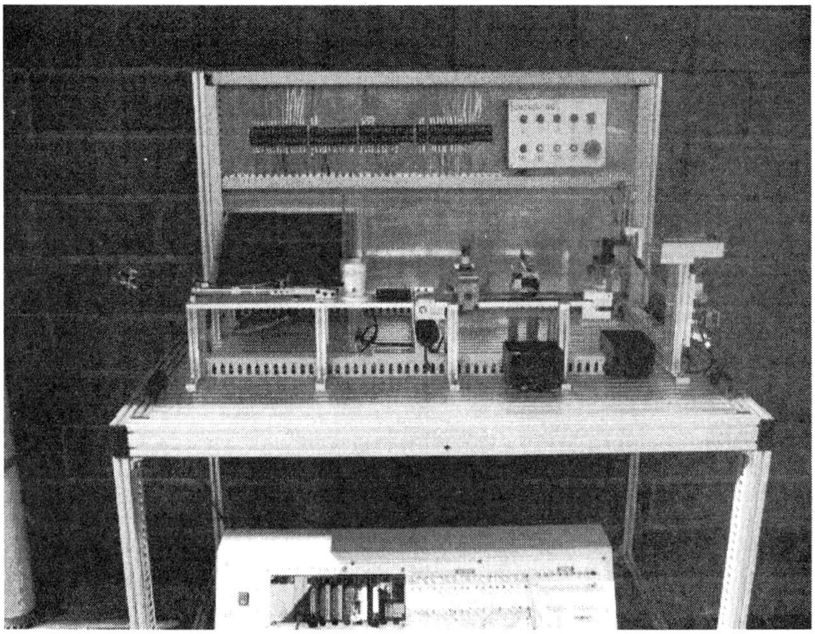

그림 8-9 제작된 컨베이어 시스템

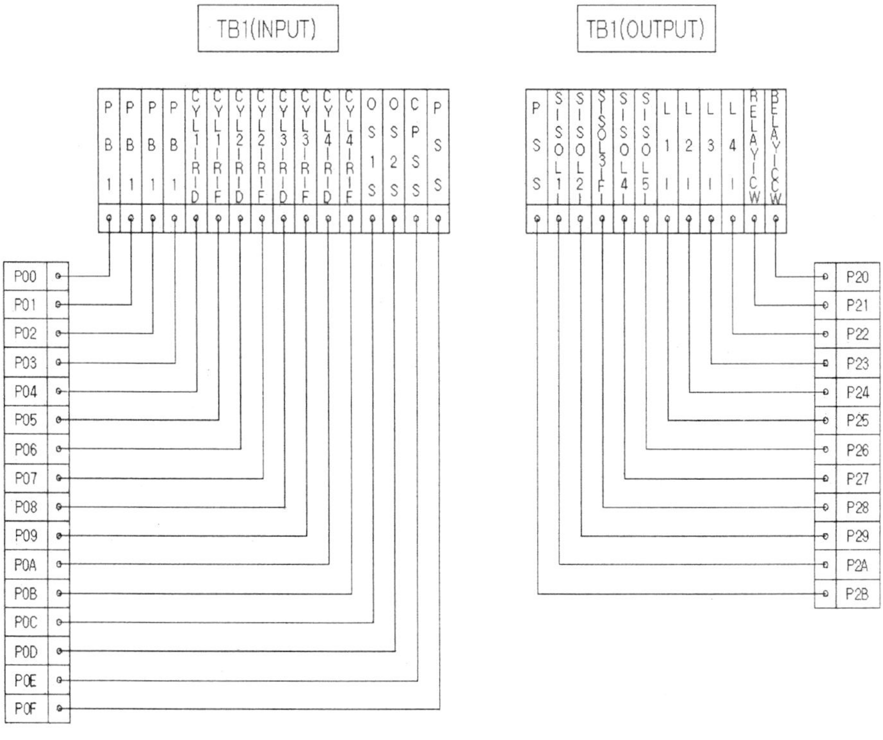

그림 8-10 PLC I/O 배선도

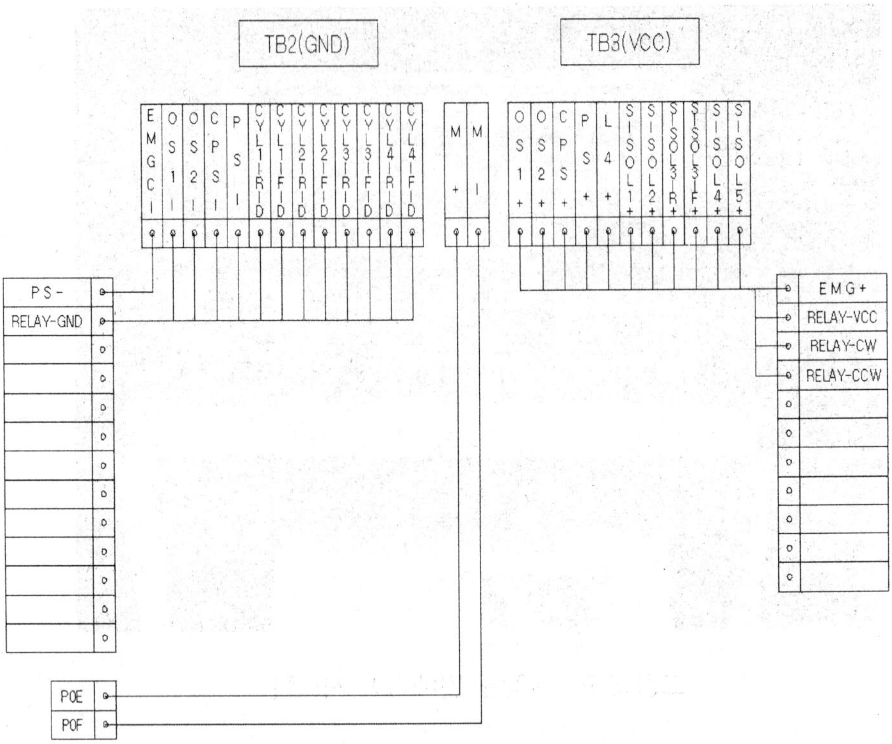

그림 8-11 전원부 배선도

표 8-1 PLC 입출력 할당표

출 력 단자번호	기 능	출 력 접점번호	입 력 단자번호	기 능	입 력 접점번호
P20	부저	Y20	P00	PB1	X00
P21	실린더1동작	Y21	P01	PB2	X01
P22	실린더2동작	Y22	P02	PB3	X02
P23	실린더3동작	Y23	P03	PB4	X03
P24		Y24	P04	실린더1후진	X04
P25	실린더4동작	Y25	P05	실린더1전진	X05
P26	흡착	Y26	P06	실린더2후진	X06
P27	램프1	Y27	P07	실린더2전진	X07
P28	램프2	Y28	P08	실린더3후진	X08
P29	램프3	Y29	P09	실린더3전진	X09
P2A	램프4	Y2A	P0A	실린더4후진	X0A

출 력 단자번호	기 능	출 력 접점번호
P2B	컨베이어 CW	Y2B
P2C	컨베이어 CCW	Y2C
P2D		Y2D
P2E		Y2E
P2F		Y2F

입 력 단자번호	기 능	입 력 접점번호
P0B	실린더4전진	X0B
P0C	물품검출	X0C
P0D	이송물품검출	X0D
P0E	불량검출	X0E
P0F		X0F

(2) 동작 작화 예제 2

다음 예제는 그림 8-9의 컨베이어 시스템을 제어하는 작화 예제로 전체 동작은 자동 동작과 수동 동작으로 구분되며 각 출력 요소의 동작을 확인할 수 있는 시스템으로 구성된다.

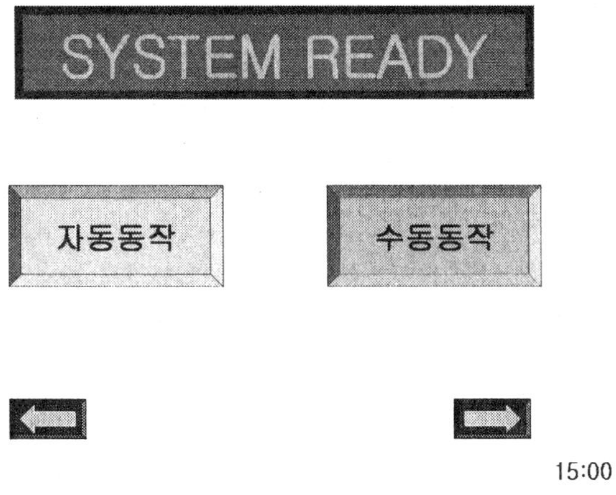

수동형 동작 확인은 해당 메뉴 화면을 접촉하면 켄베이어의 정·역회전, 부저, 램프류, 실린더 동작, 흡착 동작을 확인할 수 있다.

자동형 동작 확인은 정해진 프로그램에 의하여 모든 출력이 순차적으로 진행되어 출력 상태를 나타낼 수 있다.

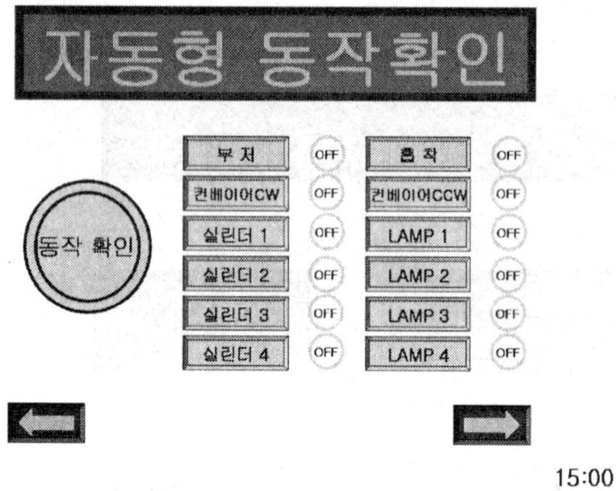

다음 화면은 수동 동작과 자동 동작시 동작 상태를 나타내는 화면으로 투입되는 시편의 양품과 불량품을 판별하여 분리하며 각각의 수량을 디스플레이하며 동작 ON/OFF 상태를 화면에 나타낸다.

수동동작중
STEP 구동
작업대기
양품수급 0
불량제거 0
작업중지
15:00

자동동작중
작업시작
작업대기
양품 0
불량품 0
작업중지
15:00

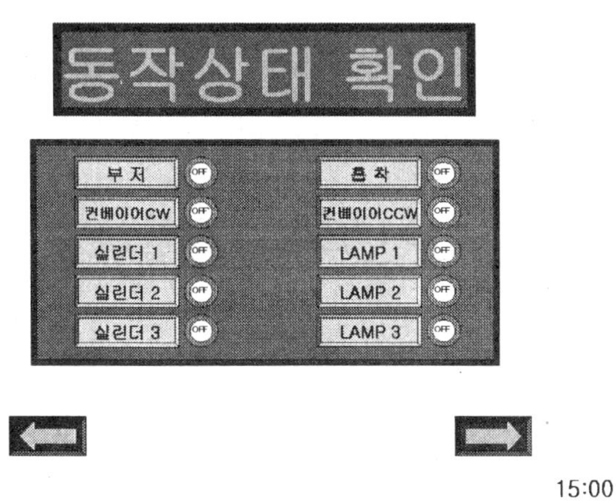
동작상태 확인
부 저
흡 착
컨베이어CW
컨베이어CCW
실린더 1
LAMP 1
실린더 2
LAMP 2
실린더 3
LAMP 3
15:00

다음 화면은 동작 상태의 플로우챠트를 나타내며 각 동작 상태의 입출력 접점을 나타내었다.

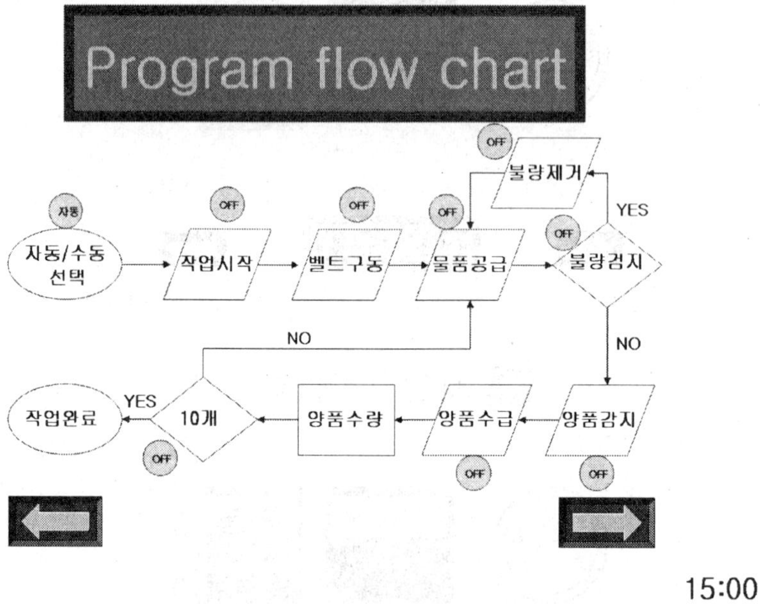

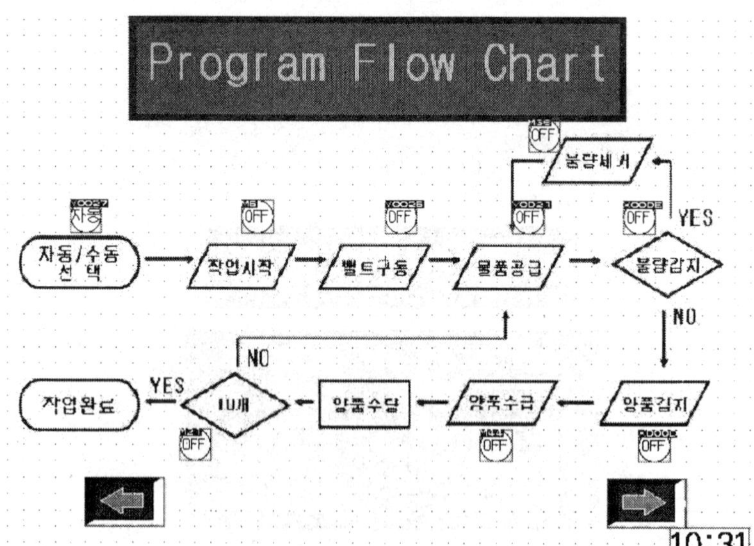

다음 화면은 실 컨베이어 시스템의 배치도에서 입출력 요소의 동작 상태를 나타낸다.

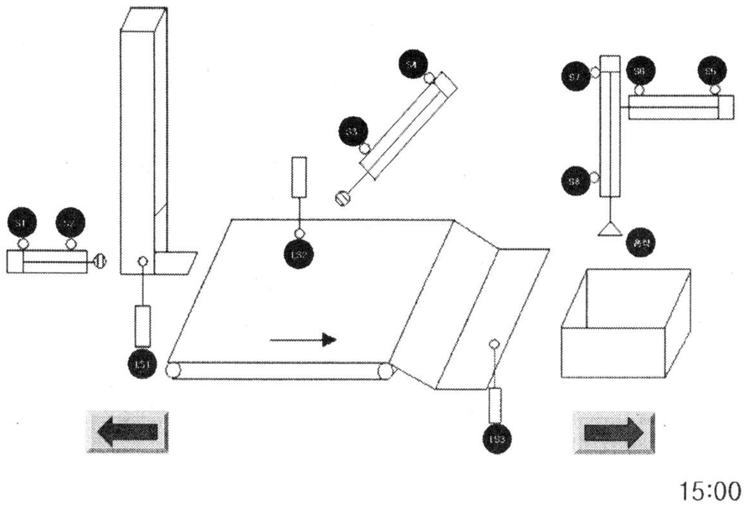

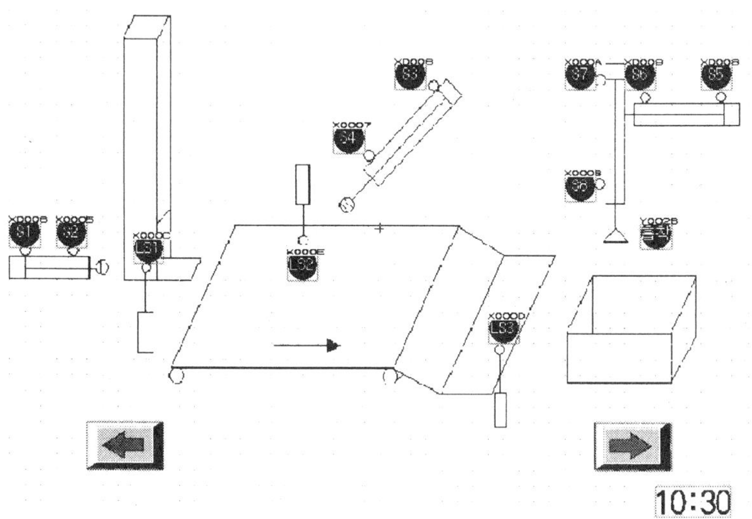

다음 프로그램은 PLC 제어 프로그램의 일부분을 나타내는 것이다.

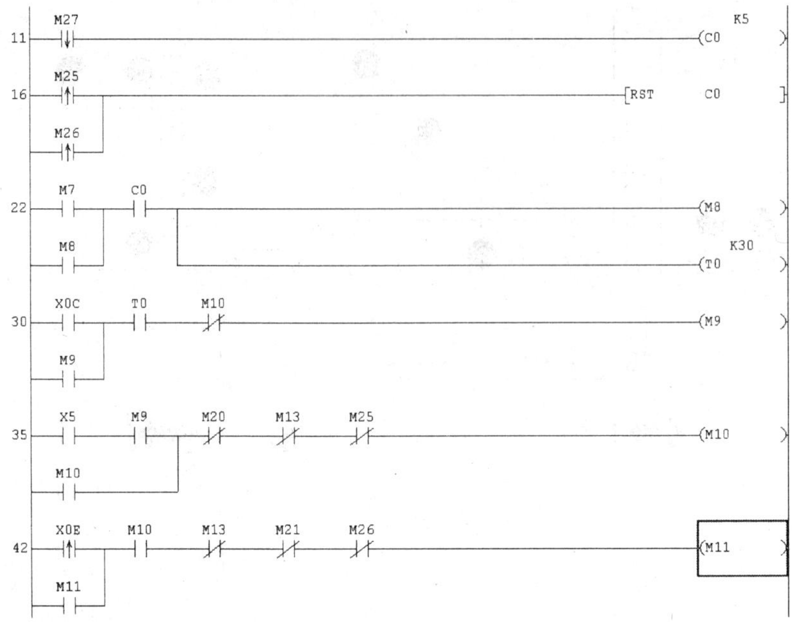
11
M27
C0
K5
16
M25
M26
RST
C0
22
M7
C0
M8
M8
T0
K30
30
X0C
T0
M10
M9
M9
35
X5
M9
M20
M13
M25
M10
M10
42
X0E
M10
M13
M21
M26
M11
M11

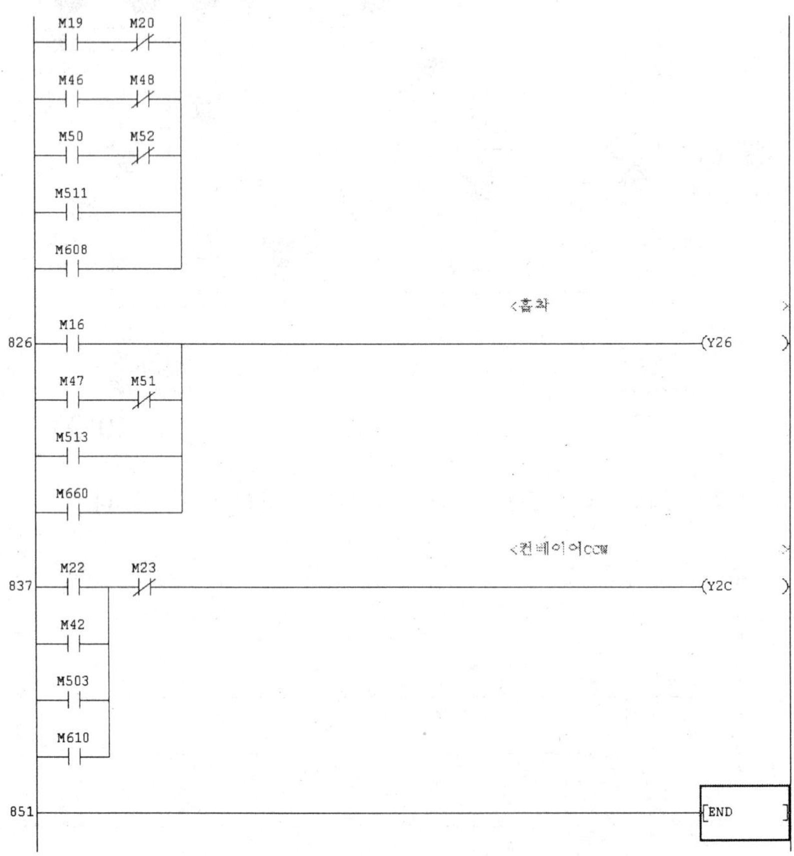
M19
M20
M46
M48
M50
M52
M511
M608
<흡착
826
M16
Y26
M47
M51
M513
M660
<컨베이어CCW
837
M22
M23
Y2C
M42
M503
M610
851
END

부　록　명령 일람

1.1 시퀀스 명령

(1) 접점 명령

분 류	명령 기호	심 볼	처 리 내 용	실행조건	기본 스텝 수	서브 세트
접점	LD	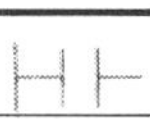	• 논리 연산 시작(a 접점 논리 연산 시작)		*1	● *3
	LDI	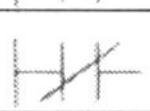	• 논리 부정 연산 시작(b 접점 논리 연산 시작)			
	AND	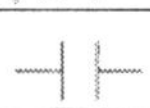	• 논리적(a 접점 직렬 액세스)			
	ANI	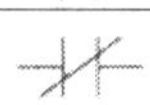	• 논리적 부정(b 접점 직렬 액세스)			
	OR	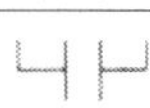	• 논리합(a 접점 병렬 액세스)			
	ORI	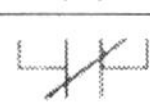	• 논리합 부정(b 접점 병렬 액세스)			
	LDP	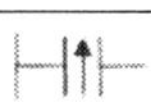	• 펄스 상승 연산 시작		*2	● *3
	LDF	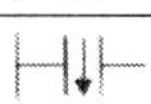	• 펄스 하강 연산 시작			
	ANDP	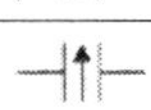	• 펄스 상승 직렬 접속			
	ANDF	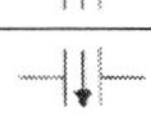	• 펄스 하강 직렬 접속			
	ORP	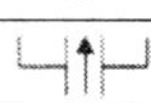	• 펄스 상승 분기 열기			
	ORF	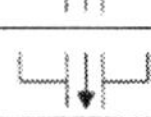	• 펄스 하강 분기 열기			

*3 : 서브 세트는 Q CPU만 유효

(2) 결합 명령

분 류	명령 기호	심 볼	처 리 내 용	실행 조건	기본 스텝 수	서브 세트
결합	ANB	ANB	• 논리 블록간의 AND (논리 블록간의 직렬 접속)		1	
	ORB	ORB	• 논리 블록간의 OR (논리 블록간의 병렬 접속)			
	MPS	MPS	• 연산 결과의 기억		1	
	MRD	MRD	• MPS에서 기억한 연산 결과의 읽기			
	MPP	MPP	• MPS에서 기억한 연산 결과의 읽기와 리셋			
	INV		• 연산 결과의 반전		1	
	MEP		• 연산 결과 올림 펄스화		1	
	MEF		• 연산 결과 내림 펄스화			
	EGP	Vn	• 연산 결과 올림 펄스화(Vn에서 기억)		1	
	EGF	Vn	• 연산 결과 내림 펄스화(Vn에서 기억)			

(3) 출력 명령

분 류	명령 기호	심 볼	처 리 내 용	실행 조건	기본 스텝 수	서브 세트
출력	OUT		• 디바이스의 출력		*1	
	SET	SET D	• 디바이스의 세트	*2	*1	
	RST	RST D	• 디바이스의 리셋	*2	*1	
	PLS	PLS D	• 입력 신호off→on시 프로그램 1주분(周分)의 펄스가 발생		2	
	PLF	PLF D	• 입력 신호on→off시 프로그램 1주분(周分)의 펄스가 발생			
	FF	FF D	• 디바이스의 출력의 반전		2	
	DELTA	DELTA D	• 다이렉트 출력의 펄스화		2	
	DELTAP	DELTAP D			2	

*2 : 애넌시에이터(F)를 사용할 때 업 .

(4) SHIFT 명령

분 류	명령 기호	심 볼	처 리 내 용	실행 조건	기본 스텝 수	서브 세트
shift	SET	SFT D	• 디바이스의 1비트 이동	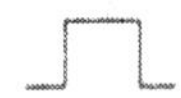	2	
	SFTP	SFTP D		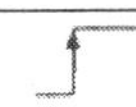		

(5) 마스터 컨트롤 명령

분 류	명령 기호	심 볼	처 리 내 용	실행 조건	기본 스텝 수	서브 세트
마스터 컨트롤 명령	MC	MC n D	• 마스터 컨트롤 시작		2	
	MCR	MCR n	• 마스터 컨트롤 해제		1	

(6) 종료 명령

분 류	명령 기호	심 볼	처 리 내 용	실행 조건	기본 스텝 수	서브 세트
프로그램 종료	FEND	FEND	• 메인 프로그램의 종료		1	
	END	END	• 시퀀스 프로그램의 종료			

(7) 기타 명령

분 류	명령 기호	심 볼	처 리 내 용	실행조건	기본 스텝 수	서브 세트
정지	STOP	STOP	•입력 조건이 성립되면 시퀀스 연산을 정지한다. •RUN/STOP(키) 스위치를 다시 RUN으로 하면 시퀀스 프로그램을 실행한다.		1	
무처리	NOP	―――	•무처리(프로그램의 삭제 또는 스페이스용)		1	
	NOPLF	NOPLF	•무처리(인쇄 출력시의 페이지 이동용)			
	PAGE	PAGE n	•무처리(이후 프로그램을 n페이지의 0 스텝으로 관리한다.)			

1.2 기본 명령

(1) 비교 연산 명령

분 류	명령 기호	심 볼	처 리 내 용	실행 조건	기본 스텝 수	서브 세트
	LD=	= S1 S2				
	AND=	= S1 S2	• (S1) = (S2)일 때 도통 상태 • (S1) ≠ (S2)일 때 비도통 상태		3	●
	OR=	= S1 S2				
	LD<>	<> S1 S2				
	AND<>	<> S1 S2	• (S1) ≠ (S2)일 때 도통 상태 • (S1) = (S2)일 때 비도통 상태		3	●
	OR<>	<> S1 S2				
	LD>	> S1 S2				
	AND>	> S1 S2	• (S1) > (S2)일 때 도통 상태 • (S1) ≤ (S2)일 때 비도통 상태		3	●
16 비트 데이터 비교	OR>	> S1 S2				
	LD<=	<= S1 S2				
	AND<=	<= S1 S2	• (S1) ≤ (S2)일 때 도통 상태 • (S1) > (S2)일 때 비도통 상태		3	●
	OR<=	<= S1 S2				
	LD<	< S1 S2				
	AND<	< S1 S2	• (S1) < (S2)일 때 도통 상태 • (S1) ≥ (S2)일 때 비도통 상태		3	●
	OR<	< S1 S2				
	LD>=	>= S1 S2				
	AND>=	>= S1 S2	• (S1) ≥ (S2)일 때 도통 상태 • (S1) < (S2)일 때 비도통 상태		3	●
	OR>=	>= S1 S2				

분 류	명령 기호	심 볼	처리 내용	실행조건	기본 스텝 수	서브 세트
32 비트 데이터 비교	LDD=	D= S1 S2	• (S1+1, S1) = (S2+1, S2)일 때 도통 상태 • (S1+1, S1) ≠ (S2+1, S2)일 때 비도통 상태		*1	●
	ANDD=	D= S1 S2				
	ORD=	D= S1 S2				
	LDD>	D<> S1 S2	• (S1+1, S1) ≠ (S2+1, S2)일 때 도통 상태 • (S1+1, S1) = (S2+1, S2)일 때 비도통 상태		*1	●
	ANDD>	D<> S1 S2				
	ORD<>	D<> S1 S2				
	LDD<>	D> S1 S2	• (S1+1, S1) > (S2+1, S2)일 때 도통 상태 • (S1+1, S1) ≤ (S2+1, S2)일 때 비도통 상태		*1	●
	ANDD<>	D> S1 S2				
	ORD>	D> S1 S2				
	LDD<=	D<= S1 S2	• (S1+1, S1) ≤ (S2+1, S2)일 때 도통 상태 • (S1+1, S1) > (S2+1, S2)일 때 비도통 상태		*1	●
	ANDD<=	D<= S1 S2				
	ORD<=	D<= S1 S2				
	LDD<	D< S1 S2	• (S1+1, S1) < (S2+1, S2)일 때 도통 상태 • (S1+1, S1) ≥ (S2+1, S2)일 때 비도통 상태		*1	●
	ANDD<	D< S1 S2				
	ORD<	D< S1 S2				
	LDD>=	D>= S1 S2	• (S1+1, S1) ≥ (S2+1, S2)일 때 도통 상태 • (S1+1, S1) < (S2+1, S2)일 때 비도통 상태		*1	●
	ANDD>=	D>= S1 S2				
	ORD>=	D>= S1 S2				

실수 데이터 비교	LDE=	E= S1 S2	• (S1+1, S1) = (S2+1, S2)일 때 도통 상태 • (S1+1, S1) ≠ (S2+1, S2)일 때 비도통 상태		3	
	ANDE=	E= S1 S2				
	ORE=	E= S1 S2				
	LDE<>	E<> S1 S2	• (S1+1, S1) ≠ (S2+1, S2)일 때 도통 상태 • (S1+1, S1) = (S2+1, S2)일 때 비도통 상태		3	
	ANDE<>	E<> S1 S2				
	ORE<>	E<> S1 S2				
	LDE>	E> S1 S2	• (S1+1, S1) > (S2+1, S2)일 때 도통 상태 • (S1+1, S1) ≤ (S2+1, S2)일 때 비도통 상태		3	
	ANDE>	E> S1 S2				
	ORE>	E> S1 S2				
	LDE<=	E<= S1 S2	• (S1+1, S1) ≤ (S2+1, S2)일 때 도통 상태 • (S1+1, S1) > (S2+1, S2)일 때 비도통 상태		3	
	ANDE<=	E<= S1 S2				
	ORE<=	E<= S1 S2				
	LDE<	E< S1 S2	• (S1+1, S1) < (S2+1, S2)일 때 도통 상태 • (S1+1, S1) ≥ (S2+1, S2)일 때 비도통 상태		3	
	ANDE<	E< S1 S2				
	ORE<	E< S1 S2				
	LDE>=	E>= S1 S2	• (S1+1, S1) ≥ (S2+1, S2)일 때 도통 상태 • (S1+1, S1) < (S2+1, S2)일 때 비도통 상태		3	
	ANDE>=	E>= S1 S2				
	ORE>=	E>= S1 S2				

분 류	명령 기호	심 볼	처 리 내 용	실행 조건	기본 스텝 수	서브 세트
블록 데이터 비교	BKCMP=	BKCMP= S1 S2 D n	• (S1)에서 n점 분의 데이터와 (S2)에서 n점 분의 데이터를 1워드 단위로 비교하고 비교 결과를 (D)에서 지정한 비트 디바이스에서 n점 분에 쓰기한다.	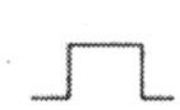	5	
	BKCMP<>	BKCMP<> S1 S2 D n				
	BKCMP>	BKCMP> S1 S2 D n				
	BKCMP<=	BKCMP<= S1 S2 D n				
	BKCMP<	BKCMP< S1 S2 D n				
	BKCMP>=	BKCMP>= S1 S2 D n				
	BKCMP=P	BKCMP=P S1 S2 D n				
	BKCMP<>P	BKCMP<>P S1 S2 D n				
	BKCMP>P	BKCMP>P S1 S2 D n				
	BKCMP<=P	BKCMP<=P S1 S2 D n				
	BKCMP<P	BKCMP<P S1 S2 D n				
	BKCMP>=P	BKCMP>=P S1 S2 D n				

(2) 산술 연산 명령

분 류	명령 기호	심 볼	처 리 내 용	실행 조건	기본 스텝수	서브 세트
BIN 16비트 가감 연산	+	+ S D	• (D)+(S)→(D)		3	●
	+P	+P S D		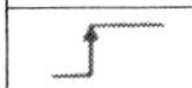		
	+	+ S1 S2 D	• (S1)+(S2)→(D)	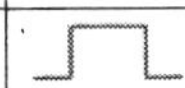	4	●
	+P	+P S1 S2 D		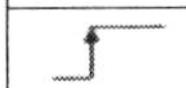		
	-	− S D	• (D)-(S)→(D)	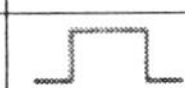	3	●
	-P	−P S D				
	-	− S1 S2 D	• (S1)-(S2)→(D)	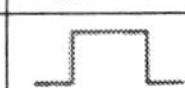	4	●
	-P	−P S1 S2 D		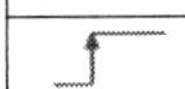		
BIN 16비트 승제 연산	D+	D+ S D	• (D+1,D)+(S+1,S) →(D+1,D)	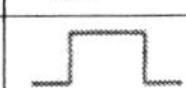	*1	●
	D+P	D+P S D				
	D+	D+ S1 S2 D	• (S1+1,S1)+(S2+1,S2) →(D+1,D)	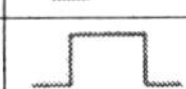	*2	●
	D+P	D+P S1 S2 D				
	D-	D− S D	• (D+1,D)-(S+1,S) →(D+1,D)	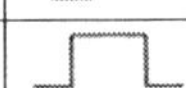	*1	●
	D-P	D−P S D		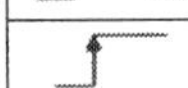		
	D-	D− S1 S2 D	• (S1+1,S1)-(S2+1,S2) →(D+1,D)	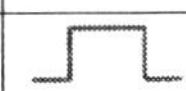	*2	●
	D-P	D−P S1 S2 D		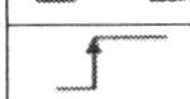		
BIN 16비트 승제 연산	*	* S1 S2 D	• (S1)*(S2) →(D+1,D)		*3	●
	*P	*P S1 S2 D		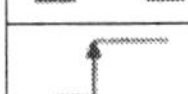		
	/	/ S1 S2 D	• (S1)/(S2)→몫(D),나머지 (D+1)	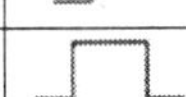	4	●
	/P	/P S1 S2 D				
	D*	D* S1 S2 D	• (S1+1,S1)*(S2+1,S2) →(D+3,D+2,D+1,D)		4	●
	D*P	D*P S1 S2 D				
	D/	D/ S1 S2 D	• (S1+1,S1)*(S2+1,S2) →몫(D+1, D), 나머지(D+3, D+2)		4	●
	D/P	D/P S1 S2 D				

BCD 4자리 가감 연산	B+	[B+ | S | D]	• (D)+(S)→(D)		3	●
	B+P	[B+P | S | D]				
	B+	[B+ | S1 | S2 | D]	• (S1)+(S2)→(D)		4	
	B+P	[B+P | S1 | S2 | D]				
	B-	[B- | S | D]	• (D)-(S)→(D)		3	●
	B-P	[B-P | S | D]				
	B-	[B- | S1 | S2 | D]	• (S1)-(S2)→(D)		4	
	B-P	[B-P | S1 | S2 | D]				
BCD 8자리 가감 연산	DB+	[DB+ | S | D]	• (D+1,D)+(S+1,S)→(D+1,D)		3	
	DB+P	[DB+P | S | D]				
	DB+	[DB+ | S1 | S2 | D]	• (S1+1,S1)+(S2+1,S2)→(D+1,D)		4	
	DB+P	[DB+P | S1 | S2 | D]				
	DB-	[DB- | S | D]	• (D+1,D)-(S+1,S)→(D+1,D)		3	
	DB-P	[DB-P | S | D]				
	DB-	[DB- | S1 | S2 | D]	• (S1+1,S1)-(S2+1,S2)→(D+1,D)		4	
	DB-P	[DB-P | S1 | S2 | D]				
BCD 4자리 승제 연산	B*	[B* | S1 | S2 | D]	• (S1)*(S2)→(D+1,D)		4	●
	B*P	[B*P | S1 | S2 | D]				
	B/	[B/ | S1 | S2 | D]	• (S1)/(S2)→몫(D), 나머지(D+1)		4	●
	B/P	[B/P | S1 | S2 | D]				
BCD 8자리 승제 연산	DB*	[DB* | S1 | S2 | D]	• (S1+1,S1)*(S2+1,S2) →(D+3, D+2, D+1, D)		4	
	DB*P	[DB*P | S1 | S2 | D]				
	DB/	[DB/ | S1 | S2 | D]	• (S1+1, S1)/(S2+1, S2) →몫(D+1, D), 나머지(D+3, D+2)		*1	●
	DB/P	[DB/P | S1 | S2 | D]				

분 류	명령 기호	심 볼	처 리 내 용	실행 조건	기본 스텝	서브 세트
부동 소수점 데이터 가감 연산	E+	E+ | S | D	• (D+1, D)+(S+1, S) →(D+1, D)		3	
	E+P	E+P | S | D				
	E+	E+ | S1 | S2 | D	• (S1+1, S1)+(S2+1, S2)→(D+1, D)		4	
	E+P	E+P | S1 | S2 | D				
	E-	E- | S | D	• (D+1, D)+(S+1, S)→(D+1, D)		3	
	E-P	E-P | S | D				
	E-	E- | S1 | S2 | D	• (S1+1, S1)-(S2+1, S2)→(D+1, D)		4	
	E-P	E-P | S1 | S2 | D				
부동 소수점 데이터 승제 연산	E*	E* | S1 | S2 | D	• (S1+1, S1)*(S2+1, S2)→(D+1, D)		3	
	E*P	E*P | S1 | S2 | D				
	E/	E/ | S1 | S2 | D	• (S1+1, S1)/(S2+1, S2)→몫(D+1, D)		4	
	E/P	E/P | S1 | S2 | D				
문자열 데이터 결합	$+	$+ | S | D	• (D)에서 지정한 문자열에 (S)에서 지정한 문자열을 결합하여 (D) 이후에 쓰기한다.		3	
	$+P	$+P | S | D				
	$+	$+ | S1 | S2 | D	• (S1)에서 지정한 문자열에 (S2)에서 지정 한 문자열을 결합하여 (D) 이후에 쓰기 한다.		4	
	$+P	$+P | S1 | S2 | D				
BIN 블록 가감 연산	BK+	BK+ | S1 | S2 | D | n	• (S1)에서 n점 분의 데이터와 (S2)에서 n 점 분의 데이터를 일괄적으로 가산한다.		5	
	BK+P	BK+P | S1 | S2 | D | n				
	BK-	BK- | S1 | S2 | D | n	• (S1)에서 n점 분의 데이터와 (S2)에서 n 점 분의 데이터를 일괄적으로 감산한다.		5	
	BK-P	BK-P | S1 | S2 | D | n				

분 류	명령 기호	심 볼	처 리 내 용	실행 조건	기본 스텝 수	서브 세트
BIN 데이터 증가	INC	INC | D	• (D)+1→(D)		2	
	INCP	INCP | D				
	DINC	DINC | D	• (D+1, D)+1→(D+1, D)		*1	
	DINCP	DINCP | D				
	DEC	DEC | D	• (D)-1→(D)		2	
	DECP	DECP | D				
	DDEC	DDEC | D	• (D+1, D)-1→(D+1, D)		*1	
	DDECP	DDECP | D				

(3) 데이터 변환 명령

분 류	명령 기호	심 볼	처 리 내 용	실행 조건	기본 스텝 수	서브 세트
BCD 변환	BCD	BCD | S | D	· (S) —BCD 변환→ (D) (S): BIN(0~9999)		3	●
	BCDP	BCDP | S | D				
	DBCD	DBCD | S | D	· (S+1, S) —BCD 변환→ (D+1, D) (S+1, S): BIN(0~99999999)		3	●
	DBCDP	DBCDP | S | D				
BIN 변환	BIN	BIN | S | D	· (S) —BIN 변환→ (D) (S): BCD(0~9999)		3	●
	BINP	BINP | S | D				
	DBIN	DBIN | S | D	· (S+1, S) —BIN 변환→ (D+1, D) (S+1, S): BCD(0~99999999)		3	●
	DBINP	DBINP | S | D				
BIN→부동소수점 변환	FLT	FLT | S | D	· (S) —부동소수점으로 변환→ (D+1, D) (S): BIN(-32768~32767)		3	
	FLTP	FLTP | S | D				
	DFLT	DFLT | S | D	· (S) —부동소수점으로 변환→ (D+1, D) (S): (-2147483648~2147483647)		3	
	DFLTP	DFLTP | S | D				
부동소수점→BIN 변환	INT	INT | S | D	· (S+1, S) —BIN으로 변환→ (D) (S+1, S): 실수 (−32768~32767)		3	
	INTP	INTP | S | D				
	DINT	DINT | S | D	· (S+1, S) —BIN으로 변환→ (D+1, D) (S+1, S): 실수 (-2147483648~2147483647)		3	
	DINTP	DINTP | S | D				
BIN 16비트 ↕ 32비트 변환	DBL	DBL | S | D	· (S) —변환→ (D+1, D) (S): BIN(-32768~32767)		3	
	DBLP	DBLP | S | D				
	WORD	WORD | S | D	· (S+1, S) —변환→ (D) (S+1, S): BIN(-32768~32767)		3	
	WORDP	WORDP | S | D				
BIN→그레이 코드 변환	GRY	GRY | S | D	· (S) —그레이 코드로 변환→ (D) (S): BIN(-32768~32767)		3	
	GRYP	GRYP | S | D				
	DGRY	DGRY | S | D	· (S+1, S) —그레이 코드로 변환→ (D+1, D) (S+1, S): BIN(-2147483648~2147483647)		3	
	DGRYP	DGRYP | S | D				

분 류	명령 기호	심 볼	처 리 내 용	실행 조건	기본 스텝 수	서브 세트
그레이 코드→ BIN 변환	GBIN	GBIN S D	· (S) —BIN 코드로 변환→ (D) (S): 그레이 코드(-32768~32767)		3	
	GBINP	GBINP S D				
	DGBIN	DGBIN S D	· (S+1, S) —BIN 코드로 변환→ (D+1, D) (S+1, S): 그레이 코드(-2147483648~2147483647)		3	
	DGBINP	DGBINP S D				
2의 보수	NEG	NEG D	· (D) → (D) (D): BIN 데이터		2	
	NEGP	NEGP D				
	DNEG	DNEG D	· (D+1, D) → (D+1, D) (D+1, D): BIN 변환		2	
	DNEGP	DNEGP D				
	ENEG	ENEG D	· (D+1, D) → (D+1, D) (D+1, D): 실수 데이터		2	
	ENEGP	ENEGP D				
블록 변환	BKBCD	BKBCD S D n	• (S)에서 n점 분의 BIN 데이터를 일괄적으로 BCD 데이터로 변환하여 (D) 이후에 쓰기한다.		4	
	BKBCDP	BKBCDP S D n				
	BKBIN	BKBIN S D n	• (S)에서 n점 분의 BCD 데이터를 일괄적으로 BIN 데이터 로 변환하여 (D) 이후에 쓰기한다.		4	
	BKBINP	BKBINP S D n				

(4) 데이터 전송 명령

분 류	명령 기호	심 볼	처 리 내 용	실행 조건	기본 스텝 수	서브 세트
16비트 데이터 전송	MOV	MOV S D	(S) → (D)		*1	●
	MOVP	MOVP S D				
32비트 데이터전송	DMOV	DMOV S D	(S+1,S) → (D+1,D)		3	●
	DMOVP	DMOVP S D				
부동 소수점 데이터 전송	EMOV	EMOV S D	(S+1, S) → (D+1, D) (S+1, S): 실수 데이터		3	● *2
	EMOVP	EMOVP S D				
문자열 데이터 전송	$MOV	$MOV S D	• (S)에서 지정한 문자열을 (D)에서 지정한 디바이스 이후에 전송한다.		3	
	$MOVP	$MOVP S D				
16비트 데이터 부정 전송	CML	CML S D	$\overline{(S)}$ → (D)		*1	●
	CMLP	CMLP S D				
32비트 데이터 부정 전송	DCML	DCML S D	$\overline{(S+1,S)}$ → (D+1,D)		3	●
	DCMLP	DCMLP S D				
블록 전송	BMOV	BMOV S D n	(S) → (D), n		4	●
	BMOVP	BMOVP S D n				
동일 데이터 블록 전송	FMOV	FMOV S D n	(S) → (D), n		4	●
	FMOVP	FMOVP S D n				
16비트 데이터 교환	XCH	XCH S D	(S) ↔ (D)		3	●
	XCHP	XCHP S D				
32비트 데이터 교환	DXCH	DXCH S D	(S+1,S) ↔ (D+1,D)		3	●
	DXCHP	DXCHP S D				
블록 데이터 교환	BXCH	BXCH S D n	(S) ↔ (D), n		4	
	BXCHP	BXCHP S D n				
상하 바이트 교환	SWAP	SWAP D	(S) b15 ~ b8 b7 ~ b0: 8비트 / 8비트 (D) b15 ~ b8 b7 ~ b0: 8비트 / 8비트		3	
	SWAPP	SWAPP D				

(5) 프로그램 분기

분 류	명령 기호	심 볼	처 리 내 용	실행 조건	기본 스텝 수	서브 세트
점프	CJ	CJ Pn	• 입력 조건이 성립하면 Pn으로 점프		2	●
	SCJ	SCJ Pn	• 입력 조건이 성립하면 다음 스캔부터 Pn으로 점프		2	●
	JMP	JMP Pn	• 무조건 Pn으로 점프		2	●
	GOEND	GOEND	• 입력 조건이 성립하면 END 명령으로 점프		1	

(6) 프로그램 실행 제어 명령

분 류	명령 기호	심 볼	처 리 내 용	실행 조건	기본 스텝 수	서브 세트
인터럽트 금지	DI	DI	• 인터럽트 프로그램의 실행을 금지한다.		1	
인터럽트 허가	EI	EI	• 인터럽트 프로그램의 실행 금지를 해제한다.		1	
인터럽트 금지 허가 설정	IMASK	IMASK S	• 인터럽트 프로그램마다 인터럽트 금지/허가를 한다.		2	
복귀	IRET	IRET	• 인터럽트 프로그램에서 시퀀스 프로그램으로 복귀한다.		1	

(7) I/O 리프레시 명령

분 류	명령 기호	심 볼	처 리 내 용	실행 조건	기본 스텝 수	서브 세트
I/O 리프레시	RFS	RFS D n	• 1스캔의 도중에 해당하는 입출력 부분을 리프레시한다.		1	

(8) 기타 편리한 명령

분 류	명령기호	심 볼	처 리 내 용	실행 조건	기본 스텝수	서브 세트
앰프/다운 카운터	UDCNT1	UDCNT1 | S | D | n	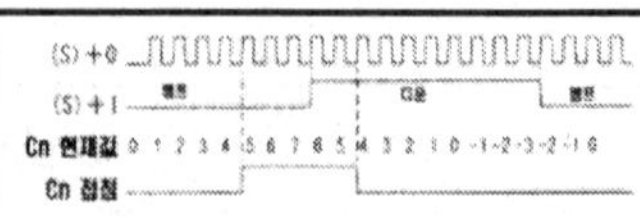		4	
	UDCNT2	UDCNT2 | S | D | n	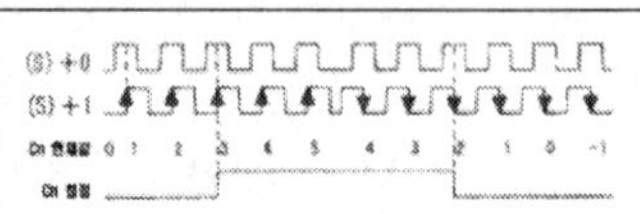		4	
학습 타이머	TTMR	TTMR | D | n	• (TTMR의 ON 시간) ∗n → (D) n=0:1, n=1:10, n=2:100		3	
특수 타이머	STMR	STMR | S | n | D	• STMR 명령의 입력 조건 ON/OFF로(D)에서 지정한 비트 디바이스에서 4점이 아래와 같이 동작한다. (D)+0:OFF 지연 타이머 출력 (D)+1:OFF 후 원숏트 타이머 출력 (D)+2:OFF 후 원숏트 타이머 출력 (D)+3:ON 지연 타이머 출력		3	
가까운 회전 주기로 제어	ROTC	ROTC | S | n1 | n2 | D	• n1로 분할된 로터리 테이블에서 정지 위치로부터(s+1)에서 지정한 위치로 가까운 주기로 회전시킨다.		5	
경사 신호	RAMP	RAMP | n1 | n2 | D1 | n3 | D2	• D1에서 지정한 디바이스 데이터를 n1-n2까지 n3 스캔동안 바꾼다.		6	
펄스 밀도	SPD	SPD | S | n | D	• (S)에서 지정한 디바이스의 펄스 입력을 n에서 지정한 시간 카운트하여 (D)에서 지정한 디바이스에 쓰기한다.		4	
펄스 출력	PLSY	PLSY | n1 | n2 | D	• (n1) Hz → (D) n2회 출력		4	
펄스 폭 변조	PWM	PWM | n1 | n2 | D	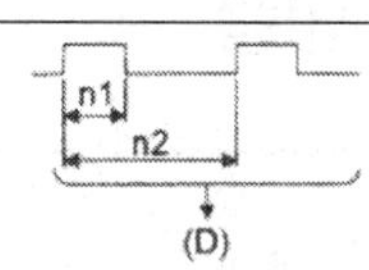		4	
매트릭스 입력	MTR	MTR | S | D1 | D2 | n	• (S)에서 지정한 디바이스로부터 16점 Xn 열의 데이터를 순서대로 (D2)에서 지정한 디바이스 이후에 쓰기한다.		5	

1.3 응용 명령

(1) 논리 연산 명령

분 류	명령 기호	심 볼	처 리 내 용	실행 조건	기본 스텝 수	서브 세트
논리적	WAND	WAND S D	(D)∧(S)→(D)		3	●
	WANDP	WANDP S D				
	WAND	WAND S1 S2 D	(S1)∧(S2)→(D)		3	● *2
	WANDP	WANDP S1 S2 D				
	DAND	DAND S D	(D+1,D)∧(S+1,S)→(D+1,D)		*1	●
	DANDP	DANDP S D				
	DAND	DAND S1 S2 D	(S1+1,S1)∧(S2+1,S2)→(D+1,D)		*1	● *2
	DANDP	DANDP S1 S2 D				
	BKAND	BKAND S1 S2 D n	(S1) ∧ (S2) → (D) n		5	
	BKANDP	BKANDP S1 S2 D n				
논리합	WOR	WOR S D	(D)∨(S)→(D)		3	●
	WORP	WORP S D				
	WOR	WOR S1 S2 D	(S1)∨(S2)→(D)		4	● *2
	WORP	WORP S1 S2 D				
	DOR	DOR S D	(D+1,D)∨(S+1,S)→(D+1,D)		*1	●
	DORP	DORP S D				
	DOR	DOR S1 S2 D	(S1+1,S1)∨(S2+1,S2)→(D+1,D)		*1	● *2
	DORP	DORP S1 S2 D				
	BKOR	BKOR S1 S2 D n	(S1) ∨ (S2) → (D) n		5	
	BKORP	BKORP S1 S2 D n				

분 류	명령 기호	심 볼	처리 내용	실행 조건	기본 스텝수	서브 세트
배타적 논리합	WXOR	WXOR S D	$(D)\veebar(S)\rightarrow(D)$		3	●
	WXORP	WXORP S D				
	WXOR	WXOR S1 S2 D	$(S1)\veebar(S2)\rightarrow(D)$		3	● *2
	WXORP	WXORP S1 S2 D				
	DXOR	DXOR S D	$(D+1,D)\veebar(S+1,S)\rightarrow(D+1,D)$		*1	●
	DXORP	DXORP S D				
	DXOR	DXOR S1 S2 D	$(S1+1,S1)\veebar(S2+1,S2)\rightarrow(D+1,D)$		*1	● *2
	DXORP	DXORP S1 S2 D				
	BKXOR	BKXOR S1 S2 D n	(S1) ⊻ (S2) → (D) n		5	
	BKXORP	BKXORP S1 S2 D n				
부정 배타적 논리합	WXNR	WXNR S D	$\overline{(D)\veebar(S)}\rightarrow(D)$		3	●
	WXNRP	WXNRP S D				
	WXNR	WXNR S1 S2 D	$\overline{(S1)\veebar(S2)}\rightarrow(D)$		4	● *2
	WXNRP	WXNRP S1 S2 D				
	DXNR	DXNR S D	$\overline{(D+1,D)\veebar(S+1,S)}\rightarrow(D+1,D)$		*1	●
	DXNRP	DXNRP S D				
	DXNR	DXNR S1 S2 D	$\overline{(S1+1,S1)\veebar(S2+1,S2)}\rightarrow(D+1,D)$		*1	● *2
	DXNRP	DXNRP S1 S2 D				
	BKXNOR	BKXNOR S1 S2 D n	$\overline{(S1)\veebar(S2)}$ → (D) n		5	
	BKXNORP	BKXNORP S1 S2 D n				

(2) 로테이션 명령

분 류	명령기호	심 볼	처 리 내 용	실행 조건	기본 스텝수	서브 세트
오른쪽 로테이션	ROR	ROR D n	b15 (D) b0 SM700 오른쪽으로 n비트 rotate		3	●
	RORP	RORP D n				
	RCR	RCR D n	b15 (D) b0 SM700 오른쪽으로 n비트 rotate		3	●
	RCRP	RCRP D n				
왼쪽 로테이션	ROL	ROL D n	SM700 b15 (D) b0 왼쪽으로 n비트 rotate		3	●
	ROLP	ROLP D n				
	RCL	RCL D n	SM700 b15 (D) b0 왼쪽으로 n비트 rotate		3	●
	RCLP	RCLP D n				
오른쪽 로테이션	DROR	DROR D n	(D+1) (D) b31 ~ b16 b15 ~ b0 SM700 오른쪽으로 n비트 rotate		3	●
	DRORP	DRORP D n				
	DRCR	DRCR D n	(D+1) (D) b31 ~ b16 b15 ~ b0 SM700 오른쪽으로 n비트 rotate		3	●
	DRCRP	DRCRP D n				
왼쪽 로테이션	DROL	DROL D n	(D+1) (D) SM700 b31 ~ b16 b15 ~ b0 왼쪽으로 n비트 rotate		3	●
	DROLP	DROLP D n				
	DRCL	DRCL D n	(D+1) (D) SM700 b31 ~ b16 b15 ~ b0 왼쪽으로 n비트 rotate		3	●
	DRCLP	DRCLP D n				

(3) 이동 : Shift 명령

분 류	명령기호	심 볼	처리 내용	실행 조건	기본 스텝 수	서브 세트
n비트 이동	SFR	SFR D n	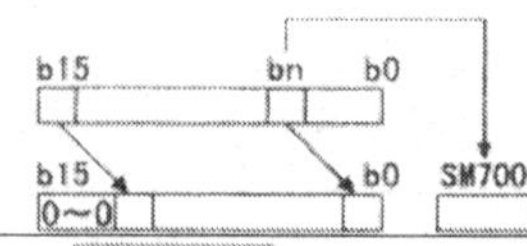		3	●
	SFRP	SFRP D n				
	SFL	SFL D n	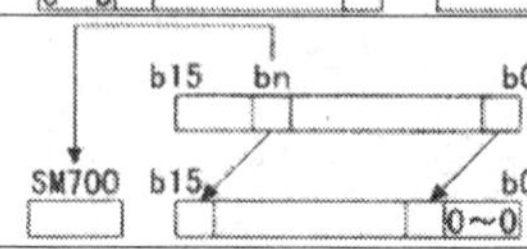		3	●
	SFLP	SFLP D n				
1비트 이동	BSFR	BSFR D n	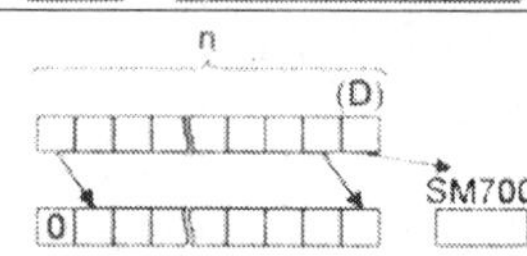		3	●
	BSFRP	BSFRP D n				
	BSFL	BSFL D n	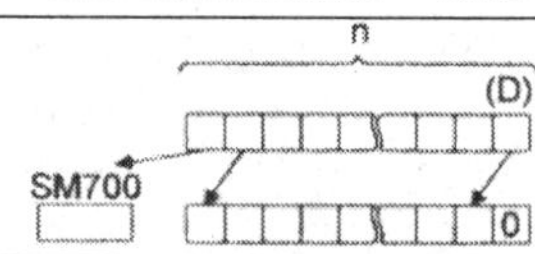		3	●
	BSFLP	BSFLP D n				
1워드 이동	DSFR	DSFR D n	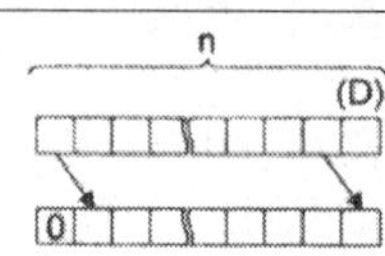		3	●
	DSFRP	DSFRP D n				
	DSFL	DSFL D n	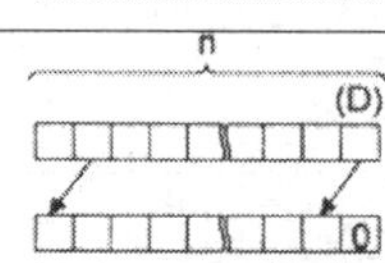		3	●
	DSFLP	DSFLP D n				

(4) 비트 처리 명령

분 류	명령기호	심 볼	처리 내용	실행 조건	기본 스텝 수	서브 세트
n비트 세트/리셋	BSET	BSET D n	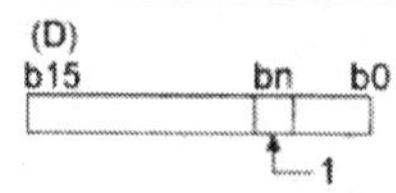		3	●
	BSETP	BSETP D n				
	BRST	BRST D n	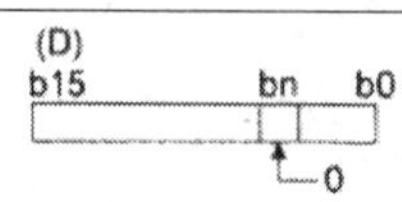		3	●
	BRSTP	BRSTP D n				

비트 테스트	TEST	TEST S1 S2 D	(S1) b15 ~ b0 (D) (S2)에서 지정한 비트		4	
	TESTP	TESTP S1 S2 D				
	DTEST	DTEST S1 S2 D	(S1) b31 ~ b0 (D) (S2)에서 지정한 비트		4	
	DTESTP	DTESTP S1 S2 D				
비트 디바이스 일괄 리셋	BKRST	BKRST S n	(S) ON OFF ON ON 리셋 (S) OFF OFF OFF OFF n		3	
	BKRSTP	BKRSTP S n				

(5) 데이터 처리 명령

분 류	명령 기호	심 볼	처 리 내 용	실행 조건	기본 스텝 수	서브 세트
데이터 검색	SER	SER S1 S2 D n	(S1) (S2) n → (D) : 일치 No. (D+1) : 일치 개수		5	
	SERP	SERP S1 S2 D n				
	DSER	DSER S1 S2 D n	32 비트 (S1) (S2) n → (D) : 일치 No. (D+1) : 일치 개수		5	
	DSERP	DSERP S1 S2 D n				
비트 체크	SUM	SUM S D	(S) b15 b0 → (D) : 1의 개수		3	●
	SUMP	SUMP S D				
	DSUM	DSUM S D	(S+1) (S) → (D) : 1의 개수		3	●
	DSUMP	DSUMP S D				
디코드	DECO	DECO S D n	8 → 256 디코드 (S) 디코드 → (D) n 2^n 비트		4	
	DECOP	DECOP S D n				
엔코드	ENCO	ENCO S D n	256 → 8 디코드 (S) 2^n 비트 엔코드 → (D) n		4	
	ENCOP	ENCOP S D n				

(6) 구조화 명령

분 류	명령 기호	심 볼	처 리 내 용	실행 조건	기본 스텝 수	서브 세트
반복	FOR	FOR n	• FOR~NEXT사이를 n회 실행한다.		2	
	NEXT	NEXT			1	
	BREAK	BREAK D Pn	• FOR와 NEXT 사이의 실행을 강제로 종료하고 포인터 Pn으로 점프한다.		3	
	BREAKP	BREAKP D Pn				
서브 루틴 프로그램 읽기	CALL	CALL Pn S1~Sn	• 입력 조건이 성립하면 Pn의 서브 루틴 프로그램을 실행한다. (S1-Sn은 서브 루틴 프로그램으로의 인수. 0≤n≤5)		*1 2 + n	
	CALLP	CALLP Pn S1~Sn				
	RET	RET	• 서브 루틴 프로그램에서 복귀		1	
	FCALL	FCALL Pn S1~Sn	• 입력 조건이 성립하지 않았을 때에 Pn의 서브 루틴 프로그램을 실행하지 않는다.		*1 2 + n	
	FCALLP	FCALLP Pn S1~Sn				
	ECALL	ECALL * Pn S1~Sn * : 프로그램명	• 입력 조건이 성립하면 지정 프로그램명 안의 Pn의 서브 루틴 프로그램을 실행한다. (S1-Sn은 서브 루틴 프로그램으로의 인수. 0≤n≤5)		*2 3 + n	
	ECALLP	ECALLP * Pn S1~Sn * : 프로그램명				
	EFCALL	EFCALL * Pn S1~Sn * : 프로그램명	• 입력 조건이 성립하지 않았을 때에 지정 프로그램명 안의 Pn의 서브 루틴 프로그램을 실행하지 않는다.		*2 3 + n	
	EFCALLP	EFCALLP * Pn S1~Sn * : 프로그램명				
	COM	COM	• 링크 리프레시, 일반 데이터 처리를 처리한다.		1	
고정 인덱스 수식	IX	IX S 디바이스 수식 회로	• 디바이스 수식 회로에 사용하고 있는 디바이스의 인덱스를 수식한다.		2	
	IXEND	IXEND			1	
	IXDEV	IXDEV	• IX~IXEND에서 인덱스를 수식하기 위한 수식값을 D에서 지정한 디바이스 이후에 쓰기한다.		1	
	IXSET	IXSET Pn D 수식값의 지정			3	

n은 서브 루틴 프로그램으로의 인수의 개수.
*2 : n은 서브 루틴 프로그램으로의 인수의 개수와 프로그램명의 합계
프로그램명의 스텝수는(프로그램의 문자수÷2) 스텝

(7) 테이블 조작 명령

분 류	명령 기호	심 볼	처리 내용	실행 조건	기본 스텝 수	서브 세트
테이블 처리	FIFW	FIFW S D	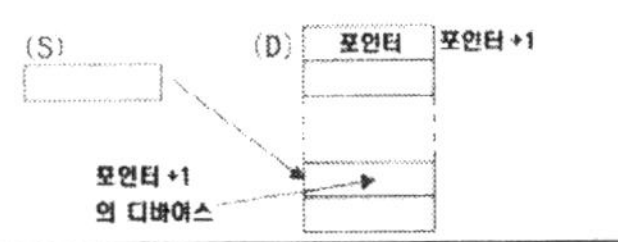	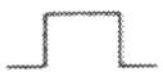	3	
	FIFWP	FIFWP S D				
	FIFR	FIFR S D	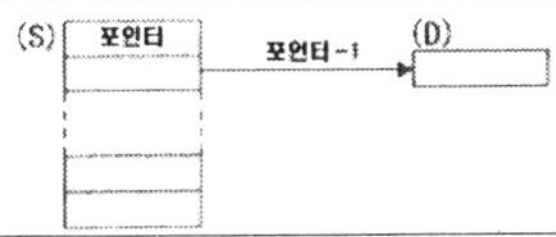	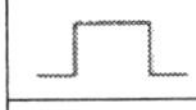	3	
	FIFRP	FIFRP S D				
	FPOP	FPOP S D	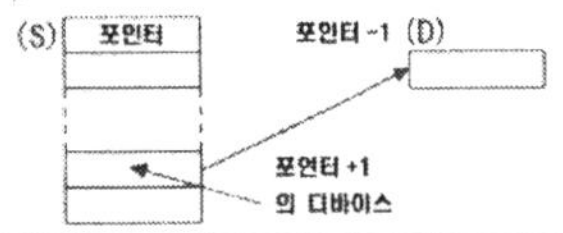		3	
	FPOPP	FPOPP S D		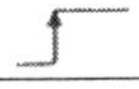		
	FINS	FINS S D n	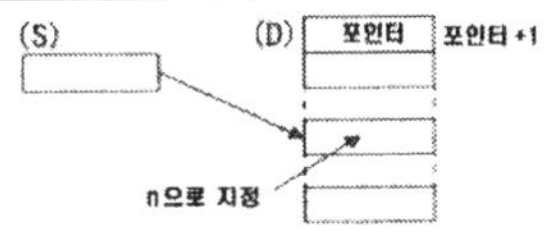	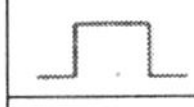	4	
	FINSP	FINSP S D n				
	FDEL	FDEL S D n	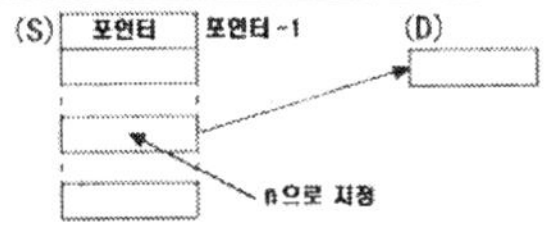	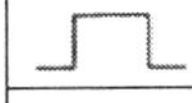	4	
	FDELP	FDELP S D n				

(8) 버퍼 메모리 억세스 명령

분 류	명령 기호	심 볼	처 리 내 용	실행 조건	기본 스텝 수	서브 세트
데이터 읽기	FROM	FROM n1 n2 D n3	• 특수 기능 모듈에서 16비트 단위로 데이터를 읽기한다.		5	
	FROMP	FROMP n1 n2 D n3				
	DFRO	DFRO n1 n2 D n3	• 특수 기능 모듈에서 32비트 단위로 데이터를 읽기한다.		5	
	DFROP	DFROP n1 n2 D n3				
데이터 쓰기	TO	TO n1 n2 S n3	• 특수 기능 모듈에 16비트 단위로 데이터를 쓰기한다.		5	
	TOP	TOP n1 n2 S n3				
	DTO	DTO n1 n2 S n3	• 특수 기능 모듈에 32비트 단위로 데이터를 쓰기한다.		5	
	DTOP	DTOP n1 n2 S n3				

(9) 표시 명령

분 류	명령 기호	심 볼	처 리 내 용	실행 조건	기본 스텝 수	서브 세트
아스키 인쇄	PR	*SM701 OFF시 PR S D	• (S)에서 지정한 디바이스로부터 8점 분(16문자)의 아스키 코드를 출력 모듈로 출력한다.		3	
	PR	*SM701 ON시 PR S D	• (S)에서 지정한 디바이스로부터 00H까지의 아스키 코드를 출력 모듈로 출력한다.			
	PRC	PRC S D	• (S)에서 지정한 디바이스로부터 8점 분(16문자)의 아스키 코드를 CPU 전면의 LED 표시기에 표시한다.			
취소	LED	LED S	• (S)에서 지정한 디바이스로부터 8점 분(16문자)의 아스키 코드를 CPU 전면의 LED 표시기에 표시한다.		2	
	LEDC	LEDC S	• (S)에서 지정한 디바이스의 코멘트를 CPU 전면의 LED 표시기에 표시한다.			
리셋	LEDR	LEDR	• 애넌시애이터의 리셋 및 표시기의 표시를 리셋한다.		1	

(10) 디버그 및 고장 진단 명령

분 류	명령 기호	심 볼	처 리 내 용	실행 조건	기본 스텝 수	서브 세트
체크	CHKST	[CHKST]	• CHKST가 실행중일 때는 CHK 명령을 실행한다. • CHKST가 실행중이 아닐 때는 CHK 명령의 다음 스텝으로 점프한다.		1	
	CHK	[CHK] 체크 조건	• 정상→SM80: OFF, SD80: 0 • 이상→SM80 : ON, SD80 : 고장 No.			
	CHKCIR	[CHKCIR]	• CHK 명령으로 체크할 회로 패턴의 변경을 시작		1	
	CHKEND	[CHKEND]	• CHK 명령으로 체크할 회로 패턴의 변경을 종료			
스테이터스 슬러치	SLT	[SLT]	• 스테이터스 슬러치를 실행한다.		1	
	SLTR	[SLTR]	• 스테이터스 슬러치를 리셋하여 재실행할 수 있도록 한다.			
샘플링 트레이스	STRA	[STRA]	• 샘플링 트레이스에 트리거를 건다.		1	
	STRAR	[STRAR]	• 샘플링 트레이스를 리셋하여 재실행할 수 있도록 한다.			
프로그램 트레이스	PTRA	[PTRA]	• 프로그램 트레이스에 트리거를 건다.		1	
	PTRAR	[PTRAR]	• 프로그램 트레이스를 리셋하여 재실행할 수 있도록 한다.			
	PTRAEXE	[PTRAEXE]	• 프로그램 트레이스를 실행한다.		1	
	PTRAEXEP	[PTRAEXEP]				

(11) 문자열 처리 명령

분류	명령 기호	심볼	처리 내용	실행 조건	기본 스텝 수	서브 세트
BIN ↓ 10진 ASCII	BINDA	[BINDA S D]	• (S)에서 지정한 1워드 BIN값을 5자리 10진 아스키값으로 변환하여 (D)에서 지정한 워드 디바이스에 쓰기한다.	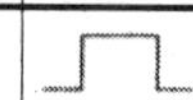	3	
	BINDAP	[BINDAP S D]		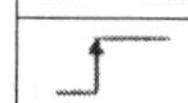		
	DBINDA	[DBINDA S D]	• (S)에서 지정한 2워드 BIN값을 10자리 10진 아스키값으로 변환하여 (D)에서 지정한 워드 디바이스 번호 이후에 쓰기한다.	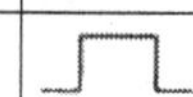	3	
	DBINDAP	[DBINDAP S D]				
BIN ↓ 16진 ASCII	DBINHA	[BINHA S D]	• (S)에서 지정한 1워드 BIN값을 4자리 16진 아스키값으로 변환하여 (D)에서 지정한 워드 디바이스 번호이후에 쓰기한다.	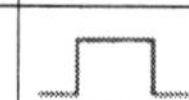	3	
	BINHAP	[BINHAP S D]				
	DBINHA	[DBINHA S D]	• (S)에서 지정한 2워드 BIN값을 8자리 16진 아스키값으로 변환하여 (D)에서 지정한 워드 디바이스 번호이후에 쓰기한다.	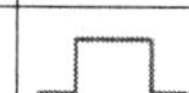	3	
	DBINHAP	[DBINHAP S D]		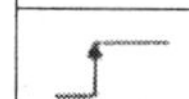		
BCD ↓ 10진 ASCII	BCDDA	[BCDDA S D]	• (S)에서 지정한 1워드 BCD값을 4자리 10진 아스키값으로 변환하여 (D)에서 지정한 워드 디바이스 번호이후에 쓰기한다.		3	
	BCDDAP	[BCDDAP S D]				
	DBCDDA	[DBCDDA S D]	• (S)에서 지정한 2워드 BCD값을 8자리 10진 아스키값으로 변환하여 (D)에서 지정한 워드 디바이스 번호 이후에 쓰기한다.		3	
	DBCDDAP	[DBCDDAP S D]		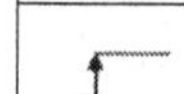		
10진 ASCII ↓ BIN	DABIN	[DABIN S D]	• (S)에서 지정한 5자리 10진 아스키값을 1워드 BIN값으로 변환하여 (D)에서 지정한 워드 디바이스 번호에 쓰기한다.	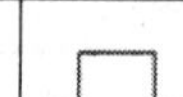	3	
	DABINP	[DABINP S D]				
	DDABIN	[DDABIN S D]	• (S)에서 지정한 10자리 10진 아스키값을 2워드 BIN값으로 변환하여 (D)에서 지정한 워드 디바이스 번호에 쓰기한다.		3	
	DDABINP	[DDABINP S D]				
16진 ASCII ↓ BIN	HABIN	[HABIN S D]	• (S)에서 지정한 4자리 16진 아스키값을 1워드 BIN값으로 변환하여 (D)에서 지정한 워드 디바이스 번호에 쓰기한다.		3	
	HABINP	[HABINP S D]				
	DHABIN	[DHABIN S D]	• (S)에서 지정한 8자리 16진 아스키값을 2워드 BIN값으로 변환하여 (D)에서 지정한 워드 디바이스 번호에 쓰기한다.	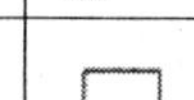	3	
	DHABINP	[DHABINP S D]		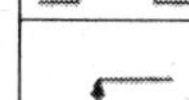		

분 류	명령 기호	심 볼	처 리 내 용	실행 조건	기본 스텝 수	서브 세트
10진 ASCII ↓ BCD	DABCD	DABCD S D	• (S)에서 지정한 4자리 10진 아스키값을 1워드 BCD값으로 변환하여 (D)에서 지정한 워드 디바이스 번호에 쓰기한다.		3	
	DABCDP	DABCDP S D				
	DDABCD	DDABCD S D	• (S)에서 지정한 8자리 10진 아스키값을 2워드 BCD값으로 변환하여 (D)에서 지정한 워드 디바이스 번호에 쓰기한다.		3	
	DDABCDP	DDABCDP S D				
디바이스 코멘트의 읽기	COMRD	COMRD S D	• (S)에서 지정한 디바이스의 코멘트 데이터를 (D)에서 지정한 디바이스에 쓰기한다.		3	
	COMRDP	COMRDP S D				
문자열의 길이 검색	LEN	LEN S D	• (S)에서 지정한 디바이스에 쓰기된 문자열 . 데이터의 길이(문자수)를 (D)에서 지정한 디바이스에 쓰기한다.		3	
	LENP	LENP S D				
BCD ↓ 10진 문자열	STR	STR S1 S2 D	• S2에서 지정한 1워드 BIN값을 S1에서 지정한 모든 자릿수와 소수부 자릿수의 10진 문자열로 변환하여 (D) 에서 지정한 디바이스에 쓰기한다.		3	
	STRP	STRP S1 S2 D				
	DSTR	DSTR S1 S2 D	• S2에서 지정한 2워드 BIN값을 S1에서 지정한 모든 자릿수와 소수부 자릿수의 10진 문자열로 변환하여 (D)에서 지정한 디바이스에 쓰기한다.		3	
	DSTRP	DSTRP S1 S2 D				
10진 문자열 ↓ BIN	VAL	VAL S D1 D2	• (S)에서 지정한 소수점을 포함한 문자열을 1워드 BIN값과 소수부 자릿수로 변환하여 D1, D2에서 지정한 디바이스에 쓰기한다.		3	
	VALP	VALP S D1 D2				
	DVAL	DVAL S D1 D2	• (S)에서 지정한 소수점을 포함한 문자열을 2워드 BIN값과 소수부 자릿수로 변환하여 D1, D2 에서 지정한 디바이스에 쓰기한다.		3	
	DVALP	DVALP S D1 D2				
부동소수점 ↓ 문자열	ESTR	ESTR S1 S2 D	• (S)에서 지정한 부동소수점 데이터를 문자열로 변환하여 (D)에서 지정한 디바이스에 쓰기한다.		3	
	ESTRP	ESTRP S1 S2 D				
문자열 ↓ 부동소수점	EVAL	EVAL S D	• (S)에서 지정한 문자열을 부동소수점 데이터로 변환하여 (D)에서 지정한 디바이스에 쓰기한다.		3	
	EVALP	EVALP S D				
16진 BIN ↓ ASCII	ASC	ASC S D n	• (S)에서 지정한 디바이스 번호 이후의 1워드 BIN값을 16진 아스키로 변환하여 (D)에서 지정한 워드 디바이스 번호 이후에 n으로 지정한 문자수 분을 쓰기한다.			
	ASCP	ASCP S D n				
ASCII ↓ 16진 BIN	HEX	HEX S D n	• (S)에서 지정한 워드 디바이스 이후의 16진 아스키 데이터를 n으로 지정한 문자수 분 BIN값으로 변환하여 (D)에서 지정한 디바이스 번호 이후에 쓰기한다.			
	HEXP	HEXP S D n				

분 류	명령 기호	심 볼	처 리 내 용	실행 조건	기본 스텝 수	서브 세트
문자열 처리	RIGHT	RIGHT S D n	• (S)에서 지정한 문자열의 마지막 문자로부터 n문자분을 (D)에서 지정한 디바이스에 쓰기 한다.	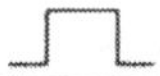	4	
	RIGHTP	RIGHTP S D n				
	LEFT	LEFT S D n	• (S)에서 지정한 문자열의 첫 문자로부터 n문자분을 (D)에서 지정한 디바이스에 쓰기 한다.			
	LEFTP	LEFTP S D n		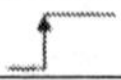		
	MIDR	MIDR S1 D S2	• (S2)에서 지정한 위치로부터 (S1)에서 지정한 문자열의 지정된 문자 수 분을 (D)에서 지정한 디바이스에 쓰기한다.		4	
	MIDRP	MIDRP S1 D S2				
	MIDW	MIDW S1 D S2	• (S2)에서 지정한 위치로부터 (S1)에서 지정한 문자열의 지정된 문자 수 분을 (D)에서 지정한 디바이스에 쓰기한다.	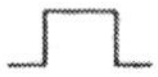		
	MIDWP	MIDWP S1 D S2				
	INSTR	INSTR S1 S2 D n	• (S1)의 문자열을 (S2) 문자열의 n문자째부터 검색하여 일치한 위치를 (D)에서 지정한 디바이스에 쓰기한다.		5	
	INSTRP	INSTRP S1 S2 D n		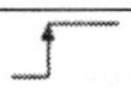		
부동소수점 ↓ BCD 분리	EMOD	EMOD S1 S2 D	• (S1)의 부동소수점 데이터를 (S2)에서 지정한 소수부 자릿수의 BCD로 변환하여 (D)에서 지정한 디바이스에 쓰기한다.		4	
	EMODP	EMODP S1 S2 D		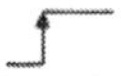		
BCD ↓ 부동 소수점	EREXP	EREXP S1 S2 D	• (S1)의 BCD 데이터를 (S2)에서 지정한 소수부 자릿수로 부동소수점 데이터로 변환하여 (D)에서 지정한 디바이스에 쓰기한다.	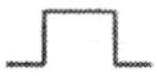	4	
	EREXPP	EREXPP S1 S2 D				

(12) 특수 함수 명령

분류	명령 기호	심볼	처리 내용	실행 조건	기본 스텝 수	서브 세트
삼각 함수 (부동 소수점 데이터)	SIN	SIN S D	Sin(S+1,S) → (D+1,D)		3	
	SINP	SINP S D				
	COS	COS S D	Cos(S+1,S) → (D+1,D)		3	
	COSP	COSP S D				
	TAN	TAN S D	Tan(S+1,S) → (D+1,D)		3	
	TANP	TANP S D				
	ASIN	ASIN S D	Sin^{-1}(S+1,S) → (D+1,D)		3	
	ASINP	ASINP S D				
	ACOS	ACOS S D	Cos^{-1}(S+1,S) → (D+1,D)		3	
	ACOSP	ACOSP S D				
	ATAN	ATAN S D	Tan^{-1}(S+1,S) → (D+1,D)		3	
	ATANP	ATANP S D				
각도↔라디안 변환 (부동 소수점)	RAD	RAD S D	• (S+1, S) → (D+1, D) 각도→래디언 변환		3	
	RADP	RADP S D				
	DEG	DEG S D	• (S+1, S) → (D+1, D) 래디언→각도 변환		3	
	DEGP	DEGP S D				
평방근 (부동 소수점)	SQR	SQR S D	$\sqrt{(S+1,S)}$ → (D+1,D)		3	
	SQRP	SQRP S D				
지수 연산 (부동 소수점)	EXP	EXP S D	$e^{(S+1,S)}$ → (D+1,D)		3	
	EXPP	EXPP S D				
자연 대수 (부동 소수점)	LOG	LOG S D	Log e(S+1,S) → (D+1,D)		3	
	LOGP	LOGP S D				
난수 발생 (부동 소수점)	RND	RND D	• 0~32767 미만의 난수를 발생시켜 D에서 지정한 디바이스에 쓰기한다.		2	
	RNDP	RNDP D				
난수, 계열 변경	SRND	SRND D	• S에서 지정한 디바이스에 쓰기된 16비트 BIN 데이터 의 내용에 따라 난수 계열을 변경한다.			
	SRNDP	SRNDP D				

분 류	명령 기호	심 볼	처 리 내 용	실행 조건	기본 스텝 수	서브 세트
평방근 (BCD)	BSQR	BSQR S D	· $\sqrt{(S)}$ → (D)+0 정수부, +1 소수부		3	
	BSQRP	BSQRP S D				
	BDSQR	BDSQR S D	· $\sqrt{(S+1,\ S)}$ → (D)+0 정수부, +1 소수부		3	
	BDSQRP	BDSQRP S D				
삼각 함수 (BCD)	BSIN	BSIN S D	· Sin(S) → (D)+0 부호, +1 정수부, +2 소수부		3	
	BSINP	BSINP S D				
	BCOS	BCOS S D	· Cos(S) → (D)+0 부호, +1 정수부, +2 소수부		3	
	BCOSP	BCOSP S D				
	BTAN	BTAN S D	· Tan(S) → (D)+0 부호, +1 정수부, +2 소수부		3	
	BTANP	BTANP S D				
	BASIN	BASIN S D	· Sin^{-1}(S) → (D)+0 부호, +1 정수부, +2 소수부		3	
	BASINP	BASINP S D				
	BACOS	BACOS S D	· Cos^{-1}(S) → (D)+0 부호, +1 정수부, +2 소수부		3	
	BACOSP	BACOSP S D				
	BATAN	BATAN S D	· Tan^{-1}(S) → (D)+0 부호, +1 정수부, +2 소수부		3	
	BATANP	BATANP S D				

(13) 데이터 제어 명령

분 류	명령 기호	심 볼	처 리 내 용	실행 조건	기본 스텝	서브 세트
상하한 제어	LIMIT	LIMIT S1 S2 S3 D	• S3<S1일 때 ………………… S1 값을 (D)에 쓰기 • S1≤S3≤S2일 때………………… S3 값을 (D)에 쓰기 • S2<S3일 때 ………………… S2 값을 (D)에 쓰기	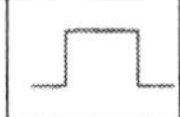	5	
	LIMITP	LIMITP S1 S2 S3 D				
	DLIMIT	DLIMIT S1 S2 S3 D	• (S3+1, S3)<(S1+1, S1)일 때 ………(S1+1, S1)의 값을 ((D)+1, (D))에 쓰기 • (S1+1, S1)≤(S3+1, S3)<(S2+1, S2)일 때 ………(S3+1, S3)의 값을 ((D)+1, (D))에 쓰기 • (S2, S2+1)<(S3, S3+1)일 때 ………(S2+1, S2)의 값을 ((D)+1, (D))에 쓰기		5	
	DLIMITP	DLIMITP S1 S2 S3 D				
불감대 제어	BAND	BAND S1 S2 S3 D	• S1≤S3≤S2일 때………………… 0→(D) • S3<S1일 때………………… S3-S1→(D) • S2<S3일 때………………… S3-S2→(D)	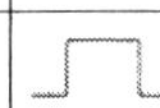	5	
	BANDP	BANDP S1 S2 S3 D		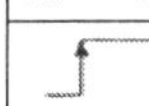		
	DBAND	DBAND S1 S2 S3 D	• (S1+1, S1)≤(S3+1, S3)≤(S2+1, S2) 일 때 ……0→((D)+1, (D)) • (S3+1, S3)<(S1+1, S1)일 때 ……(S3+1, S3)-(S1+1, S1)→((D)+1, (D)) • (S2+1, S2)<(S3+1, S3)일 때 ……(S3+1, S3)-(S2+1, S2)→((D)+1, (D))		5	
	DBANDP	DBANDP S1 S2 S3 D				
존 제어	ZONE	ZONE S1 S2 S3 D	• S3=0일 때……………………………0→(D) • S3>0일 때……………………………S3+S2→(D) • S3<0일 때……………………………S3-S1→(D)		5	
	ZONEP	ZONEP S1 S2 S3 D		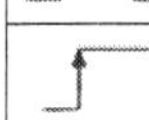		
	DZONE	DZONE S1 S2 S3 D	• (S3+1, S3)=0일 때…0→((D)+1, (D)) • (S3+1, S3)>0일 때…(S3+1, S3)+(S2+1, S2) →((D)+1, (D)) • (S3+1, S3)<0일 때…(S3+1, S3)+(S1+1, S1) →((D)+1, (D))	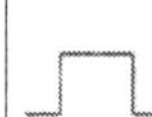	5	
	DZONEP	DZONEP S1 S2 S3 D				

(14) 파일 레지스터 전환 명령

분 류	명령 기호	심 볼	처 리 내 용	실행 조건	기본 스텝 수	서브 세트
블록 No. 변경	RSET	RSET S	• 확장 파일 레지스터의 블록 No.를 (S)에서 지정한 No. 로 변경한다.		2	
	RSETP	RSETP S				
파일 설정	QDRSET	QDRSET 파일명	• 파일 레지스터로 사용할 파일명을 설정한다.		* 2 + n	
	QDRSETP	QDRSETP 파일명				
	QCDSET	QCDSET 파일명	• 코멘트 파일로 사용할 파일명을 설정한다.		* 2 + n	
	QCDSETP	QCDSETP 파일명				

*：n은 (파일명의 문자수÷2)스텝 .(소수점 이하는 올림.)

(15) 시계용 명령

분 류	명령 기호	심 볼	처 리 내 용	실행 조건	기본 스텝 수	서브 세트
시계 데이터의 읽기/쓰기	DATERD	DATERD D	• (시계 소자) → (D)+0 년 +1 월 +2 일 +3 시 +4 분 +5 초 +6 요일		2	
	DATERDP	DATERDP D				
	DATEWR	DATEWR S	• (D)+0 년 → (시계 소자) +1 월 +2 일 +3 시 +4 분 +5 초 +6 요일		2	
	DATEWRP	DATEWRP S				
시계 데이터의 가감 연산	DATE+	DATE+ S1 S2 D	(S1) 시 분 초 + (S2) 시 분 초 → (D) 시 분 초		4	
	DATE+P	DATE+P S1 S2 D				
	DATE-	DATE− S1 S2 D	(S1) 시 분 초 − (S2) 시 분 초 → (D) 시 분 초		4	
	DATE-P	DATE−P S1 S2 D				
시계 데이터의 변환	SECOND	SECOND S D	(S) 시 분 초 → (D) 초(하위) 초(상위)		3	
	SECONDP	SECONDP S D				
	HOUR	HOUR S D	(S) 초(하위) 초(상위) → (D) 시 분 초			
	HOURP	HOURP S D				

(16) 주변 기기용 명령

분 류	명령 기호	심 볼	처 리 내 용	실행 조건	기본 스텝 수	서브 세트
주변기기로의 입출력	MSG	MSG S	• (S)에서 지정한 메시지를 QnACPU에 쓰기한다. 이 메시지는 주변기기에 표시된다.		2	
	PKEY	PKEY D	• 주변기기에서 입력한 데이터를 (D)에서 지정한 디바이스에 쓰기한다.		2	

(17) 프로그램 명령

분 류	명령 기호	심 볼	처 리 내 용	실행 조건	기본 스텝 수	서브 세트
	PSTOP	PSTOP	• 지정한 프로그램을 대기 상태로 한다.		*2+n	
	PSTOPP	PSTOPP				
	ROFF	POFF	• 지정한 프로그램의 OUT 명령의 코일을 OFF로 하여 대기 상태로 한다.		*2+n	
	ROFFP	POFFP				
	PSCAN	PSCAN	• 지정한 프로그램을 스캔 실행으로 등록한다.		*2+n	
	PSCANP	PSCANP				
	PLOW	PLOW	• 지정한 프로그램을 저속 실행으로 등록한다.		*2+n	
	PLOWP	PLOWP				

* : n은 (파일명의 문자수÷2) 스텝.(소수점 이하는 올림.)

(18) 기타 명령

분 류	명령 기호	심 볼	처 리 내 용	실 행 조 건	기본 스텝 수	서브 세트
WDT 리셋	WDT	WDT	• 시퀀스 프로그램에서 WDT를 리셋한다.		1	
	WDTP	WDTP				
타이밍 클록	DUTY	DUTY n1 n2 D	(D) 스캔 스캔 SM420~SM424, SM430~SM434		4	
1바이트 단위의 직접 읽기/쓰기	ZRRDB	ZRRDB n D	0 하위 8비트 1 상위 8비트 ZR0 2 하위 8비트 3 상위 8비트 ZR1 n 8비트 → (D)		3	
	ZRRDBP	ZRRDBP n D			3	
	ZRWRB	ZRWRB n S	(S) → 0 하위 8비트 1 상위 8비트 ZR0 2 하위 8비트 3 상위 8비트 ZR1 n 8비트			
	ZRWRBP	ZRWRBP n S			3	
	ADRSET	ADRSET S D	(S) → (D) 지정 디바이스의 간접 어드레스 디바이스명			
	ADRSETP	ADRSETP S D			3	
키보드에 의한 숫자 키 입력	KEY	KEY S n D1 D2	• (S)에서 지정한 입력 모듈의 8점 분에 아스키 데이터를 넣고 D1에서 지정한 디바이스 번호 이후에 16진수 값으로 변환하여 쓰기한다.		5	
인덱스 레지스터의 일괄대피/복귀	ZPUSH	ZPUSH D	• 인덱스 레지스터 Z0-Z15의 내용을 D에서 지정한 디바이스 이후로 대피한다.		2	
	ZPUSHP	ZPUSHP D				
	ZPOP	ZPOP D	• D에서 지정한 디바이스 이후에 대피시킨 데이터를 인덱스 레지스터 Z0-Z15로 복귀한다.			
	ZPOPP	ZPOPP D				
E2 PROM의 파일레지스터 로의 일괄 쓰기	EROMWR	EROMWR S D1 n D2	• E2 PROM의 파일 레지스터로의 일괄 쓰기한다.		5	
	EROMWRP	EROMWRP S D1 n D2				

참고 문헌

· 미쓰비시 범용 PLC 교육교재 MELSEC-Q 프로그래밍
  한국 미쓰비시 전기 오토메이션, 2007.7

· 아날로그-디지털 변환 모듈 사용자 매뉴얼
  한국 미쓰비시 전기 오토메이션, 2007.4

· 디지털-아날로그 변환 모듈 사용자 매뉴얼
  한국 미쓰비시 전기 오토메이션, 2007.4

MELSEC

PLC응용제어

2017. 2. 20 인쇄
2017. 2. 25 발행

저 자 : 조규만 · 배정도 공저

발행자 : 이진권

발행처 : 도서출판 **태영문화사**

판 권
소 유

주 소 : 서울특별시 강서구 초원로 38

전 화 : 2661-8751

F A X : 2661-8798

등 록 : 1998년 11월 12일 제 2-2682호

정가 23,000원

ISBN 978-89-6354-089-4